John Pinkerton

Géographie moderne

rédigée sur un nouveau plan

Tome I

Elibron Classics
www.elibron.com

Elibron Classics series.

ISBN 0-543-84570-2 (paperback)
ISBN 0-543-84569-9 (hardcover)

This Elibron Classics Replica Edition is an unabridged facsimile of the edition published in 1804 by Dentu, Paris.

GÉOGRAPHIE MODERNE.

I.

ERRATA.

P. 62. *ligne* 2 de la note, dont les lumières en finance et l'attachement; *lisez*, que ses lumières en finance et son attachement.
63. *ligne* 6 de la note, de capitaux; *lisez*, des capitaux.
78. *ligne* 15 de la note, les églises; *lisez*, des églises.
93. *ligne* 24, la reprendre ; *lisez*, le reprendre.
95. *ligne* 1 de la note, 1455; *lisez*, 1755.
112. *ligne* 6 de la note, à Sèves; *lisez*, à Sèvres.

GÉOGRAPHIE MODERNE,

RÉDIGÉE SUR UN NOUVEAU PLAN,

OU DESCRIPTION HISTORIQUE, POLITIQUE, CIVILE ET NATURELLE DES EMPIRES, ROYAUMES, ETATS ET LEURS COLONIES; AVEC CELLE DES MERS ET DES ÎLES DE TOUTES LES PARTIES DU MONDE.

Renfermant la concordance des principaux points de la Géographie ancienne et du moyen âge, avec la Géographie moderne,

PAR J. PINKERTON.

Traduite de l'anglais, avec des notes et augmentations considérables,

PAR C. A. WALCKENAER.

PRÉCÉDÉE D'UNE INTRODUCTION A LA GÉOGRAPHIE MATHÉMATIQUE ET CRITIQUE,

PAR S. F. LACROIX,
De l'Institut national des Sciences et des Arts.

Accompagnée d'un Atlas in-4.° de 42 Cartes, dressées par ARROWSMITH, d'après les dernières et les meilleures autorités,

Revues et corrigées par J. N. BUACHE, de l'Institut national, etc.

Avec un Catalogue des meilleures Cartes et Livres de voyage et un Index très-ample.

TOME PREMIER.

PARIS,
DENTU, Imprimeur-Libraire, palais du Tribunat, galeries de bois, n°. 240.

AN XII. (1804.)

Paris, 9 Frimaire, an 12 de la République.

Le Conseiller-d'Etat chargé de la Direction et de la Surveillance de l'Instruction publique,

Au Citoyen DENTU, *Imprimeur-Libraire, Palais du Tribunat, éditeur de la traduction de la Géographie de* PINKERTON.

J'ai reçu, Citoyen, la traduction de la Géographie de Pinkerton, que vous m'avez fait remettre.

L'examen que j'en ait fait, et le suffrage des savans distingués qui, en concourant à sa perfection, ont associé leurs noms à celui de l'auteur, ne peuvent me laisser de doutes sur l'utilité qu'en retireront ceux que leur goût entraînera vers cette étude. L'auteur de cette traduction, en nous offrant ce qu'il y a de plus complet et de plus précis en ce genre, a rendu un véritable service aux sciences; et c'est ajouter à ce service que de la publier.

Trop volumineux, malgré sa concision, pour être mis au nombre des livres classiques, cet ouvrage doit tenir un rang distingué parmi ceux qui composeront les bibliothèques de nos établissemens d'instruction, et qui seront destinés à récompenser les efforts heureux de nos jennes élèves; et vous pouvez compter que je le proposerai pour l'un et l'autre de ces usages.

Je vous salue,

FOURCROY.

AVERTISSEMENT

DU TRADUCTEUR.

M. PINKERTON ayant développé dans sa préface, avec beaucoup d'étendüe, le plan de son ouvrage, cet avertissement se réduira à un petit nombre d'observations nécessaires.

L'auteur avait traité de la France avec beaucoup plus de concision qu'il ne convient à des lecteurs français, et j'étais décidé à refaire en entier cette partie, d'après son consentement formel et son invitation spéciale : mais j'ai craint que le public, moins indulgent, ne me reprochât d'avoir pris plus de liberté qu'il ne convient à un traducteur. D'ailleurs, pour compléter les recherches et les travaux nécessaires, afin de refaire entièrement une portion aussi considérable et aussi intéressante de l'ouvrage, il eût fallu en différer la publication, et des motifs particuliers dont il est inutile de rendre compte, ont au contraire forcé de la précipiter. Cependant, malgré le peu de tems qui m'était accordé, je déclare en toute vérité, que n'ayant eu dans ce long et pénible travail d'autre but que l'avancement et les progrès d'une science qui tient d'une manière aussi intime aux études qui m'ont occupé jusqu'ici, j'eusse renoncé à traduire cet ouvrage, si je n'avais eu l'espoir de rendre cette traduction utile à ceux mêmes qui possèdent l'original.

Peut-être, après avoir pris lecture des notes et additions dont je l'ai accompagnée, jugera-t-on que plusieurs eussent été susceptibles d'être incorporées dans le texte, ce qui eût donné à l'ensemble une plus grande liaison et une forme plus régulière : cela eût été possible sans doute, si, ainsi que je l'y ai engagé, M. Pinkerton, eût voulu entreprendre de publier lui-même une édition française de sa géographie : il m'eût été doux alors de lui offrir le faible tribut de mes recherches, dont il aurait pu faire tout l'usage qui lui aurait semblé convenable; mais puisque des obstacles qu'il regardait alors comme invincibles l'en ont empêché, et que je suis seul resté chargé de ce travail, il a paru nécessaire que tout ce qui m'était propre fût signé de mes initiales, afin de le distinguer de ce qui appartenait à l'auteur, et qu'on ne lui attribuât pas des erreurs qu'il n'aurait pas commises.

Dans un ou deux endroits de la description de la France, j'ai dû m'écarter un peu de la règle que je m'étais prescrite, de ne rien ajouter au texte; mais même alors j'ai eu soin d'en prévenir dans une note. J'ai dû fondre aussi dans cette même description, celle du Brabant que notre auteur avait considéré comme une puissance à part : cette intercalation nécessaire ne peut être considérée comme une altération du texte.

Si par-tout j'ai respecté le texte de M. Pinkerton, j'espère que le public me louera de n'avoir pas été aussi scrupuleux relativement à l'introduction qui le précède: quoiqu'elle soit très-supérieure à toutes celles que l'on a jusqu'ici mises au-devant des traités de géographie, elle m'a paru un peu prolixe, et cependant souvent insuffisante, sur-tout en ce qui concerne la projection et la construction des cartes, point le plus essentiel et le plus nécessaire à connaître pour tous ceux qui veulent faire de véritables progrès en géographie. M. Lacroix, à qui j'avais soumis cette introduction, ayant eu à cet égard les mêmes idées que moi, a bien voulu se charger d'en composer une autre. L'éloge m'est ici interdit ; mais qu'il me soit permis du moins de me féliciter d'avoir été la cause indirecte que ce savant ait mis au jour un traité élémentaire entièrement neuf par le plan et le motif, et qui manquait également aux mathématiques et à la géographie.

Pour les mesures de longueur, j'ai tout réduit au mille marin ou mille géographique de 60 au degré ; cette mesure répond exactement à la minute du degré, et est la plus commode pour la consultation des cartes ; c'est aussi celle qui est adoptée par toutes les nations maritimes: j'ai donc dû la préférer à toutes les autres. Il n'eût résulté qu'embarras et confusion de l'emploi de la nouvelle langue, d'ailleurs si ingénieuse : je doute même fort qu'il soit jamais possible de l'introduire dans la géographie et l'hydrographie; et il me serait facile d'en développer les raisons, si c'était ici le lieu. Ce n'est pas la première fois que des obstacles invincibles s'opposent à l'application des plus brillantes théories : d'ailleurs, dans un ouvrage d'instruction générale, on doit se faire un devoir de s'écarter le moins possible de l'usage général.

Comme cet ouvrage est le plus considérable de tous ceux que M. Pinkerton ait encore publiés, et que sur lui se fonde une grande partie de sa réputation littéraire, une notice sur ses autres écrits ne serait peut-être pas ici déplacée : mais je sais qu'il doit en donner une liste exacte dans l'édition française de sa Dissertation sur les goths, qui va paraître; et rien ne peut faire mieux connaître l'espèce de sensation qu'ils ont produite dans le public anglais, que le passage suivant de Gibbon que nous avons traduit et extrait d'un prospectus où ce savant proposait par souscription une édition complète des historiens originaux de l'histoire d'Angleterre dans le moyen âge.

« Toutes les fois que je parlais de cette entreprise à nos hommes de lettres et à nos libraires, j'étais écouté avec attention, tous désiraient la voir commencer, et faisaient des vœux pour son succès ; mais aussitôt qu'il s'agissait de mettre ce projet à exécution, nous étions tous arrêtés par une difficulté insurmontable...., le choix d'un éditeur. Parmi les auteurs déjà connus du public, aucun ne réunissait la volonté et les talens... Le siècle des travaux d'Hercule est passé, et l'on ne voit plus, comme autrefois, des hommes laborieux dévorer et digérer des bibliothèques entières. Découragé, j'avais donc résolu d'attendre que je pusse trouver un homme doué de toutes les qualités nécessaires, et prêt à employer plusieurs années de sa vie à un travail assidu, sans la brillante perspective de la gloire, ou l'utile dédommagement des récompenses pécuniaires.

« Cet homme est enfin trouvé, et je renouvelle aujourd'hui mes propositions avec plus d'assurance et de fermeté : le nom de cet éditeur est M. Jean Pinkerton.

« Mais comme ce nom peut provoquer quelques ressentimens, réveiller quelques préjugés, je dois, pour sa réputation, expliquer mes opinions sans réserve; et j'ai la satisfaction de savoir que la sincérité d'un ami ne lui déplaira pas. Les premières impulsions d'un esprit vigoureux le portèrent à écrire et à publier, avant que son goût et son jugement eussent atteint leur entière maturité. Son ignorance du monde, l'amour du paradoxe, la chaleur de son caractère, lui ont fait commettre plusieurs inconvenances; mais il est le premier à condamner ces saillies de jeunesse, et sera peut-être le dernier à les oublier. Le repentir a depuis long-tems appaisé les mânes du doux

Virgile, contre lequel le jeune téméraire avait, sous un nom emprunté, décoché les flèches de la critique. Il sourit à sa réforme de notre langue anglaise, et il avoue que dans toutes les institutions populaires, les lois de la coutume doivent être obéies par la raison elle-même. Les goths sont encore son peuple favori, mais il n'a plus d'antipathie pour un sauvage celte; et sans renoncer à ses opinions, il regrette sincèrement d'avoir envenimé, et peut-être affaibli, ses argumens par un indiscret mélange de colère et de mépris. Le feu âpre qui le consumait, s'est dissipé par les explosions qui ont eu lieu, et il ne reste plus en lui qu'une substance pure et solide douée de la plus active énergie. Les ouvrages qu'il a publiés récemment, le Traité sur les Médailles, et l'édition des Poëtes écossais, prouvent une grande variété de connaissances et un esprit propre à traiter habilement plusieurs sujets. Son édition des Vies originales des Saints écossais a jeté quelque lumière sur la période la plus obscure de l'histoire d'une obscure contrée. Sa Dissertation sur l'origine des goths, et ses Antiquités d'Ecosse sont, suivant moi, des ouvrages achevés: et si c'était ici le lieu, j'énumérerais avec plaisir les questions importantes sur lesquelles il a rectifié mes anciennes opinions relativement à l'émigration de la nation des scythes ou germains, depuis le voisinage de la mer Caspienne et du Pont-Euxin jusqu'en Scandinavie, sur les côtes orientales de l'Angleterre et les rivages de la mer Atlantique. Il a depuis entrepris d'éclaircir une période plus intéressante de l'histoire d'Ecosse, et un excellent juge m'a assuré que cet ouvrage, dont il a lu le manuscrit, contenait plus d'instructions neuves et authentiques qu'on n'a droit d'en attendre d'un auteur du dix-huitième siècle. Quoiqu'écossais, M. Pinkerton est également disposé à éclaircir l'histoire d'Angleterre. Il avait depuis long-tems, sans que je le susse, le même projet que moi. Ses douze lettres, dans le *Gentleman's Magazine*, écrites sous un nom supposé, nous montrent le zèle du patriote et le savoir de l'antiquaire... Si l'on m'objectait que l'ouvrage que je propose surpasse les forces d'un seul homme, et que les prodiges d'industrie sont le fruit de la division du travail, je répondrais que M. Pinkerton est un des enfans de ces héros dont la race est presqu'éteinte ; que l'étude la plus assidue, la plus obstinée, est le seul amusement de ses loisirs indépendans. »

Tel est le jugement que portait sur notre auteur, peu de tems avant sa mort, le célèbre historien de la décadence de l'Empire romain ; et ces lignes sont les dernières qu'il ait tracées pour le public !

Paris, ce 15 novembre 1803.

C. A. W.

PRÉFACE.

L'importance de la géographie considérée comme science, et l'extrême variété de connaissances et d'agrémens qu'elle offre, sont des vérités trop bien senties, trop généralement reconnues, pour avoir besoin ici des moindres développemens. Passionné pour cette étude dès ses premières années, l'auteur a sans cesse nourri l'espoir qu'un jour ses travaux pourraient hâter les progrès de la science. Car il restait beaucoup à faire; et bien des gens de lettres pensaient depuis long-tems qu'il pourrait résulter les plus grands avantages d'un système de géographie moderne, rédigé sur un plan neuf et perfectionné, vu que les derniers ouvrages publiés sur cette matière, sont non-seulement remplis d'une foule de fautes grossières, mais encore si imparfaits dans leurs plans primitifs, que les principaux objets de géographie s'y trouvent sacrifiés à de longs détails d'histoire, de chronologie, et de réglemens commerciaux. Si l'on ajoute à cela, que les découvertes les plus récentes et les plus importantes, sont, ou omises, ou imparfaitement expliquées, ou classées avec une méthode si défectueuse que le plus patient des lecteurs est embarrassé, rebuté même dans ses recherches; il ne faut point s'étonner d'entendre crier de toutes parts, qu'on ne se sert de ces compilations, que faute d'en avoir de meilleures.

Les découvertes faites successivement dans la mer Pacifique et dans d'autres parties du globe, ont acquis dans ces dernières années tant de certitude et de liaison, qu'on peut aujourd'hui les admettre et les ordonner dans une distribution régulière et précise des parties du monde habitable; tandis que les travaux de La Pérouse, de Vancouver et d'autres navigateurs, achèvent presque l'exacte délinéation des rivages continentaux. Aucune époque ne pouvait être plus favorable à la publication d'un nouveau système de géographie, que le commencement d'un siècle qui succède au dix-huitième; à ce siècle, que les sciences en général, et la géographie en particulier, ont parcouru à pas de géant, et qu'elles rendront à jamais mémorable. Des royaumes entiers se sont effacés; de grandes provinces ont changé de domination: enfin, tel a été le bouleversement des états et des limites, qu'un traité de géographie publié il y a cinq ans, peut être regardé comme absolument suranné.

Après une guerre la plus féconde en évènemens, après une révolution de la nature la plus étonnante, l'Europe enfin repose au sein de la paix universelle. Chaque campagne ne viendra plus effacer les divisions, reculer ou avancer les bornes établies par la campagne précédente : ces divisions, ces limites sont fondées sur des traités solennels, dont la durée semble garantie par la guerre la plus sanglante, la plus destructive qui ait jamais épouvanté la terre, et en même-tems la plus infructueuse, même pour les vainqueurs. Ces traités influent, non-seulement sur les descriptions des états européens, mais encore sur celles de biens des contrées d'Asie, d'Afrique et d'Amérique (*a*).

Ce qui sur-tout autorise et rend plus authentique un nouveau traité de géographie, c'est l'avantage singulier qu'offrent plusieurs relations de voyages publiées dans ces dernières années, qui augmentent de beaucoup nos connaissances sur certains pays, et nous en donnent une idée plus exacte. Les ambassades à la Chine, au Tibet, et au royaume d'Ava, par exemple, présentent des matériaux tout récens et authentiques, sans le secours desquels il eût fallu puiser à des sources plus éloignées et plus suspectes ; aucun systême de

(*a*) Cette paix n'a pas été de longue durée, ni ces traités long-tems respectés ! (C. A. W.)

géographie n'a encore parlé de l'empire des Birmans. Les recherches de la société Asiatique et d'autres ouvrages de date récente, ont répandu de nouvelles lumières sur l'Indostan et les pays adjacens. Les travaux de la société Africaine, les voyages de Mungo Park, de Brown et de Barrow, nous ont fait connaître l'Afrique avec plus de précision : enfin, les voyages de Héarne et de Mackenzie nous ont conduits aux bornes septentrionales de l'Amérique. En un mot, on peut affirmer avec confiance que, dans le court espace de quelques années, il a paru plus de livres de voyages et autres sources de connaissances géographiques, qu'à aucune autre époque de l'histoire littéraire.

On s'apercevra aisément, en lisant cet ouvrage, que l'auteur a comme extrait l'essence d'un nombre presqu'innombrable de voyages, sorte de productions qui, dans tous les tems et dans tous les pays, fit les plus chers amusemens des meilleurs esprits, comme unissant la variété, la nouveauté et les accidens de la narration poétique et romanesque, à l'étude de l'homme, et aux avantages de l'instruction pratique. Est-il nécessaire de nommer ici Montaigne, Locke, Montesquieu, etc.? faut-il rappeler un ami que je regrette, Gibbon, dont la collection de voyages formait la partie choisie de sa bibliothèque ? Pourquoi n'écrivit-il pas une géographie ? Pourquoi le dix-huitième siècle n'eut-il pas son Strabon ?

Passerons-nous sous silence les étonnans progrès de l'histoire naturelle, qui donnent aujourd'hui une si grande précision à la géographie naturelle de la plupart des contrées connues ? Ce n'était pas assez que la zoologie et la botanique fussent portées à un si haut point de perfection : la géologie et la minéralogie sont devenues, dans ces vingt dernières années, de grandes sciences entièrement nouvelles ; les substances ont été classées avec une telle méthode, décrites avec une telle clarté, qu'elles sont connues et distinguées dans tout le monde littéraire (1).

Cependant, avec tous ces avantages, il s'en faut que la géographie soit une science parfaite ; et ce mot que d'Anville répétait souvent dans sa vieillesse : « Ah ! mes amis, il y a bien des

(1) C'est Bergmann qui, le premier, établit le systême de minéralogie actuel en 1782 ; il fut suivi de Werner en 1789. En 1794, M. Kirwan publia un excellent ouvrage en deux volumes in-8°. En général cette science importante, si essentielle à la richesse et à la prospérité des nations, est cultivée depuis dix ans sur de nouveaux principes, avec une ardeur et des succès surprenans.

erreurs en géographie, » n'est encore malheureusement que trop vrai. A rigoureusement parler, cette science est imparfaite dans sa propre nature : car peut-on raisonnablement espérer qu'en aucun tems la trigonométrie portera son compas sur toutes les terres habitables? C'est cependant le seul chemin pour arriver à la parfaite exactitude. Les lieux qui laissent le plus à désirer sont l'intérieur de l'Afrique, et même plusieurs portions des côtes; le Tibet et quelques autres régions centrales de l'Asie ; même la Perse, l'Arabie et la Turquie asiatique ; enfin les parties occidentales de l'Amérique septentrionale, et les établissemens espagnols dans cette partie du nouveau continent, ainsi que le centre et le sud de l'Amérique méridionale. De la Nouvelle-Hollande on ne connaît guère que les côtes. D'ailleurs, bien des découvertes restent à faire dans la mer Pacifique, particulièrement sur l'étendue et l'intérieur de la Nouvelle-Guinée et d'autres grandes terres de ce côté. En Europe même, la géographie de l'Espagne et du Portugal est honteusement imparfaite, moins cependant que celle de la Turquie européenne. Les anglais même ne peuvent beaucoup prôner leurs avantages à cet égard, puisque le major Rennell avoue qu'il n'existe aucune carte exacte du canal de la Manche, ou canal Britannique; et nous savons d'ailleurs que par-tout où l'on a fait des levées trigonométriques en Angleterre, on a découvert dans les cartes des comtés de grossières erreurs (1). Par le fait, les anglais ont plus observé les régions lointaines que leur pays natal; et pouvait-on publier un nouveau système avec plus d'avantages que chez un peuple à qui l'on doit les plus importantes des découvertes modernes, et les progrès les plus récens de la géographie?

En avançant d'un pas aussi rapide, cette science a, dans un court espace de tems, porté

---

(1) On est réduit à se plaindre que la géographie rétrograde sur certains points, tandis qu'elle avance sur d'autres. Ainsi Preston, dans sa carte des îles Shetland, les représente trop grandes d'un tiers, tant en longueur qu'en largeur, et il n'est pas plus exact dans les positions. L'erreur fut découverte dans les voyages intéressans ordonnés par Louis XVI, et corrigée dans la carte du Dannemarck, Copenhague, 1787; mais mieux encore dans la carte du capitaine Donnelly. On voit aujourd'hui ces îles presque comme dans les cartes antérieures à 1750. Quand on saura que la carte de Preston a occasionné des naufrages, on conviendra que le savoir et la capacité nécessaires pour de semblables opérations, devraient être l'objet d'un examen sévère. On pourrait citer bien des exemples de ce genre.

une grande perfection dans les cartes marines et géographiques, qu'on doit toujours considérer comme les parties principales de la géographie, quoique (ce qui est inexplicable!) les compilateurs des systêmes modernes semblent avoir écrit sans l'inspection d'aucune carte; du moins ils ne font aucune citation de cette nature. Cela est d'autant plus surprenant, que les cartes forment, j'ose le dire, la base de toute connaissance géographique. L'auteur de cet ouvrage s'est attaché à découvrir les cartes de tous les pays les meilleures et les plus récentes, et il ne peut que se louer de la manière libérale dont il a été aidé dans cette recherche par les plus habiles géographes pratiques qu'ait l'Angleterre. Les petites cartes qui accompagnent l'ouvrage, ont été dessinées avec grand soin sous la direction de M. Arrowsmith, et revues par lui : on connaît le talent et l'attention qu'il porte dans le choix des matériaux les plus nouveaux et les plus exacts. La petitesse de leur format fait qu'elles ne pourront tenir lieu d'un grand atlas complet; mais on trouvera qu'elles forment une introduction utile à une collection de cette nature, étant réduites des plus grandes cartes qui ont été indiquées : pour en augmenter la clarté, on y a gravé plusieurs traits importans des contrées, et divers noms intéressans tirés de l'histoire naturelle et civile, qu'on chercherait envain dans un atlas très - grand et très - cher. Cet atlas, c'est le lecteur qui devrait se le composer lui - même ; et pour l'aider dans ce travail, nous avons placé à la fin de l'ouvrage une liste des meilleures cartes connues, dans laquelle on pourra faire un choix, selon la grandeur dont on voudra son atlas, et les formats qu'on préférera. Dans celle de la première classe, on peut mettre, par exemple, la carte de France par Cassini, en cent quatre-vingt-trois feuilles; celle des Pays-Bas par Ferrari, et autres d'une semblable étendue, particulièrement adaptées aux bibliothèques publiques, ou à celles des princes. La seconde classe peut comprendre les cartes des divers états, de huit à quatre feuilles. Un atlas de la plus petite grandeur renfermera celles de quatre à une feuille grand in-folio; au-dessous de celui-là, il n'y en a pas qui puisse être d'aucune utilité. Néanmoins, il est étonnant à quel point on néglige même ces derniers dans les meilleures bibliothèques particulières : un bon atlas devrait être le premier objet de recherche et de dépense, l'utilité s'en fait sentir dans la lecture de presque toute sorte de livres ; et cependant dans les bibliothèques les mieux choisies l'on aperçoit souvent les cartes les plus vieillies et les plus fautives : l'homme de lettres même la plupart du tems se contente de trouver sur les cartes le nom qu'il cherche, sans s'assurer de la fidélité du trait général, ni de l'exactitude des positions.

Au moyen des nouvelles et importantes découvertes qui ont eu lieu, des renseignemens récens et authentiques qu'on s'est procurés, de l'époque particulière de la publication de cet ouvrage, il ne peut y avoir un grand mérite à présenter un système de géographie plus complet qu'il n'en a encore paru dans aucune langue ; car les espagnols et les italiens ont laissé cette science dans le sommeil ; les ouvrages de Lacroix et d'autres écrivains français sont trop courts, et les compilations allemandes de Busching, Fabri, Ebeling, etc., etc., sont rédigées avec une prolixité si effrayante et un goût si étrange, il y a tant de détails peu importans, tant de noms secs et barbares, qu'elles rivalisent à cet égard les dictionnaires les plus minutieux (1).

---

(1) Les éphémérides géographiques de Zach (*Allgemeine Geographische Ephemeriden*), journal allemand qui paraît tous les mois, embrassait l'astronomie et la géographie, et n'a pas peu contribué au progrès de ces deux sciences ;

Quel singulier contraste ne fait pas la description de l'Europe en quatorze volumes in-quarto, avec la description du monde de Strabon qui n'occupe qu'un seul volume ! Et ce n'est point le seul genre de supériorité que les anciens montrent dans cette partie : ils semblent avoir donné à la géographie une réputation plus classique que n'ont fait les modernes. Du tems d'Hérodote à celui de Gibbon, du siècle d'Homère à celui de Shakespeare, on peut dire que tout grand monument littéraire est le fruit d'une compilation; mais dans l'usage des matériaux, il y a une grande différence entre Strabon, Arrien, Ptolémée, Pausanias, Mela, Pline et autres célèbres écrivains de l'antiquité, et les géographes modernes : tous ceux-ci, d'Anville seul excepté, semblent étrangers à toute renommée littéraire; on ne trouve parmi eux ni les talens supérieurs, ni la réputation, qui ont été le fruit des efforts des hommes célèbres dans les autres branches de la littérature. Cependant on peut avancer qu'un ouvrage réellement estimable sur la géographie universelle, demande plus d'étendue et de variété

---

il est à présent rédigé par Gaspari et Bertuch, et se borne presque à la géographie; tandis que le nouveau journal de Zach (*Monatliche Correspondenz*) s'attache principalement à l'astronomie.

de connaissances qu'aucun autre dans quelque branche de littérature que ce soit, puisqu'il n'y a point de sujets qui lui soient absolument étrangers, et qu'il y en a une multitude qui lui sont essentiels. Un nom seul, celui de d'Anville, a su conquérir dans cette science épineuse une gloire méritée ; mais sa réputation se fonde principalement sur ses cartes, et sur les lumières qu'il a répandues dans diverses parties de la géographie ancienne. De nos jours, Gosselin et d'autres savans étrangers, tels que Rennell et Vincent, se sont aussi distingués en n'envisageant qu'une des faces de la science.

Appuyé de semblables exemples, l'auteur avoue le désir, trop ambitieux peut-être, que son ouvrage puisse être regardé comme moins défectueux que tout autre traité antérieur de géographie moderne. Les éditeurs n'ont épargné aucune dépense pour réunir de toutes parts les matériaux nécessaires, et la collection de livres et de cartes qui a été rassemblée monterait à des sommes presque incroyables. Si donc la critique découvre des taches dans ce livre, c'est contre l'auteur seul qu'elle doit diriger sa censure. Cependant, ce sujet lui a été familier dès sa jeunesse, lorsque, pour mieux graver dans son esprit les leçons de l'histoire, il s'appliquait à dessiner des cartes de géographie. Depuis ayant toujours fait des hommages fréquens et réguliers à cette science importante, il ose espérer qu'on ne trouvera pas que ces riches matériaux aient été confiés à des mains inhabiles. Il peut affirmer qu'il a porté l'attention la plus scrupuleuse dans le choix et l'arrangement des sujets les plus intéressans; et il se flatte qu'on applaudira à la nouveauté du plan, non-seulement parce qu'il offre et plus de facilité et plus d'économie de tems dans la consultation de l'ouvrage, mais aussi à cause d'une liaison plus intime et plus classique, d'où résultent des idées plus claires et plus satisfaisantes dans une lecture générale. On expliquera dans les observations préliminaires la nature et les raisons de ce plan, qui ont des rapports directs avec d'autres sujets qu'on y envisage. Il suffira d'observer ici qu'au lieu de les disperser en fragmens, on a réuni sous des chapitres distincts les objets très-essentiellement liés les uns aux autres, et qu'on a suivi, en les classant, un ordre uniforme, excepté lorsque des circonstances particulières commandaient de s'en écarter. En outre, au lieu de prétendues histoires, au lieu de prolixes documens commerciaux, on s'est principalement attaché aux objets purement géographiques, lesquels ont paru dans les systêmes antérieurs sous la forme d'une simple liste de noms, ombres fugitives de la science. Les maigres détails historiques ne peuvent être d'aucune utilité, même aux jeunes gens, et sont aussi étrangers à la nature qu'au nom de la géographie, qui, semblable en cela à la chronologie, doit seulement prétendre à éclairer l'histoire : elle n'a que trop de ses propres difficultés, sans aller en chercher ailleurs. Les divers états se trouvent classés suivant leur importance comparative ; car il convient que les objets soient traités avec une étendue proportionnée au degré d'attention qu'ils méritent, et que les plus intéressans soient aussi les premiers offerts à l'observateur.

Dans l'introduction, le professeur Vince semble n'avoir rien omis sur l'astronomie et la météorologie de ce qui pouvait éclaircir la géographie, et s'est par-tout aidé des inventions et découvertes les plus récentes (*a*). Quant à la partie botanique de cet ouvrage, le public en est redevable à M. Arthur Aikin, naturaliste zélé et intelligent.

(*a*) Cette introduction ayant paru au traducteur de cet ouvrage, insuffisante sur plusieurs points essentiels à la géographie, il a prié M. Lacroix, de l'Institut national, de vouloir bien s'en charger. (C. A. W.)

Ce traité montrera, je l'espère, quels progrès a faits la géographie dans toutes les parties du monde au commencement du 19.e siècle; et en la comparant avec tout autre ouvrage publié au commencement ou même au milieu du 18.e, on pourra s'étonner d'une marche si prodigieuse. Dans nombre d'anciens systêmes, la vérité et la clarté étaient également blessées par un mélange de noms anciens et modernes, qui embrouillait même les cartes; absurdité que quelques auteurs français ont voulu depuis peu remettre en vogue. Dans cette étude, l'état moderne doit toujours être le premier observé, parce que la vraie forme des contrées, les découpures des côtes, le cours des rivières, la direction des montagnes, et toutes les parties dans lesquelles la géographie s'éclaire de l'histoire naturelle, n'ont été certifiées que par des observations modernes; et c'est sur cette base immuable que doit s'élever ensuite la géographie ancienne. Les délinéations modernes de plusieurs parties de la Grèce et de l'Asie mineure, ont répandu sur l'histoire ancienne des lumières qui n'auraient jamais émané de la géographie théorique, toujours inutile, parce qu'elle ne peut altérer la face de la nature, et souvent blâmable en ce que, par une vaine apparence de science, elle entrave la marche des observations réelles, et fait renoncer à la lenteur des découvertes. Pour tracer l'ancien état d'un pays, il est indispensable d'étudier préalablement les meilleures cartes modernes ; et c'est le seul procédé par lequel on puisse déterminer exactement les situations. D'innombrables conjectures de Cluverius, de Cellarius et même de d'Anville, ont été renversées dans ces derniers tems par les connaissances acquises : cependant c'est d'après des cartes vieillies, où les plus importantes positions d'histoire naturelle et quelquefois même les points d'orientation se trouvent confondus ; d'après des auteurs dont les opinions fondamentales sont complètement réfutées depuis un demi-siècle, qu'on inculque dans l'esprit de la jeunesse les premiers élémens de géographie ancienne. La meilleure méthode est de commencer par l'étude de la géographie moderne, à laquelle on fera succéder, avec tous les avantages possibles, celle de la géographie ancienne. Suivre la marche opposée me semble presque aussi ridicule qu'il le serait de commencer l'étude de la botanique par la lecture de Dioscorides et des noms grecs et latins des plantes, sans aucune connaissance soit de leurs caractères naturels, soit de leurs propriétés. En général, allons puiser le feu du génie créateur dans les écrits de la belle antiquité; mais les solides fondemens de toutes les sciences, nous ne les trouverons que dans la précision et l'exactitude des modernes.

Parmi tous les autres avantages dont nous avons parlé, on conviendra que les citations régulières des autorités, qu'on voit pour la première fois dans un traité de géographie, forment une amélioration de haute importance, non-seulement comme donnant au texte plus d'authenticité, mais encore comme indiquant les meilleurs ouvrages originaux aux lecteurs désireux de renseignemens plus étendus (1). Cette addition est pourtant si simple, qu'on pourrait s'étonner qu'elle ait jusqu'ici été omise, si l'on ne savait que tous les ouvrages de cette nature ont été aveuglément copiés sur les systèmes antérieurs, sans autre supériorité que celle des erreurs; ce qui doit nécessairement arriver dans ces cas, où

(1) Il serait également à souhaiter que les auteurs qui écrivent sur l'histoire civile et naturelle, voulussent, en parlant des lieux obscurs, en indiquer la distance et la situation, par rapport à quelque ville connue ou tout autre objet remarquable; la simple mention d'un nom étant souvent insuffisante, même en consultant les plus grands atlas. Ce défaut fait quelquefois perdre au lecteur un tems précieux qu'on lui épargnerait par l'addition de deux ou trois mots, qui ajouteraient au sens sans rien faire perdre à la phrase de son élégance et de son harmonie.

les méprises se multiplient, de sorte qu'une vieille faute devient la mère d'une innombrable postérité. L'exacte citation des autorités pourrait avoir ses dangers dans les détails erronés ; et l'omission est d'autant plus commode, qu'à sa faveur on passe sous silence des doutes géographiques d'une grande importance, qui deviendraient des épreuves assez périlleuses du savoir de l'écrivain. Accoutumé aux travaux et aux plaisirs de l'instruction, et n'y cherchant qu'une nourriture pour l'esprit, un charme pour le loisir, une distraction pour la peine, une consolation pour l'infortune, l'auteur de cet ouvrage n'hésite jamais à faire l'aveu de ses doutes ou de son ignorance ; il ne balance jamais à sacrifier la petite vanité individuelle à son grand objet, l'avancement de la science. Un proverbe arabe dit que *les erreurs des savans sont savantes* : ne peut-il pas arriver aussi que les méprises d'un observateur zélé et impartial excitent une discussion d'où sortira la lumière de la vérité. Sans doute bien des fautes se seront glissées dans un ouvrage d'une nature si étendue et si variée ; mais ceux qui auront le talent de les découvrir seront les premiers à les pardonner. L'auteur se croit obligé de faire ici la déclaration solennelle, que dans le petit nombre de censures qu'il fait des erreurs où sont tombés les écrivains qui l'ont devancé dans cette carrière, il n'a eu d'autre motif que le desir d'en prévenir la dangereuse propagation; et dans un ouvrage consacré à l'instruction, son devoir était de les dénoncer. Mais de tels passages sont extrêmement rares. En général il a laissé aux lecteurs le soin de découvrir les méprises de ses prédécesseurs, méprises radicales et grossières au-delà de toute conception, ainsi qu'on pourra s'en convaincre en comparant leurs descriptions avec celles contenues dans cet ouvrage. Si le public applaudit aux efforts de l'auteur, il s'empressera de faire disparaître toutes les taches, et d'adopter toutes les corrections utiles qu'on lui indiquera. Quant au style, il a constamment visé à la concision et à la clarté; souvent il s'est vu forcé de sacrifier l'élégance des ornemens et la pompe des périodes, à la sévère exactitude qu'exige le sujet. L'éloquence même de Pline semble étouffée par les détails prolixes de la géographie; elle lutte en vain, comme une grande cataracte que l'hiver vient enchaîner sur les cimes glacées des Alpes. Et le plus orné, le plus concis des anciens géographes n'est-il pas forcé de débuter par une apologie? « J'essaie (dit-il) de décrire l'état du globe, travail plein d'obstacles et de difficultés, et que peut à peine animer un rayon d'éloquence; car ce sera presque partout les noms des villes et ceux des lieux, dont l'aridité est encore augmentée par la perplexité du choix de l'ordre qui est à suivre : d'ailleurs les matériaux sont plutôt prolixes qu'attrayans. Néanmoins le sujet est noble, important; il aspire à tout ce que la science a de plus relevé, puisque, même entre des mains inhabiles, il peut commander l'attention par la contemplation de sa grandeur (1). »

(1) *Pomponius Mela, de Situ orbis*, lib. 1, *init. Prœmii.*

INTRODUCTION
A LA GÉOGRAPHIE MATHÉMATIQUE ET CRITIQUE;

PAR S. F. LACROIX.

LA géographie se partage en deux branches distinctes : l'une que l'on pourrait nommer *géographie narrative*, et dont la connaissance est le plus généralement répandue, semblable aux récits des voyageurs, décrit par la voie du discours la connexion des différens pays, leurs principales circonstances physiques et topographiques; la forme de leurs gouvernemens, leurs divisions politiques, leur commerce, les mœurs de leurs habitans, et enfin rappelle les principaux traits de leur histoire.

Ces descriptions, rendues dans le langage commun, appropriées aux notions les plus familières, ont nécessairement des formes un peu vagues; c'est pourquoi on a imaginé d'y joindre des *dessins* ou *cartes*, non-seulement dans l'intention de rendre sensibles aux yeux les situations respectives des divers lieux de la terre, mais encore pour donner à ces situations, et aux relations de forme et d'étendue qui en résultent, la plus grande précision que l'on puisse atteindre, et dont on a souvent besoin dans la navigation, l'art militaire, la construction des routes, des canaux, et pour d'autres objets aussi importans à la société.

La construction de ces cartes forme une seconde branche non moins utile que la précédente, mais beaucoup moins connue; et quoique les principes sur lesquels elle repose tiennent à la géométrie et à l'astronomie, elle est souvent ignorée de ceux mêmes qui sont initiés dans ces sciences. Cela vient peut-être aussi de ce que, faute d'un nombre suffisant de déterminations précises, l'application des principes mathématiques ne sert dans beaucoup de circonstances qu'à tracer ce qu'on appelle le *cadre de la carte*, et que pour y placer les détails il faut alors recourir à la combinaison et à la discussion des relations des voyageurs, ou des récits des historiens.

Ce genre de travail étant plutôt dirigé par la sagacité de celui qui l'exécute que par des règles générales, a paru sans doute peu susceptible d'analyse ; et on n'a pas cru pour cette raison devoir en parler dans l'instruction générale : mais cependant il n'est pas impossible de montrer le fil qui a conduit dans leurs recherches, les savans géographes du siècle passé et du nôtre, et de compléter ainsi les traités de géographie, en y joignant les élémens de la partie *mathématique* et *critique* de cette science, qui a principalement pour objet la construction des cartes. D'ailleurs, comment peut-on se servir avec sûreté de ces dessins et en apprécier l'exactitude, lorsqu'on est absolument étranger aux procédés qu'on emploie pour les composer.

Ces motifs m'ont engagé à présenter ici un résumé de cette matière, en m'écartant de la marche ordinaire des introductions annexées à la plupart des traités de géographie, qui ne sont que des élémens d'astronomie plus ou moins abrégés. Je commencerai, comme les auteurs de ces introductions, par l'exposé des premières notions astronomiques; mais je me bornerai à celles qui sont absolument nécessaires pour faire concevoir comment, à l'aide de l'observation des astres, on peut déterminer la position des différens points de la terre.

PREMIÈRE SECTION.

Notions astronomiques nécessaires à l'étude de la géographie.

1. Quand on est placé dans un lieu d'où rien ne borne la vue, on remarque d'abord que le ciel semble terminé sur la terre par un cercle, auquel on a donné le nom d'horizon. Il n'est pas possible de saisir la forme de la surface terrestre renfermée dans ce cercle, parce qu'elle est le plus souvent sillonnée d'inégalités, qui altèrent sa figure primitive; mais si on se trouve au bord de la mer, on reconnaît bientôt que, quelqu'unie que paraisse sa surface, elle n'est pas plate; car lorsqu'un vaisseau arrive près des côtes, c'est par la partie supérieure de ses mâts qu'on l'aperçoit, et les meilleures lunettes n'en sauraient faire découvrir le corps, quelque gros qu'il soit; ce n'est qu'à mesure qu'il s'approche qu'on le voit se dégager de l'horizon, et pour ainsi dire sortir de la mer. Il faut donc, lorsqu'on ne voit que la partie supérieure, que l'inférieure soit cachée par la convexité de la portion de mer comprise entre le vaisseau et le spectateur, ainsi que le montre la *figure* 1.

Du moment où on a remarqué que la surface de la mer avait une courbure, on a bientôt conçu que les terres devaient y participer, abstraction faite de leurs inégalités; et on a été porté à regarder l'ensemble comme sphérique, parce que cette forme est, parmi les surfaces courbes, celle dont la loi géométrique est la plus simple, et qui se conçoit le plus facilement.

D'autres phénomènes qui seront indiqués dans la suite, ont fortifié cette conjecture, qui depuis a été vérifiée par les voyages et les navigations autour de la terre; et enfin les dernières découvertes astronomiques, en fournissant les moyens de mesurer la terre avec une grande précision, ont prouvé que sa forme était si approchante de celle de la sphère, qu'on pouvait dans le plus grand nombre de cas, négliger sans erreur sensible la différence qui s'y trouvait.

Les montagnes et les vallées, répandues à la surface de la terre, et comparées à sa masse, n'en altèrent pas plus la figure que ne le font sur l'orange dont la peau est la plus fine, les aspérités qu'on y remarque. On donnera plus loin, par le calcul, la preuve de cette assertion.

2. La rondeur de la terre donne bientôt l'explication des mouvemens les plus apparens des astres. En effet, le soleil, au moment où il se *lève*, se dégage et sort partiellement de l'horizon; il semble ensuite décrire dans le ciel une portion de cercle, et vient se plonger dans la partie opposée de l'horizon lorsqu'il se *couche*, puis reparaît le lendemain à-peu-près au point où il s'était levé la veille. On imagine facilement que sa disparition n'a lieu que parce qu'il passe au-dessous de l'horizon, pour achever de tourner autour de la terre.

Lorsque, dans le cours d'une belle nuit, on suit avec attention le mouvement des étoiles, on en voit qui se montrent dans la partie du ciel où le soleil se lève, d'autres qui disparaissent dans la partie où il se couche; et dans nos contrées, pendant une longue nuit d'hiver, on en distingue qui décrivent plus d'un demi-cercle, autour d'une autre qui se fait remarquer par son immobilité apparente : on en verrait même achever le cercle, si la lumière du soleil, en effaçant la leur, ne les faisait disparaître.

Les étoiles paraissant tourner toutes dans le même sens,

autour d'un point, on est d'abord porté à le regarder comme le centre d'un mouvement commun dans lequel sont entraînés à-la-fois tous les astres, et que le soleil partage aussi, puisqu'il s'avance dans le même sens et de la même manière que le font les étoiles. Cette opinion fut long-tems celle des astronomes; ils supposaient le soleil et les étoiles attachés à une voûte solide, qui les emportait dans la révolution qu'elle faisait autour de la terre, dans l'espace de 24 heures. Lorsqu'on a reconnu que les astres n'étaient pas tous à la même distance de la terre, que plusieurs s'en éloignaient et s'en approchaient successivement à certaines époques, il a fallu réformer la conjecture précédente; et l'on est venu à concevoir que le mouvement général des astres n'était qu'une apparence produite par un mouvement réel, que la sphère terrestre exécutait en sens contraire, autour d'un diamètre ou axe, dont le prolongement passait par l'étoile qui semblait immobile.

En effet, lorsqu'on est dans un bateau abandonné au cours tranquille d'une rivière, et qu'aucune secousse n'avertit qu'on change de lieu, ce sont les objets du rivage qui paraissent en mouvement dans le sens opposé. Rien n'est donc plus naturel que d'attribuer ainsi à la terre le mouvement commun qu'on remarque dans le soleil et dans les étoiles; et cette explication, que sa simplicité seule rend très-probable, s'est confirmée de plus en plus par l'analyse exacte des phénomènes, et par l'accord des observations avec ses résultats.

3. Le point autour duquel paraît se faire le mouvement commun des astres, se nomme le *pôle celeste*; l'étoile qui le fait remarquer et qui en est très-voisine, est l'*étoile polaire*. L'axe de la terre dirigé à ce point, marque sur la surface de notre globe deux points opposés, qui sont

les *pôles terrestres*. Celui qui répond à l'étoile polaire se nomme le *pôle septentrional*, ou le *pôle nord*, ou le *pôle arctique*; et l'opposé, le *pôle austral*, ou le *pôle sud*, ou le *pôle antarctique*.

Le côté de l'horizon qui répond au-dessous du pôle nord, est le nord ou septentrion; le côté opposé est le sud ou midi.

Si on conçoit par ces deux points un cercle dont le plan soit perpendiculaire à l'horizon, il passera nécessairement par les pôles, et ce sera celui que les astronomes ont appelé le *méridien*: il partage en deux parties égales l'hémisphère céleste compris au-dessus de l'horizon, ensorte que les astres qui se trouvent sur ce cercle sont au milieu de leur course apparente; et c'est le passage du soleil par le même cercle qui marque l'instant du midi.

La ligne qui joint le point nord de l'horizon avec celui du midi, se nomme la *méridienne*. Si on lui mène une perpendiculaire, qu'on imagine prolongée de part et d'autre jusqu'à l'horizon, elle détermine sur ce cercle deux points opposés, que l'on désigne sous les noms de *est* et *ouest*, ou *orient* et *occident*, ou *levant* et *couchant*.

Ces dernières dénominations font entendre que l'un de ces points est du côté où les astres paraissent commencer leur course journalière ou se lever, que l'autre est du côté où ils semblent se plonger au-dessous du même cercle ou se coucher, et que leur mouvement diurne apparent est dirigé d'orient en occident.

Il est à-propos de remarquer que lorsqu'on regarde le midi, on a l'est à droite et l'ouest à gauche; et que si on marque sur une surface horizontale deux points dans la direction de l'étoile polaire, ils détermineront une ligne qui différera peu de la méridienne. Je donnerai bientôt d'autres moyens pour la tracer exactement.

4. Pour résumer avec quelque précision les remarques énoncées dans les numéros précédens, il est nécessaire d'avoir recours à une figure.

Le cercle MENO, *fig.* 2, représente l'horizon, au centre duquel l'observateur A est placé; BCD, B'C'D', sont les portions de cercle que paraissent décrire les astres autour du pôle céleste. Ceux dont la distance au pôle est moindre que l'arc PN, qui marque l'élévation de ce point au-dessus de l'horizon, paraissent décrire des cercles entiers, tels que GHIK; N est le nord de l'horizon, M le midi, et MN désigne par conséquent la ligne méridienne. Le demi cercle MZN, dont le plan est supposé perpendiculaire sur celui de l'horizon MENO, et qui passe par les points N et M, est le méridien céleste qui coupe, aux points C, C', les arcs BCD, B'C'D', en deux parties égales.

Le point E est l'orient ou l'est de l'horizon, et le point O est l'occident ou l'ouest; c'est de E vers O que les astres paraissent se mouvoir, et passer au milieu de leur course par quelqu'un des points du cercle MZN.

5. Je passe maintenant à l'explication de ces apparences. Afin de la bien saisir, le lecteur doit se transporter en idée hors de la terre, pour ne la considérer que comme un globe placé au milieu d'un espace indéfini dans tous les sens.

La *figure* 3 représente le globe terrestre isolé; le point A est supposé le lieu de l'observateur, EMON son horizon, et la droite PP' désigne l'axe autour duquel la terre exécute son mouvement de rotation d'occident en orient.

Cela posé, il est évident que l'horizon de l'observateur tournant avec lui pendant la rotation du globe, s'avance successivement vers les astres situés dans le sens de son mouvement, qui par conséquent semblent marcher dans le sens opposé pour s'approcher de ce plan.

Le plan MZN du méridien, élevé sur la ligne méridienne NM, perpendiculairement au plan horizontal ENOM, tourne aussi avec ce dernier, et se dirige successivement vers les mêmes astres, qui se trouvent alors au milieu de l'espace qu'ils semblent parcourir au-dessus de l'horizon.

Quand le bord occidental de l'horizon est parvenu à un astre, cet astre paraît se coucher, et cesse ensuite d'être visible jusqu'à ce que le mouvement de la terre ait ramené sur lui le bord oriental de l'horizon; parce que pendant cet intervalle, les rayons visuels qui rasent la terre passent au-dessus de l'astre.

Cette explication répond donc aux apparences d'une manière aussi exacte que simple, et rend parfaitement raison de l'apparition et de la disparition journalière des astres, circonstances par lesquelles le soleil produit l'alternative du jour et de la nuit.

6. Une remarque importante à faire, c'est que tous les mouvemens dont il est question dans ce qui précède ne se mesurent que par des angles, sans aucun égard à la longueur absolue des distances.

En effet, quand un astre F, après avoir paru sur le prolongement du rayon visuel AF dans le plan de l'horizon, se trouve sur le prolongement du rayon AF′ dans le plan du méridien, l'observateur n'a remarqué que l'espace angulaire compris entre les deux droites AF et AF′, et qui paraît embrasser dans le ciel, un arc de cercle, dont le rayon n'est déterminé en aucune manière.

Il suit de cette remarque que l'on peut, lorsqu'il s'agit des astres, substituer au plan tangent ENOM un plan parallèle mené par le centre de la terre ; car lorsqu'un astre situé en G paraîtra dans l'horizon tangent au point A, un observateur qui serait placé au centre de la terre, voyant le même astre sur la ligne C G, le trouverait seulement élevé de l'angle G C *n*, qui est d'autant plus petit que le point G est plus éloigné, ainsi qu'on le voit à l'égard du point G′. Or la distance des astres est si grande, que cet angle est insensible pour la plupart de ces corps, et très-petit pour les autres.

Substituant en conséquence de ce qui vient d'être dit, la *figure* 4 à la précédente, je prends pour plan horizontal par rapport aux astres, le plan E N O M, mené par le centre de la terre parallèlement au plan qui la toucherait en A, ou ce qui est la même chose, perpendiculairement au rayon C A tiré de ce point au centre de la terre. Je conçois le plan M Z N du méridien prolongé indéfiniment autour du centre C de la terre, par lequel il passe nécessairement puisqu'il est mené par l'axe P P′. Il détermine alors sur la surface terrestre un cercle P A P′, qui passe par les pôles, qu'on nomme le *méridien* du lieu A, et qui l'est aussi de tous les points situés sur sa circonférence. L'horizon E N O M se nomme l'*horizon rationnel*, pour le distinguer de celui qui est tangent à la surface de la terre et qui s'appelle *horizon sensible*.

Le point Z, qui répond dans le ciel perpendiculairement au-dessus de la tête de l'observateur, se nomme le *zénith* ; et à cause de la rondeur de la terre, la ligne C Z prolongée en-dessous en indique un autre Z′ que l'on appelle *nadir*, qui est opposé au premier et qui se trouve le zénith du lieu A′, diamétralement opposé sur la surface de la terre au lieu A.

La position de la droite Z A, que l'on nomme la *verticale*, est indiquée sur la terre par la direction de la chute des corps graves, comme celle du plan horizontal l'est par la surface des eaux stagnantes d'une petite étendue, sur laquelle la verticale, ou la ligne que marque un fil à plomb est perpendiculaire.

La pesanteur tendant par-tout vers l'intérieur de la terre, agit en A′, suivant la direction Z′A′ opposée à ZA; les corps en ce lieu tombent encore vers la surface de la terre, à laquelle les hommes sont retenus par leur poids : ceux qui sont en A′ ayant leurs pieds opposés aux pieds de ceux qui se trouvent en A, sont les *antipodes* de ces derniers.

7. L'observation assidue des astres en a bientôt fait distinguer de deux sortes; les uns qui conservent entr'eux les mêmes distances et le même arrangement, ne semblent affectés que du mouvement apparent qui résulte de la rotation de la terre autour de son axe; les autres, qui ont un mouvement propre, changent de situation, soit entr'eux, soit par rapport aux premiers. Ceux-ci se nomment *étoiles fixes* ou simplement *étoiles*, les autres se partagent encore en plusieurs classes, savoir : les *planètes* assujéties à des mouvemens dont la période est connue, et les *comètes* qui ne font que des apparitions plus ou moins longues. Celles-ci sont souvent enveloppées d'une lumière pâle et diffuse, présentant quelquefois l'apparence d'une couronne ou chevelure, et quelquefois aussi sont suivies d'une traînée de lumière en forme de queue.

L'observation des étoiles fixes est un des moyens les plus simples pour connaître la position respective des lieux situés sur le même méridien, et confirme pleinement ce qu'on a avancé dans le n.° 2 sur la rondeur de la terre.

8. D'après la définition de l'horizon, on aperçoit sans peine qu'il doit changer de position par rapport aux astres, lorsque l'observateur change spontanément de lieu. S'il se

transporte par exemple de A en A', *fig.* 5, en allant directement du nord au midi, ou en suivant le méridien, le rayon visuel horizontal qui était N M deviendra N' M', en sorte qu'un astre E placé sur le prolongement de ce rayon se trouvera élevé au-dessus du rayon horizontal M' N' au lieu A', d'un angle E C M', précisément égal à celui que forment les rayons C A et C A' menés au centre de la terre.

En effet les angles A C M et A' C M' étant droits (n.° 6), si on en retranche l'angle commun M C A', les restes M C M' et A' C A seront égaux.

C'est ainsi que Possidonius ayant remarqué qu'une étoile très-brillante désignée sous le nom de *canopus*, paraissait à Rhodes dans l'horizon, et se trouvait élevée de la 48.e partie du cercle ou de 7 deg. et demi à Alexandrie en Egypte, en conclut que Rhodes se trouvait éloignée d'Alexandrie, dans le sens du méridien, de la 48e partie de ce cercle.

Le philosophe grec tira encore de la même observation cette conséquence importante que, connaissant la distance de Rhodes et d'Alexandrie en mesures itinéraires, et le rapport que l'arc du méridien compris entre ces deux villes avait avec la circonférence entière, il en conclurait la longueur de la circonférence de la terre exprimée aussi en mesures itinéraires. D'après la durée des navigations et le chemin qu'un vaisseau de ce tems parcourait en un jour, la distance de Rhodes à Alexandrie était estimée de 3,750 stades : cette distance répétée 48 fois, produit 180,000 stades pour la circonférence de la terre.

L'exactitude de ce résultat n'est pas bien constatée, parce qu'on ignore la valeur du stade par lequel il est exprimé, et que d'ailleurs, il semble n'être appuyé que sur des estimations un peu vagues ; mais le principe est encore celui dont on se sert aujourd'hui pour parvenir aux déterminations les plus exactes.

Il s'agit toujours de trouver, par les observations du même astre, dans quel rapport l'arc AA' du méridien qui passe par les deux points d'observation, est avec la circonférence entière; et on mesure ensuite la distance itinéraire de ces points.

9. Par cette observation, on est en état de rapporter un lieu A' à un autre lieu A; mais pour déterminer d'une manière absolue la position de ces points, il est nécessaire de prendre un terme fixe de comparaison.

Pour cela, on conçoit par le centre de la terre perpendiculairement à son axe de rotation, un plan qui détermine sur sa surface une circonférence GEF, *fig.* 6, dont tous les points sont à égale distance des pôles P et P', et qu'on nomme *équateur*. Lorsqu'on est placé sur ce cercle, les deux pôles sont dans l'horizon; mais à mesure qu'on s'en éloigne pour s'approcher de l'un des pôles, celui-ci s'élève tandis que l'autre s'abaisse. C'est ainsi que lorsqu'on est en A', *fig.* 5, le pôle P paraît élevé au-dessus de l'horizon de la quantité angulaire PCN'; et quand on passe en A, cet angle augmente de NCN' et devient PCN.

Le pôle opposé, P', s'abaisse au contraire au-dessous de l'horizon de l'angle MCM', égal à NCN', comme opposé par le sommet.

L'angle qui mesure la hauteur du pôle au-dessus d'un horizon quelconque, est égal à celui qui mesure la distance angulaire d'un lieu à l'équateur, comptée dans le sens du méridien.

Pour s'en convaincre, il suffit de remarquer que les angles ACM et GCP, *fig.* 6, étant droits, si on en retranche l'angle commun ACP, les restes ACG et NCP seront égaux. On voit aussi par la même figure, que la hauteur MCG à laquelle les points de l'équateur paraissent sur l'horizon, est le complément de l'angle ACG.

Lors donc qu'on parviendra à déterminer dans un lieu quelconque la hauteur du pôle au-dessus de l'horizon, on connaîtra la distance angulaire de ce lieu à l'équateur, ou le nombre de parties de l'arc du méridien intercepté entre ce lieu et l'équateur.

10. Les étoiles circompolaires, qui ne se couchent point dans les lieux où l'un des pôles est élevé sur l'horizon, fournissent immédiatement cette détermination.

En effet, puisqu'elles paraissent décrire autour du pôle céleste, un cercle, elles s'en écartent également dans tous les sens; et comme elles passent deux fois au méridien, pendant une révolution diurne de la terre, savoir: une fois au-dessus du pôle et une fois au-dessous, si l'on mesure leur angle d'élévation dans chacune de ces positions, et qu'on prenne le milieu entre les deux résultats, on aura l'élévation du pôle.

C'est ce que montre évidemment la *figure* 7. Lorsque l'étoile passe au méridien au dessus du pôle, son angle d'élévation sur l'horizon est EON; quand elle paraît en E' au méridien au-dessous du pôle, son angle d'élévation est E'ON. Les angles EOP et E'OP étant égaux, l'angle PON tient le milieu entre EON et E'ON, et est égal par conséquent à la moitié de leur somme.

De plus, si on prend la moitié de la différence EOE', des angles EON et E'ON, mesurés entre l'étoile et l'horizon, on aura l'angle EOP, qui fera connaître la distance angulaire entre l'étoile observée et le pôle céleste.

En mesurant, par exemple, à Paris, pendant une longue

nuit d'hiver, les deux hauteurs méridiennes de l'étoile polaire, on trouvera (1) :

Lorsqu'elle passe au-dessus du pôle,	50° 37′	environ.
Lorsqu'elle passe au-dessous. . . .	47° 5′	
La somme étant	97° 42′	
La moitié	48° 51′	

Sera la hauteur du pôle au-dessus de l'horizon de Paris, ou la distance de cette ville à l'équateur.

Si, au contraire, on retranche 47° 5′ de 50° 37, on trouvera pour la différence, 3° 32′, dont la moitié, 1° 46′, mesurera la distance de l'étoile polaire au pôle, qui, comme on le voit, n'occupe pas exactement ce point, mais en est seulement très-voisine.

11. La connaissance de la distance d'un lieu de la terre à l'équateur, ne suffit pas pour déterminer la position de ce lieu ; car la même distance convient à tous les points situés sur l'intersection de la sphère et d'un plan parallèle à l'équateur, intersection qui donne un cercle parallèle à l'équateur, mais dont le rayon est moindre, et que pour cette raison on nomme un *petit cercle*.

Tous les points de ce cercle ne peuvent se distinguer que par le méridien, qui est différent pour chacun d'eux;

(1) Convaincu que la description des instrumens astronomiques est absolument insuffisante pour les faire connaître aux personnes qui n'en ont jamais vu de ce genre, j'ai cru n'en pas devoir charger cette introduction. D'ailleurs, la forme de ces instrumens, dont l'objet est de mesurer les angles, est si variée, qu'on ne saurait sans un détail très-prolixe, indiquer la manière de se servir de tous ceux qu'on peut rencontrer. On sait d'ailleurs par les premières notions de géométrie, que les angles ont pour mesure des arcs de cercle, et que deux règles mobiles autour d'une charnière suffisent pour prendre la direction des lignes qui les forment.

et l'observation des mouvemens célestes en donne encore le moyen.

En effet, les plans des divers méridiens PAP', PLP', PMP', etc. *fig.* 8, se coupant tous dans l'axe PP' et tournant sur cette ligne, répondent successivement à la même étoile, et entre le passage de deux méridiens quelconques par cette étoile, il s'écoule un tems qui est à la durée de la rotation entière, comme l'angle que font ces méridiens est à quatre angles droits; ensorte que si on pouvait mesurer le premier intervalle pour le comparer au second, on en déduirait l'angle que les deux méridiens proposés font entr'eux.

On y parviendrait si l'on pouvait indiquer par un signal visible en même-tems dans des lieux placés sous les deux méridiens, le moment où une étoile paraît sur l'un de ces méridiens; car ayant marqué cet instant, une horloge bien réglée donnerait la mesure du tems qui s'écoulerait entre ce passage et celui de la même étoile par l'autre méridien.

Si par exemple deux observateurs, l'un à Paris et l'autre à Dreux, étaient convenus de déterminer le même jour le passage de la même étoile au méridien de la ville qu'ils habitent, et qu'un signal donné au moment où cette étoile passe au méridien de Paris, pût être visible à Dreux, il s'écoulerait environ quatre minutes avant que l'étoile fût dans le méridien de Dreux. Cet intervalle étant à-peu-près la 360.e partie de la durée d'une révolution diurne de la terre, il en résulte que le plan du méridien qui passe par Dreux, fait avec celui du méridien qui passe par Paris, un angle qui est la 360.e partie de quatre angles droits, ou dont la mesure est un degré.

12. Connaissant par ce moyen l'angle que le méridien

PLP′ passant par le lieu L, fait avec le méridien PAP′ passant par un lieu donné A, le lieu L sera entiérement déterminé, si l'on a d'ailleurs sa distance GL à l'équateur EGF, puisqu'il se trouvera à l'intersection du parallèle LM mené à cette distance, et du demi-cercle PLP′.

La distance GL d'un lieu à l'équateur, comptée sur le méridien, se nomme *latitude;* elle est *septentrionale* ou *nord* lorsque le lieu est placé entre le pôle de ce nom et l'équateur; elle est *méridionale* ou *sud* dans l'hémisphère opposé.

L'angle des méridiens PAP′ et PLP′, mesuré par les arcs FG ou HL, compris sur l'équateur ou sur le parallèle, est la *différence en longitude* des lieux A et L, et se nomme *longitude* du lieu L, lorsque le demi-cercle PAP′ est le *premier méridien*, qu'on fait passer par un lieu convenu arbitrairement.

Le moyen indiqué précédemment pour sa détermination, n'est praticable en général, qu'en prenant pour signal un phénomène céleste; car pour qu'un signal soit aperçu de deux endroits en même tems, il doit être d'autant plus élevé (n.° 1) que ces points sont plus distans. Les phénomènes qu'on emploie à cet usage résultant du mouvement propre des planètes, je vais donner quelques notions de ces mouvemens.

13. Outre le mouvement diurne apparent qu'il partage avec tous les astres, le soleil, dans le cours d'une année, semble s'avancer alternativement vers l'un des pôles et vers l'autre; si de plus on le compare aux étoiles, en remarquant une de celles qui se couchent un peu après lui, on reconnaît que l'intervalle de ces deux phénomènes diminue, et bientôt on cesse d'apercevoir l'étoile, effacée par la lumière du soleil, qui par conséquent s'en est approché

en s'avançant vers l'orient. Quelques jours après la même étoile reparaît à l'orient un peu avant le lever du soleil : l'intervalle qui s'écoule entre ce lever et celui de l'étoile augmentant chaque jour, prouve que le soleil s'est éloigné de plus en plus vers l'orient; et après environ 365 jours, l'étoile et le soleil se retrouvent dans les mêmes positions relatives. Le soleil paraît ainsi animé de deux mouvemens; l'un dont le sens est du midi au nord, puis du nord au midi; et l'autre d'occident en orient.

On explique d'abord très-simplement ces apparences, en donnant au soleil un seul mouvement qui se répète tous les ans, ou *annuel*, et qui s'exécute dans un plan incliné à l'axe de la terre, puisqu'il penche alternativement vers l'un et l'autre pôles. Mais les circonstances du mouvement des autres planètes ne se prêtent à aucune explication plausible, lorsqu'on regarde ces corps comme se mouvant autour de la terre; tandis qu'en les faisant mouvoir autour du soleil, et en attribuant aussi à la terre le mouvement annuel de cet astre, la combinaison de ces mouvemens absolus donne à chacune des planètes, vues de la terre, un mouvement relatif, parfaitement conforme à toutes les apparences, et susceptible de les représenter avec la plus grande précision. C'est par ce moyen que Copernic rendit au *système du monde* la simplicité et l'exactitude qu'il avait entièrement perdues sous les efforts multipliés que faisaient, après Ptolémée, les partisans de l'immobilité de la terre, pour expliquer comment les planètes paraissaient tantôt cesser momentanément de se mouvoir, tantôt changer de direction.

Il imagina donc qu'en même-tems que la terre tournait sur son axe d'occident en orient, dans l'intervalle d'un jour (n°. 5), sa masse, emportée dans l'espace absolu d'orient en occident, faisait, dans un plan incliné à l'équateur, autour du soleil, une révolution entière dans l'intervalle d'une année.

On a tous les jours sous les yeux une foule d'exemples de ces deux mouvemens simultanés dans un même corps.

La *toupie* dont s'amusent les enfans est l'un des plus familiers ; tandis qu'elle tourne rapidement sur le morceau de fer qui la traverse, et qui forme son axe, elle décrit encore sur le sol des courbes très-variées, et qui dépendent de la manière dont elle a été lancée ; une boule qui n'a pas été frappée dans une direction passant par son centre, contracte un mouvement sur elle-même ou de rotation, outre le mouvement progressif qui résulte de l'impulsion qu'elle a reçue. Ces indications doivent suffire pour faire comprendre les détails que je vais exposer sur les deux mouvemens de la terre.

14. Pour bien concevoir comment le mouvement annuel de la terre produit les phénomènes du déplacement apparent du soleil, il suffit de saisir les conséquences du parallélisme que l'axe de la terre conserve dans toutes les positions qu'elle occupe.

Cet axe, qui est incliné par rapport au plan dans lequel le centre de la terre exécute son mouvement autour du soleil, demeurant toujours parallèle à lui-même, présente alternativement chacune de ses extrémités ou chacun des pôles vers le soleil. Cela se voit dans la *fig.* 9, où les lignes PP′ parallèles entr'elles, représentent l'axe de la terre, et S le centre du soleil. Ce parallélisme fait que le pôle P, qui est le plus près du soleil lorsque la terre est en B, devient le plus éloigné quand la terre est en D, parce que dans la première situation, l'inclinaison de la partie BP de l'axe terrestre est tournée en-dedans de la courbe ABCD, tandis qu'au point D elle se trouve en-dehors. Il y a deux points intermédiaires A et C, dans lesquels l'axe P P′ ne penche ni vers le soleil ni du côté opposé, et la ligne C S A qui joint le centre du soleil et celui de la terre dans ces deux positions opposées, est perpendiculaire sur l'axe P P′. Dans tous les autres points de l'orbite A B C D, l'axe terrestre penchera nécessairement vers le soleil ou du côté opposé; et comme ce sont ces deux positions qui produisent les saisons, je vais les considérer à part.

15. La *fig.* 10 se rapporte au cas où le pôle P est le plus près du soleil. La distance du soleil à la terre étant très-considérable par rapport au diamètre de celle-ci, les rayons de cet astre peuvent être regardés comme sensiblement parallèles à la ligne S O qui joint les centres de ces deux corps. On conçoit d'abord que la surface terrestre se partage à chaque instant en deux parties, celle qui regarde le soleil étant éclairée, tandis que celle qui est du côté opposé est obscure. La limite qui sépare ces deux parties est déterminée par le grand cercle I L K′, mené perpendiculairement à la ligne S O; car il est évident que ce cercle embrasse la surface que la terre présente au soleil, et que les rayons de lumière tels que S I, S K′, qui en atteignent la circonférence, ne font que raser le globe. On l'appelle le *cercle d'illumination.*

Cela posé, l'équateur E L F étant un grand cercle, se trouve partagé en deux également par le cercle d'illumination; chacun de ses points parcourt la moitié de la circonférence dans la partie éclairée de la terre, et jouit par conséquent de la présence du soleil pendant la moitié du tems de la rotation de la terre. De là vient que dans les lieux situés sur ce cercle, les jours sont égaux aux nuits, et qu'on le nomme quelquefois *ligne équinoxiale.* Tous les cercles que décrivent les différens points de l'arc P E, sont partagés de plus en plus inégalement par le cercle d'illumination, à mesure qu'ils sont plus près du pôle; la plus grande des deux portions se trouve dans la partie éclairée, et la plus petite dans la partie obscure: pour tous ces points, la durée du jour surpasse donc de plus en plus celle de la nuit. Il n'y a même pas de nuit pour toute la région renfermée dans le cercle IK, décrit par le point I où passe le rayon solaire qui rase la terre le plus près du pôle P, parce que ce cercle est tout entier dans la partie éclairée.

Pour l'autre hémisphère EP′F, tout se passe dans un ordre inverse. Au-delà de l'équateur E L F, en allant vers le pôle P′, les cercles décrits parallèlement à l'équateur, coupés de plus en plus inégalement par le cercle d'illumination I L K′, ont leur plus grande portion dans la partie obscure, et leur plus petite dans la partie éclairée. La durée des nuits surpasse donc de plus en plus celle des jours, et la région renfermée dans le cercle I′ K′, décrit par le point K où tombe le rayon du soleil qui rase la terre le plus près du pôle P′, se trouvant toute entière dans la partie obscure, n'a point de jour.

Le rayon S O étant dirigé vers le centre de la terre, tombe perpendiculairement sur sa surface, et le point H en tournant autour de l'axe PP′, décrit un cercle H G dont tous les points viennent successivement passer à plomb sous le soleil. De part et d'autre de ce cercle, les rayons solaires deviennent de plus en plus obliques, et ils sont horizontaux sur les cercles IK et I′K′, puisqu'ils n'y font que raser la terre.

Il suit de là que le soleil paraît sur l'horizon à une hauteur d'autant plus grande, que le lieu de cet horison est sur un cercle parallèle à l'équateur, plus voisin de G H.

16. Dans la *figure* 11, où la partie OP de l'axe terrestre est penchée en sens contraire par rapport au soleil, il faut appliquer à l'hémisphère EP′F, ce qu'on a vu précédemment pour l'hémisphère EPF et *vice versâ*. C'est dans le premier que les jours surpassent les nuits, et c'est sur les points du cercle G′H′ de cet hémisphère, que le soleil répond perpendiculairement. Le contraire a lieu pour l'hémisphère EPF.

17. Quand la terre est en A ou en C, *fig.* 9, le rayon solaire SA ou SC, dirigé vers le centre de la terre, étant perpendiculaire à l'axe PP′ (n.° 14), celui-ci se trouve dans le plan du cercle d'illumination, qui partage alors non-seulement l'équateur en deux parties égales, mais tous les cercles qui lui sont parallèles; en sorte que la partie éclairée en embrasse autant que la partie obscure. Dans cette position, la durée du jour se trouve égale à celle de la nuit pour tous les points de la surface terrestre. On nomme, en conséquence, *équinoxes*, les points A et C, et les époques auxquelles le centre de la terre arrive à ces points.

Le tems que la terre emploie à aller du point A au point B, et pendant lequel le pôle P s'approche de plus en plus du soleil, est le printems astronomique pour l'hémisphère EPF, parce que le plan de l'équateur s'abaissant de plus en plus par rapport au soleil, cet astre paraît s'élever vers le pôle. Parvenu en B, le demi-axe BP de la terre, étant incliné le plus qu'il est possible vers le soleil, cet astre paraît alors le plus près du pôle P; et c'est à ce point que commence l'été de l'hémisphère EPF. La situation de l'axe PP′ changeant très-peu pendant plusieurs jours, aux environs du point B, on a nommé ce point *solstice* d'été. Cette saison dure jusqu'à ce que la terre soit au second équinoxe C, où commence l'automne. Alors le pôle P s'étant éloigné du soleil, cet astre, en paraissant s'abaisser, est revenu dans le plan de l'équateur. Après son passage par le point C, le demi-axe CP tournant de plus en plus son inclinaison du côté opposé au soleil, cet astre continue de paraître s'abaisser au-dessous de l'équateur, jusqu'à ce que la terre soit en D, lieu où l'inclinaison du demi-axe DP est directement opposée au soleil, qui a atteint par conséquent la limite de son abaissement au-dessous de l'équateur. C'est à ce point que commence l'hiver de l'hémisphère EPF; et l'axe demeurant aussi plusieurs jours presque dans la même situation, on a nommé le point D *solstice* d'hiver. La durée de cette saison est marquée par le tems que la terre emploie à revenir au point A. Pendant cet intervalle, le pôle P se rapproche du soleil, qui par conséquent semble remonter vers l'équateur, où il parvient quand la terre est en A, et qu'elle a achevé sa révolution annuelle.

A l'égard de l'hémisphère opposé, EP′F, les saisons suivent un ordre contraire: le printems de cet hémisphère répond à l'automne de l'autre, l'été à l'hiver, l'automne au printems, et l'hiver à l'été.

18. Dans l'origine de l'astronomie, on rapporta le mouvement apparent du soleil, aux groupes d'étoiles fixes ou *constellations* qu'il paraît traverser successivement, et qui sont au nombre de douze. L'espace que le soleil parcourt dans une saison en embrasse trois. Leurs noms, et les caractères dont on se sert quelquefois pour les représenter, en commençant par celle qui se trouve à l'équinoxe du printems, sont:

♈ *le Belier*,	♉ *le Taureau*,	♊ *les Gemeaux*,
♋ *le Cancer*,	♌ *le Lion*,	♍ *la Vierge*,
♎ *la Balance*,	♏ *le Scorpion*,	♐ *le Sagittaire*,
♑ *le Capricorne*,	♒ *le Verseau*,	♓ *les Poissons*.

On leur a donné aussi le nom de signes du zodiaque, parce qu'elles occupent dans le ciel cette bande ou zone sur laquelle se trouvent toujours les planètes anciennement connues, qui s'écartent peu de chaque côté de l'écliptique; mais les planètes découvertes récemment par MM. Piazzi et Holbers, ont leurs orbites placées fort au-delà des limites assignées au zodiaque, la dernière sur-tout.

Par l'effet d'un mouvement particulier mais très-lent de l'axe de la terre, les constellations ne répondent plus aux mêmes points de l'orbite terrestre, et comme de plus elles diffèrent les unes des autres en étendue, on a transporté le nom de signes aux douze divisions de la circonférence du cercle qui mesure la révolution entière de la terre. Chacune de ces divisions comprend 30 degrés; et l'on distingue maintenant les signes du zodiaque des constellations, cette dernière dénomination étant spécialement affectée aux groupes d'étoiles.

Par ces conventions, l'équinoxe du printems répond toujours au premier point du signe du belier, le solstice d'été au premier point du cancer, l'équinoxe d'automne au premier point de la balance, et le solstice d'hiver au premier point du capricorne.

19. En paraissant s'approcher alternativement de chaque pôle, le soleil passe successivement au zénith de tous les points de la terre compris entre les deux cercles GH et G′H′, *fig.* 10 et 11, parallèles à l'équateur, et sur lesquels il répond à plomb au solstice d'été ou à celui d'hiver. Ces

limites, où le soleil semble s'arrêter dans chaque hémisphère, portent le nom de *tropiques;* celui qui repond au solstice d'été est le *tropique du cancer*, et l'autre le *tropique du capricorne.*

Les cercles IK et I′ K′, qui terminent vers chaque pôle la partie que le soleil éclaire, lorsqu'il est dans l'hémisphère opposé, ont reçu le nom de *cercles polaires*, et se distinguent par la dénomination du pôle qu'ils enveloppent; l'un est le *cercle polaire arctique*, et l'autre le *cercle polaire antarctique.*

Les cercles polaires et les tropiques partagent la surface terrestre en cinq portions, qu'on nomme *zones;* celles qui sont renfermées dans chaque cercle polaire étant privées du soleil une grande partie de l'année, ou n'en recevant jamais les rayons que très-obliquement, sont les *zones glaciales.*

Les zones comprises dans chaque hémisphère, entre le cercle polaire et le tropique, n'ont jamais le soleil à plomb, mais reçoivent ses rayons moins obliquement que les zones glaciales, et sont appelées *zones tempérées.*

Enfin l'espace terminé par les deux tropiques, dont chaque point passe deux fois sous le soleil dans l'année, et qui reçoit les rayons de cet astre dans une direction toujours peu oblique, éprouvant à cause de ces circonstances une chaleur considérable, porte le nom de *zone torride.*

La présence constante du soleil sur cette zone, et la force de ses rayons, qui y tombent presque perpendiculairement, ont dû à la longue communiquer à la terre une chaleur assez forte pour se répandre dans l'intérieur jusqu'aux pôles, et produire cette température constante que les caves, les souterrains profonds conservent, malgré les alternatives de froid et de chaud qui ont lieu à la surface du globe, soit par le plus ou le moins d'obliquité des rayons du soleil dans les diverses saisons de l'année, soit par l'effet des phénomènes météorologiques.

20. Les anciens géographes ont établi une division de la terre en *climats*, fondés sur la durée du jour comparée à celle de la nuit, au solstice d'été. Le premier climat commence à l'équateur, où les jours, égaux aux nuits, sont de 12 heures, et se termine au parallèle à l'équateur, sur lequel le plus long jour est de 12 heures 30 minutes. Le second climat se termine au parallèle à l'équateur, sur lequel le plus long jour est de 13 heures, et ainsi de suite pour chaque demi-heure d'augmentation dans la durée du jour solstitial, jusqu'au cercle polaire où ce jour embrasse les 24 heures (n.° 15). Passé ce terme, la différence des climats se compte par mois, parce que chaque pôle passe tout l'intervalle compris entre deux équinoxes, ou 6 mois, dans la partie de la terre éclairée par le soleil, et 6 mois dans la partie obscure; et que les points intermédiaires y séjournent plus ou moins long-tems, suivant l'éloignement où ils sont du pôle. Le premier climat de mois se termine donc au parallèle à l'équateur, placé au-delà du cercle polaire, et dont tous les points sont exposés au soleil pendant un mois; et ainsi de suite jusqu'au pôle, où le jour dure 6 mois de l'année et la nuit les 6 autres mois.

21. La diverse distribution des saisons, dans les hémisphères différens par rapport à l'équateur, a fait donner aux habitans de la terre des dénominations qui ne sont plus guères en usage, mais qu'il faut connaître, parce qu'on les rencontre quelquefois dans les auteurs un peu anciens.

Les peuples qui sont placés, l'un au midi, l'autre au nord de l'équateur, mais sur le même méridien et la même latitude dans chaque hémisphère, sont *antœciens*; ils comptent les mêmes heures aux mêmes instans ; mais ils ont des saisons opposées.

Ceux qui sont du même côté de l'équateur, mais placés sous des méridiens opposés, sont les *periœciens :* ils comptent au même instant des heures opposées, les uns ayant minuit quand les autres ont midi, *et vice versâ;* mais étant du côté du même pôle, ils ont les mêmes saisons.

Les géographes anciens ont également établi une division des habitans de la terre, d'après la situation des ombres. Ils ont nommé

Eterosciens, ceux qui sont placés dans les zones tempérées, parce que leur ombre est toujours tournée vers le pôle ;

Perisciens, ceux qui, habitant les zones glaciales et jouissant, dans un tems de l'année, de la présence du soleil pendant 24 heures et plus, voient cet astre tourner autour de leur horizon, et projeter leur ombre dans tous les sens ;

Amphisciens ou *asciens*, les habitans de la zone torride, dont les ombres, à midi, sont alternativement tournées vers un pôle et vers l'autre.

En s'attachant ainsi à considérer les phénomènes locaux, ils ont établi trois situations de la *sphère*, c'est-à-dire, de l'ensemble des divers cercles dont j'ai parlé précédemment et auxquels on rapporte la position des astres.

Ils ont dit que les habitans de l'équateur avaient la *sphère droite*, parce que le plan de ce cercle passant alors par le zénith est perpendiculaire à l'horizon, et qu'en conséquence les astres, qui dans leur mouvement diurne paraissent décrire des parallèles à l'équateur, semblent monter et descendre à plomb par rapport à l'horizon.

Depuis l'équateur jusqu'aux pôles, ce cercle coupant

l'horizon obliquement, on a la *sphère oblique*, parce que la route diurne des astres est inclinée à l'horizon. Enfin, à l'un et à l'autre pôle, l'horizon est l'équateur même (n.° 6), et les astres paraissent se mouvoir parallèlement à ce cercle ; on a par cette raison, dans ces points, la *sphère parallèle*.

22. L'étendue des zones et des climats est déterminée par l'inclinaison de l'axe de la terre sur le plan de l'écliptique ; et cette inclinaison se découvre en observant dans un même lieu la plus grande et la plus petite des hauteurs du soleil, lorsqu'il passe au méridien au solstice d'été et au solstice d'hiver.

En effet, puisqu'il s'écarte également des deux côtés de l'équateur dans l'une et l'autre circonstances, les points de l'équateur doivent passer au méridien à une hauteur moyenne, entre les deux hauteurs extrêmes du soleil, et la différence de celles-ci est le double de la quantité angulaire dont le soleil s'élève et s'abaisse par rapport à l'équateur ; on déterminera donc à-la-fois cette quantité, et la position de l'équateur sur l'horizon, qui fera connaître la latitude du lieu des observations.

A Paris, par exemple, le soleil s'élève au solstice d'été à 64° 38′ au-dessus de l'horizon, et seulement à 17° 42′ au solstice d'hiver.

	64°	38′
	17°	42′
La somme de ces hauteurs est . .	82°	20′
La moitié	41°	10′

donne la hauteur de l'équateur sur l'horizon de Paris, et prenant le complément à 90°, on trouve que la distance de l'équateur au zénith, ou la latitude de Paris, est de 48° 50′ ;

En retranchant l'une de l'autre,

Les hauteurs	64°	38′
	17°	42′
On trouve une différence de . .	46°	56′
Et la moitié	23°	28′

donne l'arc dont le soleil s'écarte de l'équateur vers l'un et l'autre pôles.

Cet arc mesurant l'angle F O H, *fig.* 10, mesure aussi celui que font entr'eux les plans de l'équateur et de l'écliptique, ou l'*obliquité* de l'écliptique à l'égard de l'équateur.

L'angle F O H a pour complément l'angle P O H qui mesure l'inclinaison de l'axe terrestre O P sur le plan de l'écliptique représenté par la ligne O S; et en ôtant 23° 28′ de 90, on trouve 66° 32′.

Il faut remarquer aussi que l'arc I P qui mesure la distance du cercle polaire I K au pôle P, étant le complément de l'arc P H, et par conséquent égal à F H, est de 23° 28′. Le complément, 66° 30′, de cet arc, exprime la valeur de l'arc I E ou de la latitude de tous les points du cercle polaire. Quant à celle des tropiques G H et G′ H′, elle est égale à l'arc E G, et par conséquent de 23° 28′.

23. On déduit de ces résultats l'étendue de diverses zones : d'abord les zones glaciales comprennent de chaque côté du pôle, 23° 28′ de latitude; les zones tempérées qui sont renfermées entre le cercle polaire et le tropique, ou entre 66° 32′ et 23° 28′ de latitude, en ont 43° 4′; enfin la zone torride terminée de part et d'autre par les tropiques, placés à 23° 28′ de chaque côté de l'équateur, renferme 46° 56′ de latitude. On calcule facilement d'après ces données, et avec le secours de la géométrie élémentaire, les rapports d'étendue superficielle des zones, et on trouve que les nombres 83, 519, 796, représentent respective-

ment, une zone glaciale, une zone tempérée, et la zone torride; ou bien, en prenant pour unité l'aire entière du globe,

Les zones glaciales en forment les $\frac{83}{1000}$.
Les zones tempérées . . . . . les $\frac{519}{1000}$.
La zone torride . . . . les $\frac{398}{1000}$.

Ces dimensions ne sont pas constantes; car les observations, et le calcul des forces qui produisent les mouvemens des planètes, ont prouvé que l'inclinaison de l'équateur terrestre par rapport à l'écliptique, reçoit une diminution d'environ 50″ par siècle, jusqu'à ce qu'elle parvienne à un terme qui n'est pas encore bien déterminé, passé lequel elle recommencera à croître.

24. C'est sur le mouvement apparent du soleil qu'on a d'abord réglé le tems. La durée du jour astronomique est marquée par l'intervalle qui s'écoule entre deux passages consécutifs du soleil par le méridien du même lieu. On la divise en 24 heures, et l'*année tropique* est l'intervalle qui s'écoule entre le passage du soleil à l'un des équinoxes, et son retour au même point; elle comprend 365 jours 5 heures 48′ 48″.

La position des équinoxes, sur le plan de l'écliptique, dépendant de la situation de l'axe terrestre, change par rapport aux étoiles, en vertu d'un petit mouvement particulier de cet axe, ensorte que les points équinoxiaux rétrogradent d'environ 50″ par an, par rapport aux étoiles qui paraissent en conséquence s'avancer de cette quantité dans le sens de l'écliptique; et cette circonstance alonge un peu la révolution annuelle de la terre, lorsqu'on la compare aux étoiles. Elle se nomme alors *année sydérale*, et dure 365 jours 6 heures 9′ 12″.

La terre n'emploie pas tout-à-fait 24 heures dans sa rotation, parce que dans cet espace de tems, elle parcourt, en outre, pour rameuer le même méridien au soleil, un espace angulaire égal à celui que son mouvement annuel, qui est en sens contraire de son mouvement diurne, lui a fait décrire autour du soleil; ensorte que l'intervalle entre deux passages d'une étoile fixe au même méridien, qui mesure la véritable durée de la rotation terrestre, n'est que de 23 heures 56′ 4″. Par cette différence, les étoiles paraissent gagner chaque jour sur le soleil environ 4′ de tems dans leur passage au méridien.

La durée de la rotation de la terre est uniforme dans tous les tems; mais il n'en est pas ainsi de celle du jour, qui se compose, comme on vient de le dire, du tems de la rotation de la terre, et de celui qu'elle emploie à décrire autour de son axe, l'angle qui compense la quantité dont elle a tourné autour du soleil par l'effet de son mouvement annuel; car ce dernier mouvement, qui ne s'effectue pas dans un cercle, mais dans une ellipse dont le soleil occupe le foyer, n'est pas uniforme, et a lieu dans le plan de l'écliptique, incliné à celui de l'équateur. Le concours de ces causes fait que la durée des jours, comparée à celle de la rotation de la terre, est tantôt moindre et tantôt plus grande que 24 heures; et la série des différences forme ce qu'on appelle l'*équation du tems*, qu'il faut dans certaines saisons ajouter, et dans d'autres soustraire à l'heure indiquée par les horloges réglées sur le soleil, ou marquant le *tems vrai*, pour en conclure le *tems moyen*, auquel se rapportent les tables astronomiques, au moyen desquelles on calcule maintenant avec une très-grande précision, les mouvemens des astres, et sur-tout ceux du soleil et de la lune.

25. Ce dernier astre est regardé comme le *satellite* de la terre, parce qu'en tournant autour d'elle, il l'accompagne dans sa révolution autour du soleil. La lune emploie 27 jours

7 heures, 43′ 4″ à accomplir, d'orient en occident, sa révolution autour de la terre par rapport aux points équinoxiaux; mais quand on la compare au soleil, qui pendant ce tems paraît s'avancer dans le même sens, elle emploie 29 jours 12 heures 44′ 3″ à parcourir la circonférence entière du ciel, plus le chemin fait par le soleil. Telle est la *révolution synodique*, ou le mois lunaire, qui commence au moment où la lune se trouve directement entre le soleil et la terre, ce qu'on nomme *en conjonction*. Cet aspect est représenté dans la figure 12, où S désigne le soleil, T la terre, et L la lune.

Pendant cette révolution, la lune prend, par rapport au soleil, toutes les situations possibles, desquelles résultent les divers aspects ou *phases*. En effet, la lune étant un corps opaque, comme toutes les planètes, ne peut être aperçue qu'autant qu'elle renvoie sur la terre les rayons lumineux qu'elle reçoit du soleil; et il faut, pour cela, qu'elle tourne vers nous au moins une partie de celui de ses hémisphères qui, se trouvant directement opposé au soleil, est le seul éclairé. La lune ne devient donc visible pour nous que lorsqu'après avoir passé le point L, elle commence à tourner vers la terre une portion ou segment de son disque éclairé, qui s'agrandit à mesure qu'elle s'éloigne du soleil pour passer du côté opposé en L″. La terre se trouvant alors entre ces deux astres, on voit en entier l'hémisphère éclairé de la lune, qui, dans cet état, paraît pleine et en *opposition* avec le soleil.

La conjonction et l'opposition de la lune par rapport au soleil, ou la nouvelle et la pleine lune, sont les *syzigies*. Quand la lune est éloignée du soleil d'un quart de circonférence, comme en L′ et L‴, elle est en *quadrature*. On n'aperçoit que la moitié de son hémisphère éclairé. C'est le premier ou le dernier quartier, selon que son bord arrondi est tourné à l'occident ou à l'orient.

26. Cette explication des phases de la lune semble d'abord sujette à une difficulté qui conduit à la cause des éclipses. On est tenté de croire que la lune devrait toujours, lorsqu'elle est en conjonction avec le soleil, nous cacher en tout, ou au moins en partie, le disque de cet astre; et lorsqu'elle est en opposition, se trouver dans l'ombre que la terre porte derrière elle, et cessant d'être éclairée par le soleil, devenir invisible. Il y aurait, dans le premier cas, *éclipse de soleil*, et dans le second, *éclipse de lune.*

Ces phénomènes arrivent en effet souvent dans les circonstances que je viens de décrire, et même plusieurs fois dans une année; mais ils n'ont pas lieu à toutes les nouvelles et pleines lunes, parce que l'orbite décrite par la lune autour de la terre n'étant pas dans le même plan que celle de la terre autour du soleil, il arrive le plus fréquemment que dans la conjonction la lune se trouve un peu au-dessous ou au-dessus du soleil, et un peu au-dessus ou au-dessous de l'ombre de la terre dans l'opposition. Cependant l'orbite de la lune rencontrant l'écliptique en deux points qu'on nomme *nœuds*, sa conjonction et son opposition, qui peuvent arriver dans tous les points de son orbite, ont lieu quelquefois dans le voisinage des nœuds, et il y a alors éclipse de soleil ou de lune.

Pour faire mieux comprendre cette particularité, j'ai joint à la *figure* 12, qui représente en *plan géométral*, les orbites de la terre et de la lune, la *figure* 13, qui montre le *coupe* ou *profil*, suivant la ligne ST. Cette ligne ST désigne le plan de l'écliptique, et LL″, celui de l'orbite lunaire. L'inspection de cette figure suffit, sans aucune explication, pour voir quand il peut y avoir éclipse ou non. D'ailleurs le détail de ces circonstances et du calcul des éclipses appartient à l'astronomie, et je n'en parle ici que par rapport à l'usage qu'on peut faire de l'observation de ces phénomènes pour fixer la longitude d'un lieu de la terre.

27. On a déjà vu dans le n.° 11 que cette détermination revient à celle de l'heure que l'on compte au même instant en deux points différens, par l'observation d'un phénomène instantané qui puisse être aperçu dans ces deux points.

Les éclipses de lune remplissent parfaitement ce but; car un point donné du disque lunaire se plonge dans l'ombre de la terre au même instant pour tous les lieux où cet astre est visible; et les taches dont son disque est parsemé donnent le moyen de faire plusieurs observations dans la même éclipse, en marquant avec soin le tems de la disparition de chaque tache, à son entrée dans l'ombre ou *immersion*, et celui de la sortie de l'ombre ou *émersion*. Si les mêmes observations ont été faites dans un lieu dont la position soit connue, la différence entre les tems déterminés dans chaque lieu par la même circonstance, donne la différence des longitudes. Si tous les résultats obtenus ne se rapportent pas exactement, on prend un milieu.

Il n'est pas toujours nécessaire d'avoir des observations correspondantes à celles qu'on a faites dans le lieu dont on veut connaître la longitude. Si ce point est fort éloigné, et n'a pas encore été fixé avec une grande précision, les calculs faits dans les bons almanachs, tels que la *Connaissance des tems* des Français, ou le *Nautical almanach* des Anglais, sont assez exacts pour tenir lieu des observations dont on est privé.

C'est ainsi que l'éclipse de lune du 30 juin 1787, observée par l'astronome Bauchamp, à *Casbine*, place située dans le voisinage de la mer Caspienne, a servi à M. Lalande à déterminer la longitude de ce lieu. La fin de l'éclipse ou la sortie totale du disque lunaire de l'ombre de la terre, ayant

eu lieu pour *Casbine* à . . .	7 h. 45′ 30″	tems vrai,
et le calcul donnant pour Paris	4 h. 36′ 38″	
la différence	3 h. 8′ 52″	

répond à la différence des méridiens de Paris et de *Casbine*. Si on la convertit en degrés à raison de 15 pour une heure, ce qui donne 15 minutes de degré pour une minute de tems, et 15 secondes de degré pour une seconde de tems, on trouvera :

Pour 3 h.	45°	
Pour 8′	2°	
Pour 52″		13′
TOTAL.	47°	13′

Telle est, par rapport au méridien de Paris, la longitude de Casbine, résultante de l'observation ci-dessus. Il peut y avoir quelqu'incertitude dans ce résultat, non-seulement parce qu'on n'a point l'observation correspondante dans un lieu dont la position soit connue, mais encore parce qu'on ne peut répondre de quelques secondes de tems dans la détermination des phases d'une éclipse de lune, et que 4″ de tems font déjà une minute de degré. Malgré cette imperfection, on ne doit pas négliger l'observation des éclipses de lune, toutes les fois que l'occasion s'en présente, lorsqu'on voyage dans un pays dont les positions sont peu connues; car les moyens de déterminer la longitude sont en petit nombre et tous affectés d'incertitude.

Ce qu'on vient de lire doit faire comprendre que si, parmi les planètes, qui décrivent toutes comme la terre une orbite autour du soleil, il y en a qui soient environnées de satellites, ces corps se trouvant dans des circonstances semblables à celles qui produisent les éclipses de lune, se plongeront dans l'ombre de leur planète; et si l'on peut observer leur disparition et leur apparition dans plusieurs lieux à-la-fois, on en fera pour la détermination des longitudes, le même usage que des éclipses de lune.

C'est aussi le parti important qu'on tire pour la géographie, de l'observation des éclipses des quatre satellites qui accompagnent Jupiter, planète remarquable par sa grandeur et par l'éclat de la lumière qu'elle nous réfléchit. Il y a encore deux autres planètes, Saturne et Herschel, auxquelles on a reconnu des satellites; mais leur petitesse et leur éloignement ne les rendant perceptibles que pour les plus grandes lunettes ou les plus forts télescopes, l'observation de leurs éclipses est à-peu-près impraticable.

L'utilité de celles des satellites de Jupiter a engagé les astronomes, non-seulement à observer assiduement toutes celles qu'ils peuvent apercevoir, mais encore à dresser des tables pour les prédire avec une exactitude telle qu'on puisse, comme dans les éclipses de lune, se passer des observations correspondantes lorsqu'elles manquent.

28. Les éclipses du soleil s'emploient aussi à la détermination des longitudes; mais le calcul n'est pas aussi simple que pour les éclipses de lune; il ne peut guère être fait que par ceux qui sont très-versés dans l'astronomie; M. Lalande, en s'en occupant avec soin, a par leurs secours, rectifié les positions d'un grand nombre de lieux importans.

La difficulté du calcul naît de ce que la situation relative du soleil et de la lune n'est pas la même pour les différens points de la terre où l'on aperçoit en même tems ces deux astres. Il arrive à cet égard ce qu'on remarque dans les nuages qui, vus d'un certain point, paraissent sous le soleil, et jettent leur ombre dans un espace limité hors duquel le soleil se montre tout entier. Quand on est sur les bords de cette ombre, on peut apercevoir une partie du disque du soleil, et les diverses apparences changent à chaque instant par l'effet des mouvemens relatifs du soleil, du nuage et du spectateur.

Pour appliquer l'observation d'une éclipse du soleil à la recherche des longitudes, il faut en avoir déterminé plusieurs phases, comme le commencement et la fin, en conclure le milieu, et tirer des tables astronomiques les données propres à fixer la position respective des lignes parcourues par le centre du soleil et celui de la lune pendant l'éclipse, afin de pouvoir calculer l'instant où les deux astres ont été conjonction. Connaissant l'heure qu'il était à ce même instant dans un lieu donné, on déduira de la différence de ces tems celle des longitudes.

Il arrive souvent que la lune éclipse des étoiles; et en déterminant par l'observation des circonstances de ce phénomène qu'on nomme *occultation*, le moment où le centre de la lune s'est trouvé en conjonction avec l'étoile, ce qui fixe une position absolue de la lune, on peut, soit par des calculs faits à l'avance dans les almanachs astronomiques où ces phénomènes sont prédits, soit par des observations correspondantes, trouver l'heure qu'il était au moment de cette conjonction dans un lieu dont la position est connue; et la différence de longitude s'obtient comme dans les cas précédens.

29. Tous ces moyens reviennent au fond à *déterminer dans le lieu dont on cherche la longitude, la position dans laquelle se trouve un astre dans un instant donné, et à conclure de cette position l'heure que l'on compte au même moment dans un lieu dont la situation est connue.*

On conçoit par cet énoncé, que l'astre doit avoir, par rapport à la terre, un mouvement assez rapide pour que sa position à l'égard des étoiles ou des autres astres qui peuvent servir de terme de comparaison, varie considérablement dans l'espace de 24 heures. La lune est seule propre à cet objet, parce que parcourant à-peu-près 13 deg. par jour, une seule minute de degré dans son déplacement répond à un peu moins de 2 min. de tems ou 30 min. de degré en longitude; et comme on peut, en prenant la distance angulaire de la lune aux étoiles ou au soleil, fixer souvent dans une précision beaucoup plus grande la position de cet astre, on peut, par son moyen, déterminer à moins de 2 minutes le tems que sous un méridien donné on compte au moment de l'observation.

Des instrumens construits avec le plus grand soin, des tables, des formules variées d'un grand nombre de manières, facilitent maintenant cette opération, qu'on peut pratiquer presque journellement en mer, et qui a considérablement avancé la géographie, sur-tout depuis qu'à l'exemple de Cook on y a joint l'usage des *garde-tems* ou montres marines, qui servent dans les intervalles où l'on ne peut se procurer des observations de distances de la lune au soleil ou aux étoiles.

30. Les garde-tems suffiraient seuls, s'il était possible d'en construire d'assez parfaits pour qu'une fois mis à l'heure sous un méridien donné, ils conservassent le même mouvement pendant toute la durée du voyage, car ils marqueraient alors par-tout l'heure qu'il est sous ce méridien; et en la comparant à celle que l'on compte au lieu où l'on est parvenu, on aurait la différence des tems et par conséquent celle des méridiens.

Mais si les efforts des Harrison, des Julien-le-Roi, des

Berthout et de tous les artistes célèbres qui ont cherché à perfectionner un mécanisme aussi utile, n'ont pu donner aux montres marines cette uniformité absolue de mouvement, ils en ont du moins approché assez pour que la marche de ces horloges demeurât sensiblement la même pendant un intervalle de tems assez long, malgré les agitations que la mer imprime aux vaisseaux.

31. En récapitulant ce qu'on a vu plus haut, on aura une idée assez complète des moyens que l'astronomie fournit à la géographie pour fixer la position respective des différens points de la terre par leur latitude et leur longitude; on y parvient avec d'autant plus d'exactitude, qu'on apporte plus de précision dans les observations et dans les calculs qui en sont la suite Afin de ne pas trop compliquer l'explication des principes sur lesquels reposent les méthodes que j'ai sommairement exposées, j'ai négligé d'indiquer plusieurs corrections nécessaires pour dégager les observations des effets de quelques illusions optiques qui les affectent et de ceux de la combinaison de petits mouvemens soit apparens, soit réels, que les progrès de l'astronomie et la connaissance approfondie des lois du système du monde, ont fait reconnaître et apprécier. Voici les plus simples :

On sait d'abord qu'un rayon de lumière qui passe dans un milieu dont la densité augmente, souffre *une réfraction*, parce qu'il s'approche de la perpendiculaire à la surface des couches qu'il traverse successivement. Par cette raison, les astres ne sont jamais aperçus dans la véritable place qu'ils occupent; le rayon qui nous les rend visibles, les élève sur l'horizon d'une quantité d'autant plus grande qu'ils sont plus près de ce cercle, et qui dépend d'ailleurs de l'état de l'air au moment de l'observation. Il faut connaître cette quantité pour chaque degré de hauteur au-dessus de l'horizon, afin de la retrancher des hauteurs observées qui sont toujours plus grandes que les hauteurs vraies, excepté dans le cas où l'astre serait au zénith, parce qu'alors le rayon de lumière traversant les couches de l'atmosphère perpendiculairement, n'éprouve aucune réfraction.

On a fait remarquer dans le n.° 6, que l'observation des hauteurs était toujours rapportée au centre de la terre, en regardant les rayons de lumière comme parvenant à tous les points de la terre dans des directions parallèles, et en négligeant par conséquent, à cause de la distance considérable où les astres sont de la terre par rapport à son rayon, l'angle AGC, *fig.* 3; mais les planètes sont assez proches de la terre pour qu'il faille, sur-tout quand on observe avec précision, tenir compte de cet angle. Son effet est d'abaisser l'astre au-dessous de sa situation réelle à l'égard du centre de la terre. L'astre qui serait en G, par exemple, serait vu au point A dans l'horizon; tandis qu'au centre de la terre il paraîtrait élevé de l'angle G C n égal à A G C, à cause des parallèles MN et mn. L'angle AGC, formé comme on voit par les directions suivant lesquelles l'astre serait vu du centre de la terre et d'un point de sa surface, se nomme *parallaxe*. Il change avec la hauteur de l'astre et s'anéantit au zénith, puisque le centre C, le lieu A et l'astre se trouvent alors sur la même droite; mais il est le plus grand possible à l'horizon. Il s'élève pour le soleil à 8″, 6, et pour la lune il varie d'environ 54′ à 62′, selon les divers éloignemens de cet astre à la terre. C'est la détermination exacte de cet angle pour le soleil et pour la lune, qui a fait connaître la distance absolue de ces corps à la terre; d'où on a conclu par les lois de Kepler, les distances des autres planètes.

Son effet étant contraire à celui de la réfraction, il faut

l'ajouter à la hauteur observée, pour la rapporter au centre de la terre; et on doit en tenir compte ainsi que de la réfraction, dans tous les angles observés ou calculés qui dépendent de cette hauteur.

C'est la difficulté d'apprécier l'effet de ces corrections sur la distance apparente de la lune au soleil ou aux étoiles, pour la convertir en distance vraie, qui complique le calcul des longitudes par cette méthode.

Quand on observe un astre tel que le soleil ou la lune, dont le disque a un diamètre très-sensible, c'est toujours de l'un des bords qu'on fait partir l'angle mesuré, et il faut y ajouter ou en retrancher, suivant les circonstances, le demi-diamètre pour rapporter cet angle au centre de l'astre, parce que c'est toujours ce point dont les calculs astronomiques fixent la position.

32. A l'aide de ces corrections dont on a des tables toutes dressées, on parvient à déterminer avec précision la hauteur vraie d'un astre au-dessus de l'horizon. Si elle est prise dans le méridien, et que l'on connaisse la distance de l'astre à l'équateur, on en conclura la latitude du lieu.

Les tables du mouvement du soleil ou les éphémérides de cet astre calculées d'avance, donnent pour tous les jours de l'année sa distance à l'équateur ou sa *déclinaison*, et l'on peut par ce moyen trouver quelque jour que ce soit la latitude d'un lieu, puisqu'on obtiendra la hauteur de l'équateur sur l'horizon, en retranchant de la hauteur du soleil, sa distance à l'équateur s'il est au-dessus de ce cercle, et en l'ajoutant s'il est au dessous: circonstances que la situation de l'ombre et la saison dans laquelle on se trouve font toujours connaître.

Après avoir trouvé *à priori* soit par la méthode du n.° 10, soit par celle du n.° 22, la latitude de leur observatoire, les astronomes se sont attachés à déterminer la distance des principales étoiles à l'équateur, et le tems qui s'écoule entre leurs passages respectifs au méridien, et celui du point de l'écliptique qui répond à l'équinoxe du printems; ils ont dressé des catalogues qui renferment ces résultats, et avec le secours desquels on peut substituer par-tout dans la recherche de la latitude, les étoiles au soleil, ce qui multiplie les moyens de déterminer cet important élément des positions géographiques.

33. Toutes ces observations supposent que l'on connaisse la position du méridien. L'étoile polaire l'indique à-peu-près dans l'hémisphère boréal de la terre; mais c'est la marche du soleil qui le fait connaître le plus commodément avec quelque exactitude.

En effet, le jour d'un solstice, le soleil restant sensiblement à la même distance de l'équateur, paraît décrire un cercle parallèle à l'équateur, et dont la partie BCD, *fig.* 2, comprise au-dessus de l'horizon, est partagée en deux également par le méridien. Il en résulte que sa hauteur est précisément la même, lorsqu'on la prend avant et après son passage au méridien, à des intervalles de tems égaux, et que réciproquement si l'on prend le matin une hauteur du soleil, et qu'on attende le soir le moment où il reviendra à cette hauteur, l'heure de son passage au méridien tiendra le milieu entre ces deux instans.

On reconnaît facilement que la longueur des ombres des corps dépend non-seulement de leur hauteur, mais encore de celle du soleil, par rapport au plan sur lequel elles sont portées. Si ce plan est horizontal, et qu'on ait élevé une verticale AD, *fig.* 14, le rayon solaire étant dirigé suivant

SD, l'ombre tombera en AC, et sa longueur dépendra de l'angle SCA, qui est évidemment la hauteur du soleil sur l'horizon. Lors donc que le soleil, après avoir passé dans le méridien, se retrouvera de l'autre côté à la même hauteur dans une direction S'D, l'ombre AB de la verticale AD redeviendra égale à l'ombre AC; et prenant le milieu entre la direction de l'une et de l'autre, en divisant l'angle BAC en deux parties égales, par la droite AN, on aura la méridienne.

Il est à propos d'observer que si l'on mesure en même tems la longueur du bâton et celle de l'ombre, on pourra par la résolution du triangle rectiligne CAD, rectangle en A, et dans lequel on connaîtra les côtés AD et AC, calculer l'angle ACD ou la hauteur du soleil. On aura la hauteur méridienne si l'on mesure la longueur de l'ombre lorsqu'elle tombe dans la direction AN. C'est par ce moyen que les premiers astronomes ont déterminé les hauteurs des astres; l'extrémité d'un obélisque, une ouverture pratiquée dans un mur à plomb, donnaient la verticale AD. Cet instrument si simple se nomme *gnomon;* mais on l'a abandonné depuis qu'on a porté à une précision très-grande et sous de petites dimensions, les instrumens qui mesurent immédiatement les angles par les arcs de cercle.

On emploie même ces derniers à la détermination de la méridienne, en les combinant avec les horloges à pendule dont la marche est très-régulière. Pour cela on prend le matin une hauteur du soleil, on remarque en même tems l'heure, puis on attend celle du soir où cet astre se retrouve à cette même hauteur; et prenant le milieu de l'intervalle, on a celui qui s'est écoulé entre le passage du soleil au méridien, et l'une des observations.

Si, par exemple, l'horloge marquait pour la même hauteur, le matin . . . . 9 h. 45′ 30″
le soir . . . . 2 h. 23′ 12″

L'intervalle entre ces deux momens
étant de . . . . 4 h. 37′ 42″
dont la moitié . . . . 2 h. 18′ 51″
Ajoutée à l'instant de la première hauteur 9 h. 45′ 30″

donne . . . . 12 h. 4′ 21″
pour l'heure que marquait l'horloge au moment où le soleil passait dans le méridien.

En répétant l'observation de ces *hauteurs correspondantes*, on parvient à régler la pendule, et à saisir très-exactement le moment du passage du soleil au méridien, d'où on conclut immédiatement la direction de la ligne méridienne.

C'est pour faciliter l'exposition de ce procédé que j'ai supposé le soleil au solstice; car on en fait usage dans tous les autres tems de l'année, en appliquant alors au résultat une petite correction pour le changement que la déclinaison du soleil reçoit dans l'intervalle des deux hauteurs, et qui influe sur sa durée. Mais cette correction est toujours très-petite, et on peut la négliger quand on se sert des ombres pour trouver la méridienne, à moins que le soleil ne soit très-près des équinoxes, circonstance où la variation journalière de la déclinaison du soleil est la plus grande possible.

34. On peut trouver l'heure vraie par une seule hauteur, du soleil ou d'une étoile, lorsque l'on connaît la latitude du lieu où on est, la déclinaison de l'astre qu'on observe, et déduire ensuite la position de la méridienne; voici comment :

On conçoit par le zénith Z, *fig.* 15, par le pôle P et par

l'astre deux arcs grands, le cercle ZS et PS; le premier, qui est le *vertical* dans lequel se trouve l'astre, mesure sa distance au zénith, et le second sa distance au pôle. Ces deux arcs forment avec la partie ZP du méridien comprise entre le pôle et le zénith, un triangle sphérique dont les trois côtés sont connus; car ZP est le complément de la hauteur du pôle PN, ZS celui de la hauteur vraie HS, et l'arc PS se conclut de la déclinaison de l'astre qu'il faut retrancher de la distance du pôle à l'équateur, ou de 90° si l'astre est entre le pôle et l'équateur, et ajouter à cette distance si l'astre est au-delà de l'équateur par rapport au pôle. Avec ces données, et par la résolution des triangles sphériques, on calculera les angles ZPS et PZS, les mêmes que ceux des plans qui renferment les côtés ZP et PS, ZP et ZS. Le premier marque la différence qu'il y a entre le méridien du lieu A et celui sur lequel se trouve l'astre au moment de l'observation; et si on le réduit en tems, il fait connaître l'intervalle qui doit s'écouler entre le moment de l'observation et le passage de cet astre par le méridien : on le nomme à cause de cela *angle horaire*.

Quand il s'agit du soleil, ce tems doit être ajouté ou retranché de 12 h., selon qu'on observe avant ou après le passage de cet astre au méridien. Quand on s'est servi d'une étoile, il faut calculer l'heure de son passage au méridien, ce qui est facile par les données que fournissent les catalogues d'étoiles dont j'ai déjà parlé.

Quant à l'angle PZS, comme il donne celui que le plan ZAN du méridien du lieu fait avec le plan vertical ZAH mené par l'astre, tous deux perpendiculaires au plan horizontal MHN, il est mesuré par l'angle des communes sections AH et AN du premier et du second avec le troisième. Si donc on a marqué sur le plan horizontal, au moment de l'observation, la direction de A H, on en conclura celle de la méridienne MN.

Si on prenait ZS de 90°, le point S serait alors en H dans l'horizon, et l'angle horaire ZPS donnerait la différence entre l'heure du passage de cet astre par le méridien, et celle de son lever ou de son coucher réel. Si on voulait obtenir l'heure du lever ou du coucher apparent, il faudrait ajouter à l'arc ZH ou à 90°, la réfraction qui élève l'astre sur l'horizon, et retrancher la parallaxe qui l'abaisse.

L'angle PZS calculé dans cette circonstance, donne alors la distance à laquelle l'astre, au moment où il est dans l'horizon, se trouve du point nord ou sud de ce cercle, suivant la dénomination du pôle P.

L'observation de cette distance, qui est l'*amplitude ortive* ou *occase*, selon qu'on l'observe au lever ou au coucher, et celle de l'*azimuth* ou de l'angle compris entre le vertical ZS et le méridien ZP, sont utiles pour reconnaître de combien la direction de l'aiguille aimantée s'écarte de la ligne méridienne, afin de se servir de la boussole pour retrouver cette ligne tant que la direction de l'aiguille aimantée n'a pas été modifiée soit par l'effet du tems, soit par le changement de lieu, deux causes qui la font varier.

55. Le calcul de l'instant du lever et du coucher du soleil, conduit à la détermination de la durée du *crépuscule*, parce qu'il suffit d'augmenter l'arc ZH de 18°, mesure de l'abaissement passé lequel les rayons du soleil réfléchis par l'atmosphère, ne peuvent plus atteindre la surface de la terre et y produire cette faible lumière qui paraît avant le lever du soleil et après son coucher.

En faisant les calculs précédens pour diverses latitudes et pour diverses déclinaisons du soleil, on obtient la durée précise des plus longs et des plus courts jours, des plus longs et des plus courts crépuscules.

36. L'observation de la différence en latitude de deux points de la terre situés sur le même méridien, faite avec les attentions indiquées dans les numéros précédens, et la distance itinéraire de ces deux lieux, mesurée avec toute l'exactitude que comportent les procédés de la géodésie et de la trigonométrie, ont, comme je l'ai déjà indiqué dans le n.° 8, fait connaître enfin les véritables dimensions du globe terrestre. Je passe sous silence toutes les tentatives antérieures à l'emploi de ces moyens réunis, qui n'a eu lieu pour la première fois qu'en 1670. C'est alors que Picard, l'un des premiers membres de l'Académie des Sciences de Paris, ayant substitué aux pinnules, à l'aide desquelles on prenait les alignemens dans les instrumens à mesurer les angles, les lunettes, qui permettent de pointer sur des objets plus éloignés, et de saisir avec une plus grande exactitude les points à déterminer, fut en état de prendre avec la précision de quelques secondes, les angles qu'on obtenait à peine à quelques minutes près.

Ceux de mes lecteurs qui sont familiarisés avec la géométrie élémentaire, et qui ont une idée de la manière dont on détermine sur la terre la position respective et la distance des lieux, par un enchaînement de triangles, sentiront quel avantage le degré de perfection que Picard avait ajouté aux instrumens, devait lui donner sur ceux qui essayèrent avant lui de mesurer la grandeur de la terre, en déterminant celle du degré de latitude.

Picard exécuta son opération entre Malvoisine et Amiens: pour fixer d'abord la distance itinéraire qui sépare ces deux points, il les lia avec la cathédrale d'Amiens, par une suite de triangles, comme on le voit dans la *fig.* 16, et dont il observa successivement tous les angles, ce qui lui fournit dans chacun un moyen précieux de vérification, puisque la somme des trois angles de tout triangle doit constamment faire 180°. Il n'obtint presque jamais cette somme; mais les différences qu'il remarqua ne s'élevant qu'à un petit nombre de secondes, lui montrèrent le degré de précision auquel il pouvait espérer d'atteindre.

On sait que la connaissance des angles d'un triangle ne mène qu'aux rapports de ses côtés; mais dès qu'on a la valeur d'un seul, on trouve celle des autres: Picard mesura donc avec des soins inconnus jusque-là, une distance de 5663 toises, sur le chemin de Villejuif à Juvisy. Avec cette ligne, représentée par AB dans la figure et formant un des côtés du triangle ABC, il calcula les côtés AC et BC, qu'il employa à leur tour pour calculer les côtés des triangles BCD, ACE liés au précédent; et il s'éleva ainsi de proche en proche depuis Malvoisine jusqu'à Amiens, points qui terminent son opération.

Il fallut après cela conclure la longueur de la ligne qui joint ces points, l'orienter par rapport au méridien de Paris, afin d'en déduire la distance dans le sens de ce méridien; enfin déterminer avec précision l'amplitude de l'arc mesuré sur ce cercle, c'est-à-dire combien il contenait de degrés et parties de degrés, afin d'avoir son rapport avec la circonférence entière.

Dans cette seconde partie de son opération, qui dépendait de l'observation des astres, il s'attacha à celle de l'étoile placée dans le genou de la constellation de *Cassiopée*. Il choisit cette étoile, parce que, se trouvant peu éloignée du zénith, elle était moins affectée de la réfraction (n.° 31) sur laquelle il y avait, au tems de Picard, beaucoup d'incertitude. Il trouva, par ce moyen, que la différence de latitude entre Malvoisine et Sourdon près Amiens, était de 1° 11′ 57″; qu'elle répondait, dans le sens du méridien, à une distance de 68 430 toises; et il en conclut que la longueur du degré était de 57 064 toises.

Il trouva aussi entre la cathédrale d'Amiens et Malvoisine, une différence en latitude de 1° 22′ 55″, et une distance de 78 850 toises, ce qui donnait pour le degré 57 057 toises; et il s'en tint à 57 060 toises.

37. Avec ce résultat, rien de plus facile que de connaître la circonférence de la terre, en la supposant circulaire, puisqu'elle doit, comme toute circonférence de cercle, contenir 360 degrés; et on trouva, en divisant le degré en vingt parties nommées *lieues marines*, et formées chacune de 2 853 toises, que la terre avait 7 200 lieues de tour.

Après cette mesure, il fut démontré que si la terre n'était pas une sphère exacte, elle n'en différait que très-peu. A la vérité, indépendamment de la remarque énoncée dans le n.° 2, la forme circulaire de l'ombre de la terre dans les éclipses de lune, et la rondeur apparente de tous les corps célestes qui ont un diamètre sensible, étaient des indices très-puissans de la sphéricité de la terre; mais néanmoins, comme ces divers phénomènes ne présentaient la forme ronde que très en petit, il se pouvait qu'il y eût entre cette forme et la véritable figure de la terre, des différences notables dont on n'aurait pu s'apercevoir. Mais les navigateurs employant sans cesse, dans la détermination de leur route, et dans le calcul des distances qu'ils parcourent, la grandeur des degrés du méridien terrestre, si l'égalité de ces degrés pour toute la terre n'avait pas été au moins très approchée, ce qui n'aurait pu arriver si la figure de la terre eût été assez différente d'une sphère, ils n'auraient pas manqué de trouver dans le résultat de leurs opérations journalières des erreurs considérables et toutes relatives à cette fausse supposition. Or, c'est ce qui n'a jamais eu lieu relativement à la latitude que l'on peut toujours observer assez exactement à la mer; ainsi l'hypothèse faite sur la figure de la terre a été parfaitement confirmée.

Son diamètre, calculé d'après sa circonférence, est de . . . . 2292 lieues.

Son rayon par conséquent, de 1146

Son étendue en surface, de . 16 501 200 lieues carrées.

38. Quelqu'exacte que fût la mesure du degré du méridien faite par Picard, les progrès de l'astronomie mirent bientôt sur la voie d'une détermination encore plus précise de la figure de la terre, et fournirent une nouvelle preuve qu'elle tournait sur elle-même, ainsi qu'on l'avait imaginé pour expliquer plausiblement les apparences du mouvement diurne des astres (n.° 2). Huyghens considérant le premier que les corps qui tournent autour d'un centre ou d'un axe, acquièrent une *force centrifuge* qui tend sans cesse à les éloigner de ce centre ou de cet axe, ainsi qu'on le voit dans la pierre lancée par une fronde, en conclut que le fluide répandu sur une grande partie de la surface terrestre, devant obéir à cette force en même tems qu'à la pesanteur dirigée vers le centre de la terre, ne pouvait affecter une forme parfaitement sphérique; qu'elle devait être aplatie vers les pôles, ensorte que l'axe de rotation fût plus court que les diamètres de l'équateur de $\frac{1}{578}$, ce qui répond à environ quatre lieues marines. Cette conséquence, tirée de la force centrifuge par Huyghens, se rend sensible en faisant tourner rapidement autour d'un axe une vessie mouillée, qui prend alors la forme d'un sphéroïde aplati aux extremités contigües à cet axe.

Newton, que ses profondes méditations sur les lois remarquées par Kepler dans le mouvement des planètes, avait conduit à la découverte de la gravitation universelle, ne regardant plus la pesanteur à la surface de la terre comme une force constante, dirigée par-tout vers le centre de notre globe, mais comme le résultat de l'attraction réciproque qu'exercent les unes sur les autres toutes les molécules de la terre, trouva que cette force variait un peu en intensité et en direction, lorsqu'on ne supposait plus la terre sphérique; et en la combinant dans cet éat avec la force centrifuge, il vit bien, comme Huyghens, que la terre devait être aplatie vers les pôles; mais il trouva la différence entre l'axe de rotation et les diamètres de l'équateur, un peu plus que double de celle qu'assigne Huyghens; car il la fixa à $\frac{1}{230}$ ce qui donne environ dix lieues.

39. Ces conclusions, différentes relativement à la quantité du résultat, mais d'accord entr'elles sur l'atération que la figure de la terre a dû recevoir de la force centrifuge, et fondées d'ailleurs sur les principes incontestables de la mécanique, pouvaient être vérifiées par des mesures prises sur le globe terrestre; car il en résultait que les degrés de latitude n'étaient pas égaux dans toute l'étendue du méridien, mais qu'on devait les trouver plus grands, ou contenant plus de mesures itinéraires dans la partie aplatie du méridien, c'est-à dire vers les pôles, et moindres dans la partie la plus convexe de ce même méridien, c'est-à-dire vers l'équateur. Ces conséquences, qui reposent sur les premières notions de la géométrie élémentaire, en ont toute la certitude, et ne peuvent être attaquées que par ceux qui ne comprennent pas ce que l'on doit entendre par les degrés du méridien, et comment ils se mesurent: c'est ce que je vais exposer avec quelque détail, vu l'importance du sujet.

C'est un fait confirmé par l'expérience la mieux constatée et la plus répétée, que la direction de la pesanteur, ou la *verticale*, est perpendiculaire à la surface terrestre, quelle que soit sa forme. On en est assuré par tous les nivellemens, par les observations faites à l'horizon, au bord de la mer, etc. D'après cette remarque, *on est convenu d'appeler degré du méridien l'espace qu'il faut parcourir sur cette courbe, quelle qu'elle soit, pour que les deux lignes AZ et A′Z′*, fig. 17, *menées par les extrémités de cet espace, perpendiculairement à la courbe FG, c'est-à-dire à ses tangentes AM, A′M′, qui marquent l'horizon du point A et celui du point A′, fassent entr'elles un angle ACA′, d'un degré.*

Cet énoncé étant une définition, ne saurait être contesté; il ne s'agit que de s'assurer que les astronomes ont toujours assigné les degrés du méridien suivant cette définition: or, c'est ce qu'on ne peut nier, puisqu'ils ont toujours mesuré l'amplitude de l'arc en comparant à la même étoile, le zénith de chaque extrémité de cet arc, ou les verticales menées par ces points.

Cela posé, si la courbe FG est un cercle, les lignes CA et CA′, perpendiculaires à ses tangentes, n'étant autres que les rayons menés au centre, se rencontreront toujours à la même distance de la courbe; et dans toute l'étendue de la circonférence, le même angle répondra au même arc: les degrés auront donc tous même longueur.

Il n'en est pas ainsi pour les courbes dont la courbure n'est pas uniforme. Si on prend deux arcs de même longueur, comme MM′ et *mm′*, *fig.* 18, l'un dans la partie la plus convexe, l'autre dans celle qui est plus aplatie, les perpendiculaires MC et M′C, menées aux extrémités du premier arc, se rencontreront plus près de cet arc que les perpendiculaires *mc*, *m′c*, menées aux extrémités de l'arc plus aplati mm'. L'angle mcm' est donc visiblement moindre que l'angle MCM'; et par conséquent, si ce dernier est d'un degré, l'arc mm', égal en longueur à MM', ne répond pas à un degré. Il faut nécessairement, pour obtenir cet angle dans la partie mP de la courbe, embrasser un espace plus grand que MM'.

Voilà, ce me semble, les notions sur la mesure des degrés du méridien fixées avec assez de précision, pour qu'il ne reste aucune difficulté sur les conséquences à tirer de leur inégalité. On ne peut nier que là où ils sont plus grands, la courbe du méridien est plus aplatie, tandis qu'elle est plus convexe là où ils sont plus petits.

Faute d'être remonté à ces notions, on avait, au commencement du siècle dernier, conclu le contraire, parce qu'on supposait que les degrés étaient déterminés par les angles MOM', mOm', formés par des lignes tirées au centre de l'ellipse $EP'E'P'$; mais cette hypothèse n'était pas conforme aux opérations, car les lignes OM et OM', Om et Om', n'étant pas perpendiculaires à la courbe, sont très-différentes des verticales auxquelles on rapporte les points de l'arc céleste. On a bientôt reconnu cette erreur; et elle n'a été renouvelée depuis que par des personnes absolument étrangères aux considérations les plus simples de la géométrie.

40. L'Académie des Sciences s'occupa fortement des moyens de vérifier les théories établies par Newton et Huyghens sur l'aplatissement de la terre. Deux commissions prises dans son sein, furent envoyées, l'une, en 1736, au Pérou, et l'autre, en 1737, au cercle polaire, pour mesurer les degrés du méridien dans le voisinage de l'équateur et auprès du pôle. Les résultats obtenus par chaque commission, comparés, soit entr'eux, soit au degré mesuré en

France, sans s'accorder parfaitement sur la quantité de l'aplatissement de la terre, le mirent pleinement hors de doute. Le degré mesuré au cercle polaire, surpassa celui de l'équateur de 669 toises; et celui de France, plus petit que celui du cercle polaire, surpassa encore celui de l'équateur de 307 toises.

Ces différences, beaucoup trop considérables pour être attribuées aux erreurs des observations, prouvent invinciblement que la figure du méridien est aplatie vers les pôles; mais pour déterminer la différence entre l'axe de rotation et le diamètre de l'équateur, il fallait connaître la nature de la courbe affectée au méridien. Les recherches théoriques de Newton et de ses successeurs avaient montré que cette courbe pouvait être une ellipse : en passant de cette possibilité à la réalité de l'hypothèse, on trouva des aplatissemens assez différens, tant par les mesures que j'ai citées que par d'autres qui furent faites depuis en différens tems et en différens lieux; on eut même quelques raisons de soupçonner des erreurs assez grandes dans plusieurs de ces opérations, et qui venaient sur-tout d'une cause qui fortifiait considérablement la théorie de Newton. C'était l'attraction des montagnes que Bouguer remarqua au pied du Pichintcha, par une déviation que le fil à plomb de son quart de cercle éprouvait en se portant vers cette montagne; attraction que M. Maskelyne a de nouveau constatée et mesurée avec soin en Ecosse. Enfin la durée des oscillations d'un pendule, qui dépend de l'intensité de la pesanteur, diminuait bien en allant de l'équateur au pôle, ainsi que l'exigeait le rapprochement des points du méridien et du centre de gravité de la terre, plus voisin des pôles que des points de la circonférence de l'équateur; mais les variations de cette durée, ou ce qui en est la suite, les alongemens qu'il fallait donner à la verge du pendule, pour obtenir à diverses latitudes la même durée d'une seconde dans les oscillations, ne s'accordaient point avec l'aplatissement déduit de la mesure des degrés.

Clairaut et les géomètres qui l'ont suivi ont éclairci ces difficultés, en montrant qu'elles indiquaient un accroissement de densité de la circonférence au centre, dans la matière de notre planète. Ils ont prouvé qu'en supposant la surface terrestre de la classe de celles qu'on nomme *surfaces de révolution*, et qui sont produites par la rotation d'une courbe autour de son axe, l'équilibre des fluides exigeait nécessairement que sa courbe génératrice ou son méridien fût une ellipse dont le petit axe passât par les pôles. Enfin il était réservé à la France, qui avait la première donné sur la mesure des degrés du méridien des résultats précis, de porter cette mesure à un degré d'exactitude encore bien supérieur, au moyen du *cercle répétiteur* appliqué par Borda aux observations de longitudes à la mer, et approprié ensuite aux observations à terre. Avec cet instrument et par une foule d'attentions minutieuses, MM. Delambre et Mechain, chargés de mesurer l'arc du méridien compris entre Dunkerque et Barcelone, pour fixer la longueur du *mètre*, qu'on a pris égal à la dix millionième partie du quart du méridien, ont, à l'époque la plus orageuse de notre révolution, opéré avec une précision assez grande pour apercevoir dans un arc, le plus long qu'on ait mesuré jusqu'ici, mais qui n'est encore que la dixième partie du quart de cercle, l'inégalité des degrés résultante de l'aplatissement de la terre.

Les décroissemens qu'ils ont remarqués semblent annoncer des irrégularités dans la figure du méridien terrestre; mais elles sont trop petites pour intéresser la géographie. La discussion approfondie à laquelle s'est livrée la Commission des poids et mesures de l'Institut, composée de savans nationaux et de savans étrangers, envoyés par leurs gouvernemens respectifs pour prendre part à cette importante détermination, les a conduits à fixer l'aplatissement de la terre à $\frac{1}{334}$. Cette valeur déduite de la comparaison des arcs du méridien mesurés au Pérou et en France, est d'autant plus probable qu'elle résulte aussi de la combinaison d'un grand nombre d'expériences faites en différens lieux sur la longueur du pendule, et des phénomènes célestes, dont la cause est dans la non sphéricité de la terre. En effet, cette planète étant renflée aux environs de son équateur, éprouve de la part du soleil et de la lune, dans cette partie, une somme d'attractions plus considérable que vers les pôles; et comme le plan de l'équateur est incliné par rapport à ceux de l'écliptique et de l'orbite lunaire, ce surcroit d'attraction imprime à l'axe un mouvement progressif qui fait rétrograder les points équinoxiaux comme je l'ai déjà dit au n.° 24, et un mouvement alternatif par lequel il oscille autour de la position qu'il aurait en vertu du premier mouvement; celui-ci s'appelle *précession des équinoxes*, et l'autre *nutation*.

Le degré mesuré au cercle polaire par les Académiciens français en 1737, était celui de tous qui donnait le plus grand aplatissement, et s'écartait le plus des autres; on avait soupçonné, à cause de cela, qu'il s'était glissé une erreur considérable dans l'opération; et M. *Melander Hielm*, savant astronome suédois, entreprit de le faire mesurer de nouveau par ses élèves, en faisant usage du cercle répétiteur et de tous les moyens délicats dont la géodésie s'était enrichie depuis. Les Académiciens français n'avaient pas mesuré un degré entier, et M. Melander fit pousser l'opération jusqu'à deux. Par un premier aperçu communiqué à

M. Lalande, le degré du méridien se trouve 57 209 toises à 66° 20′ de latitude, plus court de 196 toises que ne l'avait donné la mesure de 1737; aussi en résulte-t-il pour l'aplatissement $\frac{1}{313}$, ce qui s'approche beaucoup de $\frac{1}{334}$ rapporté ci-dessus.

Enfin l'aplatissement d'un corps céleste, comme résultat de sa rotation sur lui-même, se manifeste encore dans la planète Jupiter, où il est assez sensible pour qu'on aperçoive dans les lunettes la différence des deux diamètres du disque, qui est presque de $\frac{1}{10}$; et quand on compare la mesure exacte de cet aplatissement, les dimensions de Jupiter et la durée de sa rotation, avec les dimensions de la terre, et la durée de sa rotation, on trouve pour cette dernière planète un aplatissement de $\frac{1}{338}$ à $\frac{1}{328}$, ce qui ne diffère presque point du résultat adopté par la Commission des poids et mesures. D'autres phénomènes dont l'indication n'entre pas dans le plan de cette Introduction, confirment encore l'aplatissement de la terre, ensorte qu'*aucun fait physique n'est mieux constaté aujourd'hui, puisqu'il a été vérifié tant immédiatement que dans ses conséquences et dans ses analogies.* (Voyez la *Mécanique céleste*, tom. II et III).

41. Voici, d'après les dernières mesures, les principales dimensions de la terre:

L'arc du méridien compris entre Dunkerque et Montjoui, renferme 9° $\frac{6738}{10000}$ du cercle; sa longueur a été trouvée de 275 792 *modules* et $\frac{36}{100}$; ce *module* était une règle de platine ayant 1 toise, 99862 de longueur.

La toise employée pour terme de comparaison, est celle qui a servi à la mesure du degré au Pérou; on l'a réduite à la longueur qu'elle doit avoir par la température moyenne à laquelle s'est effectuée l'opération du Pérou, et le module a été pris par rapport à la température moyenne pendant l'opération en France. Le milieu de l'arc mesuré répondait à la latitude de 46° 11′ 5″.

Avec ces données on a conclu que

Le quart du méridien est de . . . 513 074 toises.

La circonférence entière en contient 2 052 296

Ce qui revient à . . . . 7 193 lieues de 2853 toises chacune.

Les nouvelles mesures, obtenues par les moyens les plus exacts, ne donnant que sept lieues de moins que celle de Picard, sur la circonférence entière de la terre, font voir avec quelle précision cette grandeur est maintenant connue. Enfin le *mètre* ou la dix millionième partie du quart du méridien est, en vertu des déterminations précédentes, égal à o toise, 513 014 toises, ou à 443 lignes, 296.

On compose avec cette unité des mesures plus grandes suivant la progression décuple, et on la décompose en subdivisions décimales, dont l'usage est infiniment commode pour les calculs géographiques, ainsi qu'on aura occasion de le voir dans la suite.

Les rayons terrestres n'étant pas égaux entr'eux, ne peuvent se calculer comme dans le cercle ; il faut employer les formules qui expriment les relations des arcs d'ellipse avec les axes de cette courbe, et les parties de ces axes. On trouve par ce moyen, lorsque l'aplatissement est $\frac{1}{320}$, que le demi-axe EO, *fig.* 18, ou le rayon de l'équateur, contient 3 273 279 toises; que le demi-axe OP qui va du pôle à l'équateur, en contient 3 263 050, et leur différence 10 229.

Il faut également des formules particulières pour conclure les degrés du méridien à chaque latitude, à cause de leur inégalité ; elles s'obtiennent en déterminant les rencontres des perpendiculaires, ou des *normales* à la courbe.

Ces formules, ainsi que toutes celles qui sont nécessaires pour calculer la position des différens points du sphéroïde terrestre, se trouvent dans les *Méthodes analytiques pour la détermination d'un arc du méridien*, publiées par M. Delambre; je renvoie en conséquence mes lecteurs à cet intéressant ouvrage. Je me bornerai à rapporter ici le degré de latitude coupé par le parallèle de 45°, parce qu'il tient à-peu-près le milieu entre celui du pôle et celui de l'équateur; il est de 57 018 toises.

42. L'aplatissement de la terre, réduit à $\frac{1}{334}$ du diamètre de l'équateur, ne produisant entre ce diamètre et l'axe qui passe par les pôles, qu'une différence d'environ 7 lieues, ne donnerait pour un sphéroïde dont le grand axe aurait 3 pieds, qu'une différence de 1 ligne $\frac{1}{8}$, quantité qu'il serait très-difficile d'observer avec précision dans la construction des globes, que l'on peut continuer à faire exactement sphériques.

L'effet de cet aplatissement déjà si peu considérable par rapport à la masse entière, se distribuant sur toutes les parties, devient encore moins sensible dans les détails, et peut se négliger sans inconvénient dans les cartes géographiques ordinaires: je continuerai donc dans cette Introduction à regarder la terre comme parfaitement sphérique. En partageant le quart du méridien en 90 parties égales, le degré moyen sera de 57000 toises, et la lieue marine de 2850.

Ce qui précède prouve aussi l'assertion du n.° 1, sur la petitesse des montagnes à l'égard du diamètre de la terre; les plus hautes que l'on connaisse ne passent guère 3000 toises d'élévation perpendiculaire, ou un peu plus d'une lieue marine; et le diamètre de la terre contenant 2 292 de ces lieues, une montagne de cette hauteur ne pourrait présenter qu'une ligne d'élévation sur un globe de 2 292 lignes, ou de plus de 30 pieds de diamètre.

SECONDE SECTION.

Construction et usage des diverses représentations de la terre et de ses parties.

43. Les globes constituent les meilleures représentations de la terre, puisqu'ils en offrent le *relief*; et ce sont par conséquent les seules qui puissent donner en même tems, sous la forme la plus simple, les relations de grandeurs, de distances et de configurations de toutes les régions.

La manière la plus simple, comme la plus exacte, de les construire, lorsqu'ils ont de grandes dimensions, c'est de dessiner immédiatement sur leur surface, par les procédés que je vais décrire, les pays qu'ils doivent représenter.

Je suppose d'abord qu'on ait fixé deux points diamétralement opposés pour représenter les pôles et pour y faire passer l'axe de rotation : prenant l'un de ces points pour centre et à égale distance de chacun, on décrira un cercle qui sera l'équateur (1); on tracera par les pôles un autre

(1) Il y a plusieurs manières de tracer un grand cercle sur un globe. On peut se servir pour cela d'un compas, dont une des branches soit très-courte, et l'autre plus longue, soit recourbée de manière à tomber à-peu-près perpendiculairement sur la surface sphérique. Un fil tendu librement entre deux points, le bord d'une règle droite et flexible fixé sur ces points, marquant leur plus courte distance, prennent la direction du grand cercle qu'ils déterminent. On peut tracer très-simplement par ce moyen un grand

grand cercle pour représenter le *premier méridien*, qu'on divisera en 90 degrés, à partir de l'équateur en allant vers chaque pôle; ensuite on divisera, à partir de ce méridien, la circonférence de l'équateur de degré en degré. Cela fait, rien ne sera plus aisé que de placer sur le globe un lieu dont on connaîtra la latitude et la longitude; car il suffira de marquer la première sur le premier méridien, et par le point où elle tombe, on décrira, en prenant le pôle pour centre, le parallèle à l'équateur, passant par le lieu proposé, puis menant par le point de l'équateur sur lequel tombe la longitude, et par les pôles un demi-cercle, on aura le méridien dont la rencontre avec le parallèle marque la position de ce lieu.

44. La latitude se comptant à partir de l'équateur, a par conséquent une origine déterminée par les circonstances mêmes du mouvement de la terre; il n'en est pas ainsi de la longitude, car tous les méridiens étant des grands cercles, on ne voit pas d'abord de motif d'en choisir un préférablement à tout autre pour commencer à compter la longitude, ou pour en faire le *premier méridien;* aussi les géographes des diverses nations ont-ils beaucoup varié dans ce choix.

Ptolémée, qui nous a laissé les plus anciennes cartes géographiques que nous ayons, a placé son premier méridien aux îles Fortunées (aujourd'hui les Canaries), parce

cercle quelconque, lorsqu'on a deux points par lesquels il doit passer.

On élève un grand cercle perpendiculaire sur un autre, en déterminant deux points à égale distance de deux autres points pris sur le grand cercle proposé; et le grand cercle qui passe par les deux points ainsi obtenus, passe par les pôles du premier. Ces procédés déduits des premières propriétés de la sphère, suffisent pour tracer tous les cercles nécessaires à la construction des globes.

que c'était la limite la plus occidentale des pays connus alors ; et comme leur étendue d'orient en occident était plus considérable que celle du midi au nord, la première reçut le nom de longitude (ou longueur), et la seconde celui de latitude (ou largeur), qu'elles portent encore aujourd'hui.

Pour rendre uniforme la manière d'exprimer les longitudes dans les géographies françaises, Louis XIII ordonna, par une déclaration expresse, de placer le premier méridien à l'*île de Fer*, la plus occidentale des *Canaries*. Delille, le premier qui mit de la précision dans les déterminations géographiques, fixa la longitude de Paris à 20 deg. à l'est de ce méridien. Des observations plus exactes encore ayant appris que la différence de longitude entre Paris et le bourg principal de l'île de Fer était de 20° 5′ 50″, il a fallu avancer le premier méridien de 5′ 50″ à l'orient de ce point; ensorte qu'il n'est plus qu'un cercle de convention qui ne passe par aucun lieu remarquable.

Les hollandais avaient fixé leur premier méridien au *Pic* de Ténériffe, montagne située dans l'île de ce nom, et qu'on regardait alors comme la plus élevée du globe.

Les géographes commencent à compter les longitudes du côté oriental du premier méridien qu'ils ont choisi, et poursuivent dans le même sens, sur toute la circonférence de l'équateur, jusqu'à ce qu'ils soient revenus au côté occidental du méridien. Par cette manière de compter, les longitudes peuvent s'élever jusqu'à 360°; il est visible par exemple, que le méridien placé 1 deg. à l'occident du premier, a 359°s de longitude.

Toutes ces conventions ont été changées par les marins, sur-tout depuis que les observations astronomiques sont d'un usage plus général dans la navigation; parce que les tables qui annoncent l'heure des phénomènes célestes et qui donnent la position des astres à diverses époques, étant toujours calculées pour le méridien de l'observatoire principal de chaque nation, ils ont trouvé plus simple de rapporter à ce méridien les divers points des routes qu'ils parcourent. C'est ainsi que les marins français comptent tous du méridien de l'observatoire de Paris, et les marins anglais de celui de Greenwick.

De plus, quand on déduit la longitude de l'observation du tems qui s'écoule entre le passage des méridiens par un même astre, ou de la différence des heures que l'on compte au même instant en deux lieux différens, elle se présente sous deux dénominations; car si on s'est avancé vers l'orient, on compte plus que sous le méridien d'où l'on est parti; la différence peut même aller jusqu'à 24 heures, ou un jour entier lorsqu'on fait le tour du globe par l'est. Le contraire a lieu quand on s'avance vers l'ouest; et d'après cette considération, il est nécessaire, quand on convertit une différence de tems en degrés pour passer à la différence de longitude, d'avertir si elle est orientale ou occidentale. Il est d'usage dans cette manière de compter, sur laquelle les cartes marines sont toutes établies, de marquer toujours la longitude par le côté le plus près du premier méridien, ensorte que les longitudes n'embrassent que la demi-circonférence ou ne s'élèvent pas au-delà de 180°, et que le globe se trouve partagé en deux hémisphères par rapport au premier méridien; dans l'hémisphère situé à l'ouest, les longitudes ont la dénomination d'*occidentales*; elles sont *orientales* dans l'autre.

45. On voit par cet exposé, qu'il est indispensable de savoir réduire les longitudes rapportées à un méridien, ou comptées à la manière des géographes, à celles qui partent

d'un autre méridien, ou qui sont comptées à la manière des marins, et *vice versâ.*

Lorsqu'il s'agit des longitudes comptées à la manière des géographes, c'est-à-dire en faisant le tour entier du globe par l'orient, il faut prendre la différence de longitude des deux méridiens que l'on compare ; et si le méridien duquel on veut partir est à l'occident de l'autre, on ajoutera cette différence à toutes les longitudes comptées de cet autre ; dans le cas contraire, on la retranchera.

Par exemple, le Pic de Ténériffe étant placé 1 deg. à l'orient du méridien de l'île de Fer, toutes les longitudes prises à la manière hollandaise depuis cette montagne, étant augmentées de 1 d., donneront les longitudes rapportées au méridien de l'île de Fer. Il faudrait, au contraire, retrancher 1 deg. de celles-ci pour obtenir les autres.

Quand elles partent du même méridien, toutes les longitudes orientales jusqu'à 180°, sont les mêmes dans la manière de compter des marins et dans celle des géographes ; à l'égard des longitudes occidentales, il suffit de les retrancher de 360° pour les ramener à celles des géographes, et réciproquement on ramène à une longitude occidentale, une longitude qui passe 180°, en la retranchant de 360°. En voici des exemples :

Carthagène, en Amérique, est marquée dans les catalogues de positions géographiques, à	281°	57′	de longit. par rapport au méridien de Paris.
En opérant ainsi	360°		
	281°	57′	
La différence	78°	3′	

donne la longitude occidentale de cette même ville par rapport au méridien de Paris, et telle qu'on la trouve dans les relations et les cartes marines.

La baie d'Otaïtipiha, dans l'île d'Otaïti, a été déterminée

par les navigateurs à 151° 55′ 45″ de longitude occidentale du méridien de Paris ; pour connaître cette longitude comptée à la manière des géographes, on fera cette opération :

	360°	0′	0″
	151°	55′	45″
La différence	208°	4′	15″

sera la longitude cherchée.

Quand on part de deux méridiens différens, et que les longitudes sont distinguées en orientales et en occidentales, il faut remarquer de quel côté le méridien auquel on veut rapporter les longitudes, est placé par rapport à l'autre, pour retrancher leur différence de longitude de toutes les longitudes de même dénomination que ce côté, et l'ajouter à toutes celles de dénomination contraire.

Exemples : le méridien de l'observatoire de Paris étant de 2° 20′ à l'orient de celui de Greenwich, toutes les longitudes orientales par rapport à Greenwich, doivent être diminuées de cette quantité pour se rapporter au méridien de Paris, et les longitudes occidentales doivent être augmentées de cette quantité. C'est ainsi que la longitude du cap de Bonne-Espérance étant de 18° 23′ 15″ à l'est du méridien de Greenwich, devient de 16° 3′ 15″ à l'est de celui de Paris ; au contraire la baie d'*Otaïtipiha*, placée par les navigateurs anglais à 149° 35′ 45″ à l'ouest du méridien de Greenwich, se trouve à 151° 55′ 45″ de celui de Paris.

Il y a une circonstance qui peut embarrasser dans cette réduction d'un méridien à l'autre : c'est lorsque les points à réduire tombent entre ces deux méridiens, ou entre leurs opposés. Le lieu qui est oriental par rapport à l'un, devient occidental à l'égard de l'autre. Cela se voit dans le premier cas, parce qu'on ne peut plus retrancher de la longitude à réduire, la différence des deux méridiens proposés, mais qu'il faut faire le contraire; ce qui change la dénomination.

Dans l'autre cas, le nombre qui résulte de l'addition de la différence des méridiens avec la longitude comptée du méridien qu'on veut changer, surpassant 180°, se trouve au-delà du méridien opposé à celui auquel on rapporte les longitudes; il faut la retrancher de 360° ou de la circonférence entière, pour la faire partir d'un côté contraire au même méridien : la longitude change par conséquent encore de dénomination.

Pour Douvres, par exemple, qui est 1° 18′ 30″ à l'*orient* de Greenwich, il faut faire cette soustraction :

	2°	20′	
	1°	18′	30″
La différence . . .	1°	1′	30″

est la longitude *occidentale* de Douvres à l'égard du méridien de Paris.

A *Turtle-Island*, située dans la mer Pacifique, les anglais comptent 177° 57′ *ouest* de longitude; en y ajoutant 2° 20′, on trouve 180° 17′ : ce lieu est donc 17′ au-delà du méridien opposé à celui de Paris; et en retranchant 180° 17′ de 360°, on a 179° 43′ de longitude *est*, à l'égard du méridien de Paris.

46. Quand on a placé sur le globe, par leurs longitudes et leurs latitudes, tous les lieux pour lesquels on a pu se procurer ces déterminations, et qui sont ordinairement les capitales des états et de leurs grandes subdivisions, les ports les plus fréquentés, ou enfin les points qui fixent l'étendue et les limites des principales sinuosités du rivage des mers; il ne reste plus qu'à remplir les espaces intermédiaires, en achevant, conformément à des dessins, tracés sur des

surfaces planes et levés géométriquement, ou construits d'après les relations des voyageurs, comme on le verra dans la suite, les contours des frontières des pays, le cours des fleuves. Les sinuosités des côtes seront suffisamment indiquées par le nombre de points dont on a assigné rigoureusement la position; d'ailleurs, en parlant de la construction des cartes, je ferai connaître les procédés dont on se sert pour donner à cette opération toute l'exactitude qu'on peut y désirer.

47. Le premier usage qu'on peut faire du globe, c'est de déterminer la distance d'un lieu à un autre, et les étendues respectives des diverses contrées. La plus courte distance de deux points sur la sphère, se mesure par l'arc du grand cercle qui les joint; et comme tous les grands cercles sont égaux, les degrés d'un grand cercle quelconque contiennent le même nombre de mesures itinéraires que celles du méridien: on prend donc avec un compas l'ouverture de l'arc compris entre les points proposés, pour la porter sur le méridien ou sur l'équateur qui sont gradués.

Si, par exemple, l'arc compris entre deux lieux marqués sur le globe, et rapporté sur le méridien, contient 29° 45′, on aura la plus courte distance de ces points en mesures itinéraires, en convertissant les degrés et minutes en lieues marines à raison de 20 au degré; on obtiendra d'abord 580 lieues pour les 29°, et chaque minute valant un tiers de lieue ou un *mille nautique*, les 45′ donneront 15 lieues; ainsi le résultat total sera de 595 lieues marines.

On peut substituer à l'opération prescrite ci-dessus, le calcul qui conduit à un résultat plus précis; il faut pour cela considérer un triangle sphérique tel que APL, *fig.* 8, formé par les méridiens AP et PL, des lieux A et L dont on cherche la distance, et par l'arc du grand cercle AL, qui les joint. On connaît dans ce triangle les côtés AP et PL, qui sont les distances des points A et L au pôle P, ou le complément de leurs latitudes, et l'angle APL mesuré par leur différence de longitude ; les règles de la trigonométrie sphérique donneront en degrés et parties de degrés, le côté AL, que l'on convertira en mesures itinéraires. Si les lieux A et L étaient dans deux hémisphères différens, l'une des distances au pôle serait plus grande que 90°, de la latitude de l'un de ces points.

Lorsque les lieux dont on veut déterminer la distance sont sous le même méridien, il suffit de prendre la différence de leurs latitudes et de la convertir en mesures itinéraires. J'observerai à ce sujet que la latitude d'un lieu se trouve au moyen du globe, en mesurant la plus courte distance de ce lieu à l'équateur, ou à un parallèle d'une latitude connue ; et en portant l'ouverture du compas sur le méridien gradué, le nombre de degrés qu'on obtient est ce qu'il faut ajouter à la latitude du parallèle d'où l'on est parti, pour avoir celle du lieu proposé.

48. Il faut bien se garder de prendre la différence de longitude de deux points situés sur le même parallèle pour la mesure de leur distance, cela ne peut se faire qu'à l'égard des points de l'équateur ; car ses parallèles étant de petits cercles dont le rayon diminue à mesure qu'on s'approche des pôles, leurs degrés n'ont point la même valeur que ceux des grands cercles; et d'ailleurs, ce qu'on omet souvent de faire remarquer, la longueur absolue de leurs arcs ne donne point la véritable mesure de la plus courte distance des extrémités de ces arcs, par lesquelles il faut toujours concevoir un arc de grand cercle. En effet, le rayon du parallèle étant plus court que celui du grand cercle, l'arc du parallèle est plus convexe, ou a plus de courbure

que celui du grand cercle compris entre les mêmes points, et est par conséquent plus long.

En marchant toujours dans un même alignement, on ne peut donc jamais parcourir sur la surface de la terre qu'un grand cercle, puisqu'on suit le plus court chemin qui mène d'un point à un autre sur cette surface.

Quoique différente sur les divers parallèles, la longueur absolue de leurs degrés se conclut facilement de celle des degrés du méridien, en observant que les longueurs du degré sont proportionnelles aux rayons des cercles, et que les rayons de l'équateur et de ses parallèles sont les perpendiculaires abaissées des différens points du méridien sur le diamètre de cercle, ainsi qu'on le voit dans la *figure* 8 par les lignes EC et HK. Si l'on prend par conséquent le rayon EC pour la longueur du degré de l'équateur, qu'on le divise en vingt parties représentant des lieues marines, le nombre de ces parties que pourra contenir le rayon HK du parallèle LM, fera connaître la longueur du degré de ce parallèle.

Il suit de ces remarques, que pour déterminer la longueur des degrés sur chaque parallèle, il suffit de décrire sur une ligne EC, qui représente la longueur du degré du méridien ou de l'équateur, un quart de cercle EP, le diviser en degrés et abaisser des perpendiculaires de chaque point de division sur le rayon CP; ces lignes seront les longueurs respectives du degré des parallèles pour toutes les latitudes.

La ligne HK étant le sinus de l'arc PH et le co-sinus de l'arc EH, dont l'un mesure la distance du parallèle HM au pôle, et l'autre la latitude de ce parallèle, on voit qu'en prenant pour unité le degré de l'équateur, celui d'un parallèle quelconque sera le co-sinus de la latitude, donné par les tables trigonométriques.

La latitude de Paris étant 48° 50′, et le co-sinus de cet angle 0,658 du rayon, le degré du parallèle s'obtiendra en multipliant ce nombre par 20 lieues marines, ce qui donnera 13 lieues 16; c'est donc 13 lieues qu'il faut faire à l'est ou à l'ouest sur ce parallèle, pour changer d'un degré en longitude. A 60 degrés de latitude, le degré du parallèle est réduit à 10 lieues, parce que le co-sinus de 60 degrés, ou le sinus de 30, n'est que la moitié du rayon.

49. Le méridien étant un grand cercle, on le parcourt sur la terre, lorsqu'on suit l'alignement de la méridienne tracée dans un lieu quelconque; et en faisant 20 lieues dans cet alignement on change d'un degré de latitude; mais ce n'est pas en suivant l'alignement perpendiculaire à la ligne méridienne, et qui marque les points *est* et *ouest*, qu'on pourrait décrire un parallèle à l'équateur, car cet alignement détermine un plan perpendiculaire au méridien, et par conséquent un grand cercle qui s'écarte d'autant plus du parallèle qu'il est prolongé plus loin. On le voit dans la *figure* 19, où PEP′ représente un méridien, EGI l'équateur, HLQ un parallèle, et HIK le grand cercle perpendiculaire au méridien en H. On peut y remarquer aussi que tous les grands cercles perpendiculaires au même méridien se rencontrent en deux points opposés, I et I′, qui sont les pôles de ce méridien. Ces grands cercles s'approchent donc continuellement les uns des autres; et ce n'est que dans un tres-petit espace, de chaque côté du méridien PEP′, qu'on peut regarder comme parallèles entr'eux les cercles IEI′ et IHI′; ce n'est donc aussi que dans une petite étendue qu'on peut regarder comme parallèles les lignes *est* et *ouest*, ou les perpendiculaires à la méridienne (1).

(1) L'observation ci-dessus est d'autant plus importante, que

Le grand cercle IHK, perpendiculaire au méridien P′EP, coupe les autres méridiens, comme P′LP, sous des angles différens pour chacun, tandis que le parallèle HLQ les rencontre tous à angle droit. Il résulte de là qu'en allant du point H au point L sur le parallèle, on se détourne à chaque instant de l'alignement qu'on avait d'abord suivi, pour se remettre à angle droit avec les divers méridiens sous lesquels on passe, et qui tendent tous au pôle P. Ce n'est donc qu'avec le secours d'une boussole, ou, plus exactement encore, en déterminant de proche en proche la position du méridien, et en se maintenant toujours à la même latitude, qu'on trace sur la surface terrestre un parallèle à l'équateur, ou qu'on s'avance directement, soit à l'*est*, soit à l'*ouest*.

En général, quand au moyen de la boussole, on suit une direction qui coupe sous le même angle tous les méridiens sous lesquels on passe, ou qu'on se maintient dans le même *rumb de vent*, on change d'alignement à chaque point, puisqu'il faut toujours se détourner pour faire le même angle avec le nouveau méridien qui converge vers le précédent; on décrit alors des espèces de spirales appelées *loxodromies*, et dont je parlerai plus au long en donnant les moyens de construire sur les cartes, les routes tenues par les navigateurs.

50. Pour mesurer commodément l'étendue d'une région tracée sur le globe, il faut concevoir sa surface partagée en quadrilatères par des méridiens et des parallèles menés, soit de 10 deg. en 10 deg., soit de 5 deg. en 5 deg., ou en

c'est à la méridienne et à ses perpendiculaires qu'on rapporte les canevas qui servent à la description géométrique d'un pays, et que c'est aussi sur ces lignes qu'est établie la carte de France, sur la projection de laquelle on n'a pas communément des notions exactes.

général assez près pour que la ligne irregulière qui limite cette région ne coupe dans les quadrilatères par lesquels elle passe, que des parties dont on puisse estimer facilement le rapport avec le quadrilatère entier, ce qui exige que chaque quadrilatère soit très-petit.

L'étendue superficielle de chaque quadrilatère compris entre deux méridiens et deux parallèles, se calcule facilement en déterminant d'abord l'étendue de la zone renfermée entre les deux parallèles; or celle-ci est à l'aire de la sphère, comme la distance des parallèles qui la terminent est au diamètre; et cette distance répond sur le diamètre, à la différence des sinus des latitudes de chaque parallèle, ainsi que cela se voit sur la *fig.* 8, par la ligne CK, différence entre CP et KP.

Pour la zone comprise entre le 48ᵉ et le 49ᵉ parallèle, et dans laquelle se trouvent Paris et ses environs,

Le sinus de	49° étant	0,755
Celui de .	48°	0,743
La différence		0,012

réduite à la moitié 0,006, fait voir que cette zone renferme les $\frac{6}{1000}$ ou les $\frac{3}{500}$ de l'aire totale du globe; celle-ci étant estimée de 16 501 200 lieues carrées (n.° 37), on conclut que la zone renferme 99 007 lieues carrées.

Quant à la partie de cette zone comprise entre deux méridiens donnés, elle est visiblement à la zone entière dans le même rapport que la différence de longitude des deux méridiens est à la circonférence entière; on a par conséquent le quadrilatère terminé par deux méridiens distans d'un degré, et par le 48.ᵉ et le 49.ᵉ parallèles, en prenant la 360.ᵉ partie du nombre 99007, qui donne l'aire totale de la zone, et on trouve 275 lieues carrées environ.

Un semblable calcul, fait pour le quadrilatère comprenant un degré de longitude sur chaque zone et un degré de latitude en allant de l'équateur au pôle, donnerait une suite de résultats à l'aide desquels on évaluerait presque sur-le-champ, soit sur le globe, soit sur les cartes, l'étendue de chaque région terrestre.

51. Pour placer commodément un globe et multiplier ses usages, on fixe d'abord son axe dans le diamètre d'un cercle de carton ou de cuivre, divisé en degrés, et qui représente le plan d'un méridien céleste quelconque. Ce cercle *s'encastre* dans un autre lié au support et qu'on nomme l'*horizon*, parce qu'en variant par rapport à son plan l'inclinaison de l'axe du globe, ce cercle peut représenter le plan d'un horizon quelconque. Dans cet assemblage, le globe tourne sur son axe indépendamment de son *méridien* qui demeure fixe, et au moyen duquel on peut placer les pôles dans telle situation qu'on voudra, par rapport à l'horizon. L'axe du globe porte une aiguille qui tourne avec lui sur un cadran dont le pôle occupe le centre, et qui est divisé en 24 parties ou heures, à partir du plan du méridien. On attache quelquefois sur le pied de l'instrument une boussole, pour qu'on puisse orienter le globe, c'est-à-dire mettre les pôles dans le plan où se trouvent ceux de la terre.

Pour faciliter sur les globes un peu grands la mesure des distances, on a joint à leur monture un arc de grand cercle mobile qui peut se fixer sur chaque point du méridien, et s'appliquer exactement contre la surface du globe. Ce cercle est nommé *cercle des hauteurs*, parce qu'en mettant son point d'attache à 90 deg. de l'horizon, il donne la distance de ce cercle à chacun des points par lesquels il passe, distance qui serait la hauteur d'un astre placé verticalement sur ce point.

52. Voici maintenant les principales questions qu'on résout avec ces instrumens :

1.° On trouve la latitude d'un lieu quelconque, en faisant tourner le globe jusqu'à ce que ce lieu soit sous le méridien fixe, et en lisant le degré marqué alors sur ce lieu.

2.° La longitude du même lieu se lit sur l'équateur au point sur lequel passe le méridien.

3.° Réciproquement on trouve la position d'un lieu quand on connaît sa longitude et sa latitude, en amenant sous le méridien le point de l'équateur qui a cette longitude, et en comptant sur le méridien la latitude donnée avec sa dénomination ; le point où elle se détermine répond sur le globe à celui qu'on cherche.

4.° L'heure que l'on compte dans un pays, lorsqu'il est midi dans un autre, s'obtient en plaçant ce dernier sous le méridien, et en fixant sur 12 heures l'aiguille du cadran qui environne le pôle, puis en faisant tourner le globe jusqu'à ce que le lieu dont on cherche l'heure soit arrivé sous le méridien ; l'aiguille marque alors sur le cadran l'heure demandée : elle est *après midi*, si l'on a fait tourner le globe à l'orient, et *avant midi* dans le cas contraire.

53. On peut connaître la longueur du plus grand jour pour tous les points d'un hémisphère, du septentrional, par exemple, en plaçant le méridien de manière que le bord du cercle polaire arctique rase l'horizon du globe ; cet horizon représentera alors le cercle d'illumination (n.° 15). Si l'on amène dans le méridien un point quelconque de l'hémisphère proposé, qu'on fixe l'aiguille du cadran polaire sur 12 heures, et qu'on fasse tourner le globe vers l'orient jusqu'à ce que le point remarqué entre dans l'horizon, l'aiguille s'arrêtera sur l'heure à laquelle ce point passe de la partie éclairée à la partie obscure, qui est celle du coucher du

soleil. Le nombre d'heures parcourues sur le cadran sera la moitié de la durée du jour cherché.

En plaçant le pôle plus près de l'horizon, on donnera à ce cercle la position que prend le cercle d'illumination dans les tems qui précèdent et qui suivent les solstices, et on connaîtra, comme ci-dessus, la longueur du jour dans chaque pays.

Il faut remarquer que, dans cette position du globe, tous les points qui se trouvent en même tems sur le bord occidental de l'horizon sont ceux qui, passant à-la-fois de la partie obscure dans la partie éclairée, voient le soleil se lever au même moment. Ceux qui sont sur le bord oriental le voient coucher à ce moment; et il passe alors au méridien pour tous ceux qui sont placés sur ce dernier cercle.

On marque ordinairement sur l'horizon des globes les directions des vents, à l'égard de la ligne méridienne, et les noms qu'on leur assigne; on peut par conséquent connaître la position d'un lieu à l'égard du soleil, au moment où cet astre paraît se lever ou se coucher, en remarquant par quel point de l'horizon le lieu proposé passe de la partie obscure dans la partie éclairée, et *vice versâ*. Prenant l'indication opposée, on aura la situation du soleil par rapport au méridien du lieu proposé.

Ce n'est pas ainsi qu'on résout ordinairement la question ci-dessus, on suit les apparences, au lieu d'établir l'état réel des choses, comme je viens de le faire; mais ce dernier procédé me semble préférable, parce qu'il fournit le moyen de représenter physiquement tout ce qui a été dit dans le n.° 15. Il suffit de placer le globe dans l'obscurité, et de l'éclairer par une forte lumière, répondant perpendiculairement au centre de l'horizon, et à une distance un peu considérable par rapport au diamètre du globe; on obtiendra les mêmes phénomènes que produit le soleil pendant la rotation de la terre, relativement aux diverses positions que prend l'axe de la terre à l'égard de cet astre.

En général, si, connaissant la déclinaison d'un astre, on élève le pôle de même dénomination au-dessus de l'horizon du globe, d'une quantité égale à cette déclinaison, ce cercle sépare le globe en deux parties, dont l'une est celle qui jouit de la présence de l'astre, et l'autre est celle où il n'est pas visible; on peut par conséquent se servir de ce moyen pour trouver les lieux où un astre donné de position est visible à un instant donné.

54. On mesure la distance de deux lieux, en plaçant l'un de ces points sur le méridien, puis en amenant au-dessus l'attache du cercle des hauteurs, et en faisant tourner cet arc de cercle autour de son attache, jusqu'à ce qu'il passe par l'autre point proposé. Le nombre de degrés et parties de degrés marqué à ce point étant réduit en mesures itinéraires, donnera la distance demandée.

Si l'on veut connaître sur quel alignement l'un de ces lieux est situé par rapport à la méridienne de l'autre, il faut d'abord placer le globe de manière que le second point réponde au centre de l'horizon, c'est-à-dire *rectifier* le globe pour ce point. On y parvient en prenant sa latitude, et en faisant mouvoir le méridien dans ses encastremens avec l'horizon, jusqu'à ce que l'élévation du pôle le plus voisin soit égale à cette latitude. L'horizon se trouve alors, par rapport au globe, dans la position qu'occupe sur la terre l'horizon rationnel du lieu proposé.

Cela fait, on amène sur ce lieu l'attache du cercle des hauteurs qu'on fait passer ensuite par le premier point, puis on compte le nombre de degrés et parties de degrés compris sur l'horizon, depuis le cercle des hauteurs jusqu'au méridien, soit du côté du nord, soit du côté du midi, et on a la mesure de l'angle que fait avec le méridien l'arc de grand cercle qui joint, par le chemin le plus court, les deux points proposés.

55. La question du n.° 53 peut être résolue pour un lieu quelconque, en particulier, en substituant l'horizon rationnel de ce lieu, au cercle d'illumination que j'ai considéré d'abord.

A cet effet, il faut rectifier le globe pour ce lieu, le placer dans le méridien, mettre l'aiguille du cadran polaire sur 12 heures, puis marquer sur le méridien le degré où tombe la déclinaison du soleil au moment proposé, et faire tourner le globe jusqu'à ce que le point qui était au méridien sous ce degré soit dans l'horizon. Le nombre d'heures que l'aiguille aura parcourues sur le cadran sera celui qui s'écoule entre le passage de l'astre au méridien, et son lever ou son coucher; car on voit que le point pris sous le méridien, à la même distance de l'équateur que le soleil, parcourt sur le globe la route apparente de cet astre.

Le même procédé ferait connaître le tems qui s'écoulerait dans un lieu quelconque entre le passage au méridien, et le lever ou le coucher d'un astre dont la déclinaison est donnée, en marquant sur le méridien le point qui répond à cette déclinaison.

Pour obtenir la durée du crépuscule, il faut par le moyen du cercle des hauteurs, tracer à 18° au-dessous de l'horizon, un cercle qui lui soit parallèle, et déterminer l'instant où le point pris sur le globe pour représenter le soleil, parvient à ce cercle.

56. La difficulté d'exécuter des globes assez grands pour montrer les détails de la géographie, et l'embarras qu'occasionnent ces instrumens, même sans des dimensions peu

satisfaisantes par rapport aux résultats, ont fait sentir le besoin de représenter sur une surface plane la situation respective des divers lieux de la terre.

Les surfaces courbes comparées au plan, se partagent en deux classes; les unes, comme celles des cônes et des cylindres, peuvent s'étendre sur un plan sans déchirure ni duplicature, et se nomment par cette raison *surfaces développables*; les autres, comme celles de la sphère et des sphéroïdes, se refusent absolument à cette extension. Si la terre eût été comprise dans la première classe, un simple développement, facile à exécuter, aurait donné des cartes dans lesquelles les distances des lieux et l'étendue respective des régions se seraient conservées telles qu'elles sont en effet; mais malheureusement la terre est un sphéroïde; et sa surface ne saurait coïncider rigoureusement avec un plan; et de là résulte l'impossibilité de conserver en même tems sur une carte les rapports naturels entre l'étendue des pays, ceux des distances des lieux et la similitude des configurations. On est obligé d'avoir recours à des constructions diverses pour représenter, au moins d'une manière approximative, chacun de ces rapports en particulier.

Ces constructions ont reçu le nom de *projections*, qu'on applique en général aux dessins dont l'objet est de faire trouver sur un plan les dimensions de l'espace et des corps qu'il renferme. Il y en a de deux sortes; les unes sont des *représentations perspectives* du globe ou des parties de sa surface, prises de divers *points de vue*, et sur divers plans considérés comme *tableaux*; les autres ne sont que des espèces de développemens assujettis à des lois approximatives et appropriés aux rapports qu'on veut conserver. C'est à cette dernière espèce que se rapportent la carte de

France, et les cartes marines dont on fait usage maintenant.

Lambert, et après lui Euler et Lagrange, ont ramené la théorie de ces deux espèces de projections au principe général de la transformation des coordonnées circulaires prises sur la sphère, savoir, des méridiens et des parallèles, en d'autres lignes droites ou courbes, tracées sur un plan d'après des conditions relatives aux propriétés que doit avoir la carte.

57. Le choix du point de vue et du plan du tableau étant fait, la projection peut se construire pour chaque lieu en particulier, suivant les règles de la perspective ordinaire, qui reviennent au fond à déterminer sur le tableau le point par où passe la droite menée de l'œil à l'objet; mais le nombre d'opérations qu'il faudrait faire de cette manière, si l'on considérait isolément chacun des points du pays qu'on se propose de représenter, étant trop considérable, on se borne à construire les lignes qui sont les perspectives des méridiens et des parallèles, et qui par leur rencontre déterminent toutes les positions géographiques.

En faisant abstraction de l'aplatissement de la terre, et la considérant comme sphérique, on voit que l'ensemble des rayons menés de l'œil à tous les points d'un cercle quelconque tracé sur le globe, forme un cône dont la section, par le plan du tableau, ne peut être qu'une des courbes du second degré, et même une ligne droite, dans certains cas. Il paraît qu'on s'est d'abord déterminé, dans le choix du point de vue et du tableau, par la considération des facilités qui pouvaient en résulter pour la construction de la carte; et dès le tems de Ptolémée (1), on avait remarqué qu'en faisant passer le tableau par le centre

(1) *Ptolomæi Planisphærium*, etc. *Aldus Venetiis*, 1558.

de la sphère, et plaçant le point de vue à l'extrémité du rayon mené perpendiculairement à ce plan, tous les cercles du globe avaient pour perspectives d'autres cercles dont la construction était facile, qui se coupaient dans la carte sous les mêmes angles que sur la sphère, ensorte que les quadrilatères sphériques rectangles compris entre les méridiens et les parallèles, y étaient représentés par des quadrilatères curvilignes, rectangles aussi. On a prouvé depuis, que les portions infiniment petites du globe prennent dans cette projection, une figure semblable à celle qu'ils ont; mais il faut bien observer que cette similitude n'a lieu que par rapport aux espaces très-petits : telles sont les conventions qui ont donné lieu à la projection *stéréographique*, et les principales propriétés dont elle jouit.

On l'emploie le plus souvent à représenter un hémisphère tout entier. L'ensemble des deux hémisphères se nomme alors *mappemonde*. Lorsqu'on choisit ceux qui sont circonscrits par le premier méridien, le tableau est dans ce cas le plan du méridien, et l'œil est placé au pôle de ce cercle. Il suffit d'avoir jeté les yeux sur une carte de ce genre pour reconnaître que les quadrilatères compris entre deux méridiens et deux parallèles consécutifs, augmentent d'étendue en allant du centre à la circonférence, et cela dans un rapport très-considérable. On sent d'ailleurs que cet agrandissement résulte de l'obliquité que prennent les rayons visuels, en s'écartant de celui qui est perpendiculaire au tableau, et qu'on peut nommer l'*axe optique*. Il suit de là que les régions placées vers les bords de l'hémisphère ont une étendue bien plus considérable que si elles se trouvaient au centre, et que l'on est induit en erreur lorsqu'on veut les comparer à celles qui occupent cette partie.

Les mappemondes ont encore l'inconvénient de séparer les parties adjacentes du globe, et de n'offrir d'une manière complète que la situation respective et la configuration des régions placées vers le milieu de la carte. On remédie à ce défaut, en faisant des *projections polaires* et des *projections horizontales;* les premières représentent les hémisphères séparés par l'équateur, et font voir avec assez d'exactitude l'ensemble des régions circompolaires; les secondes donnent les hémisphères placés au-dessus et au-dessous de l'horizon du lieu auquel elles se rapportent, et sont les plus propres à faire connaître les régions qui environnent ce lieu ou son antipode: elles méritent par cette raison une attention particulière.

58. Voici la démonstration de la propriété fondamentale de ces projections, de laquelle je déduirai les procédés de leur construction. L'œil étant supposé en O, *fig.* 20, le plan ADBE, mené par le centre C de la sphère, perpendiculairement au rayon OC, est le *tableau* ou le *plan de projection;* un cercle quelconque GIH, tracé sur la surface de la sphère, détermine le cône O GIH, dont l'intersection *gih* avec le plan ADBE, est la projection du cercle proposé. Or, le plan AFBO, mené par la ligne OE et par le centre K du cercle GIH, coupant à angle droit les plans GIH et ADBE, donne le moyen de connaître les angles que ces plans font avec les côtés OG et OH du cône; et on voit que l'angle OGH, dont le sommet est à la circonférence, ayant pour mesure la moitié de l'arc OBH, est égal à l'angle O*hg*, qui, placé entre le centre et la circonférence, a pour mesure la moitié de la somme des arcs HB et AO; de plus, l'angle O étant commun aux deux triangles OGH et O*gh*, il en résulte que les angles OHG

et O*gh* sont égaux : donc le cône OGIH est coupé *anti-parallèlement* par le plan ADBE; donc la section *gih* est un cercle.

Ce dernier, qui est la *projection* du cercle GIH, sera déterminé, quand on connaîtra la grandeur et la position de son diamètre; et pour les obtenir, il suffit de construire dans le plan AOBF, le triangle GOH, suivant lequel ce plan rencontre le cône OGIH; la ligne AB, qui représente alors le plan de projection, coupe le triangle OGH, dans le diamètre *gh* de la projection demandée.

59. Cela posé, pour la mappemonde construite sur le plan du premier méridien, le point de vue étant placé au centre de l'hémisphère opposé à celui qu'on veut représenter, se trouve à l'intersection de l'équateur et du méridien qui divise ce dernier hémisphère en deux parties égales. On considère d'abord la section du globe faite par le plan de l'équateur ADBE, *fig.* 21. La ligne AB, commune section de ce plan et de celui du tableau, représente sur la projection, l'équateur; les points M et N désignent deux points de la division faite sur ce cercle par les méridiens; l'œil est alors en D, et les rayons visuels MD et ND, menés aux points de division M et N, donnent sur AB en *m*, en *n*, les perspectives ou les projections de ces points : les trois arcs égaux, AM, MN, NE, sont donc représentés par les parties A*m*, *mn*, *n*C, visiblement inégales.

En menant par le point M′, diamétralement opposé au point M, un rayon visuel M′D, on achèvera l'angle MDM′ formé par les deux côtés opposés du cône passant par la circonférence qui comprend le méridien mené au point M et son opposé; et prolongeant les droites AB et M′D, jusqu'à ce qu'elles se rencontrent en *m′*, l'intervalle *mm′*

sera le diamètre de la projection du méridien qui passe par le point M.

Si maintenant on conçoit que le cercle ADBE tourne autour du diamètre AB, on pourra l'amener sur le plan du premier méridien. La ligne DE deviendra alors l'axe, les points E et D seront les pôles, et les lignes MD, M′D n'ayant point changé de situation à l'égard de AB, si on décrit sur *m m′*, comme diamètre, un arc de cercle E*m*D, ce sera la projection du méridien distant du premier d'un arc égal à AM.

Pour construire les projections des parallèles à l'équateur, il faut considérer la section du globe faite par le plan du méridien passant par l'œil, et perpendiculaire au premier méridien. On peut se servir encore de la *fig.* 21, en concevant que le plan du premier méridien ABDE, ait tourné autour de l'axe des pôles DE, pour prendre une situation perpendiculaire à celle qu'il avait d'abord. Le point B se trouvera à la place que doit occuper l'œil; l'axe ED sera la projection du méridien du milieu; les points M, N, pris sur ce méridien, appartiendront aux parallèles dont les latitudes sont AM, AN; enfin les rayons visuels BM, BN donneront en *r* et en *s* les projections des points M et N.

En prenant l'arc EN′, égal à EN, on détermine sur le parallèle un point N′, diamétralement opposé au point N; et prolongeant le rayon visuel BN′ et la ligne DE, jusqu'à ce qu'ils se rencontrent en *s′*, l'intervalle *s s′* sera le diamètre de la projection de ce parallèle. Si donc on ramène le cercle ADBE dans la position du premier méridien, dans ce mouvement qui s'exécute autour de la ligne DE, les droites BN, BN′, ne changeront pas de situation respective, et on pourra décrire sur *s s′*, comme diamètre, l'arc $N s N'$, qui sera la projection du parallèle passant à la latitude AN.

60. Toute cette construction, qui peut s'effectuer sur une seule figure, revient à trouver la graduation du diamètre AB, qui représente l'équateur, et celle de l'axe ED, qui est aussi le méridien du milieu de la carte; car les points m et n, combinés avec les pôles, donnent trois points de chaque méridien, et on en a pareillement trois pour les parallèles, en combinant les deux extrémités N et N' avec le point s, déterminé sur le diamètre DE.

Les lignes Cn, Cm se calculent facilement dans les triangles rectilignes DCn, DCm, rectangles en C, où on connaît le côté commun CD, et les angles CDn, CDm, mesurés par les moitiés des arcs NE, ME, qui sont les complémens de la longitude des méridiens.

Les triangles BCr, BCs donnent d'une manière semblable les distances Cr, Cs, qui forment la graduation du méridien du milieu de la carte.

61. La construction de la projection polaire se réduit à la détermination des degrés du méridien; la *fig.* 22 indique l'opération à effectuer; le cercle ADBE représente d'abord un méridien, sur lequel l'œil est en D à l'un des pôles, et dont la projection est le diamètre AB; les arcs AM, MN, NE, sont projetés sur cette ligne en Am, mn, nC, par les rayons visuels DM, DN. On conçoit ensuite que le plan ADBE, tournant autour de AB, vienne s'appliquer sur l'équateur; et du centre C, avec les rayons Cn, Cm, on décrit des cercles qui sont les projections des parallèles à l'équateur, passant par les latitudes égales aux arcs AN, AM. Quant aux méridiens, comme leurs plans se coupent tous suivant l'axe des pôles, qui est en même tems l'axe

optique, leurs projections sont les rayons CM, CN correspondans aux longitudes AM, AN.

62. Lorsqu'il s'agit de la projection horizontale, le cercle ADBE, *fig.* 23, désigne d'abord le méridien du lieu proposé, qui divise son horizon en deux parties égales. L'œil étant toujours en D, les rayons visuels DP, DN, DN′, menés au pôle supérieur P, et aux extrémités N et N′ d'un parallèle quelconque, marquent sur AB, qui est la projection du demi-cercle AEB, la projection *p* du pôle, et le diamètre *nn′* du parallèle. L'équateur s'obtient de même; FF′ désignant son diamètre, *ff′* est celui de sa projection. On peut tracer cette projection et celle du parallèle, en concevant que le cercle ADBE a tourné autour du diamètre AB pour s'appliquer sur l'horizon; on a pour l'équateur l'arc E*f*D, et pour le parallèle le cercle *nn′*.

Pour déterminer les projections des méridiens, on cherche d'abord celle du pôle inférieur P′, que le rayon visuel DP′ prolongé donne en *p′*. Concevant alors le cercle ADBE appliqué de nouveau sur l'horizon, on décrit sur le diamètre *pp′*, un cercle qui représente la projection du méridien perpendiculaire à celui du lieu. Devant toutes passer par les deux points *p* et *p′*, les projections des méridiens auront leurs centres dans la ligne *de*, perpendiculaire sur le milieu de *pp′*; et pour achever de les déterminer, il suffit d'en trouver un troisième point, ce qui peut se faire de plusieurs manières. Celle que je vais donner repose sur une construction qui convient à toutes les déterminations semblables, et qui consiste à rapporter ou *projeter* les différens points de l'équateur sur l'horizon par des droites perpendiculaires au plan de ce dernier.

Pour cela, je prends un arc BL, égal à la longitude du point proposé de l'équateur; j'abaisse GL, perpendicufaire sur DE; je porte GL sur CF, de C en L″, et menant L″L′, parallèle à DE, le point L′ d'intersection des lignes L′L″ et GL, est la projection demandée, ou le pied de la perpendiculaire abaissée du point de l'équateur, dont la longitude est égale à BL, sur le plan horizontal (1).

Cela fait, si on observe que le plan, qui passe par l'œil et par le point proposé de l'équateur, étant mené par la ligne CD, perpendiculaire au plan de l'horizon, contient nécessairement la perpendiculaire abaissée de ce point en L′, on en conclura que son intersection avec le plan horizontal est la ligne CL′, menée par le centre de l'horizon. Cette droite déterminera en *l* sur l'arc de cercle E *f* D, qui est la projection stéréographique de l'équateur, la projection du point proposé. En répétant cette construction, on pourra facilement graduer, conformément aux lois de la projection, celle de l'équateur.

On remarquera encore que la ligne CO est la projection du cercle des hauteurs (n.° 51) mené par le lieu qui occupe le centre de la carte, et par le point proposé de l'équateur; puisque les plans des cercles de hauteur passant par la ligne DE, ont nécessairement pour projections des lignes menées par le centre C de la carte.

63. L'inégalité des espaces de la graduation de la projection stéréographique, ne permet pas de lui appliquer, en général,

(1) Ce procédé sera évident par sa seule description pour les lecteurs qui connaîtront la *géométrie des plans et des surfaces*; ils verront que l'angle FCB est celui que fait le plan de l'équateur avec l'horizon, et que par conséquent on a pour construire les points du premier, sa commune section DE avec le second, et l'angle qu'ils comprennent. (*Voyez* le *Complément des élémens de géométrie*.

une échelle rectiligne pour comparer les distances respectives des lieux, distances qui se mesurent suivant l'arc de grand cercle qui joint ces lieux deux à deux; mais on peut toujours, par le moyen de la graduation même, mesurer la distance entre le centre de la carte et l'un quelconque de ses points; et on peut par conséquent connaître, sur la projection horizontale relative à Paris, par exemple, la distance de cette ville à tous les autres points du globe. Cette propriété résulte de ce que tous les grands cercles qui passent par le centre de la carte, se coupant suivant l'axe optique, ont pour perspective des lignes droites menées par ce centre, et admettent une graduation semblable à celle qu'on marque sur l'équateur des mappemondes construites sur le plan du méridien.

En plaçant le point de vue au centre de la sphère, et prenant pour tableau un plan tangent à sa surface, on obtient une perspective du globe, dans laquelle tous les grands cercles sont représentés par des lignes droites. Elle altère, comme la précédente, et plus encore, l'étendue des régions à mesure qu'elles s'éloignent du centre de la carte; elle ne peut même représenter un hémisphère entier, parce que les rayons visuels menés par la circonférence qui termine cet hémisphère, sont parallèles au plan du tableau; mais elle peut être fort utile pour des parties du globe dont l'étendue ne serait pas très-considérable, et elle est susceptible d'une espèce d'échelle dont la construction n'est pas difficile à trouver. C'était sans doute par cette raison que Prony s'était proposé de s'en servir dans les cartes du cadastre. Cette projection est remarquable encore en ce qu'elle s'emplois pour les cadrans solaires.

On trouvera sans peine comment il faut modifier dans

ce cas les procédés que j'ai donnés ci-dessus pour construire les projections méridiennes, polaires et horizontales; il faudra tirer du point C des figures citées dans ces articles, les rayons visuels qui déterminent la section faite dans les cônes, perpendiculairement aux cercles à représenter; prendre le tableau parallèle à celui qui passe par le centre, et tangent au cercle ADBE. On verra alors que, dans la projection sur le plan du premier méridien, les méridiens seront des lignes droites, perpendiculaires à l'équateur, qui sera lui-même une ligne droite; les parallèles à l'équateur seront des hyperboles; dans la projection polaire, les méridiens seront des lignes droites tirées du centre de la carte, les parallèles à l'équateur des cercles ayant leur centre à ce point; dans la projection horizontale, enfin, les méridiens seront des lignes droites, menées par la projection du pôle supérieur. Le parallèle du lieu auquel se rapporte la projection sera représenté par une parabole, ceux qui sont plus près du pôle par des ellipses, et les autres, de chaque côté de l'équateur, par des hyperboles.

64. Si l'on conçoit le point de vue porté à une distance infinie du tableau, les rayons visuels deviendront parallèles entr'eux : en les supposant alors perpendiculaires au tableau, on aura la *projection orthographique* dans laquelle les méridiens et les parallèles sont en général représentés par des ellipses, excepté dans la projection polaire où les méridiens sont des lignes droites, et les parallèles des cercles concentriques. L'ensemble des rayons visuels menés aux différens points du cercle à représenter, forme alors un cylindre, dont l'axe est parallèle à la ligne, marquée CO dans la *fig.* 20. Pour s'en former une idée, il suffit de jeter les yeux sur la *fig.* 24, analogue à la *fig.* 21; les rayons visuels Mm, Nn, menés par les différens points

du cercle ADBE, considéré comme l'équateur, détermineront sur son diamètre la graduation conformément aux lois de la projection : l'espace *mm'*, compris entre les deux perpendiculaires M*m* et M'*m'*, abaissées des deux points opposés du méridien, est le petit axe de l'ellipse, que ce cercle a pour projection, et le grand axe est le diamètre de la sphère ou du premier méridien qui demeure circulaire. Les parallèles à l'équateur, ayant leurs plans perpendiculaires à celui du premier méridien, y sont représentés par leurs diamètres, tels que NN'. D'après la manière dont je viens de modifier le tracé de la projection méridienne, il est aisé de trouver les changemens que doit subir celui des deux autres.

Un tracé fort simple fait trouver immédiatement la projection orthographique d'un lieu quelconque sur le plan du méridien, et sa distance perpendiculaire à ce plan. Ayant tiré sur le plan du premier méridien ADBE, par la latitude AN du lieu proposé, le diamètre NN' de son parallèle, on décrit ce cercle, on prend l'arc NL égal à la longitude, on abaisse sur NN' la perpendiculaire L*l*; le point *l* est la projection orthographique de ce lieu, et L*l* est sa distance au plan du méridien. Le même tracé exécuté pour un autre point donnant aussi sa projection, il est aisé de trouver la droite qui joint immédiatement ces deux lieux, à travers le globe.

L'opération se simplifie lorsqu'on projette sur le plan de l'équateur : On fait l'angle ACB, *fig.* 25, égal à la différence de longitude des lieux proposés ; on prend les arcs AM et BN égaux aux latitudes respectives ; les droites M*m* et N*n*, perpendiculaires sur AC et BC, donnent les projections *m* et *n* de ces lieux ; *mn* est celle de leur distance. Si donc on élève sur *mn*, les perpendiculaires *m*M'', *n*N'', respectivement égales aux droites Mm, Nn, et qu'on tire M″ N″, cette droite sera la corde de l'arc de grand cercle compris entre les deux lieux proposés; en la portant sur le méridien divisé en degrés, on obtiendra comme dans le n.° 47, la mesure du plus court chemin à suivre pour aller de l'un de ces points à l'autre.

Si le point N était dans l'hémisphère opposé à celui où se trouve le point M, il faudrait le construire en N′, au-dessous de BC : sa projection sur le plan du méridien serait encore n; mais il faudrait porter la perpendiculaire N′n au-dessous de la droite mn, et la plus courte distance rectiligne des deux points proposés serait alors M″ N‴.

65. La projection orthographique a, par rapport aux espaces, le défaut contraire des précédentes; elle les diminue du centre à la circonférence, à cause de l'obliquité sous laquelle les parties latérales de la sphère se présentent à son plan diamétral. La Hire a conclu de là qu'en prolongeant l'axe optique hors de la sphère, le tableau passant toujours par le centre, il existait sur cet axe un point tel que l'inégalité des espaces fût la plus petite possible; car il est évident que lorsque le point de vue s'éloigne assez pour que l'obliquité des rayons, qui tend à agrandir les espaces, devenue moindre, puisse être compensée par celle des surfaces projetées, qui tend à les diminuer, leur accroissement doit se changer en décroissement. Il ne peut y avoir égalité absolue dans tous, parce que la loi de leur variation dépend de leur situation particulière ; mais à la limite que nous venons d'assigner, leurs différences sont assez petites pour pouvoir être négligées dans une carte générale.

La Hire (1) a pris le point de vue de sa projection à

(1) Mémoire de l'Académie des Sciences, année 1701, p. 260.

une distance de la sphère égale au sinus de 45°. La *fig.* 26 montre comment on obtient la graduation de l'équateur lorsqu'on projette sur le plan du méridien, en plaçant l'œil au point *d*, tel que D*d* = FG, l'arc DG étant la moitié de BE; et alors C*g* est la moitié de BC.

On pourrait aussi chercher à placer sur la ligne DE, le point *d*, de manière que les degrés de l'équateur contigus au point C, ou au méridien du milieu de la carte, et au point A ou au premier méridien, occupassent sur le diamètre AB le même espace. On y parvient facilement au moyen des formules trigonométriques qui expriment la grandeur d'un espace quelconque *mn*.

J'ignore si l'on a construit des cartes sur cette projection, et je suis surpris qu'elle ne soit pas devenue commune, car elle me paraît préférable à la projection ordinaire des mappemondes. On objecterait en vain que, les méridiens et les parallèles s'y trouvant représentés par des ellipses, elle doit être plus difficile à tracer; car il est évident que le dessin de la projection est toujours pour un géographe instruit la moindre des difficultés que présente l'exécution d'une carte. On a un grand nombre de moyens simples et commodes pour tracer des ellipses par points, et l'on est souvent obligé d'en employer de semblables pour les méridiens et les parallèles circulaires placés vers le centre des mappemondes de la projection stéréographique, parce que leur rayon est trop grand pour qu'il soit possible de les décrire avec des compas. La projection horizontale faite d'après les principes de La Hire, serait susceptible de donner les distances, comme la projection stéréographique. Enfin, je ne vois pas qu'aucune des propriétés de la projection stéréographique puisse compenser, par rapport aux mappemondes, les inconvéniens de la disproportion qu'elles mettent entre des espaces égaux, et l'erreur où elles induisent l'élève qui veut comparer, par exemple, l'Inde avec la Nouvelle-Zemble, et la mer Rouge avec la baie de Baffins.

66. La projection stéréographique est peu employée à l'égard des cartes particulières; il n'y a guère que les allemands qui s'en soient servis dans ce cas, et particulièrement Hasius, qui a composé la plus grande partie des cartes de l'atlas de Homann, fort répandu vers le milieu du siècle passé. Les quatre parties du monde, représentées isolément dans cette projection, ne sont que des portions d'une mappemonde construite avec de plus grandes dimensions, sur le plan du méridien perpendiculaire à celui qui passe par le milieu de la carte, l'œil étant placé dans le plan de ce dernier. La longueur excessive des rayons des cercles, les rend assez difficiles à tracer; et l'altération des espaces et des distances, n'y est pas moindre que dans d'autres projections plus aisées à exécuter : voilà pourquoi ces cartes sont peu communes en France.

On peut y diminuer l'inégalité des espaces comme dans la mappemonde, en plaçant le point de vue hors du globe; mais la distance à laquelle il convient de le porter, dépend de l'étendue de pays qu'embrasse la carte, diminue à mesure que cette étendue devient plus petite, et peut se calculer aisément, en comparant le degré sur les bords de la carte avec celui qui se trouve au milieu.

Il sera facile aux personnes familiarisées avec les considérations géométriques et trigonométriques, de déduire des n.os 59 et 62, des procédés de calcul pour former le cadre de ces cartes, et pour construire les arcs de cercles qu'elles doivent contenir par points, en les rapportant à leurs cordes, ou à leurs tangentes : ces détails passeraient ici les bornes que je me suis prescrites.

67. La plus simple des *projections par développement*, est celle qu'on nomme la *projection conique;* il est bien naturel en effet d'assimiler une zone sphérique à un cône tronqué, et d'en construire ensuite le développement : les parallèles deviennent des cercles décrits du sommet du cône pris pour centre, et les méridiens sont des lignes droites assujetties à passer par ce point. Il est visible qu'on aura un résultat d'autant plus approché, que la carte embrassera moins d'étendue en latitude. Cette projection peut varier de plusieurs manières, car on peut supposer que le cône soit tangent au parallèle moyen de la carte, et par conséquent extérieur, ou bien qu'il soit en partie inscrit dans la sphère, c'est-à-dire, formé par les sécantes des méridiens. Dans le premier cas, la carte n'aura d'exactitude rigoureuse, que sur le parallèle moyen, qui conservera dans le développement la longueur qu'il a réellement sur le globe ; mais les parallèles placés, tant au-dessus qu'au-dessous de celui-là, excéderont ceux qui leur correspondent sur le globe. Murdoch, géomètre anglais, a proposé de substituer au cône tangent, un cône en partie inscrit et déterminé par cette condition : *que la partie de son aire, comprise dans la carte, soit équivalente à celle de la zone sphérique qu'elle représente.*

Toute la construction de cette espèce de carte repose sur la détermination du sommet du cône, et de l'amplitude que prend dans son développement, le cercle qui lui sert de base.

Lorsque le cône est tangent à un point E du méridien AP, *fig.* 27, on obtient son côté en prolongeant la tangente à ce point, jusqu'à ce qu'elle rencontre l'axe CP aussi prolongé ; la ligne ER est alors le côté du cône, et sa base est le cercle ayant E*e* pour rayon. Le développement s'effectue par les moyens connus. (Voyez le *Complément des élémens de géométrie*).

Pour former les degrés de longitude, il faut prendre la 360e partie de l'arc décrit du sommet R, comme centre, avec un rayon RE, et qui représente le développement du parallèle, passant par le point E; tirant ensuite par les divisions de cet arc et par le sommet du cône, des droites, on aura les méridiens qui, répondant à un arc d'un rayon plus grand que celui du parallèle, intercepteront un angle moindre qu'un degré. Pour avoir les degrés de latitude, on portera sur l'un de ces méridiens, à partir du point E, tant au-dessus qu'au-dessous, des parties égales au développement des arcs du méridien terrestre. Enfin, on décrira du point P, et par les divisions du méridien, des cercles concentriques qui représenteront les parallèles.

Quand le cône doit être en partie inscrit, on tire par les points A et F dans lesquels il doit couper le méridien, une sécante AF, dont la rencontre R′ avec l'axe CP, donne le point de concours des droites qui représentent les méridiens, ou le sommet du cône; la droite AR′ est son côté, et A*a* le rayon de sa base. L'espace AF étant celui qui correspond à l'arc AEF, doit être divisé comme cet arc. Par cette construction, on prend la corde AF pour l'arc AEF, et le degré de latitude se trouve un peu trop petit, par rapport au degré de longitude, sur les parallèles des points A et F; mais la différence est très-peu de chose quand l'arc du méridien a peu d'amplitude. Cependant, on peut établir une égalité parfaite entre les degrés de latitude sur la carte et ceux du méridien de la sphère, en prenant au lieu de AF, le développement de l'arc AEF; cette circonstance augmentant la distance des rayons Aa et Ff des parallèles, éloigne un peu le point de concours des lignes AR′ et CP.

Le point R′ s'obtient en général, en considérant les triangles semblables :

R′Aa, R′Ff, qui donnent

$Aa : Ff :: AR' : FR'$

$Aa - Ff : Aa :: AR' - FR'$ ou $AF : AR'$.

Quand on veut avoir égard à la différence de l'arc à sa corde, on substitue à la ligne AF, la longueur développée de l'arc AEF.

68. L'astronome Delille (de la Croyère) qui fut chargé de construire une carte générale de l'empire de Russie, voulant éviter les inconvéniens de la projection stéréographique énoncés ci-dessus, fit choix de la projection conique; mais pour la perfectionner, il imagina de faire entrer le cône dans la sphère, de manière qu'il la coupât suivant deux parallèles placés chacun à égale distance du parallèle moyen, et de l'un des deux parallèles extrêmes. La carte avait, par ce moyen, sur les deux parallèles dont on vient de parler, la même dimension que la partie correspondante du globe; et son étendue totale différait peu de celle du pays qu'elle devait représenter, parce que l'excédant qui se trouvait aux deux extrémités de la carte, était au moins compensé en partie par le défaut qu'avait, à l'égard de la zone sphérique, la portion inscrite du cône. La carte comprenant depuis le 40e deg. de latitude jusqu'au 70°, le parallèle moyen répondait à 55°, les parallèles communs avec la sphère étaient ceux de 47° 30′ et 62° 30′.

Euler s'est occupé de cette projection, mais il a substitué à la détermination des parallèles qui doivent être communs avec la sphère, celle du point de concours des lignes droites qui représentent les méridiens, et de l'angle qu'elle font entr'elles lorsqu'elles comprennent un degré de longitude. Ses calculs sont appuyés sur les conditions suivantes : 1.° Que les erreurs soient égales aux extrémités méridionales et septentrionales de la carte; 2.° qu'elles soient aussi égales à la plus grande de celles qui ont lieu vers le parallèle moyen de la carte. Il en conclut que le point de concours du méridien doit être placé au-delà du pôle, d'une quantité égale à 5° de latitude; et que l'angle de deux méridiens consécutifs doit être de 48′ 44″ (1).

Il cherche ensuite de combien les arcs des grands cercles qui mesurent les distances sur le globe, diffèrent des lignes droites qu'on leur substitue sur la carte; et il trouve qu'un arc de 90°, aurait sur la carte une longueur de 90°, 79, exacte à moins d'un centième de sa valeur.

69. On pourrait substituer à la projection conique faite sur deux parallèles du globe, une carte qui coïncidât avec trois; et cela, en décrivant les parallèles extrêmes et le parallèle moyen, soit en ligne droite, soit en cercles concentriques d'un rayon donné; puis, en divisant ces parallèles conformément à la loi du décroissement des degrès de longitude, on se procurerait ainsi trois points pour chaque méridien, qu'on représenterait par le cercle mené par ces trois points. Je ne m'arrêterai point sur cette projection indiquée, je crois, par Bion, dans son *Usage du globe*, et qui n'est, comme celle de Ptolémée, que la projection conique défigurée.

70. Quelques géographes ont eu aussi l'idée de développer en ligne droite tous les parallèles, et l'un des méridiens, celui qui passe par le milieu de la carte; alors les

(1) *Acta Academiæ Petropolitanæ*, tom. 1, pars 1.

parallèles qui sont tous perpendiculaires à ce méridien, sont espacés comme sur le globe; puis on prend sur chacun les degrés de longitude comme les donne la loi de leur décroissement, c'est-à-dire, proportionnels au co-sinus de la latitude: enfin, on fait passer par chaque série de points de division correspondans, une ligne courbe qui représente le méridien. Il résulte de cette construction, dont la *figure* 28 offre un exemple, que dans le sens de ses parallèles, la carte a par-tout des dimensions égales à celle du globe; mais la configuration y est considérablement altérée sur les bords, par l'obliquité que prennent les méridiens; ensorte que les quadrilatères sphériques rectangles, compris entre les méridiens et les parallèles, y sont représentés par des trapèzes mixtilignes, dont les angles sont très-inégaux, mais, à la vérité, dont les aires sont égales. Cette projection a été employée dans l'atlas céleste de Flamsteed, et dans les quatre parties du monde de J. B. Nolin, et de plusieurs autres géographes.

71. Facile à tracer et conservant entre les diverses régions, leurs rapports d'étendue superficielle, cette projection devait intéresser les géographes; aussi a-t-on trouvé un moyen fort simple de corriger le défaut occasionné par l'obliquité des méridiens: on a substitué aux lignes droites qui représentent les parallèles, des cercles concentriques décrits d'un point pris dans l'axe de la carte; et passant par les divisions de ce méridien, la position de leur centre commun est fixée d'après la courbure qu'il convient de leur donner, pour qu'ils coupent tous les autres méridiens le moins obliquement qu'il est possible. Cette projection, représentée dans la *figure* 29, est la plus usitée en France dans les cartes générales, telle que celle des quatre parties du monde: Delille et Danville, entr'autres, s'en sont servis.

Les quadrilatères compris entre les parallèles et les méridiens de cette projection, sont, comme dans la précédente, équivalens à ceux du globe. Dans l'une et dans l'autre, ces distances ne peuvent être mesurées à la rigueur que sur les méridiens et sur les parallèles; et les échelles qu'on y trouve ne donnent que des approximations, suffisantes à la vérité, pour les besoins ordinaires de la géographie.

72. M. Delorgna (1) a proposé une nouvelle projection jouissant de la propriété de représenter par des espaces égaux les régions d'égale étendue. Pour construire la carte d'un hémisphère, il le conçoit partagé en demi-fuseaux par des plans menés par son axe; et sur le centre du grand cercle perpendiculaire à cet axe, il en décrit un autre dont l'aire soit équivalente à celle de l'hémisphère. Il est aisé de voir que chaque demi-fuseau sera représenté sur le cercle dont il s'agit, par un secteur dont l'angle sera égal à celui que forment les deux plans que comprennent le fuseau. C'est ce que montre la *figure* 30, dans laquelle P représente le pôle; ABD, le plan de l'équateur; APB, un demi-fuseau compris entre deux méridiens et l'équateur: le cercle A′B′D′ est celui dont l'aire est égale à celle de l'hémisphère PABDE. On découvrira sans peine que le rayon A′C doit en général être égal à la corde AP de l'arc du méridien compris entre le pôle et le plan qui termine la *calotte sphérique* qu'on veut représenter (2).

(1) *Principi di Geographia Astronomico-Geometrica*, in-4°. *Verona*, 1789.

(2) En effet, si π désigne le rapport de la circonférence au diamètre, R le rayon de la sphère, h la hauteur Pc de la calotte Pabd, et r le rayon du cercle équivalent, on aura :

$2\pi Rh = \pi r^2$, d'où on tirera $r^2 = 2Rh$; r est donc moyen proportionnel entre le diamètre de la sphère et le segment Pc.

Dans la projection polaire, tracée d'après ce principe, les méridiens sont les rayons du cercle qui termine la carte ; les parallèles sont des cercles concentriques à ce premier, décrits d'un rayon égal à la corde du complément de la latitude; les quadrilatères formés par les méridiens et les parallèles qui terminent une zone, sont égaux et rectangles, comme sur la sphère; et par cette raison, la configuration des pays n'est pas très-altérée. Les distances ne se mesurent pas immédiatement par la droite qui joint les deux points que l'on compare, mais elle n'en diffère pas beaucoup, et sa valeur exacte peut s'en déduire assez facilement. Ces propriétés, qu'on ne peut contester à la projection de M. Delorgna, constituent, suivant lui, celles que doit avoir, pour être admise, toute bonne projection géographique; et dans le vrai, il ne pourrait qu'être utile d'adopter, pour les cartes ordinaires, cette projection, qui est très-facile à décrire, lorsqu'il s'agit des hémisphères terminés par l'équateur. L'auteur a aussi donné le moyen de l'appliquer aux cartes particulières; mais ce tracé se complique lorsqu'il s'agit des hémisphères terminés par l'horizon, parce qu'il faut alors substituer aux méridiens et aux parallèles les cercles *azimutaux* et les *almicantarats* (ou parallèles à l'horizon) du lieu pris pour centre de la carte, cercles auxquels on ne peut rapporter les longitudes et les latitudes que par une construction ou un calcul particulier. L'inconvénient est le même à l'égard des hémisphères terminés par le méridien; mais, comme je l'ai dit plus haut, il faut toujours compter pour peu de chose les difficultés de la projection, qui ne doivent jamais arrêter le géographe, lorsqu'il en résulte des avantages dans l'usage journalier des cartes.

73. Les opérations effectuées dans le siècle précédent

pour déterminer la figure de la terre, par la mesure des degrés du méridien et des parallèles, ont fait naître une espèce de projection très-importante, puisque c'est celle de la grande carte de France, le plus beau travail géographique qu'on ait exécuté jusqu'ici (1).

Lorsqu'on entreprit de mesurer un degré de longitude, on reconnut la difficulté qu'il y avait à tracer exactement sur la terre un parallèle à l'équateur. En effet, si, par un alignement dirigé au moyen de piquets verticaux, et perpendiculaire au méridien d'un lieu, on détermine une suite de points, il est évident qu'en supposant la terre sphérique ils appartiendront au grand cercle que détermine le plan vertical mené perpendiculairement au méridien dont il s'agit, et qui, sur la terre, répond au cercle céleste que l'on nomme *premier vertical.* Le parallèle se sépare bientôt de ce cercle qu'il ne fait que toucher au point où il coupe le méridien (n.° 49). Dans un sphéroïde, la courbe perpendiculaire au méridien est à double courbure, et la recherche de ses propriétés a occupé plusieurs géomètres (2).

Le méridien et ses perpendiculaires étant les lignes qui se tracent le plus facilement par les opérations astronomiques et géodésiques, c'est au méridien de l'observatoire de Paris et à ses perpendiculaires, qu'on rapporte immédiatement les points de la carte de France; leurs latitudes et leurs longitudes n'ont été conclues qu'à *posteriori* et par le calcul (3).

Pour se former une idée de la manière dont cette projection représente les espaces terrestres, il faut observer que les grands cercles perpendiculaires au méridien (en sup-

(1) Mém. de Cassini, Acad. des Sciences, 1745.

(2) Mém. de l'Académie des Sciences, année 1733.

(3) *Voyez* le Traité analytique des mouvemens apparens des corps célestes, par Dusejour, t. II, et la Description géométrique de la France, par Cassini.

posant la terre sphérique) se coupent tous aux pôles de ce méridien, et convergent par conséquent les uns vers les autres (n.° 49); tandis que sur la carte, où le même méridien est une ligne droite, ils deviennent parallèles entr'eux. Il résulte de là que les portions déterminées par deux cercles perpendiculaires au méridien, sont représentées par des rectangles de même longueur, mais plus larges vers leurs extrémités. Ainsi les distances et les aires ne peuvent être mesurées immédiatement sur la carte de France, que par approximation, et à cause que l'étendue en longitude n'est pas assez considérable pour que la convergence des perpendiculaires au méridien entraîne une erreur de quelqu'importance, par rapport aux besoins ordinaires de la géographie.

74. Les *rumbs de vent*, ou les directions indiquées par la boussole, dont la propriété est de couper sous le même angle tous les méridiens qu'ils rencontrent, et qui, pour cette raison, ont, sur le globe, la forme d'une spirale, sont aussi représentés par des lignes courbes de ce genre, dans toutes les cartes où les méridiens ne sont pas parallèles. Les marins qui dirigent leurs courses sur ces lignes, ne peuvent rapporter commodément, dans cette espèce de carte, le chemin qu'ils ont fait, ni trouver celui qu'ils ont à faire, à cause de la difficulté de mesurer avec le compas les arcs d'une courbe : ils ont en conséquence cherché une projection de cartes, dans laquelle les méridiens fussent des lignes doites parallèles.

Lorsqu'il ne s'agit de représenter que de très-petits espaces, ou du moins peu étendus en latitude, on peut substituer à la zone sphérique le développement d'un cylindre, soit inscrit, soit circonscrit à cette zone, et dont l'axe coïncide avec celui du globe. Les méridiens, qui résultent des sections du cylindre par des plans passant par son axe, sont représentés par des lignes droites parallèles à cet axe ; les plans des parallèles coupent le cylindre suivant des cercles parallèles à sa base, et qui deviennent des lignes droites dans le développement. Telle est la construction des cartes plates dont on attribue l'invention à Don Henri, infant de Portugal. Leurs défauts sont analogues à ceux de la projection conique, et même plus considérables ; car dans celle-ci on peut donner à deux parallèles leur véritable longueur par rapport aux degrés de latitude, et à un seulement sur les cartes plates, savoir : à l'inférieur pour le développement du cylindre circonscrit, et au supérieur pour le développement du cylindre circonscrit. On pourrait aussi employer le cylindre construit sur un des parallèles intermédiaires, et qui serait en partie intérieur et en partie extérieur à la sphère ; de cette manière l'étendue en longitude ne se trouverait exacte que vers le milieu, mais l'erreur serait partagée entre les deux extrémités. Il se présente ici des questions pareilles à celles qu'Euler a résolues pour la projection conique. Il est évident, par exemple, qu'on peut placer le parallèle qui sert de base au cylindre, de manière que l'aire du développement soit égale à celle de la zone sphérique.

Le tracé de ces cartes s'effectue sans peine dès qu'on a fixé la position du parallèle terrestre qu'on développe ; il n'est question que de donner aux degrés de longitude, sur ce parallèle, la grandeur qu'ils doivent avoir par rapport à celle qu'on assigne au degré de latitude.

La ligne HG, *fig.* 27, étant supposée parallèle à l'axe CP et égale au développement de l'arc BF, sera le méridien de la carte destinée à représenter la zone comprise entre les parallèles des points B et F. Le développement du parallèle moyen, dont le rayon est E e, donnera les degrés de longitude. On voit par cette figure le défaut de la carte sur les parallèles extrêmes, puisque le rayon G g est plus petit que B b, et le rayon H h plus grand que F f.

Ces cartes ne pouvant convenir qu'à de très-petites parties du globe, sont presqu'abandonnées aujourd'hui; et dans la plupart de celles qu'on rencontre encore, et qui sont hollandaises, on ne trouve point d'échelle des longitudes, mais seulement celle des latitudes, et les rumbs de vent.

75. L'usage que les marins font des cartes, se réduit à tracer exactement, d'après sa longueur et sa direction, le chemin qu'ils ont fait, et à déterminer la distance où ils sont des divers points des côtes et la direction qu'ils doivent tenir pour y arriver ou pour les éviter. Il faut bien observer que par la direction qu'il faut suivre pour aller d'un point à un autre sur la terre, les marins n'entendent point celle qui donne le plus court chemin, et qui sur une sphère est un cercle; car l'instrument dont ils se servent pour connaître leur distance, ou la boussole, ne leur indique pas immédiatement ce plus court chemin, qui coupe les divers méridiens sous des angles inégaux (n.° 49).

Mercator et Edward Wright ont imaginé la projection des *cartes réduites*, qui satisfait parfaitement aux conditions ci-dessus. Les méridiens y sont des lignes droites parallèles, équidistantes et coupées à angle droit par les parallèles à l'équateur; mais les intervalles qui séparent ceux-ci croissent à mesure qu'on s'avance vers les pôles, dans un rapport précisément inverse de celui que suit sur le globe la diminution des degrés de longitude. Il résulte de là que les distances en longitude, mesurées sur chaque parallèle, ont, par rapport aux distances en latitude correspondantes, la même relation que sur le globe.

Le tracé de ces cartes n'a d'autre difficulté que la construction de l'échelle des latitudes, pour laquelle on a depuis long-tems des tables calculées avec beaucoup de soin; et même en ayant égard à l'aplatissement de la terre. Elles portent le nom de tables des *latitudes croissantes*, à cause de l'augmentation que subit dans ces tables la longueur de chaque degré de latitude, à mesure qu'il est plus près du pôle : j'indiquerai plus loin les principes de leur formation.

Il est évident qu'on ne doit point chercher sur les cartes réduites, ni les rapports d'étendue des pays, ni l'exactitude de leur configuration; car cette projection augmente considérablement les régions qui sont placées vers les pôles, quoique d'ailleurs elle partage avec la *projection stéréographique* la propriété de conserver aux portions infiniment petites du globe leur similitude; mais ces défauts n'ont aucun inconvénient pour des cartes, qu'on ne doit regarder que comme des instrumens destinés à résoudre graphiquement les principales questions du pilotage, ce qu'elles font avec la plus grande exactitude et la plus grande facilité.

76. C'est aux développemens du globe qu'il faut rapporter la construction des *fuseaux*, qu'on trace sur le papier, pour recouvrir les globes qui ne sont pas fort grands. On partage en douze ou en dix-huit parties, selon la grandeur de son diamètre, la surface du globe, en menant des méridiens de 30 en 30° ou de 20 en 20°. L'espace compris entre deux de ces méridiens ayant très-peu de courbure dans le sens de sa largeur, peut être regardé comme faisant partie d'une surface cylindrique, circonscrite à la sphère, suivant le méridien qui le divise en deux également. On développe ce méridien, et en portant perpendiculairement,

(comme des ordonnées) de chaque côté, les demi-largeurs des portions de parallèles comprises entre les méridiens qui terminent le fuseau, on obtient la forme de son développement. Quelquefois on le tronque par les deux extrémités à 15 ou 20 deg. des pôles, et l'on trace à part ces deux zones sur le papier, comme si elles étaient plates. Ce procédé n'est, comme on le voit, qu'approximatif, et ne peut servir qu'à la fabrication des globes, à laquelle il permet d'appliquer les avantages que procure la gravure pour la multiplication des exemplaires; car le tracé qu'on obtient ne présentant que des portions disjointes, ne peut servir comme carte. C'est pourquoi je ne dirai rien de plus sur ce sujet, qui appartient proprement aux détails de la construction des instrumens de géographie.

77. Je viens de parcourir les différentes espèces de cartes, d'en montrer les propriétés et les *défauts*; mais il faut bien prendre garde que le mot *défaut* n'est relatif qu'à la manière ordinaire d'envisager les cartes; car, en les considérant avec Euler et Lagrange, comme une transformation de cordonnées, il est toujours *mathématiquement* possible de déterminer sur une carte toutes les relations géographiques qu'on peut désirer de connaître (1). Seulement, comme nous l'avons déjà vu, certaines relations s'obtiennent plus facilement que les autres.

En effet, la position des différens points de la sphère étant déterminée par leur latitude et leur longitude, comme le sont par deux cordonnées les divers points du plan, si l'on prend sur la carte des lignes assujéties à une loi ma-

(1) Mémoire d'Euler, *Acta Academ. Petropol.* tom. 1, p. 1. Mémoire de Lagrange, Acad. de Berlin, année 1779.

thématique pour représenter ces cordonnées, on établira entre les points de la carte et ceux de la sphère, une relation, telle qu'on pourra assigner sur la carte l'équation des lignes qui correspondent aux cercles, ou même aux courbes quelconques tracés sur la sphère, et comparer les espaces relatifs aux unes et aux autres. Réciproquement, on peut demander quelle doit être la nature des cordonnées de la carte, c'est-à-dire, des lignes qui représentent les méridiens et les parallèles, pour que les parties de cette carte aient telle ou telle relation avec celles de la sphère. En appliquant à cette dernière question l'analyse la plus délicate, Euler et Lagrange ont déterminé, *à priori*, la construction des diverses espèces de cartes, d'après la propriété qu'elles devaient avoir.

Voilà tout ce qu'on peut dire ici de cette manière d'envisager les cartes. Dans cette circonstance, comme dans presque toutes les autres, le besoin a conduit par des voies particulières et indirectes, aux résultats immédiatement utiles, long-tems avant la découverte de la théorie générale.

78. Quand on a arrêté la projection de la carte qu'on veut construire, et qu'on a tracé les méridiens et les parallèles conformément à la loi de cette projection, l'espace que comprend le cadre de cette carte se trouve partagé en quadrilatères, dans lesquels on inscrit, conformément à leur longitude et à leur latitude, les points pour lesquels on a ces données. On sent que cette opération est d'autant plus facile, que les méridiens et les parallèles sont plus resserrés, et on les place en conséquence, de 10° en 10° ou de 5° en 5°, ou de degré en degré, selon l'étendue de pays que doit représenter la carte. Les marins appellent *cartes à grand point*, celles qui n'embrassent que peu de pays sous de grandes dimensions, et les autres *cartes à petit*

point. On distingue aussi les cartes en *générales* ou *géographiques*, comme sont les mappemondes, les quatre parties du monde, les grands états ; en *particulières* ou *chorographiques*, celles qui représentent une province ; et enfin, en *topographiques*, celles qui n'embrassant qu'une très-petite étendue, comme les environs d'une ville, par exemple, présentent avec détail les villages, les hameaux, et où sont exprimés par des moyens pittoresques, dont je parlerai dans la suite, les accidens du terrain, comme les bois, les collines, les vallées, les ravins, etc.

Il est à propos de remarquer que, dans quelque projection que ce soit, les quadrilatères formés par les méridiens et les parallèles, près du centre de la carte, diffèrent d'autant moins d'être parallélogrammes rectangles, comme ils le sont sur la carte plate ou même sur le globe dans un petit espace, que la carte est à plus grand point, ou qu'on y considère des méridiens et des parallèles plus rapprochés. C'est ainsi que toutes les projections viennent se confondre avec le plan levé géométriquement, toutes les fois qu'il s'agit d'une étendue dans laquelle la courbure de la terre est peu sensible ; on y mesure alors les distances par des échelles rectilignes qui indiquent un certain nombre de mesures itinéraires en usage dans le pays qu'on représente, ou dans celui pour lequel on écrit.

Lorsque les effets de la projection commencent à devenir sensibles, la véritable manière de désigner la grandeur de la carte, ou son rapport avec l'espèce qu'elle représente, est de fixer la grandeur qu'y occupe un degré de latitude. Il serait à désirer qu'on adoptât pour les différens ordres de cartes, des échelles, non seulement aliquotes, mais suivant l'ordre décimal, comme le *Dépôt général de la guerre* vient de l'arrêter, pour les cartes qui y seront exécutées désormais. Par ce moyen, les cartes générales s'enchaînent parfaitement avec les cartes particulières, et avec les plans topographiques, en ce que les détails croissent d'un ordre à l'autre par des rapports faciles à apprécier.

Le degré de latitude dans les cartes géographiques étant pris pour unité, celui de la carte chorographique doit être représenté par l'un des nombres 2, 5, ou 10, qui sont des diviseurs exacts dans le système décimal, et de même pour le degré résultant des dimensions du plan topographique, à l'égard du degré de la carte chorographique.

Un ensemble de cartes, soit sur une région, soit sur la terre entière, se nomme Atlas; les plus commodes, sur-tout ceux qui doivent servir à faciliter la lecture d'un ouvrage, ne sont pas ceux dont les cartes sont du plus grand format, mais ceux qui conduisent aux détails par une succession bien graduée de cartes de plus en plus particulières. La vue n'embrasse souvent qu'avec peine l'espace considérable compris dans une feuille de papier *grand aigle*, sur-tout lorsqu'il faut la développer et y lire des noms très-multipliés; il est quelques cas, cependant, où la nécessité de passer trop fréquemment d'une carte à une autre devient un inconvénient qu'il faut éviter, et c'est alors que les cartes d'un grand format sont nécessaires.

79. D'après ces explications, on doit concevoir ce qui peut régler les dimensions à donner au cadre d'une carte, suivant le but qu'on s'est proposé dans sa construction, et on voit que les cartes doivent se construire dans l'ordre inverse de leurs détails; savoir: le plan topographique, réduit d'après les plans levés trigonométriquement sur le terrain; les cartes chorographiques, d'après l'assemblage et la réduction des plans topographiques; enfin les cartes géographiques

proprement dites, d'après l'assemblage et la réduction des cartes chorographiques.

Je n'exposerai point ici les méthodes qu'on emploie pour lever les plans sur le terrain ; elles appartiennent à la géométrie et à la trigonométrie : je me contenterai d'indiquer comment on réunit plusieurs de ces opérations qu'on nomme *levés*, en un seul plan topographique.

Pour que deux plans particuliers se lient ou se rattachent, il faut qu'ils aient deux points communs, ou qu'une ligne de l'un doive s'appliquer sur une ligne de même dénomination dans l'autre. Alors, en tirant dans la feuille destinée à former le plan topographique, cette ligne ou directrice, de manière qu'il y ait de chaque côté un espace propre à comprendre ce qu'on doit y tracer, il n'y a plus qu'à combiner par des triangles, soit avec les points de cette ligne, communs aux deux plans qu'on veut réunir, soit avec les points qui seront placés après, tous ceux que comprend chaque plan; en construisant des triangles égaux et semblablement situés à l'égard de la directrice sur le plan topographique, on y rapportera sans peine les deux plans particuliers.

S'il doit y avoir réduction, comme cela arrive le plus souvent, il faut faire les triangles sur le plan topographique semblables à ceux qui sont formés sur les feuilles des levés, et de manière que les côtés des premiers soient à ceux des seconds dans le rapport qu'exige la réduction à faire.

Lorsque les feuilles des levés sont *orientées*, c'est-à-dire lorsqu'on y a marqué la méridienne, soit vraie, soit magnétique, et que cette ligne est la même dans toutes les feuilles qu'on veut réunir, alors on rapporte les points de chaque feuille à la méridienne et à une perpendiculaire menée sur cette ligne par un point commun à deux feuilles contigües. On mesure les distances de tous les points à chacune de ces droites, parallèlement à l'autre, et on porte ces distances, soit telles qu'on les a trouvées, soit réduites dans le rapport demandé, sur la méridienne et la perpendiculaire menées dans le plan topographique, pour représenter celles qui sont communes aux feuilles que l'on assemble. Ceci me conduit à parler du *treillis* qu'on emploie pour copier ou réduire tous les dessins, et qui est très-commode pour la construction des détails des cartes.

On divise les feuilles qu'on se propose de réunir, en carreaux, par des lignes parallèles et perpendiculaires à celle qui est commune à ces feuilles; plus ils sont multipliés, plus on a de facilité à juger de la place qu'occupent dans chaque carreau les points et les contours qui y sont contenus, et à les inscrire semblablement dans les carreaux correspondans, qu'on a tracés sur le plan d'assemblage ou de réduction.

La *figure* 31 représente cette opération. Les feuilles ABCD, EFGH, ayant pour lignes communes les droites CD et EF, sont partagées en carreaux, dont les côtés sont parallèles et perpendiculaires à ces droites; le plan d'assemblage *abfe* est divisé de la même manière, par rapport à la ligne *cd*, qui représente la droite commune; mais les côtés de chaque carreau sont les moitiés de ceux des feuilles ABCD, EFGH, ensorte que les objets marqués sur ces feuilles sont réduits sur le plan d'assemblage à des dimensions moitié moindres, et à un espace qui n'est que le quart de celui qu'ils remplissaient d'abord. Pour copier le dessin tracé sur chacune des feuilles primitives, on l'on imite à vue, dans les carreaux du plan *abfe*, ce que contiennent les carreaux correspondans des feuilles ABCD,

EFGH; ou bien, pour plus d'exactitude, on prend des *repères* sur chacun des côtés de ceux-ci, qu'on transporte sur les autres. Quand on ne veut pas charger de lignes les dessins que l'on copie, on pose dessus une glace bien plane, et d'une transparence bien égale, sur laquelle sont tracés des carreaux avec le *diamant* du vitrier, et on fait coïncider deux lignes perpendiculaires entr'elles sur celles qui doivent servir à la réunion des feuilles qu'on assemble, ou sur les points qui les déterminent.

80. Lorsqu'on a formé ainsi les plans topographiques, en réunissant les *levés* de détail, pour passer aux cartes chorographiques, il faut non-seulement assembler les plans, mais les assujétir encore à la projection que l'on a adoptée. Pour cela, on trace sur ces plans les méridiens et les parallèles en lignes droites respectivement parallèles et perpendiculaires, comme le sont ces cercles, lorsqu'on ne les considère que sur une très-petite portion de la surface terrestre. On trace aussi les quadrilatères correspondans sur le cadre de la carte qu'on se propose de construire, mais conformément aux lois de la projection, et il n'y a plus qu'à dessiner dans ces quadrilatères, ce qui est contenu dans les carreaux compris entre les méridiens et les parallèles des plans topographiques. Lorsqu'on veut atteindre à une extrême précision, comme ces carreaux ne sont pas tout-à-fait semblables aux quadrilatères, on prend, par rapport aux côtés des premiers, les distances des principaux points qui y sont renfermés; on convertit ces distances en subdivisions des degrés de latitude et de longitude, et on en prend de semblables, à partir du parallèle et du méridien contigus aux quadrilatères correspondans sur la carte.

En construisant ainsi par petites parties le dessin des cartes, on s'épargne l'embarras que causent les grandes ouvertures de compas, et on évite les fautes graves et leurs combinaisons, puisqu'on ne s'appuie jamais que sur les côtés d'un même carreau; d'ailleurs, cet espace étant toujours fort petit, un œil tant soit peu exercé, aperçoit sur-le-champ la moindre erreur qui pourrait avoir été commise dans la transposition des objets à représenter.

Il peut arriver que le plan topographique ne soit point orienté, ou que l'étant par la direction de l'aiguille aimantée, on ne sache pas quelle était la variation de la boussole dans le tems qu'on a levé et réduit ce plan, ou bien dans le lieu où l'on a opéré; on supplée cet élément, lorsque le plan contient deux points dont la position respective est connue, puisqu'en joignant ces deux points par une droite, on a l'angle que fait cette droite avec la méridienne, et on peut par conséquent la placer, par rapport à la méridienne, ou construire, au moyen de l'angle donné, la méridienne du plan.

On détermine aussi par le même moyen, lorsqu'elle a été omise, l'échelle d'une carte topographique; car, connaissant la distance de deux points de cette carte, on n'a qu'à diviser en parties proportionnelles aux mesures itinéraires contenues dans cette distance, la droite qui joint les deux points dont il s'agit: elle devient l'échelle de la carte, et fait connaître la distance de tous les autres points pris deux à deux.

81. Le passage des cartes chorographiques à la carte générale ou géographique, est analogue à celui des cartes topographiques à la carte chorographique: on transporte dans les quadrilatères formés par les méridiens et les parallèles de la carte géographique, ce qui est contenu dans les quadrilatères correspondans des cartes chorographiques, qu'on assemble et qu'on réduit.

C'est dans cette dernière opération, que l'on conçoit sur tout la nécessité des observations astronomiques, pour fixer la position des points un peu éloignés; il peut arriver en effet, que dans les cartes topographiques qui servent à la construction des cartes chorographiques, il y ait des erreurs communes à tous les points de la carte, comme des distances trop petites ou trop grandes dans le même sens, et que ces erreurs s'ajoutent sur les cartes chorographiques: en réunissant ces dernières sur la carte générale, les grands espaces qu'elle représente, se trouveraient alors, ou considérablement resserrés, ou considérablement dilatés, sans qu'on pût le reconnaître. Mais, lorsqu'on a placé immédiatement sur les cartes chorographiques, ou au moins sur les cartes géographiques un certain nombre de points, par leurs latitudes et par leurs longitudes, ces points déterminent sur la carte, des espaces dans lesquels doivent s'enchâsser les points et les détails intermédiaires; et si cela n'a pas lieu, l'excès ou le défaut qu'on trouve, étant dû aux erreurs des diverses cartes assemblées, se répartit entre tous les points de chacune, et devient par ce moyen presqu'insensible, à moins qu'on n'ait quelque raison d'attribuer cette inexactitude à certains points particuliers, auxquels on fait alors supporter toute la correction dont les observations astronomiques ont fait connaître la grandeur.

Pour mettre plus d'exactitude dans les exemplaires des cartes qu'ils composent, c'est sur le cuivre même que les géographes du *Dépôt de la marine* exécutent leur tracé; et ils ont même égard, dans les graduations de latitude et de longitude, aux altérations que subit, dans chacune de ses dimensions, en séchant, le papier consacré aux cartes. On trouve dans le *Voyage de la flore*, rédigé par M. de Fleurieu, et à l'article CARTE de l'*Encyclopédie méthodique*, le détail des procédés suivis dans ces opérations.

82. Il n'est pas difficile de voir qu'on peut, par les moyens indiqués précédemment, transporter sur les globes les détails marqués sur les cartes chorographiques et géographiques. Cette opération, que j'ai annoncée dans le n.° 46, se réduit à partager par des méridiens et par des parallèles, la surface du globe en quadrilatères assez petits, pour que la courbure de cette surface y soit peu sensible, et à dessiner dans ces quadrilatères, ce que contiennent les quadrilatères correspondans des cartes relatives à chaque partie de la terre.

Voilà quels seraient les procédés de la construction des cartes, si l'on avait sur tous les pays, à partir des cartes topographiques, des matériaux réduits aux mêmes mesures, également sûrs, et parfaitement d'accord entr'eux; mais malheureusement il n'en est pas ainsi : il n'y a qu'un petit nombre de pays, la France seule en entier, qui soient levés trigonométriquement; pour les autres parties, on n'a le plus souvent que des cartes construites d'après des méthodes diverses et des renseignemens peu exacts. Ce n'est qu'en cherchant à concilier toutes celles qui représentent une même contrée, qu'on reconnaît le degré de confiance que chacune mérite, et qu'on parvient à approcher du véritable état des choses.

C'est déjà une assez grande difficulté, que de déterminer les rapports des mesures itinéraires, et d'établir celui des échelles employées dans les différens tems et dans les différens pays, et c'est par là que le géographe doit commencer.

83. Les mesures itinéraires les plus généralement adoptées par les nations européennes, chez lesquelles les sciences sont cultivées, présentent moins de difficultés, parce que depuis long-tems elles sont comparées, soit immédiatement au

degré du méridien, soit entr'elles, par le moyen de leurs composans; comme, par exemple, le mille anglais et le mille nautique; le degré du méridien contenant 69,2 des premiers et 60 des seconds. On sait aussi que le pied anglais étant égal à 0,9384 du pied français, vaut 11 pouces 3 lignes, 1, et que la verge usitée en Angleterre pour mesurer les petites distances, vaut 3 pieds anglais; on en conclut, par conséquent, que la verge représente 33 pouces 9 lignes, 3 de France.

De semblables réductions donnent le moyen de convertir les unes dans les autres, les mesures généralement en usage dans les grands états; mais il y a en outre, dans les provinces qui composent ces états, des mesures locales peu connues, et à l'égard desquelles il faut faire des recherches assez multipliées pour obtenir leur rapport avec les autres, soit en comparant leurs composans aux unités les plus connues, soit en partant de quelque distance évaluée en mesure locale, et connue en mesures géographiques. En France, par exemple, rien ne variait plus que la grandeur de la lieue d'une province à une autre; la perche même qui sert à l'arpentage, avait tantôt 22 pieds, tantôt 18 seulement.

84. Pour faire cesser les bizarreries nombreuses que présentaient les diverses espèces de mesures en France, on proposa de leur donner à toutes des subdivisions et des composés uniformes, et de leur assigner un fondement pris sur notre globe, de manière qu'on pût les retrouver si elles venaient à se perdre; on peut voir dans plusieurs ouvrages (*le Traité Elémentaire d'Arithmétique à l'usage de l'Ecole Centrale des quatre Nations*, par exemple), l'enchaînement des nouvelles mesures; je me bornerai à

rappeler ici, que chaque unité se subdivise en parties de dix en dix fois plus petites, et que les composés de ces mêmes unités sont de dix en dix fois plus grands. Les mesures linéaires, les seules qu'il importe de considérer ici, ont, comme je l'ai déjà dit (n.° 41) pour base, la 10 millionième partie du quart du méridien, appelée *mètre*, et qui se subdivise

en *décimètres*,
centimètres,
millimètres.

Avec le mètre on compose
le *décamètre*,
l'*hectomètre*,
le *kilomètre*,
le *myriamètre*.

Lorsqu'on aura généralement adopté la nouvelle division du quart de cercle en parties décimales:

savoir, en 100 *grades*,
le *grade* en 100 *minutes*,
la *minute* en 100 *secondes*,

les mesures géographiques seront bien aisées à former et à retenir, tant qu'on y négligera l'aplatissement de la terre.

Le quart du méridien contenant
10 000 000 de mètres.

Un grade vaut	100 000 mètres ou	10 myriamètres.
Une minute déc.	1 000 mètres ou	1 kilomètre.
Une seconde déc.	10 mètres ou	1 décamètre.

Le grade en longitude, sur chaque parallèle, s'obtient alors en multipliant par 100 000 le cosinus de la latitude de ce parallèle.

Le quart de cercle contenant 100 grades
ou . . . . 90 degrés,

1 degré est les . . . . . $\frac{10}{9}$ d'un grade,

1 minute sexagésimale est le $\frac{1}{60}$ de $\frac{10}{9}$ ou $\frac{1}{54}$ de grade.
ou $\frac{100}{54}$ de mi. déc.

1 seconde sexagésimale est le $\frac{1}{60}$ de $\frac{100}{54}$ ou $\frac{10}{324}$ de m. dé.

Avec ces rapports on convertit les arcs de l'ancienne division dans ceux de la nouvelle: on trouve, par exemple, que l'observatoire de Paris,

Situé à 48° 50′ 14″ de l'ancienne division,

Est à 54 grad. 26 36 de la nouvelle,

et que sur son parallèle, le grade en longitude vaut 65 820 mètres.

En attendant qu'on se serve généralement du grade et de ses subdivisions, je ferai observer que le degré moyen de latitude de l'ancienne division étant les $\frac{10}{9}$ du grade, comprend 111 111 mètres, nombre assez facile à retenir.

85. Les travaux entrepris pour l'établissement du nouveau système métrique, ont donné lieu à un grand nombre de comparaison des mesures, tant nationales qu'étrangères; on est même revenu, à ce sujet, sur les mesures anciennes. Pour connaître ces mesures, on n'a que les évaluations rapportées dans les écrits des anciens, soit de monumens détruits ou altérés par le tems, soit des distances de lieux ou entièrement effacés de la surface du globe, ou dont la position est encore sujette à des discussions parmi les savans; et quand on cherche à conclure ces distances des écrits des géographes, tels qu'Hyparque, Ptolémée, Strabon, on trouve d'autant plus de difficultés, qu'ils ont donné souvent le même nom, celui de *stade*, à des mesures très-différentes. M. Gosselin a montré, par exemple, que Ptolémée s'est servi alternativement de stades de 500 et de 700 au degré, qu'il a sou-

vent employés comme étant mesurés en ligne droite des distances parcourues, suivant les sinuosités des côtes ou des grands chemins; la critique, jointe à l'érudition la plus profonde, peuvent seules jeter quelques lumières dans cette obscurité. L'expédition des français en Egypte, pendant les années 6 et 7, en nous procurant des mesures exactes des monumens de pays, les plus anciens de tous ceux qui subsistent encore, et les mieux conservés, contribuera beaucoup à confirmer ou à rectifier les conjectures et les discussions établies à ce sujet. Déjà M. Girard, ingénieur en chef des ponts et chaussées, a rendu compte à l'Institut, de ses recherches sur la coudée du Nil ou *Dewahk*, conservée dans le *Nilomètre* de l'île *Eléphantine*, édifice anciennement construit pour mesurer les crues du Nil, causes de la fertilité de l'Egypte, et régler en conséquence les impositions. On ne doit pas s'attendre à trouver ici de discussion sur une matière aussi épineuse; il existe sur ce sujet plusieurs ouvrages très-recommandables, tel que le *Traité des mesures itinéraires des anciens*, par d'Anville; la *Métrologie*, de Paucton, le *Traité des mesures*, par Romé-de-Lille, et divers mémoires, auxquels je renvoie le lecteur.

86. Lorsqu'on a établi la concordance des mesures ou des échelles employées dans les diverses cartes que l'on veut discuter, on est en état de construire une graduation à celles qui n'en ont pas, dès qu'on connaît, soit immédiatement, soit par ses distances à des points donnés, la latitude et la longitude d'un point quelconque de ces cartes. On peut, par conséquent, comparer par les latitudes et par les longitudes qu'elles assignent aux mêmes lieux, les cartes qui comprennent les mêmes régions; et cette manière est la plus commode, parce qu'elle permet faci-

lement d'avoir égard aux différences des projections auxquelles sont assujéties ces cartes.

Le même point étant ainsi placé sous des latitudes et des longitudes différentes dans plusieurs cartes, pour accorder à ces diverses données le degré de confiance qu'elles méritent, il faut voir comment ces cartes présentent d'autres circonstances, comme les situations respectives par rapport à des points bien déterminés, tels que les capitales des grands états ou de leurs provinces, les distances de ces villes à des lieux moins importans, les configurations des rivages, du cours des fleuves, des chaînes de montagnes, des grands chemins, des limites de territoire, et examiner en quoi elles s'accordent, et en quoi elles diffèrent sous chacun de ces rapports. Les latitudes, plus faciles à observer que les longitudes, sont généralement mieux établies sur les cartes dressées d'après les relations des voyageurs. Le défaut commun des anciennes cartes, est d'augmenter considérablement toutes les distances des lieux dans le sens *est* et *ouest*; et l'erreur devient d'autant plus grande, qu'il s'agit de points plus éloignés du méridien principal sur lequel ont été réglées les longitudes des autres. C'est ce qu'on remarque dans les cartes de Ptolémée, par rapport aux différences de longitude entre Alexandrie et les autres villes des bords de la Méditerranée. Les cartes des Sanson, de Jaillot et autres, dressées à la fin du dix septième siècle, dilatent ainsi toutes les contrées, dans le sens des longitudes. De pareilles cartes fournissent encore des matériaux utiles, lorsqu'on en corrige les positions dans le sens *est* et *ouest*, en répartissant proportionnellement à la distance au méridien principal, les différences entre les longitudes que ces cartes donnent, et celles qui résultent des nouvelles déterminations.

Lorsqu'on n'a aucune raison pour choisir entre ces différentes positions assignées au même lieu par plusieurs cartes, il ne reste qu'à prendre le milieu, suivant la règle arithmétique donnée pour cela, entre les latitudes d'une part, et les longitudes de l'autre, assignées par les cartes. On place ensuite sur celle qu'on construit, les principaux points d'après les déterminations moyennes qu'on a obtenues, et on fait cadrer les détails avec les espaces intermédiaires, par une réduction semblable à celle qui a été indiquée n.os 80 et 81.

87. Lorsqu'on veut comparer les cartes de détail par les distances qu'elles donnent entre les mêmes lieux, distances qui ont été le plus souvent les élémens de la construction de ces cartes, et que pour cette raison, il est bon de retrouver, on peut choisir sur chacune de celles que l'on compare, deux points correspondans, bien déterminés, desquels on mesure les distances à tous les autres; ayant ramené toutes ces distances à la même échelle, on tire sur le papier une ligne pour représenter la distance des deux points principaux, suivant l'échelle qu'on emploie, et on décrit sur cette ligne, comme base, avec les distances résultantes de chaque carte en particulier, des triangles dont le sommet représente la place assignée par cette carte aux points que l'on considère. Deux déterminations diverses du même point étant jointes par une ligne, c'est sur le milieu de cette ligne que se trouve la position moyenne. Trois déterminations fournissent un triangle, et un plus grand nombre donne un polygone: on obtient alors la position moyenne, en cherchant le centre de gravité de l'aire de ce polygone, ses angles étant considérés comme des masses égales à l'unité. La démonstration de cette règle s'offrira facilement aux personnes qui con-

naissent les principes généraux de la statique, et la théorie des valeurs moyennes; je me contenterai de rappeler ici, que lorsqu'il s'agit d'un triangle, le centre de gravité est placé à l'intersection des droites tirées des sommets de deux des angles sur les milieux des côtés opposés. Cette construction facile suffira lorsqu'on n'aura que trois déterminations.

Quand une fois on a fixé ainsi les distances moyennes d'un point à deux autres donnés de position, on conclut aisément la latitude et la longitude de ce point, et on le place ensuite par leur moyen sur la carte que l'on construit, quelque projection qu'elle ait. Si les points combinés n'embrassent qu'un petit espace dans lequel la projection ne soit pas sensible, on peut abréger le travail en employant le *treillis* pour transporter sur la carte les résultats des comparaisons qu'on a faites.

Je suis loin de prétendre avoir indiqué ici tous les moyens dont se servent les géographes pour construire des cartes. en réunissant les matériaux que leur offrent les plans et les cartes de détail relatifs aux régions qu'ils ont à décrire; mais je crois en avoir dit assez pour mettre un lecteur familiarisé avec le tracé géométrique en état de tirer parti de ces matériaux, et de concevoir la nature et le but des opérations qu'exécutent les géographes. J'ai supposé qu'on avait des matériaux différens des levés trigonométriques, et construits d'après les relations des voyageurs et des historiens; je dois, pour ne rien omettre, indiquer sommairement de quelle manière on peut transformer ces relations en cartes, d'autant plus que c'est principalement de cette manière que sont construites les cartes qui se rapportent à la géographie ancienne.

88. Pour procéder avec ordre, il faut commencer par examiner la nature des données qu'on peut recueillir dans

les récits des voyageurs et des historiens. Ces données sont de deux sortes; les unes sont l'indication de quelques phénomènes célestes, desquels on peut au moins conclure la latitude du lieu dont il est parlé, comme la durée du jour solsticial, la longueur des ombres; les autres sont l'énonciation plus ou moins précise du chemin à parcourir pour se rendre d'un lieu à un autre, accompagnée quelquefois de l'indication de la direction qu'affectent, par rapport à la ligne méridienne, les diverses routes ou parties de routes qui mènent à ce point. On verra plus loin, que ces derniers renseignemens, qu'on trouve presque toujours réunis dans les relations des marins, s'ils étaient exacts, suffiraient pour indiquer la position des lieux.

Parmi les données de la première espèce, je citerai la remarque attribuée à Pythéas, voyageur qui vécut, à ce qu'on croit, trois cent vingt ans avant l'ère des chrétiens, dans la colonie grecque établie à Marseille.

Il rapporte que dans l'île de *Thülé*, située au nord des îles britanniques, et la terre la plus septentrionale connue de son tems, il n'y avait point de nuit au solstice d'été, et point de jour au solstice d'hiver. Ce phénomène place sous le cercle polaire (n.° 15) l'île dont parle Pythéas, et ne convient alors qu'à l'*Islande*. Ce qu'ont dit les anciens de la grandeur de Thulé, semblerait aussi confirmer l'indication précédente; cependant on n'est pas généralement d'accord sur ce point, soit à cause que l'Islande est séparée des îles britanniques par une étendue de mer qui paraît bien considérable par rapport à la navigation des anciens, dont les vaisseaux ne prenaient que rarement le large, sur-tout dans un climat presque toujours embrumé, soit parce que des auteurs postérieurs à Pythéas ont donné des renseignemens différens. On cite, par exemple, un passage d'Etienne de Bysance, d'après lequel le jour, au solstice d'été dans l'île de Thulé, durait vingt heures égales, la nuit seulement quatre, et l'inverse avait lieu au solstice d'hiver. Cette circonstance rapprocherait Thulé de quelques degrés des îles britanniques; mais des relations faites à *Procope*, l'un des historiens de l'empire grec, donneraient au contraire lieu de la reculer vers le nord. Sans entrer ici dans la discussion de ces diverses autorités, je ferai observer que les connaissances géographiques variant d'un siècle à l'autre, et certains pays se perdant lorsqu'on en découvrait d'autres, on a peut-être appliqué le nom de *Thulé* successivement à plusieurs contrées très-différentes.

En s'en tenant au rapport de Pythéas, qui paraît d'ailleurs précis, qui porte sur un phénomène très-remarquable pour les habitans des parties méridionales de l'Europe, et qui met Thulé sous le cercle polaire, il faut, pour conclure la latitude de cette île, avoir égard au changement de l'obliquité de l'écliptique depuis le tems du voyageur marseillais jusqu'à nos jours. En admettant, comme on le fait aujourd'hui, une diminution de 50″ par siècle, on trouve pour cet intervalle qui comprend vingt-un siècles environ, une diminution de 1050″ ou de 17′ 30″; et l'obliquité actuelle étant de 23° 28′, on devait avoir, au tems de Pythéas, 23° 45′ 30″. Hyparque, postérieur de près de deux cents ans à Pythéas, supposait 23° 51′ 20″. Quelle que soit celle de ces déterminations qu'on adopte, il en résultera toujours que la Thulé de Pythéas était traversée par le parallèle de 66°.

Si on faisait usage de la durée du jour solsticial indiquée par Etienne de Bysance, on trouverait seulement 63° pour la latitude de l'île de Thulé.

Le même Pythéas rapporte aussi qu'à Marseille un gnomon divisé en cent vingt parties, jetait, à midi au solstice d'été, une ombre dont la longueur contenait 41 et $\frac{4}{5}$ de ces parties. En construisant un triangle rectangle dont les côtés soient dans ce rapport, on en conclut que le soleil s'élevait alors à 71°; et retranchant de ce nombre l'obliquité de l'écliptique qu'Hyparque fixait en nombre rond à 24°, on aura pour la hauteur de l'équateur à Marseille 47°, et pour la latitude de cette ville 43°.

Quelquefois encore les astronomes grecs ont indiqué immédiatement la hauteur du soleil en *coudées* valant 2 deg. Suivant Hyparque, le soleil au solstice d'hiver ne s'élevait pas tout-à-fait de 9 coudées sur le parallèle passant par l'embouchure du *Borysthènes* (aujourd'hui le *Dnieper*). Cette indication donne environ 18° pour la hauteur du soleil; en ajoutant les 24° d'obliquité de l'écliptique, il vient 42° pour la hauteur de l'équateur, et 48° pour la latitude, ce qui ne s'éloigne pas infiniment des connaissances actuelles.

C'est sur des remarques de cette nature qu'Hyparque avait espacé les parallèles suivant lesquels il partageait du midi au nord la surface connue de la terre. La *Table des climats* (n°. 20) calculée par cet astronome, offrait, à ce qu'on croit aujourd'hui, l'indication des principaux phénomènes célestes sur tous les parallèles menés de degré en degré, et mettait par-là les voyageurs attentifs en état de rectifier et d'étendre ses déterminations géographiques.

89. On ne sait pas précisément comment Erathosthènes, et ensuite Hyparque, s'y sont pris pour fixer les longitudes, les ouvrages de ces premiers géographes ne nous étant point parvenus; il paraît cependant qu'ils les ont conclues, le plus souvent, des distances itinéraires, qui, pour les lieux situés dans la Méditerranée et le long

de ses rivages, se présentaient successivement sur des routes peu différentes de la ligne est et ouest.

A l'égard des autres lieux, ils les plaçaient par la combinaison de plusieurs distances itinéraires assemblées en triangles, comme je vais le montrer par un exemple tiré, ainsi que ceux du n.° précédent, des *Recherches sur la Géographie systématique et positive des anciens*, par M. Gosselin.

Du défilé, appelé *Portes Caspiennes*, jusqu'à Babylone, Hyparque supposait 6700 stades; de Babylone à Suze, 3400, dans la direction d'un parallèle à l'équateur, sur lequel il plaçait en même-tems ces deux villes; et enfin, de Suze aux Portes-Caspiennes, 4900. Ces trois distances fournissent un triangle désigné dans la figure 32, par les lettres B, S, P, initiales des noms des lieux cités. En abaissant du sommet P de ce triangle, une perpendiculaire PA, sur le côté BS, qui représente le parallèle passant par Babylone et Suze, la longueur de cette perpendiculaire qui contient 4705 stades, donne la différence de latitude entre les Portes Caspiennes et Suze. Ce nombre converti en degrés, à raison de 700 stades au degré, produit 6° 43′ dont il faut augmenter la latitude de Suze, fixée par Hyparque à 33° 34′, pour avoir celle des Portes Caspiennes, qui se trouve alors de 40° 17′.

La distance SA, compris le pied de la perpendiculaire PA et Suze, valant 1370 stades, donne la distance de Suze aux Portes Caspiennes, mesurée de l'*ouest* à l'*est*.

Pour conclure avec quelque exactitude la différence de longitude de ces lieux, exprimée en degrés, il faudrait avoir égard à la diminution des degrés, sur les parallèles compris entre Suze et les Portes Caspiennes, coupés tous par la ligne oblique qui joint ces deux points; mais cette correction serait peu de chose, en comparaison de l'erreur que les observations modernes ont fait reconnaître dans la détermination précédente, et qui tient non seulement à ce que, dans ces mesures, on a négligé la courbure de la terre, mais plus encore, à ce que les distances itinéraires, indiquées vaguement en journées de marche ou de navigation, en comprenant les détours des routes, les sinuosités des rivages, étaient transformées en stades d'une manière peu précise, et appliquées quelquefois en ligne droite. Aussi, n'est-ce qu'en compulsant dans les auteurs anciens tous les passages qui ont rapport aux mêmes lieux, en traçant toutes les configurations qui résultent des indications contenues dans ces passages, et en balançant par une critique éclairée, le poids des diverses autorités, qu'on est parvenu à rectifier les unes par les autres. On a le plus souvent réussi dans ces recherches, par une circonstance qu'offrent presque toujours les travaux et l'opinion des hommes, qui, après avoir reconnu qu'ils se sont trompés dans un sens, se trompent ensuite en sens contraire, dans la crainte de retomber encore dans la première faute. Alors les esprits judicieux, en s'écartant des opinions extrêmes, opèrent la compensation de ces erreurs, et arrivent à la vérité, en s'appuyant sur des données très-défectueuses.

90. Mais ce qui a plus servi parmi nous aux progrès de la géographie ancienne, c'est la perfection qu'ont acquise sur nos cartes, les détails de la configuration des pays; car ils ont offert les moyens de reconnaître les circonstances locales, presque toujours bien décrites par les historiens et même par les poëtes. En assujétissant d'abord au *plan* moderne, c'est-à-dire aux configurations récemment reconnues, la carte qu'ils se proposent de dresser, nos

géographes trouvent dans les formes mêmes du terrain, l'explication des passages des auteurs anciens, et le sens précis des indications qu'ils donnent de la position des lieux dont ils parlent. C'est ainsi que les voyages de M. Choiseuil-Gouffier, dans la Grèce, et ceux de M. Lechevalier, dans les plaines de Troie, ont fourni à M. Barbié-du-Boccage, des lumières importantes pour la construction de son atlas des *Voyages d'Anacharsis*. Tous les amateurs de la géographie connaissent d'ailleurs le parti que Danville a su tirer, dans ses cartes d'Italie et de la Gaule, de la combinaison des relations anciennes et modernes.

Les historiens qui, le plus souvent n'avaient pour but dans leur description, que de faire connaître la marche des armées, indiquaient les routes par la succession des lieux, sans marquer aucunement les détours ou les changemens de direction ; on avait même construit dans cet esprit des cartes militaires : telle est celle qu'on trouva en 1547, dans les papiers de *Peutinger*. Cette carte, qui n'a qu'un pied (d'Augsbourg) de hauteur, et plus de 22 de longueur, paraît avoir été construite du tems de Théodose-le-Grand; elle embrasse toute l'étendue du monde connu alors, mais retrécie du nord au sud, d'une manière qui la fait paraître absurde quand on ne fait pas attention que les objets marqués de part et d'autre de la route, n'y sont placés que comme des repaires, pour indiquer les régions que la route traverse, sans avoir aucun égard à leur configuration, que la forme de la carte, destinée à être roulée, ne permettait pas de conserver. Cependant cette carte devient très-précieuse, quand on n'a égard qu'à sa longueur, parce que les distances marquées entre les lieux qui se retrouvent dans les cartes modernes, étant très-exactes, font présumer qu'il en est de même pour ceux que le tems a détruits ou qu'il a fait oublier, et donnent les moyens d'en assigner la position.

C'est aussi d'après les connaissances géographiques et les cartes modernes, que M. Gosselin, dans l'ouvrage que j'ai déjà cité, a fixé l'étendue des navigations du carthaginois Hannon et de l'historien Polybe, sur les côtes de l'Afrique.

Cette manière d'envisager la géographie ancienne, produit une géographie systématique, et qui consiste à établir, soit d'après la convenance des lieux, soit d'après leurs rapports avec d'autres lieux adjacens, soit par des monumens historiques ou des traditions conservées, soit enfin par des rapprochemens de noms, des conformités dans le langage, les mœurs des habitans, l'identité entre des lieux anciennement connus et maintenant oubliés, et des lieux récemment découverts; elle trouve même son application sur les résultats des voyages de long cours, entrepris au seizième siècle, et dont les relations sont perdues, ou seulement conservées comme des traditions confuses, ou enfin, rédigées avec une négligence qui ne nous a laissé aucun des élémens nécessaires pour constater avec quelqu'exactitude la position des lieux où ont abordé ces navigateurs.

91. J'ai déjà dit dans le n.° 88, que pour compléter l'indication offerte par une distance itinéraire, il faut donner en outre la direction du chemin parcouru. Avant la découverte de la boussole, on ne pouvait guère connaître exactement cette direction. Les anciens, qui se dirigeaient, seulement à vue, sur les étoiles qui environnaient alors le pôle septentrional, principalement sur la constellation de la grande ourse, car l'étoile que nous nommons aujourd'hui polaire était éloignée du pôle de près de 12 deg. au tems de Pythéas, n'avaient divisé le tour de l'horizon

qu'en un petit nombre de parties, déterminées souvent par les circonstances locales, ainsi que le montrent les noms assignés à plusieurs des vents qui soufflent de ces parties.

Les grecs, d'abord, n'imposèrent aux vents que quatre dénominations, correspondantes aux quatre points nord, est, sud et ouest, qu'on nomma depuis *points cardinaux*. Ces noms étaient :

EURUS	pour le vent d'est.
ZEPHYRUS	d'ouest.
BOREAS	du nord.
NOTUS	du midi.

Ils en ajoutèrent dans la suite quatre autres correspondants aux points où le soleil paraît se lever et se coucher dans les solstices d'été et d'hiver. Sénèque, dans ses *Questions naturelles*, nous a transmis les dénominations ci-dessous :

SUBSOLANUS ou APELIOTES,		le vent d'est.
Vulturnus	*Eurus*,	du levant d'hiver.
Euronotus,		d'entre ce dernier et le midi.
AUSTER	NOTUS,	du midi.
Libonotus,		d'entre le midi et le couchant d'hiver.
Africus	*Libs*,	du couchant d'hiver.
FAVONIUS	ZEPHYRUS,	d'ouest.
Corus	*Argestes*,	du couchant d'été.
	Thrascias,	d'entre ce point et le nord.
SEPTENTRIO	APARCTIAS,	du nord.
Aquilo	*Meses*,	d'entre ce point et le levant d'été.
	Cœcias,	du levant d'été.

Il résulte de cette table douze divisions; en les supposant toutes égales, chacune comprendrait 30°; mais les points du levant et du couchant *solsticial*, sont fixés par les amplitudes ortives et occases du soleil lorsqu'il est aux solstices (n.° 34), arcs dont la grandeur dépend de l'obliquité de l'écliptique et de la latitude du lieu où l'on observe. Une semblable détermination des points *collatéraux* (ou intermédiaires aux quatre points cardinaux) était trop particulière pour rester long-tems en usage.

Vitruve nous a laissé une division de l'horizon plus régulière, composée de 24 parties, comprenant chacune 15°: voici les noms qu'il assigne en conséquence à chaque vent.

SOLANUS. vent d'est.	FAVONIUS. vent d'ouest.
Ornithiæ.	*Etesiæ.*
Cæcias.	*Circius.*
Eurus.	*Caurus.*
Vulturnus.	*Corus.*
Euronotus.	*Thrascias.*
AUSTER. vent du midi.	SEPTENTRIO. vent du nord.
Altanus.	*Gallicus.*
Libonotus.	*Supernas.*
Africus.	*Aquilo.*
Subvesperus.	*Boreas.*
Argestes.	*Carbas.*

D'après cette dernière distribution, rien n'est plus facile que de connaître l'angle que fait avec la méridienne la direction des vents qui y sont désignés. On voit sur-le-champ, par exemple, que la direction du vent appelé *Boreas*, se trouvant la quatrième après le septentrion, fait avec la ligne nord et sud, un angle comprenant quatre fois 15°, ou de 60°.

Les navigateurs divisent maintenant la circonférence de l'horizon en trente-deux parties appelées *quarts de vent*, huit pour chaque quart de l'horizon. Les noms de ces parties, adoptés sur l'Océan, sont composés avec ceux des points cardinaux; mais sur la Méditerranée, on emploie des dénominations spéciales: voici le tableau comparatif des uns et des autres, en commençant par l'orient, afin qu'on puisse rapprocher plus aisément cette division des précédentes.

Sur l'Océan.	Sur la Méditerranée.
EST.	LEVANTE.
Est ¼ Sud-Est.	*Quarta di levante sirocco.*
Est-Sud-Est.	*Levante sirocco.*
Sud-Est ¼ Est.	*Quarta di sirocco levante.*
SUD-EST.	SIROCCO.
Sud-Est ¼ Sud.	*Quarta di sirocco ostro.*
Sud-Sud-Est.	*Ostro sirocco.*
Sud ¼ Sud-Est.	*Quarta dell' ostro sirocco.*
SUD.	OSTRO.
Sud ¼ Sud-Ouest.	*Quarta dell' ostro garbino.*
Sud-Sud-Ouest.	*Ostro garbino.*
Sud-Ouest ¼ Sud.	*Quarta di garbino ostro.*
SUD-OUEST.	GARBINO.
Sud-Ouest ¼ Ouest.	*Quarta di garbino ponente.*
Ouest-Sud-Ouest.	*Ponente garbino.*
Ouest ¼ Sud-Ouest.	*Quarta di ponente garbino.*

Sur l'Océan.	Sur la Méditerranée.
OUEST.	PONENTE.
Ouest $\frac{1}{4}$ Nord-Ouest.	*Quarta di ponente maestro.*
Ouest-Nord-Ouest.	*Ponente maestro.*
Nord-Ouest $\frac{1}{4}$ Ouest.	*Quarta di maestro ponente.*
NORD-OUEST.	MAESTRO.
Nord-Ouest $\frac{1}{4}$ Nord.	*Quarta di maestro tramontana.*
Nord-Nord-Ouest.	*Tramontana maestro.*
Nord $\frac{1}{4}$ Nord-Ouest.	*Quarta di tramontana maestro.*
NORD.	TRAMONTANA.
Nord $\frac{1}{4}$ Nord-Est.	*Quarta di tramontana greco.*
Nord-Nord-Est.	*Tramontana greco.*
Nord-Est $\frac{1}{4}$ Nord.	*Quarta di greco tramontana.*
NORD-EST.	GRECO.
Nord-Est $\frac{1}{4}$ Est.	*Quarta di greco levante.*
Est-Nord-Est.	*Greco levante.*
Est $\frac{1}{4}$ Nord-Est.	*Quarta di levante greco.*

Chacune de ces divisions comprenant la trente-deuxième partie de la circonférence, vaut 11° 15′. Ainsi, lorsqu'on a suivi le *nord-est* $\frac{1}{4}$ *est*, par exem p ce rumb étant le cinquième après le *nord*, l'angle qu'il fait avec celui-ci, est composé de cinq fois 11° 15′, ou 56° 15′. On obtiendra de même tous les autres angles ; mais on doit avoir soin de marquer s'ils sont pris à l'*est* ou à l'*ouest* de la ligne méridienne. Quand ils tiennent du sud, en partant de ce point, on évite les angles obtus que donnerait la réduction précédente. Le *sud-ouest* $\frac{1}{4}$ *sud*, par exemple, étant le troisième rumb, à partir du *sud* en allant vers l'*ouest*, répon à un angle de trois fois 11° 15′, ou 33° 45′ du *sud* à l'*ouest*. Quoiqu'il soit très-facile d'évaluer en degrés l'angle compris entre le nord et un rumb de vent quelconque, il eût été encore plus commode de s'en tenir aux quatre points cardinaux, et d'indiquer, par les degrés du cercle, les divisions intermédiaires. C'est aussi ce qu'on commence à faire, depuis qu'ayant apporté dans les opérations du pilotage une plus grande précision, on a reconnu que l'indication du rumb de vent ne suffisait pas, qu'il fallait encore avoir égard aux degrés compris entre deux rumbs consécutifs. En général, les divisions, de quelqu'espèce de mesures que ce soit, indiquent toujours l'état de l'art ou de la science, au moment où elles ont été établies; et les premiers marins qui se servirent de la boussole, crurent sans doute avoir beaucoup fait de partager le cercle en trente-deux parties. Ils choisirent cette division, vraisemblablement parce que, pouvant s'effectuer sans tatonnement, au moyen des premières opérations de la géométrie élémentaire, elle était facile à tracer sur les boussoles et les cartes que les pilotes construisaient alors eux-mêmes. Ils ont nommé *rose des vents*, l'ensemble de ces divisions, dont chacune a été désignée sous le nom de *pointe* du compas, parce qu'elles sont marquées par des pointes, et que la boussole s'appelle aussi *compas* de mer.

92. Quand on a la longueur et la direction d'une route partant d'un point dont la position est donnée, on trouve bien aisément celle du point où cette route se termine.

D'abord, lorsque la route n'est pas considérable, on peut, dans l'espace qu'elle traverse, négliger la courbure de la terre, regarder les méridiens comme parallèles entre eux, et par conséquent les rumbs de vent comme des lignes droites. Pour construire cette route sur une carte plate, (n.° 74) il suffit alors de tirer par le *point de départ*, une ligne qui fasse avec la méridienne de ce point, un angle égal à celui que donne le rumb de vent qui a été suivi; et de porter sur cette ligne un nombre de parties de l'échelle égal à celui des mesures itinéraires parcourues : le point où se terminent ces parties, est le *point d'arrivée*.

On substitue le calcul à la construction, en observant que, si de l'extrémité de la route parcourue on abaisse sur la méridienne qui passe par l'autre extrémité, une perpendiculaire, on formera un triangle rectangle, dans lequel la partie de la méridienne interceptée entre le point de départ et la perpendiculaire menée du point d'arrivée, donnera la distance de ces points, prise sur la ligne nord et sud, ou la différence de latitude exprimée en mesures itinéraires, qu'on réduira ensuite, d'après leur valeur, en degrés du méridien ; et la perpendiculaire exprimera la distance de ces mêmes points, prise sur la ligne est et ouest, qui se confond dans ce cas avec la différence de longitude exprimée en mesures itinéraires.

Pour la convertir en degrés, il faut la diviser par le nombre de ces mesures que doit contenir un degré du parallèle du point de départ, ou, si l'on veut plus d'exactitude encore, par le nombre des mesures comprises dans un degré du parallèle qui tient le milieu entre celui du point de départ et celui du point d'arrivée. On voit, sans peine, que cette opération revient à diviser le nombre des mesures itinéraires, par le cosinus de la latitude du parallèle moyen (n.° 48.).

Les géographes peuvent avoir encore à résoudre une seconde question, dans laquelle la direction de la route n'est pas connue ; mais on la remplace par la latitude du point d'arrivée. La construction sur la carte plate se réduit alors à tirer, par sa latitude, le parallèle du point d'arrivée, à prendre sur l'échelle de la carte, le nombre des mesures assignées à la distance parcourue, et à décrire avec cette distance comme rayon, et du point de départ comme centre, un cercle qui coupera dans le point d'arrivée, le parallèle tiré précédemment.

Pour appliquer le calcul à cette question, il faut convertir en mesures itinéraires, la différence de latitude entre le point d'arrivée et le point de départ; on connaît alors dans le triangle rectangle, formé par la méridienne du point de départ, la perpendiculaire abaissée du point d'arrivée et la route, deux côtés, savoir, la longueur de la route ou l'hypothénuse, et la partie de la méridienne comprise entre le point de départ et la perpendiculaire du point d'arrivée: en calculant la longueur de cette perpendiculaire, on a la distance des points de départ et d'arrivée, prise sur la ligne *est* et *ouest*, d'où on déduit, comme ci-dessus, la différence de longitude.

93. Lorsque la route parcourue est assez longue pour qu'il soit nécessaire d'avoir égard à la courbure de la terre, la construction des deux problêmes précédens demande, par rapport à la réduction des lieues parcourues dans le sens *est* et *ouest*, en degrés de longitude, une opération qui ne peut s'effectuer commodément que sur la carte réduite, ou par les procédés de calcul que je vais indiquer.

Si l'on fait attention que les rumbs coupent tous les méridiens sous le même angle, et que l'on conçoive la route parcourue partagée en parties assez petites pour pouvoir être regardées comme droites, puis qu'on mène par les extrémités de toutes ces parties des méridiens et des parallèles, on formera sur chacune prise pour hypothénuse, un triangle rectangle dont les côtés de l'angle droit seront les différences de latitude et de longitude exprimées en mesures itinéraires. En prenant le triangle ABC, *fig.* 33, pour représenter l'un de ceux-ci, on aura par les principes de la trigonométrie rectiligne, AB : AC :: 1 : cos. BAC, d'où AC = AB cos. BAC. Mais l'angle BAC étant le même à l'égard de tous les méridiens que traverse sa route, la différence de latitude propre à chaque petit triangle comprendra le même facteur; et la somme de toutes ces différences composant la différence en latitude, des points de départ et d'arrivée, *sera égale* à la somme des portions de la route parcourue, ou *à la longueur totale de cette route, multipliée par le cosinus de l'angle que fait sa direction avec la méridienne*, comme dans le cas précédent. La réduction en degrés aura par conséquent lieu de la même manière.

C'est au moyen de la différence en latitude AC que l'on va maintenant calculer la différence en longitude correspondante à BC : on a pour cela la proportion

$$AC : BC :: 1 : \text{tang. } BAC,$$

de laquelle il résulte

$$BC = AC \text{ tang. } BAC.$$

Mais pour connaître cette différence en parties de l'équateur, il faut observer que si on désigne par L la latitude du parallèle qui passe par le point A, on aura (n.° 48) cette proportion

BC : *à la partie correspondante de l'équateur*
:: cos. L : 1 ;

et par conséquent

$$\textit{la partie corresp. de l'équateur} = \frac{BC}{\text{cos. } L} :$$

mettant au lieu de BC sa valeur trouvée ci-dessus, il viendra

$$\textit{la différence en longitude} = \frac{AC}{\cos. L} \times \text{tang. } BAC.$$

La somme de toutes ces petites différences de longitude fournies par chaque partie de la route, s'obtiendra donc, en multipliant par le facteur constant tang. BAC, la somme de toutes les valeurs que reçoit le facteur $\frac{AC}{\cos. L}$ qui change pour chaque portion de route.

Si on conçoit ces portions telles que la différence AC soit égale à 1′ du méridien ou de l'équateur, et qu'on observe que $\frac{1}{\cos. L}$ = sec. L, on changera l'expression ci-dessus en *la différence de longitude* = 1′ × sec. L. tang. BAC, et la somme des facteurs 1′ × sec. L s'obtiendra en ajoutant toutes les sécantes de minute en minute, depuis la latitude du point de départ jusqu'à celle du point d'arrivée.

Ce procédé n'est qu'une approximation, puisque l'arc d'une minute n'est pas encore rigoureusement une ligne droite: on le rendrait plus exact en prenant les sécantes de 10″ en 10″, ou même de seconde en seconde; mais l'opération deviendrait excessivement longue, tandis que le calcul intégral fournit l'expression rigoureuse de cette somme, en supposant la différence totale de latitude, ou l'arc du méridien, partagée en un nombre infini de parties. On a par ce moyen, calculé pour tous les arcs possibles, ces sommes qui ne sont autre chose que les *latitudes croissantes* dont j'ai parlé dans le n.° 75.

En effet, pour conserver sur chaque parallèle entre la minute de longitude, supposée constante à cause du parallélisme des méridiens, et la minute de latitude, leur rapport qui est celui du cosinus de la latitude à l'unité, il faut que l'on ait

$$1' \textit{ du mérid.} : 1' \textit{ du parallèle} :: 1 : \cos. L.$$

$$\text{ou}, \quad 1' \textit{ du mérid.} = \frac{1' \textit{ du parallèle}}{\cos. L.}$$

$$= 1' \textit{ du parallèle} \times \sec. L.$$

Calculant ainsi depuis 0°, les minutes successives du méridien, en prenant toujours celle du parallèle égale à celle de l'équateur, on sera conduit à chaque parallèle par la somme des sécantes faites de minute en minute depuis 0° jusqu'à la latitude de ce parallèle.

Le procédé rigoureux par lequel on a formé la table des latitudes croissantes, se déduit facilement de ce qui précède, ainsi que la construction des routes sur la carte réduite ; quant à l'objet que j'ai en vue, on a ces deux règles :

Pour la première question, *après avoir obtenu*, comme le n°. 92, *la latitude du point d'arrivée, on prendra dans la table des latitudes croissantes, la différence des nombres qui répondent à cette latitude et à celle du point de départ ; on la multipliera par la tangente de l'angle correspondant au rumb de vent, et le résultat sera la différence de longitude exprimée en minutes de degré.*

Dans la seconde question, l'angle du rumb n'est pas donné, mais il peut se calculer par la différence de latitude, réduite en lieues, et par le chemin, qui sont alors les données ; on conclut ensuite la différence de longitude, par la règle rapportée ci-dessus.

Supposons pour exemple, qu'un vaisseau parti d'un point situé à 42° 3′ de latitude boréale, ait couru 252 lieues marines au *nord-est* $\frac{1}{4}$ *est* : on trouve d'abord que ce rumb fait avec le méridien du côté de l'est, un angle de 56° 15′ ;

et on en conclut que la route répond sur la ligne nord et sud, à 140 lieues, ce qui donne 7° de différence en latitude vers le nord. Cette différence étant de même dénomination que la latitude du point de départ, doit s'ajouter avec celle-ci pour obtenir celle du point d'arrivée, qui est par conséquent de 49° 3'.

On cherche ensuite, dans une table de latitudes croissantes, le nombre qui répond à 49° 3', savoir : 3386', 7
puis celui qui répond à 42° 3', 2785, 8
et on en prend la différence, 600', 9;
on ajoute au logarithme de cette différence, celui de la tangente de 56° 15', angle du rumb, et le résultat qui répond à 899' ou à 14° 59', est la différence de longitude vers l'est.

94. Les règles que je viens de rapporter, fondées sur les principes de la géométrie, conduiraient à des résultats rigoureusement exacts, si l'on partait de données qui le fussent aussi ; mais la direction de route indiquée par la boussole, est souvent affectée de la variation de l'aiguille aimantée qu'on n'a pas toujours observée. Sur mer, il s'y mêle encore une autre cause d'erreur, c'est la *dérive*, ou l'angle que fait la véritable route que suit le navire, avec la direction de sa quille, lorsque recevant par le travers l'impulsion du vent, une partie de cette force tend à l'écarter de sa route, sur laquelle l'action du gouvernail et la grande résistance que le fluide oppose à ses côtés, le maintiennent à-peu-près. Cet angle, assez difficile à déterminer, est rarement indiqué par les navigateurs des siècles précédens.

La mesure du chemin parcouru, offre aussi de grandes incertitudes. Les anciens, le plus souvent l'exprimaient par le nombre des journées de marche ou de navigation, et c'est une discussion assez délicate, que de fixer la valeur de ces journées, qui varient suivant les tems, les mesures adoptées, les régions parcourues, la manière de voyager, la forme et la grandeur des bâtimens.

On ne parvient, après la discussion de toutes ces circonstances, qu'à des valeurs moyennes d'autant plus probables, qu'on a combiné plus de faits particuliers. En étudiant aussi la forme des sinuosités des routes, dans les pays coupés par des montagnes ou par des cours d'eaux considérables, et dans les pays de plaines, on peut arriver à des résultats généraux, sur l'augmentation que les détours occasionnés par ces obstacles, apportent dans la longueur des routes, et dont il faut par conséquent diminuer celles-ci, pour en conclure les distances sur un même alignement.

L'évaluation du chemin parcouru par un navire, exige la connaissance de l'effet des courans, qui agissent à-la-fois sur le vaisseau et sur le morceau de bois ou *bateau* du *loch*, que les marins jettent à la mer pour en faire un point fixe, et pour compter combien ils s'en éloignent dans un tems donné, ordinairement une demi-minute. Une corde divisée par des nœuds, dont la distance est la cent vingtième partie du mille nautique, parce que la demi-minute est la cent vingtième partie de l'heure, sert à mesurer cet éloignement; mais si le vaisseau et le bateau sont soumis à l'action du même courant, la distance à laquelle le vaisseau se trouve du loch, ne fait connaître que la vîtesse relative du vaisseau à l'égard du courant, et il reste encore à déterminer la vitesse que ce courant imprime en même tems au bateau du loch et au vaisseau. C'est de là que viennent en partie les différences, souvent très-considérables, entre le lieu où les pilotes s'*estiment* suivant le calcul de leurs routes, et celui où le bâtiment est réellement parvenu. De là vient aussi que les terres découvertes par les Magellan, les Mendana, les Quiros, ont été si mal placées en longitude, qu'on a eu de la peine à les retrouver. On a promené pour ainsi dire dans près d'un quart de la circonférence du globe, les îles *Salomon*, si remarquables par leur étendue et par la description circonstanciée que nous en a laissée Mendana, qui les a découvertes. Tous les navigateurs qui ont parcouru ces parages après lui, en commençant par Quiros qui l'y avait accompagné, et qui le suivit immédiatement, ne purent y parvenir. On révoqua même en doute leur existence; mais M. Buache, a enfin prouvé qu'elles n'étaient autres que la terre des *Arsacides* et les îles adjacentes, découvertes par MM. de Bougainville et de Surville. La latitude qu'on leur avait d'abord assignée se trouvait assez exacte; mais les courans qui ont lieu de l'est à l'ouest dans la mer du sud, avaient augmenté de beaucoup, sans qu'il pût apercevoir le chemin fait par Mendana, qui ne s'estima qu'à 1500 lieues espagnoles ou environ 1700 lieues marines de France, des côtes du Pérou, lorsqu'il en était réellement à près de 2400 lieues.

Les navigations autour du globe, sur-tout les dernières, pendant lesquelles l'observation fréquente des longitudes a permis de comparer dans beaucoup de points le chemin estimé avec celui qui avait été réellement parcouru, ont procuré des données très-multipliées et très-importantes sur la vîtesse des courans dans les diverses parties de l'Océan. On les trouve rassemblées et discutées avec soin dans le *Voyage du capitaine Marchand*, rédigé par M. de Fleurieu. Le même ouvrage contient une nomenclature des bassins des mers, qu'il serait bien convenable d'adopter dans les géographies et sur les cartes.

95. Quand on a adopté pour l'évaluation des distances en ligne droite un résultat, l'application du procédé du n.° 92 suffira presque toujours pour construire le plan *figuratif* des données, déduites des relations historiques ou itinéraires ; car ces distances ne peuvent être exactes que lorsqu'elles sont petites, auquel cas, on peut (n.° 78) négliger la projection ; et lorsqu'elles sont grandes, l'incertitude dont elles sont affectées surpasse le plus souvent les réductions qu'exigeraient les lois de la projection, qu'on peut donc encore négliger dans la confection de cette espèce de carte, sauf à y avoir égard ensuite lorsqu'on appliquera ces matériaux (n.° 81) sur les cartes géographiques assujéties à une projection et aux observations astronomiques.

En résumant tout ce qui précède, on peut juger de l'étendue et de la variété des connaissances que doit posséder un géographe, des lectures auxquelles il doit se livrer assiduement, des notes qu'il doit recueillir, et sur-tout classer et discuter d'après les règles de la saine critique. J'ai dû, dans une Introduction, me borner aux notions générales, et renvoyer aux traités particuliers les exemples spéciaux. C'est dans les écrits des Delisle, des d'Anville, des Buache, des Gosselin, qu'il faut chercher les élémens nécessaires aux combinaisons géographiques.

A la suite du *Voyage dans l'intérieur de l'Afrique*, par M. Mungo-Park, on trouve aussi des notes du savant M. Rennell, qui présentent une suite de discussions aussi propres à faire comprendre la nature et le but des méthodes de la géographie critique, qu'importantes pour fixer l'état de nos connaissances sur l'intérieur de l'Afrique.

96. Après avoir sommairement exposé les principes de la construction des cartes, il me reste à parler de leurs usages.

La plupart se présentent d'eux-mêmes, ou n'exigent que l'intelligence d'un petit nombre de signes faciles à reconnaître, et qu'autrefois on avait soin d'expliquer dans une légende placée à l'un des côtés de la carte.

Ces signes marquent l'emplacement des lieux, et sont modifiés suivant l'importance de ces lieux, le rang qu'ils occupent dans le gouvernement civil, militaire ou ecclésiastique du pays; il faut remarquer toujours le très-petit cercle, qui est, ou adjacent ou incorporé à chacun de ces signes, parce que c'est le centre de ce cercle qui fixe la position du lieu correspondant.

En prenant sa distance au parallèle le plus voisin dans le sens du méridien, et portant cette distance sur le méridien gradué, on aura la latitude de ce point; sa longitude s'obtiendra par la mesure de sa distance au méridien le plus proche, prise dans le sens du parallèle.

Ces opérations demandent un peu d'attention dans les cartes dont les méridiens ne sont pas des lignes droites parallèles. Les graduations marquées sur les bords de la carte, étant alors obliques à l'égard des méridiens et des parallèles, les distances prises comme on vient de le dire, et portées sur ces graduations, ne donneraient pas exactement les différences de latitude et de longitude, entre le point proposé et le parallèle ou le méridien le plus voisin. Il faut, dans ce cas, ou trouver immédiatement le rapport qu'ont ces distances avec celle des parallèles ou des méridiens tracés sur la carte, ou décrire le parallèle et le méridien qui passent par le lieu proposé, et les prolonger jusqu'aux bords de la carte. Cette dernière opération est très-facile sur la projection conique, par rapport aux méridiens, qui sont des lignes droites; et les parallèles en cercles concentriques, se tracent aussi en faisant suivre le parallèle voisin à l'une des pointes d'un compas, dont l'ouverture est égale à la différence de latitude.

Il n'est pas besoin d'avertir que la distance de deux points doit se mesurer à partir du centre du petit cercle qui indique leur position ; il faut seulement observer que, lorsqu'on veut connaître leur distance itinéraire, et que les routes sont marquées, on doit mesurer le long de ces lignes, en prenant en particulier, par une ouverture de compas, chacune des parties comprises entre leurs détours.

Lorsque la carte descend dans un détail assez grand, on y exprime les principaux traits du plan des villes un peu étendues ; et il faut alors indiquer dans ce plan, celui de ses points auquel se rapporte la position géographique.

97. Un simple trait marque les cours d'eau de peu d'importance, et l'on n'indique séparément les deux rives, que lorsque la largeur du fleuve ou de la rivière peut être appréciée par l'échelle de la carte, ce qui a lieu le plus souvent aux embouchures.

C'est par un trait bien net, bordé de hachures, qu'on indique les rivages de la mer : dans les cartes géographiques, ces hachures sont extérieures par rapport aux terres, et semblent désigner les ondulations de la mer sur les côtes ; tandis que dans les cartes marines, les hachures sont portées sur la terre, comme indiquant l'escarpement des côtes.

Les canaux de navigation, tracés sur une suite d'alignemens, sont représentés par des lignes brisées, qui les distinguent suffisamment des cours d'eau naturels indiqués par une ligne ondulée.

Les routes sont souvent marquées par deux traits fins

et parallèles, quelquefois par de simples lignes, soit pleines, soit ponctuées; cependant, on réserve le plus ordinairement ces dernières pour marquer les limites des états et de leurs provinces, et on varie à cet effet la grandeur et la forme des points. Pour les rendre encore plus sensibles, on les enlumine de diverses couleurs. Dans quelques pays, particulièrement en Allemagne, on place une même teinte sur toute l'étendue de la région qu'on veut distinguer des autres. Cette manière d'enluminer a peut-être moins de grace que celle qui est usitée en France, mais elle a aussi l'avantage de faire mieux apercevoir la grandeur des régions et les formes de leurs limites.

Pour mesurer cette étendue, il convient de distinguer deux cas; celui dans lequel la projection de la carte représente par des superficies égales, les régions d'égale étendue sur le globe: dans ce cas, leur aire se mesure comme celle des figures planes, en inscrivant des rectangles dans l'espace compris entre leurs lignes de limites; ou en les ramenant, au moins par approximation, à des figures régulières.

Dans le cas contraire, il faut diviser cette étendue en quadrilatères formés par des parallèles et des méridiens suffisamment près les uns des autres, comme on l'a indiqué dans le n.° 50 à l'égard du globe, et calculer l'aire de ces quadrilatères suivant le procédé exposé dans ce numéro.

98. Les mappemondes peuvent servir aux mêmes usages que les cartes générales; et celles qui sont projetées sur le plan de l'horizon, peuvent en outre être employées à la solution des questions traitées dans les n.os 54 et 55. La différence de longitude comprise entre les deux méridiens qui terminent un parallèle, étant convertie en tems, à

raison de 1 heure pour 15 degrés, fait connaître le tems que reste au-dessus de l'horizon, un astre qui répond sur le parallèle proposé, et donne par conséquent la longueur du jour, lorsqu'on prend les parallèles sur lesquels le soleil répond d'un solstice à l'autre.

Si on prenait pour plan de projection ou pour horizon un cercle d'illumination, celui, par exemple, qui répond à notre solstice d'été, et qui se confond avec l'horizon de la latitude de 66° 32′, la mappemonde qui en résulterait, indiquerait la durée du jour solsticial pour toutes les latitudes, en convertissant en tems la différence de longitude des méridiens qui terminent les parallèles de ces latitudes sur chaque hémisphère.

En général, on peut, par les projections sur les différens cercles de la sphère, résoudre les mêmes questions qu'au moyen du globe, et on a composé souvent pour cet objet, des cartes auxquelles on a donné, à cause de leurs propriétés, le nom de *planisphères*. Le père Chrysologue de Gy a publié des mappemondes sur l'horizon de Paris, construites avec soin, montées d'une manière commode, et propres à résoudre beaucoup de problêmes, soit géographiques, soit astronomiques, expliqués dans une brochure qui accompagnait ces cartes. Le même auteur a perfectionné ce premier travail, et a construit de nouveaux planisphères sur une échelle beaucoup plus grande.

99. Ce n'est pas assez d'avoir sous les yeux, dans les cartes, la situation des lieux, la connexion des régions, leur étendue, leurs divisions, leurs limites, circonstances qui appartiennent à la géographie mathématique et politique; on voudrait aussi connaître les formes de la surface terrestre dans ces régions, et ce qu'on entend par le *ton du pays*, c'est-à-dire, s'il est

plat ou montueux, s'il est nud ou boisé, sec ou marécageux. Les dessinateurs ont imaginé des moyens, soit pittoresques, soit de convention, pour exprimer sur les levés trigonométriques et sur les plans topographiques, ces diverses circonstances qui, réunies au climat et aux lois des phénomènes météorologiques dans chaque contrée, constituent la *géographie physique* de cette contrée. Il suffit de jeter les yeux sur des plans de ce genre, pour reconnaître les signes qu'on y emploie, et pour sentir que les parties ombrées plus ou moins fortement, représentent des pentes plus ou moins roides, sur lesquelles la lumière se perd, d'autant plus qu'elles sont plus près d'être à pic.

Le dessin des cartes géographiques est resté long-tems bien en arrière de celui de la topographie, sur-tout à l'égard des montagnes; car l'étendue des forêts ayant considérablement diminué dans les pays policés, elles ont dû disparaître de presque toutes les cartes à petit point; mais les inégalités du terrain, depuis les plus hautes chaînes de montagnes jusqu'aux collines du dernier ordre, peuvent se graduer d'une manière correspondante à toutes les autres circonstances géographiques, et par conséquent trouver place dans les détails proportionnés à leur grandeur. Les pics ou pointes isolées reposent en général sur des élévations plus ou moins considérables, mais dont l'étendue offre des contours qui déterminent la forme des vallées, et qui sont susceptibles d'être exprimés, comme les sinuosités des côtes, qui ne sont pareillement, à l'égard du fond de la mer, que des crêtes de montagnes. On sent, d'après ces remarques, combien sont vagues et insignifiantes ces montagnes marquées en pointes isolées dans la plupart des cartes; on n'y voit autre chose, sinon que le pays qu'elles occupent est montueux, autant vaudrait-il écrire, *là il y a des montagnes*; rien n'indiquant le cours des chaînes, leurs divers abaissemens et leurs connexions, soit entr'elles, soit avec les îles qui font les sommets des chaînes de *montagnes sous-marines*, ou qui traversent le bassin des mers.

Philippe Buache est le premier qui se soit spécialement attaché à la géographie physique, et qui ait donné une idée précise des embranchemens des diverses chaînes des montagnes du globe, liées aux inégalités du fond des mers, par le moyen des profondeurs d'eau ou *sondes*, marquées sur les cartes marines. Il construisit, avec beaucoup de soin, un globe sur lequel ces formes étaient exprimées en relief, à la vérité d'une manière exagérée par rapport au diamètre de ce globe; car sans cela il eût été impossible d'en faire sentir aucune (n.° 42). Dans les cartes qu'il composa sur cette matière, il employa, pour indiquer les chaînes de montagnes, les moyens affectés à la topographie, et traça en conséquence les contours de la ligne de leurs sommités. Il y joignit aussi des *profils* ou *coupes*, suivant des lignes données, sur lesquelles il construisit, d'après une échelle convenable, les hauteurs des différens points de terrain. Il a particulièrement tracé, en 1736, le profil suivant la ligne qui va du *cap Tagrin* à *Riogrande*, sur laquelle l'Afrique et l'Amérique s'approchent le plus, et qui passe près des îles situées au milieu de la grande mer qui sépare ces continens.

Divers auteurs profitant de cette première idée, et s'aidant de connaissances acquises depuis, ont publié des mappemondes et des cartes très-bonnes à consulter, pour connaître les grandes inégalités de la surface terrestre; mais on manquait encore de moyens précis pour les représenter, et pour faire juger de leurs hauteurs respectives.

100. Les *profils* ne laissaient rien à désirer quant à la précision; mais il n'était guères possible de les multiplier assez pour faire connaître, dans tous les sens, la forme d'une portion quelconque de la surface terrestre.

En observant que, si l'on joignait sur une carte marine, par une ligne, tous les points auxquels sont marqués des sondes égales, le contour de cette ligne serait celui d'une section faite au fond de la mer, par un plan horizontal abaissé au-dessous de la surface du fluide d'une quantité égale au nombre de mesures ou *brasses* contenues dans la sonde, M. Dupain Triel imagina un moyen aussi ingénieux que satisfaisant, de représenter *géométriquement* la configuration de la surface d'un pays. Ce moyen consiste à tracer sur la carte que l'on construit, les lignes qui passent par des points placés au même niveau ou à la même hauteur, au-dessus de la surface de la mer; lignes qui deviendraient successivement ses rivages, si elle s'élevait, par une cause quelconque, à la hauteur où elles sont situées; comme les lignes qui joignent des sondes égales deviendraient à leur tour les rivages de la mer, si elle s'abaissait du nombre de brasses marqué sur ces sondes.

On gradue les hauteurs de ces lignes ou *sections horizontales du terrain*, suivant l'échelle de la carte et la rapidité des pentes. Sur un projet de carte de la France, qu'il a publié, M. Dupain Triel trace dans les pays presque plats, et vers les bords de la mer, la ligne qui passe par les points élevés de 10 toises; puis, celle qui passe par les points élevés de 20; et ainsi de suite, de 10 en 10 toises: on voit bientôt ces lignes, d'abord assez espacées, se resserrer à mesure que le pays s'élève plus rapidement. A l'entour des montagnes isolées, les lignes de niveau, marquées seulement pour des différences de 50 toises et même de 100, se resserrent d'autant plus que les pentes sont plus roides ; ce qu'il est facile de concevoir, en observant que les lignes tracées sur la carte, sont les projections des lignes de niveau menées sur la surface terrestre, et qu'elles doivent être resserrées sur les pentes, par la même raison que les espaces le sont sur les bords de la projection orthographique (n.° 65). On voit aussi que les plateaux sont remarquables par les lignes de niveau qui le contournent, et qui marquent la configuration de leurs limites. Enfin, si on conçoit des lignes qui coupent à angles droits les diverses lignes de niveau, on aura les *lignes de plus grande pente*, ou celles que suivent dans leur chûte les eaux répandues sur les flancs des montagnes.

Si l'on traçait sur les cartes les lignes de niveau, outre l'avantage de donner prise aux méthodes de la *géométrie des plans et des surfaces*, (*géometrie descriptive*) pour résoudre, sur la succession et l'intersection des pentes et des plateaux, sur la rencontre des bassins, des problêmes très-intéressans dans la construction des chemins et des canaux, elles offriraient le moyen de recueillir et de mettre à l'usage de tout le monde, une foule de nivellemens et d'observations faites par les ingénieurs militaires et civils sur les hauteurs des montagnes, et dont les résultats vont s'ensevelir dans les cartons des administrations: enfin le parti qu'on en pourrait tirer, exciterait alors les voyageurs et les savans résidans dans toutes les grandes villes, à multiplier les observations barométriques qui donnent les hauteurs respectives des lieux où elles sont faites (1). Il n'est pas

(1) L'abbé Chappe nivela ainsi en 1761, la route de Brest à Tobolsk, et rassembla ses résultats dans la relation de son voyage.

même nécessaire d'avoir, de proche en proche, des observations correspondantes; il suffit de se procurer dans chaque lieu une suite d'observations assez longue, pour qu'on puisse en conclure avec quelque certitude, la hauteur moyenne du baromètre dans ce lieu: la comparaison des hauteurs moyennes propres à divers points, fait connaître, par les règles prescrites pour cela dans les traités de physique, la différence de niveau de ces points. Cette méthode, qui ne serait pas assez exacte s'il s'agissait de comparer des points peu élevés l'un au-dessus de l'autre et peu distans, devient très-importante à l'égard des points trop éloignés pour qu'on puisse entreprendre de les lier par des opérations consécutives de nivellement.

On objecte, il est vrai, contre la construction des lignes de niveau sur les cartes, que la multitude de ces lignes rendrait les cartes confuses; mais cet inconvénient, tout réel qu'il peut être, ne saurait entrer en balance avec les propriétés utiles énoncées ci-dessus; on y remédierait d'ailleurs en partie, en distinguant par une couleur particulière, les lignes de niveau; j'observerai même à cet égard, que les circonstances topographiques, lorsqu'elles sont fortement exprimées par le burin, à la manière actuelle, ne permettent pas non plus qu'on insère beaucoup de positions dans la carte, et forcent à prendre une plus grande échelle : enfin, si on ne pouvait faire autrement, on représenterait chaque pays par deux cartes faites sur le même *plan* ; l'une contiendrait le détail des positions ; l'autre, ne renfermant que les points remarquables, serait chargée des lignes de niveau.

101. Au défaut de ces dernières cartes, on peut, de l'examen des cours d'eau et de leurs embranchemens, marqués sur les autres, tirer quelques indications géné-

rales sur la forme des terrains dans les diverses contrées du globe.

L'eau qui tombe sur le flanc des montagnes et des collines, se réunissant en torrens et en rivières, soit immédiatement, soit après avoir pénétré dans l'intérieur de la terre, jusqu'à la couche glaiseuse qui la retient, trace sur la surface terrestre des *lignes de plus grande pente*, qui s'approchent de plus en plus du niveau de la mer, à mesure que les eaux prolongent leur cours.

Les plus grands fleuves marquent le fond d'un bassin principal, de chaque côté duquel s'élèvent, à une distance plus ou moins grande de ses rives, des hauteurs qui sont sillonnées elles-mêmes par des bassins secondaires contenant les affluens de ces fleuves; les bords du bassin de chaque affluent, sont sillonnés de bassins du troisième ordre ou tertiaires, sur les pentes desquels on trouve encore des cours d'eau moins considérables que les précédens, et ainsi de suite jusqu'aux plus petits ravins; de manière que l'ensemble des cours d'eau forme sur la surface terrestre une sorte de rézeau, dont tous les fils se rencontrent sous des angles très-ouverts.

Si l'on remonte jusqu'aux sources des grands fleuves, et jusqu'à celles de leurs premiers affluens vers leur origine, on aura généralement les points les plus élevés; on conclura encore, sauf peut-être un petit nombre d'exceptions, la rapidité des pentes, de la plus ou moins grande rectitude du lit de l'eau; mais ce qui est sur-tout digne d'attention, ce sont les parties desquelles partent des cours d'eau dirigés dans des sens opposés, et se rendant à des mers ou à des bassins différens. C'est là que se trouvent les *points de partage*, dont la détermination est la première bâse de la construction des canaux de navigation destinés à faire communiquer une mer à une autre, ou à passer d'un grand bassin dans un autre. C'est en saisissant avec une grande sagacité, sur l'inspection seule des formes de la montagne Noire, le point de partage des eaux vers l'Océan et vers la Méditerranée, que François Andréossy conçut le plan et la possibilité de l'exécution du canal du midi, le plus bel ouvrage de ce genre qu'on ait jamais construit. Son arrière-petit-fils, le Général d'artillerie Andréossy, a aussi le premier développé dans son intéressante histoire du même canal, les considérations qui doivent guider dans l'examen d'un terrain, pour la recherche du point de partage et la réunion des eaux nécessaires pour alimenter un canal. Deux ingénieurs des ponts et chaussées, MM. Dupuy et Brisson, ont aussi ramené d'une manière très-ingénieuse aux formes des surfaces géométriques, les caractères indicateurs de ces points et de ces circonstances. Leur mémoire, présenté à l'Institut, sera sans doute bientôt imprimé.

102. Pour particulariser les notions sommaires que j'ai exposées précédemment, j'en vais indiquer les applications dans cet article.

Au premier coup-d'œil jeté sur une carte générale de l'Asie, on remarquera que les grands fleuves qui ont leurs embouchures dans la mer des Indes, dans celle de la Chine, dans la mer Glaciale, prennent leur source dans le Thibet et au nord du pays des Eleuths, d'où il résulte par conséquent que ce pays est environné par-tout de très-hautes montagnes, ou sert de bâse à ces montagnes, et se trouve alors le plateau le plus élevé de l'Asie, duquel partent trois pentes dirigées vers chacune des mers nommées plus haut. Ces pentes sont coupées par des embranchemens de montagnes d'où naissent les affluens des grands fleuves.

Quand même les montagnes de Kamenoïpoyas, qui séparent la Russie d'Europe de celle d'Asie, ne seraient pas marquées sur les cartes, le cours presque opposé des affluens de l'*Oby* et de la *Peczora*, et celui des rivières qui se jettent dans la mer Glaciale à l'occident du détroit de Waygats et dans la mer Blanche, les indiqueraient assez.

On reconnaît encore de même un plateau élevé entre la mer Noire, la mer Caspienne, la Méditerranée et le golfe Persique. La mer Caspienne, le lac d'Aral en Asie, et celui où se perd le Niger en Afrique, sont au contraire les parties basses où se réunissent les pentes sur lesquelles coulent les fleuves qui descendent le long de ces pentes.

103. Ayant indiqué les bases que la géographie fournit à l'astronomie pour déterminer la situation des lieux un peu éloignés, les moyens d'ordonner ces lieux sur une représentation en relief ou plane, c'est-à-dire la construction du globe et du canevas des cartes; ayant montré comment on peut remplir ces canevas, en combinant les plans levés trigonométriquement, ou les renseignemens transmis par les voyageurs et les historiens, quel usage on peut faire de ces diverses représentations, et les inductions qu'on peut en tirer pour la connaissance des inégalités de la surface terrestre, j'ai rempli le but que je m'étais proposé dans cette Introduction. Elle ne contient, à la vérité, que les rudimens des matières importantes que j'y ai traitées; mais c'est la première fois qu'elles sont réunies et assujéties à un enchaînement méthodique: j'ose me croire, par cette raison, quelques droits à l'indulgence des lecteurs, qui, mis sur la voie de cette étude, ne manqueront pas de sources dans lesquelles ils pourront puiser une instruction plus détaillée. Les écrits originaux sont bien connus; le mouvement que

la géographie a reçu par la mesure de l'arc du méridien, par les grandes opérations militaires, et par les travaux récens du Dépôt de la guerre, multiplient chaque jour les méthodes et les résultats (1).

(1) Le *Mémorial topographique et militaire*, rédigé au Dépôt de la guerre, en offre l'exposition méthodique ; il existe aussi en Allemagne un journal consacré spécialement à la géographie, rédigé par M. de Zach.

POSITIONS géographiques, ou Table des latitudes des principaux lieux de la Terre, et de leurs longitudes ou différences de méridiens par rapport à l'Observatoire de Paris.

NOMS DES LIEUX.	LATITUDE NORD.	LONGITUDE en degrés.	LONGITUDE en tems.
I. FRANCE.			
Abbeville..........	50d 7′ 4″	0d 30′ 17″	2′ 1″ O.
Aerschoot..........	50. 59. 15.	2. 29. 31.	9. 58. E.
Agde.............	43. 18. 43.	1. 7. 55.	4. 32. E.
Agen.............	44. 12. 22.	1. 43. 40.	6. 55. O.
Aire.............	43. 41. 52.	2. 35. 51.	10. 23. O.
Aix..............	43. 31. 48.	3. 6. 32.	12. 26. E.
Alais............	44. 7. 22.	1. 44. 10.	6. 57. O.
Albi.............	43. 55. 36.	0. 11. 42.	0. 47. O.
Alet.............	42. 59. 39.	0. 4. 54.	0. 20. O.
Alost............	50. 56. 18.	1. 41. 58.	6. 48. E.
Amiens...........	49. 53. 43.	0. 2. 3.	0. 8. O.
Angers...........	47. 28. 9.	2. 53. 15.	11. 33. O.
Angoulême........	45. 38. 57.	2. 10. 59.	8. 44. O.
Antibes. (au port)...	43. 34. 43.	4. 47. 20.	19. 9. E.
Anvers...........	51. 13. 22.	2. 4. 10.	8. 17. E.
Apt..............	43. 52. 29.	3. 3. 37.	12. 14. E.
Arles............	43. 40. 28.	2. 17. 24.	9. 10. E.
Arras............	50. 17. 37.	0. 25. 41.	1. 43. E.
Ath..............	50. 42. 17.	1. 26. 17.	5. 45. E.
Auch.............	43. 38. 39.	1. 45. 4.	7. 0. O.
Autun............	46. 56. 48.	1. 57. 44.	7. 51. E.
Auxerre..........	47. 47. 57.	1. 14. 6.	4. 56. E.
Avignon..........	43. 56. 58.	2. 28. 10.	9. 53. E.
Avranches........	48. 41. 21.	3. 41. 51.	14. 47. O.
Barfleur.........	49. 40. 21.	3. 35. 36.	14. 22. O.
Bayeux...........	49. 16. 34.	3. 2. 11.	12. 9. O.

Suite de la France.

Bayonne	43d 29′ 15″	3d 48′ 41″	15′ 15″ O.
Bazas	44. 25. 55.	2. 32. 47.	10. 11. O.
Beauvais	49. 26. 0.	0. 15. 19.	1. 1. O.
Belley	45. 45. 29.	3. 21. 4.	13. 24. E.
Besançon	47. 14. 12.	3. 42. 46.	14. 51. E.
Béziers	43. 20. 23.	0. 52. 24.	3. 30. E.
Blois	47. 35. 20.	0. 59. 59.	4. 0. O.
Borchloen	50. 48. 17.	3. 0. 18.	12. 1. E.
Bordeaux	44. 50. 14.	2. 54. 14.	11. 37. O.
Boulogne	50. 43. 33.	0. 43. 27.	2. 54. O.
Bourg, de l'Ain	46. 12. 26.	2. 53. 27.	11. 34. E.
Bourges	47. 4. 59.	0. 3. 45.	0. 15. E.
Brest	48. 22. 42.	6. 47. 30.	27. 10. O.
Brouage	45. 52. 3.	3. 24. 0.	13. 36. O.
Bruges	51. 12. 40.	0. 53. 28.	3. 34. E.
Bruxelles	50. 50. 59.	2. 2. 0.	8. 8. E.
Caen	49. 11. 12.	2. 41. 53.	10. 48. O.
Cahors	44. 26. 49.	0. 53. 38.	3. 35. O.
Calais	50. 57. 32.	0. 28. 59.	1. 56. O.
Cambray	50. 10. 37.	0. 53. 32.	3. 34. E.
Carcassonne	43. 12. 45.	0. 0. 49.	0. 3. E.
Carpentras	44. 3. 8.	2. 42. 35.	10. 50. E.
Castres	43. 36. 11.	0. 5. 44.	0. 23. O.
Cavaillon	43. 50. 6.	2. 41. 55.	10. 48. E.
Châlons-sur-Marne	48. 57. 28.	2. 1. 29.	8. 6. E.
Chalon-sur-Saone	46. 46. 54.	2. 31. 2.	10. 4. E.
Chartres	48. 26. 54.	0. 50. 55.	3. 24. O.
Cherbourg	49. 38. 31.	3. 57. 18.	15. 49. O.
Clermont	45. 46. 44.	0. 45. 2.	3. 0. E.
Collioure	42. 31. 31.	0. 45. 2.	3. 0. E.
Cologne	50. 55. 21.	4. 35. 0.	18. 20. E.
Condom	43. 57. 49.	1. 57. 53.	7. 52. O.
Courtray	50. 49. 43.	0. 55. 51.	3. 43. E.
Coutances	49. 2. 54.	3. 46. 35.	15. 6. O.
Dax	43. 42. 19.	3. 23. 16.	13. 33. O.
Die	44. 45. 31.	3. 2. 18.	12. 9. E.
Dieppe	49. 55. 34.	1. 15. 31.	5. 2. O.
Digne	44. 5. 18.	3. 54. 4.	15. 36. E.

Suite de la France.			
Dijon	47d 19′ 25″	2d 41′ 50″	10′ 47″ E.
Dixmude	51. 2. 12.	0. 31. 48.	2. 7. E.
Dol	48. 33. 8.	4. 5. 18.	16. 21. O.
Dunkerque	51. 2. 11.	0. 2. 23.	0. 10. E.
Embrun	44. 34. 7.	4. 5. 54.	16. 24. E.
Évreux	49. 1. 30.	1. 11. 6.	4. 44. O.
Fécamp	49. 45. 24.	1. 57. 12.	7. 49. O.
Fréjus	43. 25. 52.	4. 23. 54.	17. 36. E.
Furnes	51. 4. 23.	0. 19. 36.	1. 18. E.
Gand	51. 3. 21.	1. 23. 35.	5. 34. E.
Gap	44 33. 37.	3. 44. 47.	14. 59. E.
Genève	46. 12. 0.	3. 48. 30.	15. 14. E.
Glandève	43. 56. 43.	4. 28. 10.	17. 53. E.
Grand-Combe des Bois.	47. 8. 36.	4. 27. 0.	17. 48. E.
Granville	48. 50. 16.	3. 56. 15.	15. 45. O.
Grasse	43. 39. 19.	4. 35. 9.	18. 21. E.
Gravelines	50. 59. 10.	0. 12. 25.	0. 50. O.
Grenoble	45. 11. 42.	3. 23. 34.	13. 34. E.
Havre-de-grâce	49. 29. 14.	2. 13. 37.	8. 54. O.
Honfleur	49. 25. 13.	2. 6. 1.	8. 24. O.
La Ciotat	43. 10. 29.	3. 16. 48.	13. 7. E.
Langres	47. 51. 59.	2. 59. 50.	11. 59. E.
Laon	49. 33. 54.	1. 17. 12.	5. 9. E.
La Rochelle	46. 9. 33.	3. 29. 2.	13. 56. O.
Lavaur	43. 40. 52.	0. 30. 57.	2. 4. O.
Le Croisic	47. 17. 43.	4. 50. 30.	19. 22. O.
Lectour	43. 55. 54.	1. 42. 49.	6. 51. O.
L'Écluse	51. 18. 35.	1. 2. 54.	4. 12. E.
Le Mans	48. 0. 35.	2. 8. 11.	8. 33. O.
Le Puy	45. 2. 41.	1. 32. 46.	6. 11. E.
Lescar	43. 19. 52.	2. 46. 7.	11. 4. O.
Liége	50. 39. 22.	3. 11. 27.	12. 46. E.
Limoges	45. 49. 44.	1. 4. 7.	4. 16. O.
Lizieux	49. 8. 50.	2. 6. 28.	8. 26. O.
Lodève	43. 43. 47.	0. 58. 48.	3. 55. E.
Lorient	47. 45. 11.	5. 41. 17.	22. 45. O.
Louvain	50. 53. 26.	2. 21. 32.	9. 26. E.
Luçon	46. 27. 15.	3. 30. 0.	14. 0. O.

Suite de la France.			
Luxembourg.	$49^d\ 37'\ 38''$	$3^d\ 49'\ 26''$	$15'\ 18''$ E.
Lyon.	45. 45. 52.	2. 29. 9.	9. 57. E.
Mâcon.	46. 18. 27.	2. 29. 53.	10. 0. E.
Maestricht.	50. 51. 7.	3. 20. 46.	13. 23. E.
Malines.	51. 1. 52.	2. 8. 44.	8. 35. E.
Marseille, *à l'observat.*	43. 17. 49.	3. 2. 0.	12. 8. E.
Meaux.	48. 57. 40.	0. 32. 30.	2. 10. E.
Mende.	44. 31. 2.	1. 9. 35.	4. 38. E.
Metz.	49. 7. 10.	3. 50. 13.	15. 21. E.
Mirepoix, *à l'observat.*	43. 5. 19.	0. 27. 49.	1. 51. O.
Montauban, *à l'observ.*	44. 0. 50.	0. 59. 9.	3. 57. O.
Montpellier	43. 36. 29.	1. 32. 25.	6. 10. E.
Namur.	50. 28. 3.	2. 30. 52.	10. 3. E.
Nancy.	48. 41. 55.	3. 50. 16.	15. 21. E.
Nantes	47. 13. 6.	3. 52. 59.	15. 32. O.
Narbonne.	43. 10. 58.	0. 39. 59.	2. 40. E.
Nevers.	46. 59. 17.	0. 49. 16.	3. 17. E.
Nice.	43. 41. 47.	4. 56. 22.	19. 45. E.
Nieuport.	51. 7. 41.	0. 24. 53.	1. 40. E.
Nîmes.	43. 50. 12.	1. 58. 39.	7. 55. E.
Noyon.	49. 34. 59.	0. 39. 48.	2. 39. E.
Oléron.	43. 11. 1.	2. 56. 30.	11. 46. O.
Olonne. (Sables d'). .	46. 29. 52.	4. 7. 5.	16. 28. O.
Orange.	44. 8. 10.	2. 28. 8.	9. 53. E.
Orléans.	47. 54. 10.	0. 25. 30.	1. 42. O.
Ostende.	51. 13. 57.	0. 34. 53.	2. 20. E.
Paimbeuf.	47. 17. 15.	4. 21. 46.	17. 27. O.
Pamiers.	43. 6. 44.	0. 43. 39.	2. 55. O.
Paris, *à l'observatoire*. .	48. 50. 15.	0. 0. 0.	0. 0.
Périgueux.	45. 11. 8.	1. 36. 41.	6. 27. O.
Périnaldo.	43. 53. 20.	5. 23. 45.	21. 35. E.
Perpignan.	42. 41. 53.	0. 33. 33.	2. 14. E.
Philippeville.	50. 11. 19.	2. 12. 19.	8. 49. E.
Philippine.	51. 16. 55.	1. 25. 12.	5. 41. E.
Poitiers.	46. 34. 50.	1. 59. 12.	7. 57. O.
Port-Louis.	47. 42. 47.	5. 41. 14.	22. 45. O.
Quimper	47. 58. 29.	6. 26. 0.	25. 44. O.
Rennes.	48. 6. 50.	4. 1. 2.	16. 4. O.
Reims.	49. 15. 16.	1. 41. 48.	6. 47. E.

Suite de la France.

Riez	43d 48′ 57″	3d 45′ 6″	15′ 0″ E.
Rieux	43. 15. 23.	1. 8. 0.	4. 32. O.
Rochefort	45. 56. 10.	3. 17. 49.	13. 11. O.
Rhodez	44. 20. 59.	0. 14. 17.	0. 57. E.
Rouen	49. 26. 27.	1. 14. 16.	4. 57. O.
Royan	45. 37. 28.	3. 21. 32.	13. 26. O.
Saint-Bertrand	43. 1. 27.	1. 45. 56.	7. 4. O.
Saint-Brieuc	48. 31. 2.	5. 4. 10.	20. 17. O.
Saint-Claude	46. 23. 18.	3. 31. 50.	14. 7. E.
Saint-Diez	48. 17. 27.	4. 36. 39.	18. 27. E.
Saint-Flour	45. 1. 53.	0. 45. 24.	3. 2. E.
Saint-Malo	48. 39. 3.	4. 21. 26.	17. 26. O.
Saint-Martin-de-Rhé	46. 12. 18.	3. 42. 7.	14. 48. O.
Saint-Michel. (Mont)	48. 38. 14.	3. 50. 39.	15. 23. O.
Saint-Omer	50. 44. 52.	0. 5. 3.	0. 20. O.
Saint-Papoul	43. 19. 43.	0. 18. 10.	1. 13. E.
St-Paul-trois-Châteaux	44. 21. 3.	2. 25. 39.	9. 43. E.
Saint-Pol-de-Léon	48. 41. 24.	6. 18. 37.	25. 14. O.
Saint-Pons	43. 29. 13.	0. 25. 19.	1. 41. E.
Saint-Quentin	49. 50. 51.	0. 57. 23.	5. 50. E.
Saint-Tropez	43. 16. 8.	4. 18. 29.	17. 14. E.
St-Valery-sur-Somme	50. 11. 21.	0. 42. 24.	2. 50. O.
Saintes	45. 44. 46.	2. 57. 45.	11. 51. O.
Sarlat	44. 53. 20.	1. 7. 11.	4. 29. O.
Séez	48. 36. 23.	2. 9. 16.	8. 37. O.
Senez	43. 54. 40.	4. 4. 5.	16. 16. E.
Senlis	49. 12. 28.	0. 14. 58.	1. 0. E.
Sens	48. 11. 55.	0. 57. 21.	3. 49. E.
Sisteron	44. 11. 51.	3. 36. 18.	14. 25. E.
Soissons	49. 22. 52.	0. 59. 16.	3. 57. E.
Spire	49. 18. 51.	6. 6. 1.	24. 24. E.
Strasbourg	48. 34. 56.	5. 24. 36.	21. 38. E.
Tarbes	43. 13. 52.	2. 16. 1.	9. 4. O.
Tongres	50. 47. 7.	3. 7. 23.	12. 30. E.
Toul	48. 40. 32.	3. 33. 18.	14. 13. E.
Toulon	43. 7. 16.	3. 35. 26.	14. 22. E.
Toulouse	43. 35. 46.	0. 53. 39.	3. 35. O.
Tournay	50. 36. 20.	1. 3. 2.	4. 12. E.
Tours	47. 23. 46.	1. 38. 28.	6. 34. O.

Suite de la France.

	Tréguier	48d 46′ 54″	5d 33′ 49″	22′ 15″ O.
	Trèves	49. 46. 37.	4. 18. 5.	17. 12. E.
	Troyes	48. 18. 5.	1. 44. 34.	6. 58. E.
	Tulles	45. 16. 3.	0. 33. 58.	2. 16. O.
	Uzès	44. 0. 45.	2. 5. 2.	8. 20. E.
	Vabres	43. 56. 27.	0. 30. 16.	2. 1. E.
	Vaison	44. 14. 28.	2. 43. 54.	10. 56. E.
	Valence	44. 55. 59.	2. 33. 10.	10. 13. E.
	Vannes	47. 39. 26.	5. 5. 19.	20. 21. O.
	Vence	43. 43. 13.	4. 46. 29.	19. 6. E.
	Verdun	49. 9. 24.	3. 2. 41.	12. 11. E.
	Versailles	48. 48. 21.	0. 12. 53.	0. 52. O.
	Vienne	45. 31. 55.	2. 32. 26.	10. 10. E.
	Villefranche	43. 40. 20.	4. 59. 15.	19. 57. E.
	Viviers	44. 28. 57.	2. 20. 55.	9. 24. E.
	Worms	40. 37. 49.	6. 0. 57.	24. 4. E.
	Ypres	50. 51. 10.	0. 32. 49.	2. 11. E.
ÎLES.	d'Aix	46. 1. 38.	3. 30. 56.	14. 4. O.
	Belle-île	47. 17. 17.	5. 25. 0.	21. 40. O.
	de Grouais	47. 38. 4.	5. 46. 23.	23. 6. O.
	de Noirmoutier	47. 0. 5.	4. 34. 22.	18. 17. O.
	Saint-Marcou	49. 29. 52.	3. 26. 56.	13. 48. O.
	d'Yeu	46. 42. 26.	4. 39. 50.	18. 39. O.
FORTS et TOURS	de Bouc	43. 23. 30.	2. 38. 51.	10. 35. E.
	de Brescou	43. 15. 38.	1. 9. 53.	4. 40. E.
	de la Conchée	48. 41. 4.	4. 22. 40.	17. 31. O.
	d'Hédic	47. 20. 46.	5. 11. 31.	20. 46. O.
	du Pilier	47. 2. 32.	4. 41. 20.	18. 45. O.
	de Planier	43. 11. 49.	2. 53. 33.	11. 34. E.
	de Saint-Genest	43. 22. 10.	2. 19. 0.	9. 16. E.
FANAUX.	de Barfleur	49. 41. 45.	3. 36. 30.	14. 26. O.
	du Cap la Hève	49. 30. 42.	2. 16. 1.	9. 4. O.
	de Cette	43. 23. 42.	1. 21. 46.	5. 27. E.
	de Cordouan	45. 35. 14.	3. 30. 10.	14. 1. O.
	d'Olér. T. de Chas.	46. 2. 51.	3. 44. 27.	14. 58. O.
	d'Ouessant	48. 28. 8.	7. 23. 21.	29. 33. O.
	de Rhé	46. 14. 49.	3. 53. 40.	15. 35. O.
	de Saint-Mathieu	48. 19. 34.	7. 5. 54.	28. 24. O.

Suite de la France.

Situations des six Observatoires de Paris.	LATITUD.	DIFFÉR. des Mérid. en tems.
Façade méridionale de l'Observatoire.	48d 50' 14"	0' 0"0. O.
Obs. du collége de France, *place Camb.*	48. 50. 58.	0. 2,2. E.
Observatoire du collége Mazarin.....	48. 51. 29.	0. 0,1. E.
Observ. de Messier..............	48. 51. 4.	0. 1,8. E.
Observ. de Delambre, *rue de Paradis*..	48. 51. 38.	0. 5,0. E.
Obs. de Lalande, *Ecole-Militaire.*	48. 51. 6.	0. 7,6. O.

II. *Espagne et Portugal.*

Alboran. (îlot).......	35d 57' 0"	5d 20' 55" O.	0h 21' 24" ⊙
Alicante............	38. 20. 41.	2. 48. 50. O.	0. 11. 15. *
Almerie...........	36. 51. 0.	4. 51. 15. O.	0. 19. 25.
Aveiro. *Portugal*......	40. 38. 20.	11. 0. 0. O.	0. 44. 0. *
Balaguer............	40. 59. 30.	1. 21. 0. O.	0. 5. 24.
Barcelonne..........	41. 23. 8.	0. 8. 15. O.	0. 0. 33.
Barlingue, île, mil. de la gr.	39. 27. 0.	11. 43. 15. O.	0. 46. 53. ⊙
Cabrera, île. (Milieu)..	39. 7. 30.	0. 40. 5. O.	0. 2. 40.
Cadiz. (à l'observat.)...	36. 32. 0.	8. 37. 30. O.	0. 34. 30. *
Cap Bajoli, *île Minorque*.	40. 2. 45.	1. 31. 50. E.	0. 6. 7.
Cap de Cope........	37. 24. 40.	3. 51. 55. O.	0. 15. 28.
Cap de Creux........	42. 19. 35.	0. 56. 55. E.	0. 3. 48.
Cap de Cullera........	39. 9. 0.	2. 30. 55. O.	0. 10. 4.
Cap Fera, *île Majorque*..	39. 42. 12.	1. 11. 25. E.	0. 4. 46.
Cap Finisterre........	42. 54. 0.	11. 36. 15. O	0. 46. 25. ⊙
Cap Formenton, *île Maj*.	39. 57. 15.	0. 58. 15. E	0. 3. 53.
Cap de Gate.........	36. 44. 0.	4. 33. 5. O.	0. 18. 12.
Cap Machichaco......	43. 28. 0.	5. 0. 3. O.	0. 20. 0.
Cap de la Mola de Mahon.	39. 51. 10.	2. 5. 13. E.	0. 8. 21.
Cap la Nau..........	38. 44. 40.	2. 9. 5. O.	0. 8. 36.
Cap Oropeza.........	40. 5. 33.	2. 11. 50. O.	0. 8. 47.
Cap Ortégal.........	43. 46. 40.	10. 8. 0. O.	0. 40. 32.
Cap de Palos........	37. 37. 15.	3. 1. 15. O.	0. 12. 5.
Cap. Prior...........	43. 34. 15.	10. 31. 45. O.	0. 42. 7.

Suite de l'Espagne et du Portugal.

Cap la Roque. *Portugal*..	38d 46′ 0″	11d 45′ 45″ O.	0h 47′ 3″ ⊙
Cap Sacratif.........	36. 41. 0.	5. 47. 15. O.	0. 23. 9.
Cap Saint-Antoine.....	38. 49. 50.	2. 10. 45. O.	0. 8. 43.
Cap Saint-Sébastien....	41. 53. 20.	0. 49. 15. E.	0. 3. 17.
Cap S. Vincent, *Portugal*.	37. 2. 30.	11. 21. 45. O.	0. 45. 27. ⊙
Cap Sainte-Marie. *Idem*.	37. 2. 50.	10. 12. 15. O.	0. 40. 49. ⊙
Cap Salou...........	41. 4. 30.	1. 8. 25. O.	0. 4. 34.
Cap Spichel. *Portugal*...	38. 25. 0.	11. 30. 45. O.	0. 46. 3. ⊙
Cap Tortoze.........	40. 43. 55.	1. 23. 45. O.	0. 5. 35.
Cap Toza............	41. 42. 50.	0. 35. 10. E.	0. 2. 21.
Cap Trafalgar........	36. 10. 15.	8. 20. 15. O.	0. 33. 21.
Carthagène..........	37. 35. 50.	3. 20. 15. O.	0. 13. 21. *
Chipiona. (pointe).....	36. 44. 18.	8. 44. 15. O.	0. 34. 57.
Coimbre. *Portugal*......	40. 14. 0.	10. 44. 0. O.	0. 42. 56. *
Colombrette. *îlot*......	39. 56. 0.	1. 35. 55. O.	0. 6. 24.
Ferrol. (le).........	43. 29. 0.	10. 35. 45. O.	0. 42. 23. *
Fontarabie...........	43. 21. 36.	4. 7. 30. O.	0. 16. 30. △
Gibraltar. (pointe d'Eur.).	36. 6. 30.	7. 39. 46. O.	0. 30. 39.
Ivice. (le château)......	38. 53. 16.	0. 51. 3. O.	0. 3. 24. *
Lagos. *Portugal*.......	37. 6. 0.	10. 59. 15.	0. 43. 57. ⊙
Lisbonne. *Port.* (à l'obs.).	38. 42. 20.	11. 26. 40. O.	0. 45. 47. *
Madrid. (grande place)..	40. 25. 18.	6. 2. 20. O.	0. 24. 9. *
Malaga............	36. 43. 30.	6. 44. 15. O.	0. 26. 57. *
Mont-Lauro.........	42. 45. 47.	11. 17. 37. O	0. 45. 10.
Palme. *île Majorque*....	39. 33. 30.	0. 20. 15. E.	0. 1. 21.
Palamos............	41. 51. 10.	0. 44. 45. E.	0. 2. 59.
Peniscola...........	40. 22. 40.	1. 50. 45. O.	0. 7. 23.
Pointe des Moulins.....	36. 37. 15.	6. 48. 45. O.	0. 27. 15.
Porto. (barre de) *Portug*.	41. 11. 15.	10. 59. 45. O.	0. 43. 59.
Porto-Galette.......	43. 20. 10.	5. 13. 35. O.	0. 20. 54. *
Saint-Sébastien.......	43. 19. 30.	4. 18. 15. O.	0. 17. 13. *
Santander..........	43. 28. 20.	6. 0. 5. O.	0. 24. 0. *
Santona...........	43. 26. 50.	5. 38. 35. O.	0. 22. 34. *
Stanque de Vares......	43. 47. 25.	9. 54. 45. O.	0. 39. 39.
Tariffe. (île).........	36. 0. 30.	7. 55. 30. O.	0. 31. 42.
Tagomago. (île)......	39. 0. 30.	0. 39. 35. O.	0. 2. 38.
Tarragone..........	41. 8. 50.	1. 0. 45. O.	0. 4. 3.
Vigo...............	42. 13. 20.	10. 53. 45. O.	0. 43. 35. *

III. *Italie et Iles adjacentes.*

Ajaccio. *Corse*........	41d 55′ 1″	6d 23′ 49″ E.	0h 25′ 35″
Albano.............	41. 43. 50.	10. 18. 0. E	0. 41. 12. *
Ancône.............	43. 37. 54.	11. 8. 52. E.	0. 44. 36. △
Argental. *Cap*........	42. 23. 25.	8. 49. 24. E.	0. 35. 18. △
Arona. (le coloss.)....	45. 45. 53.	6. 12. 53. E.	0. 24. 52. △
Asinara, île au sommet..	41. 5. 40.	5. 57. 19. E.	0. 23. 49. △
Assisse..............	43. 4. 22.	10. 15. 13. E.	0. 41. 1. △
Baradello. (castello)...	45. 47. 13.	6. 45. 29. E.	0. 27. 2. △
Bastia. *Corse*.........	42. 41. 36.	7. 6. 30. E.	0. 28. 26. △
Bergamo...........	45. 41. 51.	7. 20. 11. E.	0. 29. 21. △
Bologne.............	44. 29. 36.	9. 0. 15. E.	0. 36. 1. *
Brescia.............	45. 32. 30.	7. 53. 54. E.	0. 31. 36. △
Bonifacio. *Corse*.......	41. 23. 13.	6. 49. 1. E.	0. 27. 16. △
Bozzolo.............	45. 6. 4.	8. 9. 21. E.	0. 32. 37. △
Calvi. *Corse*..........	42. 34. 7.	6. 25. 1. E.	0. 25. 40. △
Camerino...........	43. 6. 26.	11. 4. 3. E.	0. 44. 16.
Capraja. *île*.........	43. 0. 18.	7. 27. 57. E.	0. 29. 52. △
Caprera. *île*..........	41. 12. 46.	7. 8. 5. E.	0. 28. 32. △
Casal maggiore.......	44. 59. 12.	8. 5. 23. E.	0. 32. 22. △
Castiglione. *Fort*......	42. 45. 58.	8. 32. 0. E.	0. 34. 8. △
Cervia..............	44. 15. 31.	9. 59. 28. E.	0. 39. 58. △
Civitta-Vecchia........	42. 5. 24.	9. 24. 30. E.	0. 37. 38. △
Commachio..........	44. 40. 27.	9. 49. 47. E.	0. 39. 19. △
Corneto.............	42. 15. 23.	9. 23. 0. E.	0. 37. 32. △
Corte. *Corse*.........	42. 18. 2.	6. 48. 31. E.	0. 27. 14. △
Crema..............	45. 21. 29.	7. 21. 42. E.	0. 29. 27. △
Crémone............	45. 7. 43.	7. 41. 57. E.	0. 30. 48. △
Fano...............	43. 51. 0.	10. 39. 38. E.	0. 42. 39. △
Fermo..............	43. 10. 18.	11. 21. 26. E.	0. 45. 26. △
Ferrare.............	44. 49. 56.	9. 16. 10. E.	0. 37. 5. △
Florence.............	43. 46. 30.	8. 43. 30. E.	0. 34. 54. *
Fuentes. (fort de)....	46. 8. 29.	7. 4. 44. E.	0. 28. 19. △
Gènes..............	44. 25. 0.	6. 38. 0. E.	0. 26. 32. ⊙
Gorgone. *île*.........	43. 25. 46.	7. 32. 55. E.	0. 30. 12. △
Guastalla............	44. 54. 58.	8. 19. 31. E.	0. 33. 18. △
Isola bella...........	45. 53. 11.	6. 11. 42. E.	0. 24. 47. △
Livourne............	43. 33. 2.	7. 56. 30. E.	0. 31. 46. △
Lodi...............	45. 18. 31.	7. 10. 37. E.	0. 28. 42. △

Suite de l'Italie.

Loreto..............	43d 27′ 0″	11d 14′ 50″ E.	0h 44′ 59″ Δ
Lugano.............	45. 59. 56.	6. 37. 18. E.	0. 26. 29. Δ
Macerata............	43. 18. 36.	11. 6. 0. E.	0. 44. 24.
Malte, île (à la ville)....	35. 53. 41.	12. 10. 30. E.	0. 48. 42. *
Mantoue............	45. 9. 16.	8. 28. 10. E.	0. 33. 53. Δ
Milan, (à l'observatoire).	45. 28. 5.	6. 51. 15. E.	0. 27. 25. *
Montalto............	42. 59. 44.	11. 15. 14. E.	0. 45. 1. Δ
Monte Christo........	42. 20. 26.	7. 57. 55. E.	0. 31. 52. Δ
Monza..............	45. 34. 41.	6. 56. 56. E.	0. 27. 48. Δ
Mortori. *île*..........	41. 4. 42.	7. 16. 11. E.	0. 29. 5. Δ
Naples..............	40. 50. 15.	11. 51. 30. E.	0. 47. 26. *
Nocera..............	43. 6. 40.	10. 26. 2. E.	0. 41. 44.
Novara..............	45. 26. 38.	6. 17. 31. E.	0. 25. 10. Δ
Osimo..............	43. 29. 36.	11. 7. 8. E.	0. 44. 29. Δ
Ostia...............	41. 45. 35.	9. 56. 20. E.	0. 39. 45. Δ
Padoue. (observatoire)...	45. 23. 40.	9. 32. 30. E.	0. 38. 10. *
Palerme. *Sicile*. (obser.)...	38. 6. 45.	11. 1. 30. E.	0. 44. 6.
Parme..............	44. 48. 1.	8. 0. 19. E.	0. 32. 0. Δ
Pavie...............	45. 10. 47.	6. 49. 33. E.	0. 27. 18. *
Perouse.............	43. 6. 46.	10. 1 58. E.	0. 40. 8.
Pesaro..............	43. 55. 1.	10. 33. 21. E.	0. 42. 13. Δ
Piacenza............	45. 2. 44.	7. 22. 17. E.	0. 29. 29. Δ
Piombino...........	42. 55. 27.	8. 10. 47. E.	0. 32. 43. Δ
Pise................	43. 43. 7.	8. 3. 45. E.	0. 32. 15. *
Porto...............	41. 46. 44.	9. 54. 10. E.	0. 39. 37. Δ
Porto-Ferraio........	42. 49. 6.	7. 59. 20. E.	0. 31. 57. Δ
Porto-Vecchio. *Corse*...	41. 35. 29.	6. 56. 22. E.	0. 27. 45. Δ
Ravenne............	44. 25. 5.	9. 50. 36. E.	0. 39. 22. Δ
Recanati............	43. 25. 44.	11. 11. 8. E.	0. 44. 45. Δ
Rimini..............	44. 3. 43.	10. 12. 36. E.	0. 40. 50. Δ
Ripatransone.........	43. 0. 24.	11. 24. 30. E.	0. 45. 38 Δ
Rome. (à S. Pierre)....	41. 53. 54.	10. 7. 30. E.	0. 40. 30. *
Sabionetta...........	44. 59. 47.	8. 9. 50. E.	0. 32. 39. Δ
Saint-Florent. *Corse*....	44. 41. 2.	6. 57. 28. E.	0. 27. 50. Δ
Sta-Menza. (tour) *Corse*.	41. 24. 59.	6. 54. 56. E.	0. 27. 40. Δ
Sta-Reparata. (tour) *Sard*.	41. 14. 7.	6. 48. 21. E.	0. 27. 13. Δ
Sienne..............	43. 22. 0.	8. 50. 0. E.	0. 35. 20. *
Sinigaglia............	43. 43. 16.	10. 51. 30. E.	0. 43. 26. Δ

Suite de l'Italie.			
Tavolara (tour) *Sard*...	40d 54' 46"	7d 23' 13" E.	0h 29' 33" △
Terracina..........	41. 18. 14.	10. 53. 7. E.	0. 43. 32. △
Tortona...........	44. 53. 26.	6. 32. 38. E.	0. 26. 11. △
Turin. (Piazza castello)..	45. 4. 14.	5. 20. 0. E.	0. 21. 20. *
Urbino...........	43. 43. 36.	10. 16. 50. E.	0. 41. 7. △
Venise. (à Saint-Marc)...	45. 25. 35.	10. 0. 45. E.	0. 40. 3. *
Vérone. (observat.)....	45. 26. 7.	8. 41. 0. E.	0. 34. 44. *
Vigevano..........	45. 18. 54.	6. 31. 46. E.	0. 26. 7. △
Voghera...........	44. 59. 21.	6. 41. 10. E.	0. 26. 45. △
IV. *Allemagne, Hongrie, Prusse et Pologne.*			
Agria. *Hongrie*.......	47d 53' 54"	18d 1' 30" E.	1h 12' 6" *
Augsbourg. *Allemagne*..	48. 21. 41.	8. 33. 30. E.	0. 34. 14. △
Berlin. *Idem*.........	52. 31. 30.	11. 2. 30. E.	0. 44. 10. *
Brandebourg. *Idem*.....	52. 27. 0.	10. 33. 0. E.	0. 42. 12. *
Bremen. *Idem*........	53. 4. 45.	6. 27. 48. E.	0. 25. 51. △
Breslau. *Idem*........	51. 6. 30.	14. 42. 45. E.	0. 58. 51. *
Brocken. (montagne) *Id*.	51. 48. 29.	8. 16. 20. E.	0. 33. 5. ⊙
Brunn. *Idem*........	49. 11. 28.	14. 15. 6. E.	0. 57. 0. *
Brunswic. *Idem*.......	52. 15. 43.	8. 9. 15. E.	0. 22. 37. *
Bude. *Hongrie*........	47. 29. 44.	16. 41. 45. E.	1. 6. 50. *
Carlsbourg. *Transylvanie*.	46. 4. 21.	21. 14. 15. E.	1. 24. 57. *
Cassel. *Allemagne*......	51. 19. 20.	7. 15. 3. E.	0. 29. 0. ⊙
Clausthal. *Idem*.......	51. 48. 30.	8. 0. 17. E.	0. 32. 1. ⊙
Coburg. *Idem*........	50. 15. 19.	8. 37. 44. E.	0. 34. 31. *
Cracovie. *Pologne*......	50. 3. 52.	17. 35. 45. E.	1. 10. 23. *
Cremsmunster. *Allemag*.	48. 3. 36.	11. 47. 53. E.	0. 47. 12. *
Danzig. *Pologne*.......	54. 21. 5.	16. 18. 45. E.	1. 5. 15. *
Delmenhorst. *Allemagne*.	53. 3. 29.	6. 19. 13. E.	0. 25. 17. △
Dresde. *Idem*........	51. 2. 54.	11. 16. 0. E.	0. 45. 4. *
Dillingen. *Idem*.......	48. 34. 17.	8. 10. 14. E.	0. 32. 41. △
Eisnach. *Idem*........	50. 58. 55.	8. 0. 0. E.	0. 32. 0. ⊙
Eisgarn. *Idem*........	48. 54. 1.	12. 39. 41. E.	0. 50. 39. *
Elbingen. *Idem*.......	54. 8. 20.	17. 1. 8. E.	1. 8. 5. *
Francfort-sur-le-Mein. *Id*.	50. 7. 40.	6. 15. 45. E.	0. 25. 3. ⊙
Francfort-sur-l'Oder. *Id*.	52. 22. 8.	12. 25. 0. E.	0. 49. 40. *
Fulda. *Idem*..........	50. 33. 57.	7. 23. 45. E.	0. 29. 35. ⊙

Suite de l'Allemagne, &c.

Gelnhausen. *Allemagne*..	50^d 13′ 25″	6^d 53′ 38″ E.	0^h 27′ 35″ ⊙
Gluckstadt. *Idem*......	53. 47. 42.	7. 6. 47. E.	0. 28. 27. △
Gotha, obser. *de Seeberg*.	50. 57. 46.	8. 23. 45. E.	0. 33. 35. ⊙
Gottingen. *Idem*........	51. 32. 5.	7. 33. 0. E.	0. 30. 12. *
Gratz. *Idem*..........	47. 4. 9.	13. 5. 45. E.	0. 52. 23. *
Greifswalde. *Idem*......	54. 4. 35.	10. 59. 30. E.	0. 43. 58. *
Grodno. *Pologne*......	53. 36. 0.	21. 49. 0. E.	1. 27. 16. *
Halle. *Allemagne*.......	51. 29. 5.	9. 37. 47. E.	0. 38. 31. *
Hambourg. *Idem*......	53. 34. 8.	7. 33. 45. E.	0. 30. 15. *
Halberstadt. *Idem*.....	51. 53. 55.	8. 43. 18. E.	0. 34. 53. ⊙
Hanovre. *Idem*........	52. 22. 18.	7. 24. 15. E.	0. 29. 37. *
Heidelberg. *Idem*......	49. 24. 30.	6. 21. 23. E.	0. 25. 26. △
Hochstaedt. *Idem*......	48. 36. 30.	8. 13. 30.	0. 32. 54. △
Ingolstadt. *Idem*.......	48. 45. 54.	9. 4. 45. E.	0. 36. 19. *
Inspruck. *Idem*........	47. 15. 49.	9. 3. 30. E.	0. 36. 14. △
Inselsberg. (montag.) *Id*.	50. 51. 35.	8. 8. 0. E.	0. 32. 32. ⊙
Iena. *Idem*...........	50. 56. 28.	9. 17. 0. E.	0. 37. 8. ⊙
Kaminiek. *Pologne*......	48. 40. 50.	24. 41. 15. E.	1. 38. 45. *
Kaisersheim. *Allemagne*..	48. 45. 52.	8. 27. 43. E.	0. 33. 51. △
Kaufbeuren. *Idem*.....	47. 53. 30.	8. 16. 30. E.	0. 33. 6. △
Kiel. *Idem*...........	54. 22. 25.	8. 0. 15. E.	0. 32. 1. *
Kœnigsberg. *Prusse*....	54. 42. 12.	18. 9. 0. E.	1. 12. 36. *
Krannichfeld. *Allemagne*.	50. 51. 55.	8. 51. 30. E.	0. 35. 26. ⊙
Leipzig. *Idem*.........	51. 20. 16.	10. 2. 8. E.	0. 40. 8. *
Langensalza. *Idem*.....	51. 6. 59.	8. 18. 15. E.	0. 33. 13. ⊙
Lilienthal. *Idem*.......	53. 8. 25.	6. 34. 0. E.	0. 26. 16. *
Manheim. *Idem*........	49. 29. 18.	6. 8. 0. E.	0. 24. 32. △
Marburg. *Idem*........	46. 34. 42.	13. 21. 20. E.	0. 53. 25. △
Meiningen. *Idem*......	50. 35. 25.	8. 4. 15. E.	0. 32. 17. ⊙
Mohilav. *Pologne*.....	53. 54. 0.	28. 4. 30. E.	1. 52. 18. *
Mulhausen. *Allemagne*...	51. 12. 59.	8. 8. 30. E.	0. 32. 34. ⊙
Muhlheim. *Idem*.......	47. 48. 40.	5. 17. 23. E.	0. 21. 10. *
Munich. *Idem*........	48. 8. 20.	9. 14. 0. E.	0. 36. 56. △
Neustadt. *Idem*.......	47. 48. 27.	13. 53. 17. E.	0. 55. 33. △
Neuwerk. (île) *Idem*....	53. 55. 19.	6. 11. 9. E.	0. 24. 46. △
Nordhausen. *Idem*.....	51. 30. 22.	8. 28. 45. E.	0. 33. 55. ⊙
Nuremberg. *Idem*.....	49. 26. 55.	8. 44. 0. E.	0. 34. 56. *
Nœrdlingen. *Idem*.....	48. 51. 0.	8. 8. 15. E.	0. 32. 33. △

Suite de l'Allemagne, &c.

Oldenbourg. *Allemagne*..	$53^{d}\ 8'\ 40''$	$5^{d}\ 54'\ 20''$ E.	$0^{h}\ 23'\ 37''$ Δ
Osnabruck. *Idem*.......	52. 16. 14.	5. 27. 30. E.	0. 21. 50. *
Osterode. *Idem*........	51. 44. 15.	7. 56. 39. E.	0. 31. 47. ⊙
Pettaw. *Idem*.........	46. 26. 21.	13. 39. 11. E.	0. 54. 37. Δ
Philipsbourg. *Idem*.....	49. 14. 1.	6. 6. 34. E.	0. 24. 26. Δ
Pollingen. *Idem*........	47. 48. 17.	8. 48. 45. E.	0. 35. 15. * Δ
Prague. *Idem*..........	50. 5. 19.	12. 4. 45. E.	0. 48. 19. *
Presbourg. *Hongrie*....	48. 8. 7.	14. 50. 30. E.	0. 59. 22. *
Ratisbonne. *Allemagne*...	49. 0. 0.	9. 46. 25. E.	0. 39. 6. Δ
Rot. (abbaye) *Idem*.....	47. 59. 11.	9. 48. 30. E.	0. 39. 14. *
Salzburg. *Idem*........	47. 48. 10.	10. 41. 9. E.	0. 42. 45. *
Sagan. *Idem*...........	51. 42. 12.	13. 0. 0. E.	0. 52. 0. *
Schlukenau. *Idem*......	... ...	12. 6. 18. E.	0. 48. 25. *
Schnittxen. *Idem*.......	53. 48. 10.	19. 7. 51. E.	1. 16. 31. *
Schmalkalden. *Idem*....	50. 44. 36.	8. 6. 0. E.	0. 32. 24. ⊙
Schwezingen. *Idem*....	49. 23. 4.	6. 14. 4. E.	0. 24. 56. *
Sondershausen. *Idem*...	51. 22. 33.	8. 30. 6. E.	0. 34. 0. ⊙
Sonthofen. *Idem*.......	47. 31. 7.	7. 56. 8. E.	0. 31. 45. Δ
Stade. *Idem*..........	53. 36. 5.	7. 3. 15. E.	0. 28. 13. *
Stickusen. *Idem*.......	53. 13. 33.	5. 20. 6. E.	0. 21. 20. Δ
Stollberg. *Idem*........	51. 35. 0.	8. 36. 30. E.	0. 34. 26. ⊙
Stuttgardt. *Idem*.......	48. 46. 15.	6. 50. 45. E.	0. 27. 23. Δ
Tubingen. *Idem*.......	48. 31. 4.	6. 43. 45. E.	0. 26. 55. *
Tyrnau. *Hongrie*......	48. 23. 30.	15. 15. 0. E.	1. 1. 0. *
Varsovie. *Pologne*.....	52. 14. 28.	18. 42. 14. E.	1. 14. 49. *
Vienne. *Allemagne*......	48. 12. 36.	14. 2. 30. E.	0. 56. 10. *
Vilna. *Pologne*........	54. 41. 2.	23. 7. 30. E.	1. 31. 45. *
Ulm. *Allemagne*.......	48. 23. 45.	7. 38. 51. E.	0. 30. 35. Δ
Warasdin. *Hongrie*.....	46. 18. 18.	14. 5. 51. E.	0. 56. 23. Δ
Warmersdorf. *Allemagne*.	51. 17. 13.	10. 35. 53. E.	0. 42. 24. *
Weimar. *Idem*........	50. 59. 12.	9. 0. 45. E.	0. 36. 3. ⊙
Wittenberg. *Idem*......	51. 52. 30.	10. 18. 15. E.	0. 41. 13. *
Wernigerode. *Idem*....	51. 50. 34.	8. 27. 13. E.	0. 33. 49. ⊙
Wolffembuttel. *Idem*...	52. 8. 44.	8. 11. 39. E.	0. 32. 47. Δ
Wurtzbourg. *Idem*.....	49. 46. 6.	8. 1. 45. E.	0. 32. 7. *
Wurzen. *Allemagne*....	51. 22. 2.	10. 9. 0. E.	0. 40. 36. *

V. *Bataves et Suisses.*

Alckmaer. *Batavie*.	$52^d 37' 11''$	$2^d 18' 20''$ E.	$0^h 9' 13''$ △ *
Amsterdam. *Idem*.	52. 22. 5.	2. 30. 8. E.	0. 10. 1. *
Bergen-op-Zoom. *Idem*.	51. 29. 46.	1. 56. 57. E.	0. 7. 48. △
Breda. *Idem*.	53. 35. 29.	2. 26. 9. E.	0. 9. 45. △
Dortrecht. *Idem*.	51. 47. 52.	2. 18. 17. E.	0. 9. 13. △
Enkuysen. *Idem*.	52. 42. 22.	2. 50. 0. E.	0. 11. 20. *
Flessingue. *Idem*.	51. 26. 37.	1. 14. 9. E.	0. 4. 57. △
Goes. *Idem*.	51. 30. 18.	1. 33. 5. E.	0. 6. 12. △
Gouda. *Idem*.	51. 59. 51.	2. 20. 54. E.	0. 9. 24. △
Harlem. *Idem*.	52. 22. 16.	2. 14. 30. E.	0. 8. 58. △
La Haye. *Idem*.	52. 3. 5.	1. 56. 25. E.	0. 7. 46. *
Leyde. *Idem*.	52. 8. 25.	2. 7. 0. E.	0. 8. 28. △ *
Middelbourg. *Idem*.	51. 30. 6.	1. 17. 15. E.	0. 5. 9. * △
Rotterdam. *Idem*.	51. 54. 4.	2. 7. 50. E.	0. 8. 31. △
Utrecht. *Idem*.	52. 5. 30.	2. 45. 0. E.	0. 11. 0. *
Bâle. *Helvétie*.	47. 33. 34.	5. 15. 12. E.	0. 21. 1. △
Berne. *Idem*.	46. 56. 55.	5. 6. 0. E.	0. 20. 24.
Montrose. *Idem*.	45. 55. 56.	5. 32. 17. E.	0. 22. 9. △
Lausanne. *Idem*.	46. 31. 5.	4. 25. 15. E.	0. 17. 41. *
Schreckhorn. *Idem*.	46. 31. 42.	5. 48. 11. E.	0. 23. 13. △
Zurich. *Idem*.	47. 22. 0.	6. 12. 30. E.	0. 24. 50. *

VI. *Iles Britanniques.*

Aberdéen. *Écosse*.	$57^d 9' 0''$	$4^d 28' 15''$ O.	$0^h 17' 53''$ *
Bath. *Angleterre*.	51. 22. 30.	4. 41. 30. O.	0. 18. 46. *
Beacworth. *Idem*.	51. 14. 35.	2. 34. 54. O.	0. 10. 20. ⊙
Bembridge, *île de Wigth*.	50. 40. 15.	3. 20. 15. O.	0. 13. 21. △
Bevesiers. (cap.) *Anglet*. .	50. 44. 23.	2. 5. 4. O.	0. 8. 20. △
Blenheim. (château) *Idem*.	51. 50. 29.	3. 41. 0. O.	0. 14. 44. ⊙
Cambrigde. *Idem*.	52. 12. 36.	2. 15. 45. O.	0. 9. 3. *
Cantorbery. *Idem*.	51. 18. 26.	1. 15. 7. O.	0. 5. 0. △
Cavan. *Irlande*.	54. 51. 41.	9. 45. 30. O.	0. 39. 2. *
Cers. (île) *La Manche*. .	49. 23. 32.	4. 44. 45. O.	0. 18. 59. △

Suite des îles britanniques.

Christ-Church. *Anglet..*	50^d 43′ 56″	4^d 6′ 3″ O.	0^h 16′ 24″ △
Corke. *Irlande........*	51. 53. 54.	10. 49. 15. O.	0. 43. 17. *
Cowes. *île de Wight....*	50. 45. 27.	3. 39. 39 O.	0. 14. 39. ⊙
Douvres. (chât.) *Anglet..*	51. 7. 47.	1. 0. 56. O.	0. 4. 4. △
Dorchester. *Idem......*	50. 42. 57.	4. 45. 40. O.	0. 19. 3. △
Drak. (île) *Idem.......*	50. 21. 28.	6. 33. 30. O.	0. 26. 14. *
Dublin. *Irlande.......*	53. 21. 11	8. 39. 0. O.	0. 34. 36. *
Dundée. *Écosse.......*	56. 25. 0.	5. 22. 30. O.	0. 21. 30. *
Dungeness. *Angleterre..*	50. 52. 20.	1. 22. 15. O.	0. 5. 29. △
Dunnose. *Idem........*	50. 37. 7.	3. 31. 51. O.	0. 14. 7. △
Edimbourg. *Écosse.....*	55. 57. 57.	5. 30. 30. O.	0. 22. 2. *
Est-Dereham. *Angleter..*	52. 40. 0.	1. 25. 15. O.	0. 5. 41. *
Exeter. *Idem..........*	50. 44. 0.	5. 54. 30. O.	0. 23. 38. *
Fairhill. *Orcades.......*	59. 28. 0.	4. 15. 0. O.	0. 17. 0.
Falmouth. *Angleterre....*	50. 8. 0.	7. 22. 30. O.	0. 29. 30.
Frampton-house. *Idem..*	51. 25. 1.	5. 49. 30. O.	0. 23. 18. *
Glascow. *Écosse.......*	55. 51. 32.	6. 37. 0. O.	0. 26. 28. *
Goring. *Angleterre.....*	50. 48. 34.	2. 45. 44. O.	0. 11. 3. △
Greenwich. *à l'Observat.*	51. 28. 40.	2. 20. 15. O.	0. 9. 21. *
Harefield. *Angleterre....*	51. 36. 10.	2. 48. 0. O.	0. 11. 12.
Hasting. *Idem.........*	50. 52. 10.	1. 38. 50. O.	0. 6. 35.
Hawkill. *Écosse.......*	55. 57. 37.	5. 28. 45. O.	0. 21. 55. *
Jersey. (île) à St.-Aubin..	49. 12. 59.	4. 30. 59. O.	0. 18. 4. △
Kirk-Newton. *Écosse...*	55. 54. 30.	5. 45. 15. O.	0. 23. 1. *
Land's-End. *Angleterre..*	50. 3. 46.	7. 59. 24. O.	0. 31. 58. ⊙
Leeds. *Idem..........*	53. 48. 0.	3. 54. 15. O.	0. 15. 37. *
Leicester. *Idem........*	52. 38. 0.	3. 28. 45. O.	0. 13. 55. *
Lezard. (cap) *Idem.....*	49. 57. 30.	7. 32. 0. O.	0. 30. 8. *
Lezkeard. *Idem........*	50. 26. 55.	7. 1. 45. O.	0. 28. 7.
Liverpool. *Idem.......*	53. 27. 0.	5. 16. 37. O.	0. 21. 6. *
Londres. (Saint-Paul)...	51. 30. 49.	2. 25. 47. O.	0. 9. 43. △
Oxford. (Observatoire)..	51. 45. 40.	3. 35. 45. O.	0. 14. 23. ⊙
Petwoort. *Angleterre...*	50. 54. 12.	2. 55. 24. O.	0. 11. 42. ⊙
Pevensey. *Idem.......*	50. 49. 11.	1. 59. 46. O.	0. 7. 59. △
Plymouth. *Idem........*	50. 22. 24.	6. 28. 25. O.	0. 25. 54. ⊙
Poole. *Idem..........*	50. 42. 50.	4. 18. 54. O.	0. 17. 16. △
Portsmouth. *Idem......*	50. 48. 2.	3. 25. 58. O.	0. 13. 44. △
Ronaldsha. (cap) *Orcad..*	59. 20. 0.	5. 5. 30. O.	0. 20. 22.

Suite des îles britanniques.

S.te-Agnès. (feux) *Sorl*...	49d 56′ 0″	9d 6′ 0″ O.	0h 36′ 24″ ⊙
S.te-Marie. (île) *Idem*...	49. 57. 30.	9. 3. 0. O.	0. 36. 12.
Shirburne. (chât.) *Anglet.*	51. 39. 25.	3. 17. 30. O.	0. 13. 10. *
Shoreham. *Idem*.......	50. 49. 59.	2. 36. 19. O.	0. 10. 25. △
South-Foreland (feux)..	51. 8. 21.	0. 57. 54. O.	0. 3. 52. △
Stalbridge. *Angleterre*...	50. 57. 0.	4. 43. 30. O.	0. 18. 54.
Strumness. (île) *Orcad.*..	58. 56. 0.	5. 51. 20. O.	0. 23. 25. ⊙
Unst. (île) *Sethland*.....	60. 44. 0.	3. 6. 0. O.	0. 12. 24.
Wakefield. *Angleterre*...	53. 41. 0.	3. 53. 30. O.	0. 15. 34. *
Wanstead. *Idem*.......	51. 34. 10.	2. 16. 30. O.	0. 9. 6. *
Worcester. *Idem*.......	52. 9. 30.	4. 20. 15. O.	0. 17. 21.
York. *Idem*...........	53. 57. 45.	3. 26. 22. O.	0. 13. 45. *

VII. *Danemarck, Suède, Norwége et Laponie.*

Aalborg. *Danemarck*....	57d 2′ 32″	7d 36′ 26″ E.	0h 30′ 26″ △
Aarhuus. *Idem*........	56. 9. 35.	7. 53. 50. E.	0. 31. 35. △
Abo. *Suède*..........	60. 27. 7.	19. 58. 30. E.	1. 19. 54. *
Agero. (fort) *Norwége*..	59. 1. 0.	8. 35. 0. E.	0. 34. 20. △
Altengaard. *Laponie*....	69. 55. 0.	20. 44. 0. E.	1. 22. 56. *
Anholt. (fanal) *Danem.*	56. 44. 20.	9. 20. 6. E.	0. 37. 20. △
Apenrade. *Idem*.......	55. 2. 57.	7. 6. 23. E.	0. 28. 26. △
Cajanebourg. *Suède*....	64. 13. 30.	25. 25. 15. E.	1. 41. 41. *
Calmar. *Idem*.........	56. 40. 30.	14. 6. 0. E.	0. 56. 24. *
Carlscroon. *Idem*......	56. 6. 57.	13. 12. 45. E.	0. 52. 51. *
Cap-nord. *Laponie*.....	71. 10. 0.	23. 30. 0. E.	1. 34. 0. *
Christiania. *Norwége*....	59. 55. 20.	8. 28. 30. E.	0. 33. 54. *
Christiansfeld. *Danem*...	55. 21. 36.	7. 10. 11. E.	0. 28. 41. △
Copenhague. *Idem*.....	55. 41. 4.	10. 15. 30. E.	0. 41. 2. *
Drontheim. *Norwége*...	63. 26. 2.	8. 2. 0. E.	0. 32. 8. *
Engelholm. *Danemarck*..	56. 14. 20.	9. 58. 0. E.	0. 39. 52. △
Fladstrand. *Idem*......	57. 27. 3.	8. 13. 15. E.	0. 32. 53. △
Flensburg. *Idem*.......	54. 47. 18.	7. 7. 25. E.	0. 28. 30. △
Faro. C. S. O. *Suède*...	57. 56. 0.	17. 12. 15. E.	1. 8. 49. △
Gothebourg. *Idem*.....	57. 42. 4.	9. 37. 30. E.	0. 38. 30. △ *

Suite du Danemarck, Suède, Norwége et Laponie.

Grenaae. *Danemarck*....	56^d 24′ 57″	8^d 33′ 41″ E.	0.^{h}34′ 15″ △
Gronskar. (fanal) *Suède*.	59. 15. 50.	16. 42. 15. E.	1. 6. 49. △
Hadersleben. *Danemarck*.	55. 15. 5.	7. 10. 34. E.	0. 28. 42. △
Halmstadt. *Suède*......	56. 39. 45.	10. 31. 45. E.	0. 42. 7. △
Haradskar. (fanal) *Idem*.	58. 8. 30.	14. 38. 45. E	0. 58. 35. △
Hafringe. (fanal) *Idem*.	58 35. 40.	14. 38. 15. E.	0. 58. 33. △
Hammerfost. *Norwége*..	70. 38. 22.	21. 33. 15. E	1. 25. 33. *
Hango. (fanal) *Suède*...	59. 46. 20.	20. 37. 30. E.	1. 22. 30. △
Helseneur. *Danemarck*..	56. 2. 17.	10. 17. 47. E.	0. 41. 11. △
Helsingborg. *Suède*.....	56. 2. 55.	10. 23. 0. E.	0. 41. 32. △
Helsingsfors. *Idem*......	60. 5. 0.	22. 40. 0. E	1. 30. 40. *
Hernosand. *Idem*......	62. 38. 0.	15. 33. 0. E.	1. 2. 12. *
Hesseloe. *Danemarck*...	56. 11. 46.	9. 19. 46. E.	0. 37. 19. △
Hiöring. *Idem*........	57. 27. 44.	7. 40. 13. E.	0. 30. 41. △
Hoborg. (cap) *Idem*...	56. 56. 0.	15. 50. 45. E.	1. 3. 23. △
Husum. *Idem*.........	54. 28. 59.	6. 44. 27. E	0. 26. 58. △
Hween. *Idem*.........	55. 54. 38.	10. 21. 26. E.	0. 41. 26. △
Kallandborg. *Idem*.....	55. 40. 54.	8. 46. 18. E.	0. 35. 5. △
Konswinger. *Norwége*...	60. 12. 11.	9. 37. 45. E.	0. 38. 31. *
Kullen. (fanal) *Suède*..	56. 18. 3.	10. 7. 32. E.	0. 40. 30. △
Leholm. *Idem*.........	56. 32. 38	10. 40. 45. E.	0. 42. 43. △
Landscroon. *Idem*......	55. 52. 27.	10. 30. 46. E.	0. 42. 3. △
Landsorbe. (fanal) *Idem*.	58. 43. 56.	15. 31. 45. E.	1. 2. 7. △
Lunde. *Norwége*.......	58. 27. 10.	4. 15. 51. E.	0. 17. 3. *
Lunden. (tour) *Suède*...	55. 42. 26.	10. 52. 27. E.	0. 43. 30. △
Malmöe. *Idem*.........	55. 36. 37.	10. 41. 4. E.	0. 42. 44. △
Marstrand. *Idem*.......	57. 53. 51.	9. 15. 45. E.	0. 37. 3. △
Nidingen. *Idem*.......	57. 18. 21.	9. 34. 45. E.	0. 38. 19. △
Norburg. *Danemarck*...	55. 3. 53.	7. 25. 37. E.	0. 29. 42. △
Oland. (fan. cap sud) *Suéd*.	56. 12. 40.	14. 4. 15. E.	0. 56. 17. △
Oland (cap nord) *Idem*.	57. 22. 20.	14. 46. 15. E.	0. 59. 5. △
Randers. *Danemarck*....	56. 27. 48.	7. 43. 27. E.	0. 30. 44. △
Rübe *ou* Rypen. *Idem*...	55. 19. 57.	6. 27. 5. E.	0. 25. 48. △
Saeby. *Idem*..........	57. 20. 2.	8. 12. 54. E.	0. 32. 52. △
Saeloe. (fanal) *Suède*...	58. 21. 0	8. 55. 15. E.	0. 35. 41. △
Sandsoe. (île) *Laponie*..	68. 56. 15.	14. 37. 0. E.	0. 58. 28. *
Scieroe. *Danemarck*....	55. 52. 55.	8. 50. 10. E.	0. 35. 21. △
Skagen. (fanal) *Idem*....	57. 43. 44.	8. 17. 35. E.	0. 33. 10 △

Suite du Danemarck, Suède, Norwége et Laponie.

Soébye. *Idem*.........	$57^{d}\,20'\,2''$	$8^{d}\,12'\,54''$ E.	$0^{h}\,32'\,52''$ △
Sonderburg. *Idem*......	54. 54. 59.	7. 28. 29. E.	0. 29. 54. △
Soder-Arm. (fanal) *Suèd.*	59. 46. 0.	17. 6. 15. E.	1. 8. 25. △
Stockholm. *Idem*......	59. 20. 31.	15. 43. 45. E.	1. 2. 55. *
Tondern. *Danemarck*...	54. 56. 30.	6. 33. 37. E.	0. 26. 14. △
Torneå. *Suède*........	65. 50. 50.	21. 52. 0. E.	1. 27. 28. *
Upsal. *Idem*..........	59. 51. 50.	15. 18. 45. E.	1. 1. 15. *
Uranibourg. *Danemarck*..	55. 54. 38.	10. 22. 44. E.	0. 41. 31. △
Viborg. *Idem*.........	56. 27. 11.	7. 6. 5. E.	0. 28. 24. △
Warberg. (fort) *Suède*..	57. 6. 18.	9. 55. 45. E.	0. 39. 43. △
Wardhuus. *Laponie*....	70. 22. 36.	28. 46. 45. E.	1. 55. 7. *
Wingaae. (fanal) *Suède*.	57. 38. 13.	9. 17. 45. E.	0. 37. 11. △

VIII. *Russie et Turquie d'Europe.*

Akerman. *Turquie*......	$46^{d}\,12'\,0''$	$28^{d}\,23'\,45''$ E.	$1^{h}\,53'\,35''$ *
Archangel. *Russie*......	64. 33. 36.	36. 39. 15. E.	2. 26. 37. *
Arensbourg. *île d'Œsel*..	58. 15. 9.	20. 7. 36. E.	1. 20. 30. *
Athènes. *Turquie*......	37. 58. 1.	21. 25. 59. E.	1. 25. 44. ⊙
Bender. *Idem*.........	46. 50. 32.	27. 16. 0. E	1. 49. 4. *
Bourgas..............	40. 14. 30.	24. 6. 52. E.	1. 36. 27. ⊙
Bukorest. *Idem*........	44. 26. 45.	23. 48. 0. E.	1. 35. 12. *
Candie. (la ville).......	35. 18. 45.	22. 58. 0. E.	1. 31. 52. *
Canée. *île de Candie*....	35. 28. 45.	21. 52. 30. E.	1. 27. 30. *
Charkow. *Russie*......	49. 59. 20.	33. 55. 0. E.	2. 15. 40. *
Corinthe. *Turquie*......	37. 53. 24.	20. 42. 22. E.	1. 22. 49. ⊙
Constantinople. (ste Sop.).	41. 1. 27.	26. 35. 0. E.	1. 46. 20. *
Coron. *Turquie*.......	36. 47. 26.	19. 38. 37. E.	1. 18. 35. ⊙
Dager-Ort. *île d'Œsel*..	58. 56. 1.	19. 49. 0. E.	1. 19. 16. *
Druja. *Russie*.........	55. 47. 29.	24. 53. 30. E.	1. 39. 34. *
Énos. *Turquie*........	40. 41. 58.	23. 38. 29. E.	1. 34. 34. ⊙
Foktschany. *Idem*.....	45. 38. 50.	24. 42. 30. E.	1. 38. 50. *
Gallipoli. *Idem*........	40. 25. 33.	24. 17. 15. E.	1. 37. 9. ⊙
Gluchow. *Russie*......	51. 40. 30.	32. 0. 0. E.	2. 8. 0. *
Héraclée. *Turquie*......	41. 1. 3.	25. 34. 19. E.	1. 42. 17. ⊙
Jaroslawl. *Russie*......	57. 37. 30.	37. 50. 0. E.	2. 31. 20. *

Suite de la Russie et Turquie d'Europe.

Jassy. *Turquie*	$47^{d}\ 8'\ 30''$	$25^{d}\ 10'\ 0''$ E.	$1^{h}\ 40'\ 40''$	*
Jenikala. *Crimée*	45. 21. 0.	34. 6. 30. E.	2. 16. 26.	*
Ismail. *Turquie*	45. 21. 0.	26. 30. 0. E.	1. 46. 0.	*
Kamyschin. *Russie*	50. 5. 6.	43. 4. 0. E.	2. 52. 16.	*
Kasan. *Idem*	55. 43. 58.	47. 9. 30. E.	3. 8. 38.	*
Kerson. *Idem*	46. 38. 29.	30. 36. 15. E.	2. 2. 25.	*
Kiow. *Idem*	50. 27. 0.	28. 7. 30. E.	1. 52. 30.	*
Kola. *Idem*	68. 52. 30.	30. 40. 30. E.	2. 2. 42.	*
Kursk. *Idem*	51. 43. 30.	34. 7. 30. E.	2. 16. 30.	*
Krementzouk. *Idem*	49. 3. 28.	31. 8. 45. E.	2. 4. 35.	*
Lagos. *Turquie*	40. 58. 42.	22. 43. 21. E.	1. 30. 53.	⊙
Limpjada. *Id. Ge de Contes.*	40. 36. 43.	21. 23. 32. E.	1. 25. 34.	⊙
Lubni. *Russie*	50. 0. 37.	30. 43. 30. E.	2. 2. 54.	*
Matapan. (cap) *Turquie*	36. 23. 20.	20. 9. 15. E.	1. 20. 37.	⊙
Mitaw. *Courlande*	56. 39. 6.	21. 23. 30. E.	1. 25. 34.	*
Moscow. *Russie*	55. 45. 45.	35. 12. 45. E.	2. 20. 51.	*
Neschin. *Idem*	51. 2. 45.	29. 29. 30. E.	1. 57. 58.	*
Orel. *Idem*	52. 56. 40.	33. 37. 0. E.	2. 14. 28.	*
Pétersbourg. *Idem*	59. 56. 23.	27. 59. 0. E.	1. 51. 56.	*
Pétrosawodsk. *Idem*	61. 47. 4.	32. 3. 30. E	2. 8. 14.	*
Ponoi. *Idem*	67. 4. 30.	38. 49. 0. E.	2. 35. 16.	*
Revel. *Idem*	59. 26. 29.	22. 25. 30. E.	1. 29. 42.	*
Riga. *Idem*	56. 56. 32.	21. 42. 15. E.	1. 26. 49.	*
Rodosto. *Turquie*	40. 58. 34.	25. 5. 16. E.	1. 40. 21.	⊙
Ste-Élizabeth. *Russie*	48. 30. 17.	30. 7. 30. E.	2. 0. 30.	*
Salonique. *Turquie*	40. 38. 7.	20. 35. 28. E.	1. 22. 52.	*
Samara. *Russie*	48. 29. 35.	33. 0. 0. E.	2. 12. 0.	*
Saratow. *Idem*	51. 31. 28.	43. 40. 0. E.	2. 54. 40.	*
Saros. (écueil. du Gol. de).	40. 36. 37.	24. 22. 2. E.	1. 37. 28.	⊙
Sélivrie. *Turquie*	41. 4. 35.	25. 50. 48. E.	1. 43. 23.	⊙
Sevastopole. *Crimée*	44. 41. 30.	31. 15. 0. E.	2. 5. 0.	*
Sparogskaja-Sjelza. *Russ.*	47. 31. 35.	32. 2. 30. E.	2. 8. 10.	*
Taganrock. (forter.) *Russ.*	47. 12. 40.	36. 18. 45. E.	2. 25. 15.	*
Tambow. *Idem*	52. 43. 44.	39. 25. 0. E.	2. 37. 40.	*
Tarapia. *Turquie*	41. 8. 24.	26. 40. 28. E.	1. 46. 42.	*
Tasse, île. *Idem*	40. 46. 40.	22. 18. 54. E.	1. 29. 16.	⊙
Tzerkask. *Russie*	47. 13. 34.	37. 30. 0. E.	2. 30. 0.	*
Umba. *Idem*	66. 44. 30.	31. 52. 45. E.	2. 7. 31.	*

Suite de la Russie et Turquie d'Europe.

Woronesch. *Idem*.	15d40′30″	57d 0′45″ E.	2h28′ 3″ *
Zarizin. *Idem*.	48. 42. 20.	42. 7. 30. E.	2. 48. 30. *

IX. *Afrique et îles adjacentes.*

Alexandrie. *Égypte*. . .	31d13′05″ N.	27d35′30″ E.	1h50′22″ *
Alger. (au fanal)	36. 48. 36. N.	0. 41. 5. E.	0. 2. 44. ⊙
Annobon. (île) *Pointe N.*	1. 25. 0. S.	3. 25. 0. E.	0. 13. 40. ⊙
Caire. (le) *Égypte*.	30. 2. 21. N.	28. 58. 30. E.	1. 55. 54. *
Cap Tedeles. *Barbarie*.	36. 57. 0. N.	1. 53. 48. E.	0. 7. 35. ⊙
Cap Matifou. *Idem*. . .	36. 51. 10. N.	0. 52. 20. E.	0. 3. 29. ⊙
Cap de Très-Forcas. *Id.*	35. 27. 55. N.	5. 16. 25. O.	0. 21. 6. ⊙
Cap Spartel. *Idem*. . . .	35. 48. 40. N.	8. 13. 25. O.	0. 32. 54. ⊙
Cap Geer. *Idem*.	30. 38. 0. N.	12. 12. 0. O.	0. 48. 48. ⊙
Cap Bojador. *Idem*. . . .	26. 12. 30. N.	16. 47. 0. O.	1. 7. 8. ⊙
Cap Blanc. *Idem*.	20. 55. 30. N.	19. 30. 0. O.	1. 18. 0. ⊙
Cap Vert. (les Mamel.).	14. 43. 45. N.	19. 50. 45. O.	1. 19. 23. ⊙
Cap de B. Espér. (ville).	33. 55. 15. S.	16. 3. 45. E.	1. 4. 15. *
Ceuta. (Mont de l'Ach.).	35. 54. 4. N.	7. 36. 24. O.	0. 30. 26. *
Damiette. *Égypte*.	31. 25. 40. N.	29. 29. 45. E.	1. 57. 59. *
Dendéré. *Idem*.	26. 8. 26. N.	30. 20. 42. E.	2. 1. 23. *
Fernando Po-île.	3. 28. 0. N.	6. 20. 0. E.	0. 25. 20. ⊙
Girgé. *Égypte*.	26. 20. 3. N.	29. 34. 51. E.	1. 58. 22. *
Gorée. (île de)	14. 40. 10. N.	19. 45. 0. O.	1. 19. 0. *
Loos. (île) au mouillage.	9. 27. 0. N.	15. 40. 0. O.	1. 2. 40. *
Melille. *Barbarie*.	35. 18. 15. N.	5. 16. 25. O.	0. 21. 6. ⊙
Oran (Ch. S.te-Croix).	35. 44. 27. N.	2. 59. 39. O.	0. 11. 59. *
Pointe de Brébérie. *Sén.*	15. 53. 0. N.	18. 51. 30. O.	1. 15. 26. ⊙
Prince. (île du) *au Port*.	1. 37. 0. N.	5. 20. 0. E.	0. 21. 20. ⊙
Rosette. *Égyp.* Min. N.	31. 24. 34. N.	28. 8. 36. E.	1. 52. 34. *
St-Thomé. (île) à la rade.	0. 20. 0. N.	4. 28. 0. E.	0. 17. 52. ⊙
Salé ou Rabath. *Barbar.*	34. 5. 0. N.	9. 3. 0. O.	0. 36. 12. *
Siout. *Egypte*.	27. 10. 0. N.	28. 54. 1. E.	1. 55. 36. *
Suez. *Idem*.	29. 58. 37. N.	30. 15. 35. E.	2. 1. 2. *
Syene. *Idem*.	24. 5. 23. N.	30. 34. 49. E.	2. 2. 19. *
Thèbes. Ses ruines. . .	25. 43. 37. N.	30. 18. 6. E.	2. 1. 12. *
Tripoli de Barbarie. . .	32. 53. 40. N.	11. 1. 7. E.	0. 44. 4. *

X. *Iles de l'Océan Atlantique.*

ISLANDE.	Bessested........	64d 6' 9" N.	24d 14' 49" O.	1h 36' 59" △
	Hola...........	65. 44. 0. N.	22. 4. 0. O.	1. 28. 16. *
	Lambhuus. (Obser.).	64. 6. 17. N.	24. 15. 30. O.	1. 37. 2. *
	Patrixfiord.......	65. 35. 45. N.	26. 29. 53. O.	1. 46. 0. *
	Portland. (île de)...	63. 22. 0. N.	21. 14. 0. O.	1. 24. 56. ⊙
AÇORES.	Ste-Marie. Poi. S. E.	36. 56. 47. N.	27. 38. 45. O.	1. 50. 35. ⊙
	S. Michel. Pointe E.	37. 48. 10. N.	27. 42. 22. O.	1. 50. 49. ⊙
	Idem. Pointe Ouest.	37. 54. 15. N.	28. 25. 30. O.	1. 53. 42. ⊙
	Tercere. Mont du B.	38. 38. 10. N.	29. 43. 40. O.	1. 58. 55. ⊙
	S. George. Poi. S. E.	38. 30. 45. N.	30. 21. 55. O.	2. 1. 28. ⊙
	Île du Pic. (au Pic).	38. 27. 0. N.	30. 48. 30. O.	2. 3. 14. ⊙
	Fayal. Pointe S. E..	38. 30. 55. N.	31. 12. 48. O.	2. 4. 51. ⊙
	Flores. Pointe Nord.	39. 33. 0. N.	33. 37. 30. O.	2. 14. 30. ⊙
	Corvo. Pointe Nor..	39. 43. 30. N.	33. 30. 33. O.	2. 14. 2. ⊙
	Madère. (à Funchal)..	32. 37. 40. N.	19. 16. 0. O.	1. 17. 4. *
	Porto-Santo. (milieu).	33. 5. 0. N.	18. 37. 30. O.	1. 14. 30. ⊙
	Salvages..........	30. 8. 30. N.	18. 15. 0. O.	1. 13. 0. ⊙
CANARIES.	île de fer. (Poin. O.).	27. 45. 0. N.	20. 30. 0. O.	1. 22. 0. ⊙
	Idem. au Bourg...	27. 47. 20. N.	....	....
	î. Fortavantu. (P. O.)	28. 4. 0. N.	16. 51. 30. O.	1. 7. 26. ⊙
	î. Gomère. (Port)...	28. 5. 40. N.	19. 28. 0. O.	1. 17. 52. ⊙
	î. Lancerote. (P. E.).	29. 14. 0. N.	15. 46. 0. O.	1. 3. 4. ⊙
	î. Ténériffe. (au Pic).	28. 17. 0. N.	19. 0. 0. O.	1. 16. 0. △
	Id. (Mole S.te Cr.)..	28. 28. 30. N.	18. 36. 0. O.	1. 14. 24. ⊙
	Idem. (à Orotava).	28. 25. 0. N.	18. 55. 0. O.	1. 15. 40. ⊙
	î. de Palme. (Tassac).	28. 38. 0. N.	20. 18. 0. O.	1. 21. 12. ⊙
C. V.	î. de Mai. (Pointe S.).	15. 6. 0. N.	25. 30. 0. O.	1. 42. 0. ⊙
	î. S.t-Yago. (la Praya).	14. 53. 40. N.	25. 51. 30. O.	1. 43. 26. ⊙
	île Fernand-Noronha..	3. 56. 20. S.	34. 58. 0. O.	2. 19. 52. ⊙
	île de la Trinité.....	20. 31. 0. S.	30. 57. 0. O.	2. 3. 48. ⊙
	îlot de Martin-Vas....	20. 30. 35. S.	30. 30. 0. O.	2. 2. 0. ⊙
	île de l'Ascension....	7. 57. 0. S.	16. 19. 0. O.	1. 5. 16. *
	île de Ste-Hélène....	15. 55. 0. S.	8. 9. 0. O.	0. 32. 36. *
î. Mal.	Port Egmont.....	51. 25. 0. S.	62. 19. 30. O.	4. 9. 18. ⊙
	Port de la Soledad.	51. 32. 30. S.	60. 27. 30. O.	4. 1. 50. ⊙
	Cap Percibal.....	51. 47. 0. S.	63. 32. 30. O.	4. 14. 10. ⊙
î. G.	Cap Nord......	54. 4. 45. S.	40. 35. 0. O	2. 42. 20. ⊙
	île de Clerke, *mil.*..	55. 5. 30. S.	37. 2. 0. O.	2. 28. 8. ⊙

Suite des îles de l'Océan Atlantique.

T. San.	Cap Montagu....	58d 33' 0" S.	29d 6' 0" O.	1h 56' 24" ⊙
	Île Chandeleur. *mil.*	57. 10. 0. S.	29. 33. 0. O.	1. 58. 12. ⊙
	Thulé. *australe*...	59. 34. 0. S.	30. 5. 0. O.	2. 0. 20. ⊙

XI. *Asie septentrionale et îles adjacentes.*

Astrakan..........	46d 21' 12"	45d 42' 30" E.	3h 2' 50"	*
Awatscha. (baie)....	52. 51. 45.	156. 26. 30. E.	10. 25. 46.	*
Baie de Castries.....	51. 29. 0.	139. 39. 0. E.	9. 18. 36.	⊙
Baie d'Estaing......	48. 59. 38.	140. 0. 42. E.	9. 20. 2.	⊙
Baie de Langle.....	47. 48. 36.	139. 57. 54. E.	9. 19. 51.	⊙
Baie de Suffren.....	47. 53. 0.	137. 20. 0. E.	9. 9. 20.	⊙
Baie de Ternay....	45. 13. 0.	135. 9. 0. E.	9. 0. 36.	⊙
Barnaould.........	53. 20. 0.	81. 6. 45. E.	5. 24. 27.	*
Béering. (île)......	55. 36. 0.	165. 26. 0. E.	11. 1. 44.	⊙
Bolscheretz........	52. 54. 30.	154. 30. 0. E.	10. 18. 0.	*
Cap Aniwa........	46. 4. 0.	142. 5. 0. E.	9. 28. 20.	⊙
Cap Crillon.......	45. 54. 0.	140. 35. 0. E.	9. 22. 0.	⊙
Cap Guibert.......	45. 36. 0.	139. 43. 0. E.	9. 18. 22.	⊙
Cap Monty........	50. 30. 0.	139. 33. 0. E.	9. 18. 52.	⊙
Cap Nord-Est d'Asie.	68. 56. 0.	178. 28. 30. E.	11. 53. 14.	⊙
Cap Saint-Thadée...	62. 50. 0.	176. 45. 0. E.	11. 47. 0.	⊙
Dagelet. (île).....	37. 25. 0.	129. 2. 0. E.	8. 36. 8.	*
Ecaterinebourg.....	56. 50. 15.	58. 30. 0. E.	3. 54. 0.	*
Gurief...........	47. 7. 7.	49. 36. 0. E.	3. 18. 24.	*
Iakutsk..........	62. 1. 50.	127. 22. 15. E.	8. 29. 29.	*
Jeniseisk.........	58. 27. 17.	89. 38. 30. E.	5. 58. 34.	*
Irkutsk..........	52. 18. 15.	102. 13. 30. E.	6. 48. 54.	*
Kiringskoi-Ostrog...	57. 47. 0.	105. 42. 45. E.	7. 2. 51.	*
Kowima (la haute)..	65. 28. 0.	151. 15. 0. E.	10. 5. 0.	*
Kowima (la basse)..	68. 18. 0.	160. 58. 0. E.	10. 43. 52.	*
Lopatka. (Cap)....	51. 0. 15.	154. 22. 30. E.	10. 17. 30.	⊙
Marikan (île)......	46. 50. 0.	150. 10. 0. E.	10. 0. 40.	⊙
Mosdock.........	43. 43. 23.	41. 29. 0. E.	2. 45. 56.	*
Nangasaki. *Japon*...	32. 32. 0.	126. 15. 0. E.	8. 25. 0.	*
Noto. (cap) *Idem*...	37. 36. 0.	135. 34. 0. E.	9. 2. 16.	

Suite de l'Asie septentrionale et des îles adjacentes.

Ochotsk..........	59d 20′ 10″	140d 53′ 30″ E.	9h 23′ 34″	*
Orenbourg.........	51. 46. 5.	52. 44. 30. E.	3. 30. 58.	*
Orsk.............	51. 12. 30.	56. 10. 45. E.	3. 44. 43.	*
Pétropaulowskoi-Ost.	53. 1. 20.	156. 28. 15. E.	10. 25. 53.	*
Pic de Langle......	45. 20. 0.	139. 42. 0. E.	9. 18. 48.	⊙
Pic Lamanon......	47. 45. 0.	140. 30. 0. E.	9. 22. 0.	⊙
Pic Receveur......	49. 33. 0.	138. 50. 0. E.	9. 15. 20.	⊙
Pointe Boutin......	51. 52. 0.	140. 30. 0. E.	9. 22. 0.	⊙
Pointe Vaujuas.....	52. 12. 0.	140. 30. 0. E.	9. 22. 0.	⊙
Selinginskoi-Ost....	51. 6. 6.	104. 18. 30. E.	6. 57. 14.	*
Syfran......... ..	53. 9. 53.	46. 4. 45. E.	3. 4. 19.	*
Smeinagorsk........	51. 9. 27.	79. 49. 30. E.	5. 19. 18.	*
Tobolsk...........	58. 12. 30.	66. 5. 0. E.	4. 24. 20.	*
Tomsk............	56. 30. 0.	82. 39. 30. E.	5. 30. 38.	*
Tso-Choui. *Corée*....	35. 30. 0.	127. 23. 0. E.	8. 29. 32.	⊙
Tchukoskoi-Nos....	64. 14. 30.	175. 51. 0. E.	11. 43. 24.	⊙
Ufa..............	54. 42. 45.	53. 33. 30. E.	3. 34. 14.	*
Uralsk...........	51. 11. 0.	49. 15. 15. E.	3. 17. 1.	*
Ust-Kamenorsk.....	49. 56. 45.	80. 20. 0. E.	5. 21. 20.	*

XII. *Asie méridionale et îles adjacentes.*

Alep. *Turquie*......	36d 11′ 25″ N.	34d 50′ 0″ E.	2h 19′ 20″	*
Alexandrette. *Idem*...	36. 35. 27. N.	33. 35. 0. E.	2. 15. 40.	*
Amassero. *Idem*.....	41. 46. 3. N.	30. 4. 9. E.	2. 0. 16.	*
Bagdad. *Idem*.......	33. 19. 40. N.	42. 4. 30. E.	2. 48. 18.	*
Bartine. *Idem*.......	41. 42. 53. N.	29. 53. 45. E.	1. 59. 35.	*
Batavia. *île de Java*...	6. 12. 0. S.	104. 33. 46. E.	6. 58. 15.	*
Bencoulen. *Sumatra*..	3. 49. 16. S.	99. 50. 30. E.	6. 39. 22.	*
Bombay. *Indes*......	18. 56. 40. N.	70. 18. 0. E.	4. 41. 12.	*
Calcutta. *Idem*......	22. 34. 45. N.	86. 9. 30. E.	5. 44. 38.	*
Canton. *Chine*......	23. 8. 9. N.	110. 42. 30. E.	7. 22. 50.	*
Casbine. *Perse*......	36. 11. 0. N.	47. 13. 0. E.	3. 8. 52.	*
Chandernagor. *Indes*..	22. 51. 26. N.	86. 9. 15. E.	5. 44. 37.	*
Château d'Atie. *Turq*.	40. 9. 8. N.	23. 59. 15. E.	1. 35. 57.	⊙
Comorin. (cap) *Idem*.	7. 56. 0. N.	75. 12. 0. E.	5. 0. 48.	*

Suite de l'Asie méridionale et des îles adjacentes.

Cracatoa. (î.) *dét. de la S.*	6d 6′ 0″ S.	103d 16′ 0″ E.	6h 53′ 4″ ⊙
Cummin. (île) *Chine*..	31. 40. 0. N.	119. 20. 45. E.	7. 57. 23. ⊙
Diarbekir. *Turquie*...	37. 54. 0. N.	37. 0. 0. E.	2. 28. 0. *
Fregri. *Idem*.......	41. 17. 51. N.	29. 7. 5. E.	1. 56. 28. ⊙
Gamjam. *Indes*.....	19. 22. 30. N.	82. 58. 0. E.	5. 31. 52. *
Gydros. *Turquie*.....	41. 52. 48. N.	30. 34. 15. E.	2. 2. 17. ⊙
Goa. *Indes*........	15. 31. 0. N.	71. 25. 0. E.	4. 45. 40. *
Hoaiagnam. *Chine*...	33. 34. 40. N.	116. 29. 30. E.	7. 45. 58. *
Jérusalem. *Turquie*...	31. 46. 34. N.	33. 0. 0. E.	2. 12. 0.
Inichi. *Idem*........	42. 0. 26. N.	31. 36. 15. E.	2. 6. 25. ⊙
Islamabad. *Indes*....	22. 20. 0. N.	89. 25. 0. E.	5. 57. 40. *
Ispaham. *Perse*......	32. 24. 34. N.	49. 30. 0. E.	3. 18. 0. *
Kiam-Cheu. *Chine*...	35. 37. 0. N.	109. 9. 15. E.	7. 16. 37. *
Ladrone. (grande) *Id*..	22. 2. 0. N.	111. 36. 0. E.	7. 26. 24. ⊙
Lampsaque. *Turquie*..	40. 20. 52. N.	24. 16. 20. E.	1. 37. 5. ⊙
Loheïa. *Arabie*.....	15. 42. 8. N.	39. 48. 30. E.	2. 39. 14. *
Lucipara. (île) *Détr. B.*	3. 10. 45 S.	103. 57. 30. E.	6. 55. 50. ⊙
Macao. *Chine*......	22. 12, 44. N.	111. 15. 0. E.	7. 25. 0. *
Macclesfield. (banc).	15. 51. 0. N.	111. 58. 0. E.	7. 27. 52. ⊙
Madras. (fort S. Geor.).	13. 4. 54. N.	78. 8. 45. E.	5 12. 35. *
Malaca. *Indes*......	2. 12. 0. N.	99. 45. 0. E.	6. 39. 0. *
Manille. *Philippines*..	14. 36. 8. N.	118. 32. 0. E.	7. 54. 8. *
Marmara. *Turquie*...	40. 37. 4. N.	25. 10. 35. E.	1. 40. 42. ⊙
Merguy. *Siam*......	12. 12. 0. N	95. 58. 0. E.	6. 23. 52. *
Moka. *Arabie*......	13. 16. 0. N.	40. 50. 0. E.	2. 43. 20. *
Monopin. (M.t) *Banka.*	2. 3. 0. S.	103. 2. 30. E.	6. 52. 10. ⊙
Nankin. *Chine*.....	32. 4. 40. N.	116. 27. 0. E.	7. 45. 48. *
Ningpo *ou* Liampo. *Id.*	29. 57. 45. N.	117. 58. 0. E.	7. 51. 52. *
Pékin. (obs. imp.)....	39. 54. 13. N.	114. 7. 30. E.	7. 36. 30. *
Pondichéry. *Indes*...	11. 55. 41. N.	77. 31. 30. E.	5. 10. 6. *
Praters. (banc) } Ext. N. E..	20. 57. 30. N.	114. 37. 30. E.	7. 38. 30. ⊙
Praters. (banc) } Ext. S. O..	20. 42. 0. N.	114. 20. 0. E.	7. 37. 20. ⊙
Prince. (île du) *Détr. S.*	6. 36. 15. S.	102. 55. 0. E.	6. 51. 40. ⊙
Pulo-Aor. *Indes*....	2. 42. 0. N.	102. 20. 0. E.	6. 49. 20. ⊙
Pulo-Condor. *Idem*..	8. 40. 0. N.	104. 11. 37. E.	6. 56. 46. ⊙
Pulo-Sapatte. *Idem*..	10. 4. 30. N.	106. 53. 0. E.	7. 7. 32. ⊙
Quelpaert. (île) *Corée.*	33. 7. 49. N.	123. 58. 42. E.	8. 15. 55. ⊙
Siam. *Indes*........	14. 20. 40. N.	98. 30. 0. E.	6. 34. 0. *

Suite de l'Asie méridionale et des îles adjacentes.

Si-nghan-fu. *Chine*...	34ᵈ 16′ 45″ N.	106ᵈ 36′ 45″ E.	7ʰ 6′ 27″ *
Sinope. *Turquie*.....	42. 2. 16. N.	32. 46. 57. E.	2. 11. 8. ⊙
Smyrne. *Idem*......	38. 28. 7. N.	24. 46. 33. E.	1. 39. 6. *
Soulou. I. à Tulyau..	5. 57. 0. N.	118. 55. 30. E.	7. 55. 42. *
Surate. *Indes*.......	21. 10. 0. N.	70. 0. 0. E.	4. 40. 0. *
Timor. (île) *Cap. S.O.*	10. 23. 0. S.	121. 39. 0. E.	8. 6. 36. ⊙
Trébizonde	41. 2. 0. N.	37. 23. 30. E.	2. 29. 34. *
Trinquemalay. *Ceylan.*	8. 32. 0. N.	78. 52. 0. E.	5. 15. 28. *
Typa. *Chine*.......	22. 9. 20. N.	111. 23. 45. E.	7. 25. 35. *
Vona. *Turquie*......	41. 7. 0. N.	35. 26. 30. E.	2. 21. 46. ⊙
West-Einde. *P.O. de J.*	6. 48. 0. S.	102. 45. 0. E.	6. 51. 0. ⊙
Xam-hay. *Chine*....	31. 16. 0. N.	119. 11. 45. E.	7. 56. 47. *

XIII. *Amérique septentrionale. Côtes orientales.*

Boston. *États-unis*.....	42ᵈ 21′ 11″	73ᵈ 19′ 0″ O.	4ʰ 53′ 16″
Cambridge. *Idem*......	42. 23. 28.	73. 24. 0. O.	4. 53. 36. *
Canseau. (Port) *Acad*...	45. 20. 7.	63. 15. 0. O.	4. 13. 0. ⊙
Cap Anguille. *Terre-neuve.*	47. 55. 0.	61. 42. 20. O.	4. 6. 49. ⊙
Cap Bauld. *Idem*......	51. 39. 45.	57. 47. 50. O.	3. 51. 11. ⊙
Cap Charles. *B. d'Hud*..	62. 46. 30.	76. 35. 0. O.	5. 6. 20. ⊙
Cap Diggs. *Idem*.......	62. 41. 0.	81. 10. 0. O.	5. 24. 40. ⊙
Cap Farewel. *Groenl*...	59. 38. 0.	45. 2. 0. O.	3. 0. 8. ⊙
Cap Henry. *États-unis*..	36. 57. 0.	78. 51. 30. O.	5. 15. 26. ⊙
Cap Hinlopen. *Idem*....	38. 46. 0.	77. 32. 30. O.	5. 10. 10. ⊙
Cap Pembroke. *B. d'Hud.*	62. 57. 0.	84. 20. 0. O.	5. 37. 20. ⊙
Cap. Raze. *Terre-neuve*..	46. 40. 0.	55. 23. 30. O.	3. 21. 34. ⊙
Cap Résolution. *B. d'Hu.*	61. 29. 0.	67. 30. 0. O.	4. 30. 0. ⊙
Cap S. George. *Terre-neuv.*	48. 30. 5.	61. 40. 33. O.	4. 6. 42. ⊙
Cap de Sable. *Acadie*....	43. 23. 45.	67. 50. 0. O.	4. 31. 20. *
Cap Spéard. *Terre-neuve.*	47. 31. 22.	54. 57. 50. O.	3. 39. 51. ⊙
Cap Walsingham. *B. d'H.*	62. 39. 0.	80. 8. 0. O.	5. 20. 32.
Croc. (havre) *Ter.-neuve.*	51. 3. 17.	58. 10. 0. O.	3. 52. 40. ⊙
Détr. de Fronsac......	45. 36. 58.	63. 40. 0. O.	4. 14. 40. *
F.ᵗ du P. de Galles. *B. d'H.*	58. 47. 32.	96. 27. 30. O.	6. 25. 50.
Gaspée. (baie) *Canada*..	48. 47. 30.	66. 47. 30. O.	4. 27. 10.

Suite de l'Amérique septentrionale. Côtes orientales.

Gothaab. *Groenland*....	64^d 9′ 55″	54^d 6′ 45″ O.	3^h 36′ 27″ *
Halifax. *Acadie*.......	44. 44. 0.	65. 56. 0. O.	4. 23. 44. *
île Anticosti. *Canada*...	49. 26. 0.	65. 58. 15. O.	4. 23. 53. *
île Burgeo. *Terre-neuve*..	47. 35. 30.	59. 56. 15. O.	3. 59. 45. *
île Button. *Détr. d'Huds*.	60. 35. 0.	67. 40. 0. O.	4. 30. 40. ⊙
île aux Coudres. *Canada*.	47. 23. 1.	72. 43. 34. O.	4. 50. 54. *
île Longue. *États-unis*...	44. 17. 7.	71. 4. 0. O.	4. 44. 16. *
île Madeleine. (l'ent.)...	47. 17. 0.	63. 46. 0. O.	4. 15. 4. *
île Mansfeld. (p. n.) *b. d'H*.	62. 38. 30.	82. 53. 0. O.	5. 31. 32. ⊙
île Sadleback. *Idem*,....	62. 7. 0.	70. 33. 0. O.	4. 42. 12. ⊙
île S. Jean. (F.t Hamerst).	46. 11. 0.	65. 17. 15. O.	4. 21. 9. *
île S. Pierre. *Terre-neuve*.	46. 46. 30.	58. 30. 0. O.	3. 54. 0. *
île Salisbury. *B. d'Huds*.	63. 29. 0.	79. 7. 0. O.	5. 16. 28. ⊙
île Sauvage. *Idem*......	62. 32. 30.	73. 8. 30. O.	4. 52. 34. ⊙
Ingornachoix. *Terre-neuv*.	50. 37. 17.	59. 35. 30. O.	3. 58. 22. ⊙
Louisbourg. *île Royale*...	45. 53. 40.	62. 15. 0. O.	4. 9. 0. *
Mexico. *Mexique*......	19. 25. 50.	102. 25. 45. O.	6. 49. 43. *
Musketo cove. *Groenland*.	64. 55. 13.	55. 16. 45. O.	3. 41. 7. *
New-York. *États-unis*..	40. 40. 0.	76. 31. 0. O.	5. 6. 4. *
Norriton. *Idem*.......	40. 9. 56.	77. 53. 45. O.	5. 11. 35. *
Nouv. Orléans. *Louisiane*.	29. 57. 45.	92. 18. 45. O.	6. 9. 15. *
Philadelphie. *États-unis*.	39. 56. 55.	77. 36. 0. O.	5. 10. 24. *
Pointe-Riche. *Terre-neuv*.	50. 40. 10.	59. 43. 0. O.	3. 58. 52. ⊙
Portsmouth. *États-unis*..	43. 4. 15.	73. 3. 15. O.	4. 52. 13. *
Providence. (la) *Idem*...	41. 50. 40.	73. 40. 0. O.	4. 54. 40. *
Quebec. *Canada*......	46. 47. 30.	73. 30. 0. O.	4. 54. 0. *
Sandy-Hook. (fanal) *É.-U*.	40. 25. 0.	76. 33. 15. O.	5. 6. 13. ⊙
Savannah. (fanal de) *Idem*.	32. 0. 45.	83. 16. 0. O.	5. 33. 4. ⊙
S. Jean. (fort) *Terre-neuve*.	47. 33. 45.	55. 0. 0. O.	3. 40. 0. ⊙
S. Lunaire. (baie) *Terre-n*.	51. 28. 57.	57. 50. 0. O.	3. 51. 20. ⊙
Vera-Crux. *Mexique*....	19. 11. 52.	98. 21. 45. O.	6. 33. 27. *

XIV. *Amérique septentrionale. Côtes occidentales.*

Baie de la Trinité....	41^d 3′ 0″	126^d 14′ 15″ O.	8^h 24′ 57″ ⊙
Baie Birch..........	48. 53. 30.	124. 46. 30. O.	8. 19. 6. ⊙

Suite de l'Amérique septentrionale. Côtes occidentales.			
Cap Barnabas.......	57d 10′ 0″	154d 35′ 15″ O.	10h 18′ 21″ ⊙
Cap Colnett.........	30. 58. 0.	118. 22. 15. O.	7. 53. 29. ⊙
Cap Corientes.......	20. 22. 0.	107. 40. 15. O.	7. 10. 41. ⊙
Cap Edgecombe.....	57. 2. 0.	138. 46. 30. O.	9. 15. 5. ⊙
Cap Elisabeth.......	59. 9. 0.	153. 27. 15. O.	10. 13. 49. ⊙
Cap Fairweather.....	58. 50. 40.	139. 57. 15. O.	9. 19. 49. ⊙
Cap Flattery........	48. 24. 0.	126. 42. 15. O.	8. 26. 49. ⊙
Cap Foulweather....	44. 49. 0.	126. 16. 15. O.	8. 25. 5. ⊙
Cap Glacé..........	70. 29. 0.	164. 2. 30. O.	10. 56. 10. ⊙
Cap Grégory........	43. 23. 30.	126. 30. 15. O.	8. 26. 1. ⊙
Cap Hamond.......	59. 48. 30.	146. 29. 15. O.	9. 45. 57. ⊙
Cap Hinchinbrook...	60. 16. 0.	148. 24. 45. O.	9. 53. 36. ⊙
Cap Mendocin......	40. 28. 40.	126. 30. 15. O.	8. 26. 1. ⊙
Cap Muzon........	54. 42. 30.	134. 51. 15. O.	8. 59. 25. ⊙
Cap Newnham......	58. 41. 30.	164. 39. 30. O.	10. 58. 38. ⊙
Cap Omaney.......	56. 9. 40.	136. 42. 45. O.	9. 6. 51. ⊙
Cap Orford........	42. 52. 0.	126. 45. 15. O.	8. 27. 1. ⊙
Cap S.n-Bartolomeo..	55. 12. 15.	135. 45. 35. O.	9. 3. 2. ⊙
Cap Saint-James.....	51. 57. 50.	134. 12. 0. O.	8. 56. 48. ⊙
Cap Saint-Lucas.....	22. 52. 0.	112. 4. 15. O.	7. 28. 17. ⊙
Cap Scott..........	50. 48. 0.	130. 41. 15. O.	8. 42. 45. ⊙
Cap Stephens.......	63. 33. 40.	164. 37. 0. O.	10. 58. 28. ⊙
Cap Swaine........	46. 16. 20.	130. 41. 20. O.	8. 42. 45. ⊙
Columbia. R. (entrée).	46. 19. 0.	126. 14. 15. O.	8. 24. 57. ⊙
Cross-Sound. (entrée).	58. 12. 0.	138. 25. 15. O.	9. 13. 41. ⊙
île de Clerke.......	63. 15. 0.	172. 0. 0. O.	11. 28. 0. ⊙
île de Gore.........	60. 17. 0.	174. 51. 0. O.	11. 39. 24. ⊙
île de Langara. (p.te N).	54. 20. 0.	135. 20. 15. O.	9. 1. 21. ⊙
île Ounalaschka.....	53. 54. 45.	168. 47. 0. O.	11. 15. 8. *
île S. Hermogène. (mil.).	58. 14. 0.	153. 26. 15. O.	10. 13. 45. ⊙
îles Ste Marie (la plus n.).	21. 43. 0.	108. 51. 15. O.	7. 15. 25. ⊙
île Tcherikov.......	55. 49. 0.	157. 16. 15. O.	10. 29. 5. ⊙
Monterey..........	36. 35. 30.	124. 2. 0. O.	8. 16. 8. *
Mont-Olympe......	47. 50. 0.	125. 46. 15. O.	8. 23. 5. ⊙
Mont-Saint-Élie......	60. 21. 0.	142. 57. 35. O.	9. 31. 50. ⊙
Norton-Sound......	64. 30. 30.	165. 7. 30. O.	11. 0. 30. ⊙
Noutka-Sound.......	49. 36. 6.	128. 46. 15. O.	8. 35. 5. *
Pointe Barrode-Arena.	38. 56. 0.	125. 36. 15. O.	8. 22. 25. ⊙

Suite de l'Amérique septentrionale. Côtes occidentales.

Pointe Boisée.......	50d 5′ 40″	130d 3′ 15″ O.	8h 40′ 13″ ☉
P.te de la Conception.	34. 30. 30.	122. 27. 15. O.	8. 9. 49. ☉
Pointe Grenville.....	47. 22. 0.	126. 21. 15. O.	8. 25. 25. ☉
Pointe Manby.......	59. 42. 45.	132. 16. 15. O.	8. 49. 5. ☉
Pointe Maskelyne....	54. 42. 0.	132. 34. 15. O.	8. 50. 17. ☉
Pointe Pinos.......	36. 38. 0.	123. 58. 15. O.	8. 15. 53. ☉
Pointe de los Reyes...	38. 0. 0.	124. 56. 15. O.	8. 19. 45. ☉
Port Chalmers.......	60. 16. 0.	148. 58. 15. O.	9. 55. 53. ☉
Port Chatham.......	59. 14. 0.	153. 16. 15. O.	10. 13. 5. ☉
Port Conclusion.....	56. 15. 0.	136. 43. 45. O.	9. 6. 55. ☉
Port Discovery......	48. 2. 30.	124. 57. 56. O.	8. 19. 52. ☉
Port des Français....	58. 37. 0.	139. 28. 15. O.	9. 17. 53. ☉
Port de Grays......	47. 0. 0.	126. 13. 15. O.	8. 24. 53. ☉
Port Protection.....	56. 20. 30.	135. 45. 15. O.	9. 3. 1. ☉
Port de los Remedios.	57. 21. 0.	137. 50. 15. O.	9. 11. 21. ☉
Port Saint-Diego....	32. 42. 30.	119. 10. 0. O.	7. 56. 4. ☉
Port Saint-François...	37. 48. 30.	124. 28. 15. O.	8. 17. 53. ☉
Port Stewart........	55. 38. 0.	133. 56. 15. O.	8. 55. 45. ☉
Santa-Barbara.......	34. 24. 0.	121. 27. 15. O.	8. 5. 49. ☉
Saint-Joseph........	23. 3. 42.	112. 2. 30. O.	7. 28. 10. *

XV. *Archipel de l'Amérique, ou îles Antilles.*

Cuba et îles adjacentes.	Cap de Corientes....	21d 41′ 0″	86d 43′ 30″ O.	5h 46′ 54″ ☉
	Cap de Cruz........	19. 47. 16.	80. 0. 30. O.	5. 20. 2. ☉
	Cap Maisy.........	20. 16. 40.	76. 23. 15. O.	5. 5. 33. ☉
	Cap S. Antoine.....	21. 54. 0.	87. 18. 30. O.	5. 49. 14. ☉
	Caye Cruz del Padre..	23. 13. 30.	83. 17. 30. O.	5. 33. 10. ☉
	Caye de Guinchos...	22. 49. 0.	80. 18. 15. O.	5. 21. 13. ☉
	Caye Verte........	21. 55. 0.	79. 57. 30. O.	5. 19. 50. ☉
	Cuba. (entrée de la R.).	19. 57. 20.	78. 24. 35. O.	5. 13. 38. ☉
	Guaisabon. (Pain de S.).	22. 47. 46.	85. 42. 30. O.	5. 42. 50. ☉
	Havane. (Ch. Morro).	23. 10. 0.	84. 33. 56. O.	5. 38. 16. ☉
	Matance. (la ville)..	23. 2. 23.	83. 52. 30. O.	5. 35. 30. ☉
	Pic de Tarquinio....	19. 52. 57.	79. 7. 57. O.	5. 16. 32. ☉
S. D.	Altavela. (île)......	17. 28. 0.	73. 42. 30. O.	4. 54. 50. ☉
	Baie d'Aquin. (le Diam).	18. 13. 45.	75. 41. 20. O.	5. 2. 45. ☉

Suite des Antilles.

Saint-Domingue et îles adjacentes.	Cap Français. (ville)...	19ᵈ 46′ 30″	74ᵈ 35′ 20″ O.	4ʰ 58′ 21″ ⊙
	Cap Dame-Marie....	18. 34. 30.	76. 46. 0. O.	5. 7. 4. ⊙
	Cap Engâno.......	18. 37. 20.	70. 40. 30. O	4. 42. 42. ⊙
	Cap Samana.......	19. 15. 40.	71. 26. 15. O.	4. 45. 45. ⊙
	Cap Tiburon.......	18. 19. 25.	76. 47. 32. O.	5. 7. 10. ⊙
	Cayes. (les) Ville...	18. 11. 10.	76. 3. 50. O.	5. 4. 15. ⊙
	Gonave. (île) P. n. e...	18. 48. 35.	75. 9. 47. O.	5. 0. 39. ⊙
	Grange. (la) Pointe..	19. 54. 30.	74. 2. 50. O.	4. 56. 11. ⊙
	île à Vache. (Point. e.).	18. 4. 0.	75. 52. 40. O.	5. 3. 31. ⊙
	Mole Saint-Nicolas..	19. 49. 20.	75. 43. 5. O.	5. 2. 52. ⊙
	Pointe à Gravois.....	18. 0. 55.	76. 15. 35. O.	5. 5. 2. ⊙
	Pointe Jérémie.....	18. 40. 30.	76. 27. 8. O.	5. 5. 48. ⊙
	Pointe Isabélique....	19. 59. 0.	73. 30. 25. O.	4. 54. 2. ⊙
	Port des Salines....	18. 12. 40.	72. 57. 30. O.	4. 51. 50. ⊙
	Port à l'Ecu. (P. est)..	19. 55. 8.	75. 24. 15. O.	5. 1. 37. ⊙
	Port à Piment......	19. 35. 0.	75. 17. 18. O.	5. 1. 9. ⊙
	Port-Paix. (P. Car.)..	19. 56. 0.	75. 5. 35. O.	5. 0. 22. ⊙
	Port-Républicain....	18. 33. 42.	74. 40. 53. O.	4. 58. 44. ⊙
	Saona. (île) Pointe est.	18. 12. 0.	70. 51. 30. O.	4. 43. 26. ⊙
	S.ᵗᵉ Catherine. (île) P. o.	18. 19. 0.	71. 21. 0. O.	4. 45. 24. ⊙
	S.ᵗᵒ-Domingo......	18. 28. 40.	72. 10. 54. O.	4. 48. 44. ⊙
	S.ᵗ Marc. (le cap)...	19. 2. 18.	75. 8. 19. O.	5. 0. 33. ⊙
	Tapion du pet. Goave.	18. 26. 50.	75. 17. 55. O.	5. 1. 12. ⊙
	La Tortue. (île) P. e...	20. 0. 55.	74. 55. 55. O.	4. 59. 44. ⊙
	Idem (Pointe ouest)..	20. 5. 20.	75. 14. 56. O.	5. 1. 0. ⊙
	Vieux Cap-Français..	19. 40. 30.	72. 15. 20. O.	4. 49. 1. ⊙
	Vieux Fort S. Louis..	18. 14. 27.	75. 52. 40. O.	5. 3. 31. ⊙
Débouq. de Saint-Domingue.	Caye d'Arg. (Ac. n. e.).	20. 31. 0.	71. 46. 20. O.	4. 47. 5. ⊙
	Id. (Acore du sud-e.).	20. 13. 55.	71. 51. 5. O.	4. 47. 24. ⊙
	Id. (Acore de l'o.)...	20. 30. 0.	72. 17. 50. O.	4. 49. 11. ⊙
	Cayques. (Bris. du n. e.).	21. 44. 15.	73. 40. 40. O.	4. 54. 43. ⊙
	Petite Caye. (P. s. o.).	21. 36. 15.	74. 46. 20. O.	4. 59. 5. ⊙
	Idem. Caye de Sable..	21. 18. 45.	74. 25. 40. O.	4. 57. 43. ⊙
	Idem. Acore du s. e...	21. 1. 0.	73. 50. 35. O.	4. 55. 22. ⊙
	Hogsties. (îlot le plus o.)	21. 40. 40.	76. 11. 14. O.	5. 4. 45. ⊙
	Grande Inague. (P. o.).	21. 0. 0.	76. 0. 50. O.	5. 4. 3. ⊙
	Petite Inague. (P. est.).	21. 29. 0.	75. 15. 20. O.	5. 1. 1. ⊙
	Krooked. (île) P. n. o..	22. 48. 50.	76. 39. 25. O.	5. 6. 38. ⊙

XVI. *Amérique méridionale et îles adjacentes.*

Arica. *Pérou*........	18^{d} 26′ 40″ S.	72^{d} 36′ 20″ O.	4^{h} 50′ 25″ *
Baie du Succès. *T. de F.*	54. 49. 45. S.	67. 35. 0. O.	4. 30. 20. ⊙
Barcelona. *Terre ferme*.	10. 8. 14. N.	67. 4. 5. O.	4. 28. 16. ⊙
Buenos-aires. *Paraguay*.	34. 35. 26. S.	60. 51. 15. O.	4. 3. 25. *
Cap Blanc. *T. Magel.*	47. 16. 0. S.	68. 19. 30. O.	4. 33. 18. ⊙
Cap Codera. *Terre ferm.*	10. 35. 56. N.	68. 19. 26. O.	4. 33. 18. ⊙
Cap Disseada. *T. de F.*	53. 4. 15. S.	76. 51. 0. O.	5. 7. 24. ⊙
Cap Frio. *Brésil*.....	22. 2. 0. S.	43. 51. 45. O.	2. 55. 27. ⊙
Cap Froward. *T. Mag.*	53. 54. 0. S.	73. 27. 30. O.	4. 53. 50. ⊙
Cap de Horn. *T. de F.*	55. 58. 30. S.	69. 41. 30. O.	4. 38. 46. ⊙
Cap Noir. *Idem*.....	54. 31. 30. S.	75. 36. 30. O.	5. 2. 26. ⊙
Cap Pilares. *Idem*....	52. 46. 0. S.	77. 14. 30. O.	5. 8. 58. ⊙
Cap St-Antoine. *Parag.*	36. 52. 30. S.	59. 7. 30. O.	3. 56. 30. ⊙
Cap St Diego. *T. de F.*	54. 36. 30. S.	67. 23. 30. O.	4. 29. 34. ⊙
Cap Saint-Esprit. *Idem.*	52. 41. 0. S.	70. 45. 30. O.	4. 43. 2. ⊙
Cap Santa-Ines. *Idem*.	54. 8. 0. S.	69. 17. 45. O.	4. 37. 11. ⊙
Cap St-Jean. *île des Et*.	54. 47. 10. S.	66. 2. 30. O.	4. 24. 10. ⊙
Cap du Succès. *T. de F.*	55. 1. 0. S.	67. 37. 30. O.	4. 30. 30. ⊙
C. des Vierges. *T. Mag.*	52. 21. 0. S.	70. 37. 40. O.	4. 42. 31. ⊙
Caracas. *Terre-ferme*..	10. 30. 40. N.	69. 15. 0. O.	4. 37. 0. ⊙
Carthagène. *Idem*.....	10. 25. 19. N.	78. 2. 54. O.	5. 12. 12. ⊙
Cayenne. *Guiane*....	4. 56. 15. N.	54. 35. 0. O.	3. 38. 20. *
Chiloé. (*î. San-Carlos*).	41. 53. 0. S.	76. 15. 30. O.	5. 5. 2. ⊙
Idem. (*Mont-Cucao*)..	42. 45. 0. S.	77. 26. 30. O.	5. 9. 46. ⊙
Conception. *Chili*....	36. 49. 10. S.	75. 25. 0. O.	5. 1. 40. *
Copiapo. *Idem*......	27. 10. 0. S.	73. 25. 30. O.	4. 53. 42. ⊙
Coquimbo. *Idem*....	29. 54. 40. S.	73. 39. 30. O.	4. 54. 38. *
Gallego. Riv. *T. Mag.*	51. 40. 0. S.	71. 25. 0. O.	4. 45. 40. ⊙
Guaira. *Terre ferme*...	10. 36. 40. N.	69. 17. 50. O.	4. 37. 11. ⊙
Guayaquil. (C. s. Hele.).	2. 11. 21. N.	83. 30. 30. O.	5. 34. 2. *
îles Barnevelt.......	55. 49. 0. S.	69. 9. 30. O.	4. 36. 38. ⊙
île Diego-Ramirez...	56. 27. 30. S.	70. 59. 30. O.	4. 43. 58. ⊙
îles Evangelistes.....	52. 34. 0. S.	77. 25. 30. O.	5. 9. 42. ⊙
îles Evouts.........	55. 32. 15. S.	69. 7. 30. O.	4. 36. 30. ⊙
îles St-Ildefonse.....	55. 51. 0. S.	71. 37. 30. O.	4. 46. 30. ⊙
île Madre de Dio. P. n.	49. 45. 0. S.	78. 7. 30. O.	5. 12. 30. ⊙
Maldonado. *Paraguay*.	34. 56. 19. S.	57. 11. 20. O.	3. 48. 45. ⊙
Montevideo. *Idem*....	34. 54. 48. S.	58. 34. 45. O.	3. 54. 19. *

Suite des Antilles.

Déboug. de S. Doming.	Îlot du Château.....	22d 7′ 30″	76d 37′ 50″ O.	4h 58′ 31″ ☉
	Miraporvos........	22. 8. 30.	76. 50. 0. O.	5. 7. 20. ☉
	Mogane. (Pointe n. o.).	22. 24. 30.	75. 29. 58. O.	5. 0. 40. ☉
	Mouc. carr. (Ac. n. e.).	21. 0. 0.	72. 48. 40. O.	4. 51. 15. ☉
	Idem. (Acore s. o.)...	20. 53. 0.	73. 15. 40. O.	4. 53. 3. ☉
	Samana. (île) Pointe o.	23. 9. 10.	76. 7. 58. O.	5. 4. 32. ☉
	Turques. (îles) Sandk..	21. 11. 0.	73. 28. 42. O	4. 53. 55. ☉
	Watelin. (île) P. n. e.	23. 56. 0.	76. 55. 52. O.	5. 7. 43. ☉
Porto-Rico.	Puerto-Rico. (le Morr.)	18. 29. 10.	68. 25. 34. O.	4. 33. 42 ☉
	Cap S. Jean ou Point. e.	18. 24. 0.	67. 55. 30. O.	4. 31. 42. ☉
	Pte de l'Aiguade ou n. o.	18. 27. 20.	69. 25. 4. O.	4. 37. 40. ☉
	Pointe du sud-ouest..	17. 56. 0.	69. 29. 30. O.	4. 37. 58. ☉
Anegada. (Milieu).....		18. 46. 0.	66. 38. 30. O.	4. 26. 34. ☉
Anguille. (Pointe ouest).		18. 12. 0.	65. 33. 30 O.	4. 26. 14. ☉
Antigue. (Fort Hamilton).		17. 4. 30.	64. 18. 0. O.	4. 17. 12. ☉
Barbade. (Bridgetown)..		13. 5. 0.	62. 1. 15. O.	4. 8. 5. *
Dominique. (Bourg)...		15. 18. 23.	63. 55. 30. O.	4. 15. 42. ☉
Grenade. (Fort royal)...		12. 2. 54.	64. 11. 15. O.	4. 16. 45. ☉
Guadeloupe. (Basse-terre).		15. 59. 30.	64. 8. 15. O.	4. 16. 33. ☉
Jamaïque. (Port royal)..		18. 0. 0.	79. 4. 30. O.	5. 16. 18. *
Idem. (Pointe Morant)..		17. 58. 0.	78. 35. 44. O.	5. 14. 23. ☉
Martinique. (Fort de Fr.).		14. 35. 55.	63. 29. 0. O.	4. 13. 56. *
Mona. (Milieu).......		18. 6. 0.	70. 9. 45. O.	4. 40. 39. ☉
Montserrat. (Pointe n. e.).		16. 48. 0.	64. 36. 40. O.	4. 18. 27. ☉
Navaze. (Milieu)......		18. 20. 0.	77. 23. 30. O.	5. 9. 34. ☉
Saba. (Milieu)........		17. 39. 20.	65. 36. 18. O.	4. 22. 25. ☉
S. Barthelemi.........		17. 55. 35.	65. 10. 30. O.	4. 20. 42. ☉
S. Christophe. (Basse-ter.).		17. 19. 30.	65. 12. 30. O.	4. 20. 50. ☉
S.te-Croix. (au Port)....		17. 45. 26.	67. 9. 26. O.	4. 28. 38. ☉
S.t Eustache. (à la ville)..		17. 29. 0.	65. 22. 0. O.	4. 21. 28. ☉
S.t-Jean. (Port principal).		18. 20. 49.	67. 5. 34. O.	4. 28. 22. ☉
S.t-Martin. (Milieu)...		18. 4. 15.	65. 25. 30. O.	4. 21. 42. ☉
S.t-Thomas. (au Fort)...		18. 21. 16.	67. 13. 49. O.	4. 28. 55. *
Sombrero. (Milieu)....		18. 35. 0.	65. 47. 30. O.	4. 23. 10. ☉
Tabago. (Pointe de Sable).		11. 6. 0.	63. 9. 0. O.	4. 12. 36. ☉
Trinité. (la) Port d'Espag.		10. 38. 40.	63. 49. 30. O.	4. 15. 18. ☉
Virgin-Gorda. (Cap est)..		18. 31. 7.	66. 45. 39. O.	4. 27. 3. ☉
Zachée. (Milieu)......		18. 14. 30.	69. 45. 30. O.	4. 39. 2. ☉

Suite de l'Amérique méridionale et des îles adjacentes.

Moxillones. *Pérou*...	23ᵈ 5′ 0″ S.	72ᵈ 45′ 30″ O.	4.ʰ 51′ 2″ ⊙
Olinde. *Brésil*......	8. 13. 0. S.	37. 25. 30. O.	2. 29. 42. ⊙
Panama. *Terre ferme*..	8. 58. 50. N.	82. 41. 0. O.	5. 30. 44. *
Para. *Riv. des Amaz*..	1. 28. 0. S.	51. 0. 0. O.	3. 24. 0. *
Porto-Bello. *Terre fer*.	9. 33. 5. N.	82. 10. 20. O.	5. 28. 41. *
Port Cordova. *T. Mag*.	45. 45. 0. S.	69. 47. 30. O.	4. 39. 10. ⊙
Port Desiré. *Idem*...	47. 45. 0. S.	68. 23. 30. O.	4. 33. 34. ⊙
Port Malespina. *Idem*.	45. 11. 15. S.	69. 0. 0. O.	4. 36. 0. ⊙
Port de Noël. *T. de F*.	55. 21. 57. S.	72. 7. 30. O.	4. 48. 30. ⊙
Port du N. An. *î. des E*.	54. 48. 55. S.	66. 19. 30. O.	4. 25. 18. ⊙
Port S. Antoine. *T. M*.	45. 2. 30. S.	68. 9. 0. O.	4. 32. 36. ⊙
Port Sta-Cruz. *Idem*..	50. 17. 30. S.	70. 51. 30. O.	4. 43. 26. ⊙
Port Ste-Hélene. *Idem*.	44. 32. 0. S.	67. 49. 45. O.	4. 31. 19. ⊙
Port S.t-Julien. *Idem*..	49. 8. 0. S.	70. 3. 30. O.	4. 40. 14. ⊙
Port Valdez. *Idem*....	42. 30. 0. S.	66. 0. 30. O.	4. 24. 2. ⊙
Quito. *Pérou*.......	0. 13. 17. S.	80. 15. 0. O.	5. 21. 0. *
Rio Janeiro. *Brésil*...	22. 54. 10. S.	45. 5. 0. O.	3. 0. 20. *
S.te Catherine. *î. Idem*.	27. 19. 0. S.	49. 49. 0. O.	3. 19. 16. ⊙
Ste. Marthe. *Terre fer*..	11. 19. 53. N.	76. 24. 30. O.	5. 5. 38. ⊙
Talcaguana. *Chili*....	36. 42. 21. S.	75. 33. 30. O.	5. 2. 14. ⊙
Valdivia. *Idem*......	39. 51. 0. S.	75. 46. 30. O.	5. 3. 6. ⊙
Valparaiso. *Idem*.....	33. 0. 30. S.	73. 58. 30. O.	4. 55. 54. *
Ylo. *Pérou*.........	17. 36. 15. S.	73. 30. 0. O.	4. 54. 0. *

XVII. *Iles du grand Océan et de la Mer des Indes.*

Madagasc. et î. vois.	Antongil. (Baie)....	15ᵈ 27′ 23″ S.	48ᵈ 3′ 15″ E.	3ʰ 12′ 13″ *
	Foulpointe.........	17. 40. 14. S.	47. 33. 0. E.	3. 10. 12. *
	S.t-Augustin. (Baie).	23. 35. 29. S.	40. 49. 0. E.	2. 43. 16. *
	î. de France. (*P. Louis*)	20. 9. 45. S.	55. 8. 15. E.	3. 40. 23. *
	î. de la Réun. (*S. Den.*)	20. 51. 43. S.	53. 10. 0. E.	3. 32. 40. *
	île Rodrigue.......	19. 40. 40. S.	60. 51. 30. E.	4. 3. 26. *
	î. Mahé *ou* Seichelles.	4. 38. 0. S.	53. 15. 0. E.	3. 33. 0. *
î. Kerg.	Cap Bligh.........	48. 29. 30. S.	66. 18. 45. E.	4. 25. 15. ⊙
	Cap George.......	49. 54. 30. S.	67. 52. 0. E.	4. 31. 28. ⊙
	Havre de Noël....	48. 41. 15. S.	66. 42. 0. E.	4. 26. 48. ⊙
îles du Pc Édouard. (*mil.*).		46. 46. 0. S.	35. 34. 45. E.	2. 22. 19. ⊙

Suite des îles du grand Océan et de la Mer des Indes.

	îles des Cocos. (*Mil.*)..	12^{d} 11′ 0″ S.	94^{d} 3′ 0″ E.	6^{h} 16′ 12″ ⊙
	île Amsterdam.......	37.48.30. S.	74.59.51. E.	4.59.59.⊙
Nouvelle Hollande.	Baie Botanique.....	34. 0. 0. S.	149. 3. 0. E.	9.56.12.⊙
	Bouc. de la R. Endeav.	15.26. 0. S.	142.51.53. E.	9.31.28. *
	Cap Chatham.....	35. 3. 0. S.	114.14.45. E.	7.36.59.⊙
	Cap Sandy........	24.45. 0. S.	150.49. 0. E.	10. 3.16.⊙
	Cap Sud de Diemen.	43.42.30. S.	144.38. 0. E.	9.38.32.⊙
	île Mewstone.....	43.48. 0. S.	144. 7. 0. E.	9.36.28.⊙
	île Possession......	10.42. 0. S.	139. 4. 0. E.	9.16.16.⊙
	Pointe Hood......	34.23. 0. S.	117.28.45. E.	7.49.55.⊙
	P^{te} O. de la T. Lewin.	34.20. 0. S.	112.55. 0. E.	7.31.40.⊙
	Port de l'Espérance..	33.55.10. S.	119.35.36. E.	7.58.22.⊙
	Port de la Recherche.	43.32.23. S.	144.46. 0. E.	9.39. 4.⊙
	Port Jackson.......	33.52.30. S.	148.59.30. E.	9.55.58. *
	Port du Roi George.	35. 5.30. S.	115.54. 0. E.	7.43.36.⊙
Nouv. Guinée et î. vois.	Cap de Bonne-Espér.	0.19.25. S.	130.18.11. E.	8.41.13.⊙
	Cap St-George.....	4.53.30. S.	150.48.45. E.	10. 3.15.⊙
	Gabey...........	0. 6. 0. S.	124. 3.45. E.	8.16.15.⊙
	î. de l'Amir. (Cap. o.).	2.11.45. S.	143.51.47. E.	9.35.27.⊙
	île des Anachorettes.	1. 0. 0. S.	143. 4.51. E.	9.32.19.⊙
	île des Hermites...	1.32. 0. S.	142.41.41. E.	9.30.47.⊙
	île Popo.........	1.11. 0. S.	127.38. 0. E.	8.30.32.⊙
	î. Waigiou. (à Boni)	0. 2.30. S.	128.54.39. E.	8.35.39.⊙
	Port Praslin.......	4.49.27. S.	150.46.30. E.	10. 3. 6. *
Îles Salomon.	Cap Deception.....	8.32.30. S.	154.42.14. E.	10.18.49.⊙
	Cap Surville.......	10.50.30. S.	160. 1.43. E.	10.40. 7.⊙
	C. n. e. de la Louisiade.	11.20.42. S.	126. 0.40. E.	8.24. 3.⊙
	Eddystone........	8.18.20. S.	154. 1.45. E.	10.16. 7.⊙
	île Bouca. (P.^{te} n.)...	5. 0. 0. S.	152. 7. 2. E.	10. 8.28.⊙
	île Carteret.......	8.33. 0. S.	156.46. 0. E.	10.27. 4.⊙
	î. de la Trésorer. (mil.).	7.24. 0. S.	153. 1.45. E.	10.12. 7.⊙
	île Sainte-Croix....	11. 0. 0. S.	161.45. 0. E.	10.47. 0.⊙
	île du Volcan......	10.25.12. S.	163.28. 6. E.	10.53.52.⊙
Nouv. Caléd.	Cap Colenet.....	20.30. 0. S.	162.36. 0. E.	10.50.24.⊙
	Cap de la R. Charlote.	22.15. 0. S.	164.52.45. E.	10.59.31.⊙
	île Balabea........	20. 7. 0. S.	162. 2. 0. E.	10.48. 8.⊙
	île Norfolk.......	29. 1.45. S.	165.50. 0. E.	11. 3.20.⊙
	île des Pins.......	22.18. 0. S.	165.18. 0. E.	11. 1.12.⊙

Suite des îles du grand Océan et de la Mer des Indes.

N. C.	Pudyoua. *H. de Bal.*.	20^d 18′ 0″ S.	162^d 21′ 14″ E.	10^h 49′ 25″ *
	Ressif. (le plus n. o.).	17. 57. 24. S.	160. 16. 36. E.	10. 41. 6. ⊙
Nouv. Zélande.	Anse du Vaisseau...	41. 5. 58. S.	171. 53. 32. E.	11. 27. 34. *
	Cap Est..........	37. 42. 30. S.	176. 10. 0. E.	11. 44. 40. ⊙
	Cap Nord.........	34. 22. 0. S.	170. 15. 0. E.	11. 21. 0. ⊙
	Cap Sud..........	47. 19. 0. S.	164. 48. 0. E.	10. 59. 12. ⊙
	Havre Facile......	45. 40. 0. S.	163. 57. 45. E.	10. 55. 51. ⊙
	H. de l'î. de l'Ancre.	45. 45. 36. S.	163. 55. 45. E.	10. 55. 43. ⊙
	Havre Pickersgill...	45. 47. 27. S.	163. 58. 9. E.	10. 55. 53. *
	î. des 3 Rois. (la plus e.).	34. 13. 10. S.	169. 51. 3. E.	11. 19. 24. ⊙
	île des Snares........	48. 3. 0. S.	163. 59. 45. E.	10. 55. 59. ⊙
	île Chatham.........	43. 48. 0. S.	179. 18. 15. O.	11. 57. 13. ⊙
Archip. du S. Esprit.	île Ambrim.......	16. 9. 30. S.	165. 52. 30. E.	11. 3. 30. ⊙
	île Aurore........	15. 8. 0. S.	165. 57. 0. E.	11. 3. 48. ⊙
	île Erromanga.....	18. 46. 30. S.	166. 58. 30. E.	11. 7. 54. ⊙
	île ou Pic de l'Etoile.	14. 29. 0. S.	165. 49. 0. E.	11. 3. 16. ⊙
	île Mallicolo. *Mil.*.	16. 15. 30. S.	165. 19. 15. E.	11. 1. 17. ⊙
	Idem. *P. Sandwich.*.	16. 25. 20. S.	165. 33. 0. E.	11. 2. 12. *
	île Maskelyne. *Mil.*.	16. 32. 0. S.	165. 39. 15. E.	11. 2. 37. ⊙
	î. Tanna. *P. de la Rés.*.	19. 32. 25. S.	167. 21. 5. E.	11. 9. 24. *
	T. St-Esprit. *C. Cum.*	14. 39. 30. S.	164. 27. 0. E.	10. 57. 48. ⊙
îles des Amis.	Amsterdam. *Tongat.*.	21. 8. 25. S.	177. 28. 30. O.	11. 49. 44. *
	î. Boskaven et Keppel.	15. 53. 0. S.	177. 55. 0. O.	11. 51. 40. ⊙
	île Vavao.........	18. 33. 54. S.	176. 20. 0. O.	11. 45. 20. ⊙
	île du Danger. *Mil.*.	10. 51. 0. S.	169. 25. 0. O.	11. 17. 40. ⊙
	île du Duc d'York..	8. 41. 0. S.	175. 45. 0. O.	11. 43. 0. ⊙
	île des Pylstaarts....	22. 23. 0. S.	178. 21. 30. O.	11. 53. 26. ⊙
	î. Roterdam. *Annamo.*	20. 15. 0. S.	177. 12. 0. O.	11. 48. 48. *
	île Wallis........	13. 18. 0. S.	179. 42. 0. O.	11. 58. 48. ⊙
Arch. des Navig.	île Opoun........	14. 10. 30. S.	171. 26. 1. O.	11. 25. 44. ⊙
	île Leone.........	14. 6. 0. S.	171. 36. 37. O.	11. 26. 26. ⊙
	île Fanfoué........	14. 5. 0. S.	171. 39. 0. O.	11. 26. 36. ⊙
	île Mahouna.......	14. 20. 45. S.	172. 36. 50. O.	11. 30. 27. ⊙
	île Oyolava.......	14. 2. 0. S.	173. 42. 0. O.	11. 34. 48. ⊙
	île Pola..........	13. 33. 50. S.	174. 27. 43. O.	11. 37. 51. ⊙
Arc. Taï.	île Bolabola.......	16. 32. 30. S.	154. 11. 50. O.	10. 16. 47. ⊙
	île du Disappointem.^t.	14. 10. 0. S.	143. 26. 0. O.	9. 33. 44. ⊙
	île Hervey.......	19. 17. 0. S.	161. 8. 0. O.	10. 44. 32. ⊙

Suite des îles du grand Océan et de la Mer des Indes.

Archipel de Taïti.	île Huaheine......	16ᵈ42′45″ S.	153ᵈ30′ 0″O.	10ʰ14′ 0″ *
	île Mangea.......	21.56.45. S.	160.23. 0.O.	10.41.32.⊙
	île Oheteroa......	22.27. 0. S.	153. 7. 0.O.	10.12.28.⊙
	île Taïti. *P.ᵗᵉ Vénus.*.	17.29.17. S.	151.50.30.O.	10. 7.22. *
	île de la Pentecôte..	19.26. 0. S.	140.13. 0.O.	9.20.52.⊙
	î. du Prince de Galles.	15. 0. 0. S.	150.26. 0.O.	10. 1.44.⊙
	île Toobouai......	23.25. 0. S.	151.40.30.O.	10. 6.42.⊙
	île Ulietea........	16.45.35. S.	153.57. 0.O.	10.15.48. *
	île Oparo...........	27.36. 0. S.	146.31.15.O.	9.46. 5.⊙
	île Pitcairn..........	25.22. 0. S.	135.41. 0.O.	9. 2.44.⊙
	île de Pâques.........	27. 8.30. S.	112.11.30.O.	7.28.46.⊙
	île Masafuero.........	33.45.30. S.	82.42. 0.O.	5.30.48.⊙
	île Juan-Fernandez....	34.20. 0. S.	81.18. 0.O.	5.25.12.⊙
m. Men.	la Magdeleine....	10.25.30. S.	141. 9. 0.O.	9.24.36.⊙
	Ohevaoa.........	9.40.40. S.	141.21.40.O.	9.25.27.⊙
	Ohitahou. *B. Résol.*.	9.55.30. S.	141.28.40.O.	9.25.55. *
	île de Noël.........	1.57.45.N.	159.55. 0.O.	10.39.40.⊙
	île Albemarle. *Gallapag.*	0. 2. 0.N.	93.50.15.O.	6. 9.21.⊙
îles de Sandwich.	Atoui. *R. d'Oime*...	21.57. 0.N	161.59.30.O.	10.47.58.⊙
	Morotai. *Pointe oues.*	21.10. 0.N.	159.37. 0.O.	10.38.28.⊙
	Mowi. *Pointe est*...	20.50.30.N.	158.24.15.O.	10.33.37.⊙
	Oneheov. *Mouillage*.	21.49.30.N	162.33.30.O.	10.50.14.⊙
	Owyhi. *Pointe nord*.	20.17. 0.N	158.19. 0.O.	10.33.16.⊙
	Idem. *B. Kerakekoua*.	19.28. 2.N.	158.20.15.O.	10.33.21. *
	Tahoura..........	21.42.30.N.	162.44. 0.O.	10.50.58.⊙
	Wouahou........	21.40.30.N.	160.21.30.O.	10.41.26.⊙
	Île Bird..........	23. 6. 0.N.	164.12.15.O.	10.56.49.⊙
	île Necker........	23.34. 0.N.	166.52. 0.O.	11. 7.28.⊙
	Tinian.............	14.58. 0.N.	143.31. 0. E.	9.34. 4.⊙
	Assonsong..........	19.45. 0.N.	143.15. 0. E.	9.33. 0.⊙
	île de Soufre, *celle du mil.*	24.48. 0.N.	139. 0. 0. E.	9.16. 0.⊙
	île Pelew, *à Oroulong*..	7.18. 0.N.	132.30. 0. E.	8.50. 0.⊙
	îles Bashées. *Grafton*...	21. 4. 0.N.	118.40. 0. E.	7.54.40.⊙
	île Botol............	21.58.38.N.	119. 7.25. E.	7.56.29.⊙
	île Kumi............	24.33.13.N.	120.26.28. E.	8. 1.46.⊙
	Hoapinsu...........	25.49.39.N.	120.19.45. E.	8. 1.19.⊙

Pour les signes des longitudes, on s'est borné aux trois suivans :

* Désigne les déterminations déduites des observations astronomiques.

△ Le résultat d'opérations trigonométriques.

⊙ Longitudes déterminées par les horloges marines.

REMARQUE.

La table précédente offrant le moyen de vérifier la position des princiaux lieux marqués sur les cartes, il m'a paru nécessaire d'y joindre les données qui servent à la construction des projections les plus usitées, afin qu'on pût vérifier les cartes sous ce rapport. Tel est l'objet des tables suivantes; les mesures qu'elles indiquent sont exprimées en milles géographiques ou nautiques, afin d'éviter les discussions relatives à la longueur absolue du degré du méridien, et on y a négligé l'aplatissement de la terre par les raisons exposées dans le n.° 42.

TABLE des longueurs qu'il faut donner au degré de longitude sur chaque parallèle, ou du nombre de milles nautiques contenus dans ce degré.

Lat.	Milles	Lat.	Milles	Lat.	Milles	Lat.	Milles	Lat.	Milles	Lat.	Milles
1	59,99	16	57,67	31	51,43	46	41.68	61	29,09	76	14.5[illegible]
2	59.96	17	57,38	32	50,88	47	40,92	62	28,17	77	13,50
3	59,92	18	57 06	33	50,32	48	40,15	63	27,24	78	12,4[illegible]
4	59,85	19	56,73	34	49,74	49	39,36	64	26,30	79	11,45
5	59,77	20	56,38	35	49,15	50	38.57	65	25.36	80	10.42
6	59.67	21	56,01	36	48,54	51	37,70	66	24.41	81	9,38
7	59,56	22	55.63	37	47,92	52	36 94	67	23.44	82	8,35
8	59,42	23	55,23	38	47,28	53	36,11	68	22,48	83	7,32
9	59.26	24	54,81	39	46,63	54	35,27	69	21 50	84	6.28
10	59,09	25	54,38	40	45.96	55	34,47	70	20 52	85	5,23
11	58,89	26	53,93	41	45,28	56	33.55	71	19 53	86	4,18
12	58,69	27	53,46	42	44,59	57	32.68	72	18,54	87	3,14
13	58,46	28	52,97	43	43.83	58	31,79	73	17,54	88	2,09
14	58,22	29	52,47	44	43,16	59	30.90	74	16,54	89	1,05
15	57,95	30	51,96	45	42.43	60	30.00	75	15 53	90	0,00

Observation. Cette table peut servir à construire les projections indiquées dans les n.os 70 et 71.

TABLE des latitudes croissantes, ou des longueurs qu'on doit donner aux divisions du méridien dans les cartes réduites.

L'usage de cette Table est indiqué dans les numéros 75, 93.

M.	D.	Lon.	D.	Lon.	D.	Lon.	D	Long.	D.	Long	D.	Long.	D.	Long
0	0	0	7	421	14	848	21	1289	28	1751	35	2244	42	2782
10		10		431		859		1300		1762		2256		2795
20		20		441		869		1311		1774		2269		2809
30		30		451		879		1321		1785		2281		2822
40		40		461		890		1332		1797		2293		2836
50		50		471		900		1343		1808		2306		2849
0	1	60	8	482	15	910	22	1354	29	1819	36	2318	43	2863
10		70		492		921		1364		1831		2330		2877
20		80		502		931		1375		1842		2343		2890
30		90		512		941		1386		1854		2355		2904
40		100		522		952		1397		1865		2368		2918
50		110		532		962		1408		1877		2380		2932
0	2	120	9	542	16	973	23	1419	30	1888	37	2393	44	2946
10		130		552		983		1429		1900		2405		2960
20		140		562		993		1440		1911		2418		2974
30		150		573		1004		1451		1923		2430		2988
40		160		583		1014		1462		1935		2443		3002
50		170		593		1025		1473		1946		2456		3016
0	3	180	10	603	17	1035	24	1484	31	1958	38	2468	45	3030
10		190		613		1046		1495		1970		2481		3044
20		200		623		1056		1506		1981		2494		3058
30		210		634		1067		1517		1993		2506		3072
40		220		644		1077		1528		2005		2519		3087
50		230		654		1088		1539		2017		2532		3101
0	4	240	11	664	18	1098	25	1550	32	2028	39	2545	46	3116
10		250		674		1109		1561		2040		2558		3130
20		260		684		1119		1572		2052		2571		3144
30		270		695		1130		1583		2064		2584		3159
40		280		705		1140		1594		2076		2597		3173
50		290		715		1151		1605		2088		2610		3188
0	5	300	12	725	19	1161	26	1616	33	2099	40	2623	47	3203
10		310		735		1172		1628		2111		2636		3217
20		320		746		1183		1639		2123		2649		3232
30		330		756		1195		1650		2135		2662		3247
40		340		766		1204		1661		2147		2675		3262
50		350		776		1214		1672		2159		2688		3276
0	6	360	13	787	20	1225	27	1684	34	2171	41	2702	48	3291
10		370		797		1236		1695		2184		2715		3306
20		380		807		1246		1706		2196		2728		3321
30		390		818		1257		1717		2208		2741		3337
40		400		828		1268		1729		2220		2755		3352
50		410		838		1278		1740		2232		2768		3367

TABLE des latitudes croissantes, ou des longueurs qu'on doit donner aux divisions du méridien dans les cartes réduites.

M.	D.	Long	D.	Long.	D	Long.	D.	Long	D.	Long.	D.	Long.
0	49	3382	56	4074	63	4905	70	5966	77	7467	84	10137
10		3397		4092		4927		5995		7512		10234
20		3412		4110		4949		6025		7557		10334
30		3428		4128		4972		6055		7603		10437
40		3443		4146		4994		6085		7650		10543
50		3459		4164		5017		6115		7697		10652
0	50	3474	57	4183	64	5039	71	6146	78	7745	85	10765
10		3490		4201		5062		6177		7793		10881
20		3506		4219		5085		6208		7842		11002
30		3521		4238		5108		6240		7892		11127
40		3537		4257		5131		6271		7942		11257
50		3353		4275		5155		6303		7994		11392
0	51	3569	58	4294	65	5179	72	6335	79	8046	86	11533
10		3585		4313		5202		6367		8099		11679
20		3601		4332		5226		6400		8152		11832
30		3617		4351		5250		6433		8207		11992
40		3633		4370		5275		6467		8262		12160
50		3649		4389		5299		6500		8318		12334
0	52	3655	59	4409	66	5323	73	6534	80	8275	87	12522
10		3681		4429		5348		6569		8433		12719
20		3698		4448		5373		6603		8492		12927
30		3714		4468		5398		6638		8552		13149
40		3731		4488		5423		6674		8614		13387
50		3747		4507		5448		6710		8676		13641
0	53	3764	60	4527	67	5474	74	6746	81	8739	88	13917
10		3780		4547		5500		6782		8803		14216
20		3797		4568		5526		6819		8869		14543
30		3814		4588		5552		6856		8936		14906
40		3831		4608		5678		6894		9004		15311
50		3848		4629		5604		6932		9074		15770
0	54	3865	61	4649	68	5631	75	6970	82	9145	89	16300
10		3882		4670		5658		7009		9218		16926
20		3899		4691		5685		7048		9292		17694
30		3916		4712		5712		7088		9368		18682
40		3933		4733		5739		7128		9446		20075
50		3950		4754		5767		7169		9525		22458
0	55	3967	62	4775	69	5794	76	7210	83	9606	90	Infi.
10		3985		4796		5822		7251		9689		
20		4003		4818		5851		7293		9374		
30		4021		4839		5879		7336		9881		
40		4038		4861		5908		7379		9951		
50		4056		4883		5937		7423		10043		

FAUTES ESSENTIELLES A CORRIGER.

Pag. xxxij *lig. dernière*, A C M; *lisez*, A C N.
xxxvj *lig.* 12, FG; *lisez*, EG.
lj *lig.* 1, d'orient en occident; *lisez*, d'occident en orient.
lxvii *lig.* 16, ACE; *lisez*, BCE.
lxxvij *lig.* 15, 513 014; *lisez*, 513 074.
lxxviij *lig.* 9, 57 018; *lis.* 56 960.
c *lig.* 22, OE; *lisez*, OF.
cx *lig.* 4, DG; *lis.* BG.

S. F. LACROIX.

TABLEAU des valeurs les plus usitées.

	francs.	cent.	liv. sterl.	sols st.	den. st.
Florin d'Allemagne. . .	2	20	»	1	10
— d'Autriche. . . .	2	65	»	2	2
Risdale de Prusse. . . .	4	»	»	3	4
Dollar d'Amérique septent.	5	40	»	4	6
Guinée d'Angleterre. . . .	25	»	1	1	»
Risdale de Dannemarck. . .	5	70	»	4	9
Piastre d'Espagne. . . .	5	30	»	4	5
Florin de Hollande. . . .	2	20	»	1	10
Lire ou livre d'Italie. . .	»	85	»	»	8 ½
Scudi ou écu de Rome. . .	5	53	»	4	7
Ducat de Naples (1). . .	4	30	»	3	7
Rouble de Russie. . . .	4	5	»	3	4 ½
Risdale de Suède.	5	80	»	4	10

Les grandes tables ordinaires des monnaies sont inutilement prolixes, par le grand nombre de celles qu'on ne trouve jamais mentionnées dans les livres d'histoire et de voyage, mais elles offrent aussi beaucoup de noms et de valeurs anciennes et surannées. Elles sont aussi, sous d'autres rapports, extrêmement fautives.

---

(1) Le ducat d'Allemagne vaut environ 9 sous 4 deniers sterlings; le dollar vaut 4 sous 8 deniers sterlings.

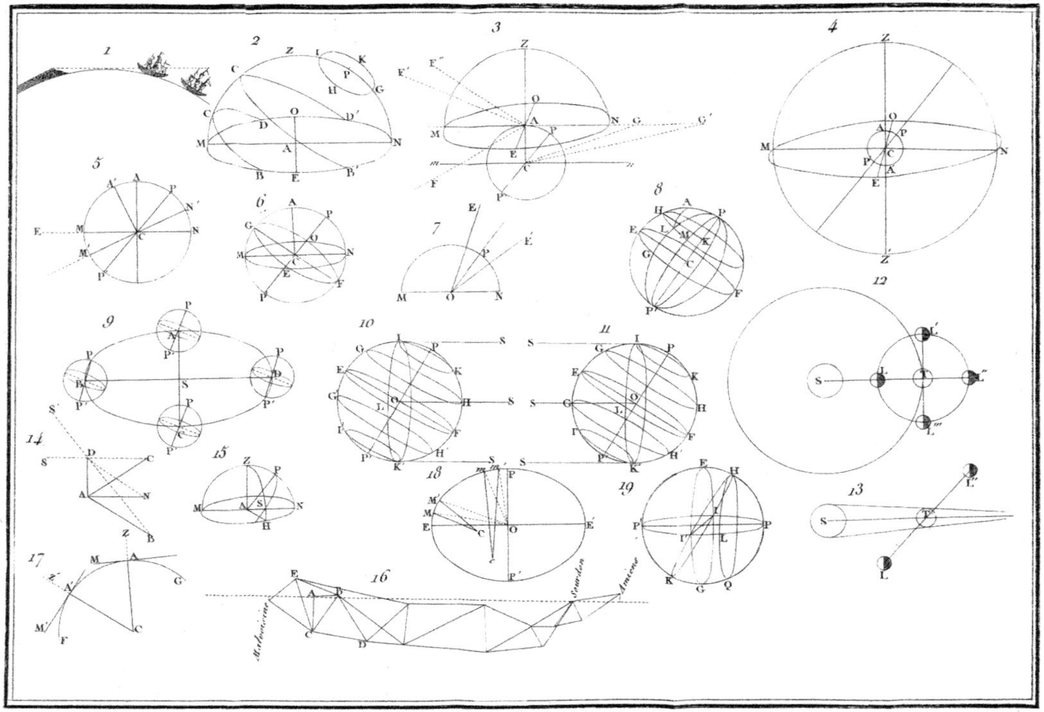
Malvoisine
Sourdon
Amiens

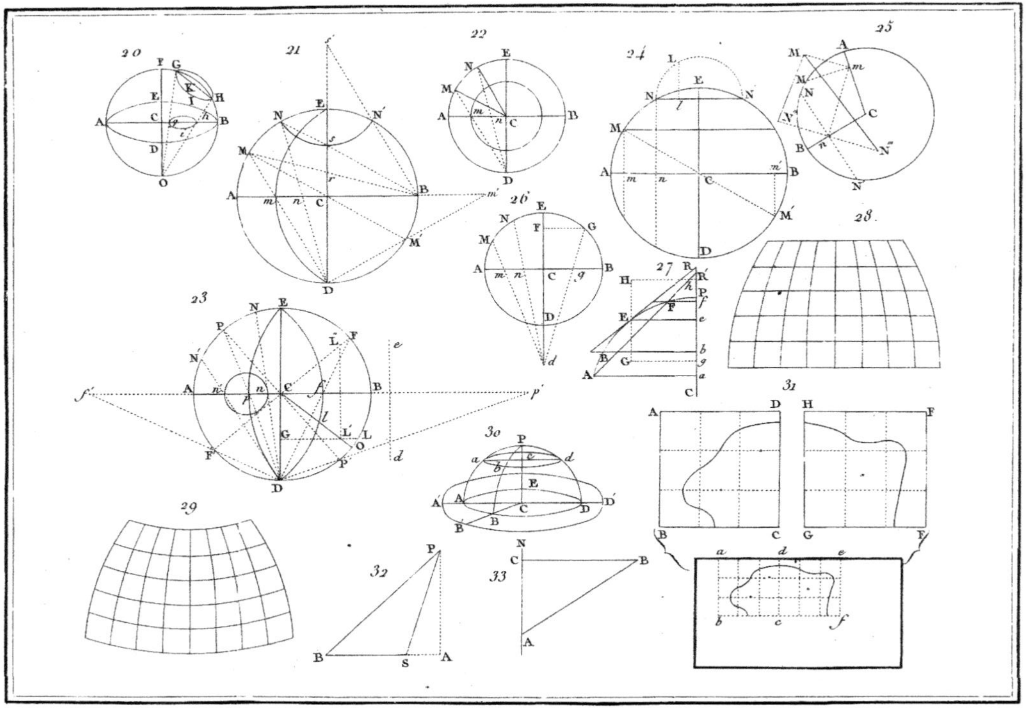
20
21
22
23
24
25
26
27
28.
29
30
31
32
33

PRINCIPALES DIVISIONS

DE CET OUVRAGE.

PUISSANCES DU TROISIÈME ORDRE.

(1) Il faut actuellement en détacher la Louisiane, qui appartient aux Etats-Unis. *Voyez* la note t. 1, p. 58.

GÉOGRAPHIE UNIVERSELLE.

OBSERVATIONS PRÉLIMINAIRES.

PAR géographie, mot dérivé du grec, on entend la description de la terre. Ce terme est quelquefois opposé à hydrographie, qui signifie description des eaux, c'est-à-dire des mers, lacs, rivières, etc.; mais le plus souvent on regarde l'hydrographie comme une partie de la géographie; et l'une et l'autre étaient anciennement considérées, conjointement avec l'astronomie, comme des parties de la cosmographie, science dont le grand objet était l'exposition de l'univers. Définitions.

C'est avec plus d'exactitude qu'à la géographie on oppose la chorographie, qui consiste à décrire une contrée ou une province; et à bien plus forte raison la topographie, qui se renferme dans un lieu, un canton, un petit district.

La géographie générale embrasse le sujet dans toute sa grandeur, considérant la terre comme une planète, les grandes divisions de terre et d'eau, les vents, les marées, les météores, etc. et peut s'étendre à ce qu'on appelle la partie mécanique de la géographie, en donnant des règles pour la construction des globes, mappemondes et cartes.

Au nombre des autres divisions de cette science on peut compter la géographie sacrée, dont le seul objet est l'éclaircissement des écritures ; la géographie ecclésiastique, qui décrit le gouvernement ecclésiastique, dans ses divisions en patriarchats, archevêchés, évêchés, archidiaconats, etc. avec leurs bornes respectives, qui souvent s'écartent beaucoup de celles des provinces séculières ; enfin la géographie physique, ou géologie, qui se propose la connaissance de la structure intérieure de la terre, autant que peuvent s'étendre les découvertes réelles ; car pour ce qui est de ces prétendus systêmes de la terre, fruits plus brillans que substantiels de tant d'esprits ingénieux, ils n'ont aucun rapport avec la science vraie et solide de la géologie, et l'on devrait plutôt les nommer cosmogonies, ou créations idéales de planètes.

Mais la géographie, dans le sens vulgaire, s'applique à la description des diverses régions du globe, principalement comme étant divisées entre différentes nations, et améliorées par l'art et l'industrie de l'homme. S'il fallait absolument déterminer cette acception commune par un terme scientifique, je proposerais celui de géographie historique, non pas seulement pour l'utilité dont elle est à l'histoire, mais aussi parce qu'elle approche de si près de la narration historique, qu'Hérodote et bien d'autres historiens ont semé dans leurs ouvrages de longs morceaux de géographie; et la description à jamais célèbre que Tacite nous a laissée de la Germanie, traite de la plupart des matières qui entrent dans le plan d'une géographie moderne.

Sous ce dernier point de vue, la géographie historique admet trois divisions: 1.°. la géographie ancienne ou classique, qui décrit l'état de la terre, conformément aux découvertes faites à différentes époques, mais n'allant pas au-delà de l'an 500 de l'ère chrétienne; 2.° la géographie du moyen âge, qui ne s'arrête qu'au quinzième siècle, à l'époque où les découvertes des portugais commencèrent à agrandir les bases de la science; 3.° la géographie moderne, sujet de cet ouvrage, qui, tout en embrassant les découvertes les plus récentes, ne laisse pas d'être susceptible de grandes augmentations, sur-tout en Afrique: je ne parle pas des moindres lacunes.

Divisions géographiques.

L'objet principal de la géographie moderne est de présenter les renseignemens les plus récens et les plus authentiques touchant les nations et les états nombreux qui se partagent et diversifient le globe; mais il est impossible d'acquérir là-dessus des idées exactes, si l'on n'examine d'abord dans une espèce d'introduction les progrès de chaque nation et de chaque état. Quoiqu'il s'offre quelques exemples où des bornes naturelles ont séparé et séparent encore des nations, cependant en général les limites sont arbitraires, de sorte que la géographie naturelle d'un pays, quoique formant un trait essentiel, jusqu'ici trop négligé, dans les ouvrages géographiques, ne peut s'admettre comme point capital : au contraire, la matière le cédant à l'esprit, on doit la regarder comme une suite de la géographie historique, qui a pour premier objet de décrire la variété des nations, et la condition des diverses races d'hommes. Sans doute ce sujet est de ceux qui font naître bien des opinions différentes ; mais après un long examen, j'ai cru devoir suivre l'ordre suivant : 1.° la géographie historique ou progressive de chaque pays ; 2.° son état politique, comprenant la plupart des objets que les publicistes allemands ont collectivement désignés par statistique, terme dont on pourrait contester la propriété ; 3.° la géographie civile, embrassant des objets moins immédiatement liés au gouvernement, comme la description des cités principales, des villes, etc. ; 4.° la géographie naturelle (1).

Parties du monde.

Les anciens considéraient la terre sous trois grandes divisions, l'Asie, l'Europe et l'Afrique ; cependant leur réunion ne formant qu'un même continent, les distinctions furent arbitraires : souvent ils enclavent l'Egypte dans l'Asie, et ils n'avaient point découvert les bornes de l'Eu-

(1) L'idée de cette distribution fut en partie inspirée par l'Essai sur l'histoire de la géographie, par Robert de Vaugondy.

rope au nord-est. Nous devons aux découvertes modernes une quatrième division, l'Amérique qui, surpassant l'Asie même en étendue, on eût pu la diviser en deux parties distinctes naturellement coupées par l'isthme de Panama. On supposait encore, il y a trente ans, l'existence d'un vaste continent au sud du globe, et on avait déjà fait bien des projets pour envoyer des colonies dans la grande et riche Terre australe; mais le second voyage de l'immortel Cook effaça cette terre idéale de la géographie, ou démontra du moins que s'il existait quelque continent de ce côté, il devait être perdu sous les immenses glaces du Pôle austral. La Nouvelle-Hollande dédommagea par son étendue des peines de l'entreprise. Trop grande pour une île, trop petite pour un continent, la Nouvelle-Hollande, comme les autres ouvrages de la nature, élude les petites distinctions de l'homme; et tandis que les géographes hésitent dans l'incertitude s'il faut l'agréger à l'Asie, ou, avec De Brosses, en faire une cinquième division du globe, il est fort probable que la division vulgaire du monde en quatre parties prévaudra sur toute discussion scientifique (1).

Dans tous les tems l'Asie a été la plus peu-

(1) La *Magellanique* de Cluverius et de De Brosses s'est effacée comme une ombre devant la lumière des dernières découvertes; mais l'Australasie et la Polynésie du dernier forment une distribution claire, excellente; distribution adoptée aujourd'hui par la plupart des savans.

plée de ces grandes divisions : on y suppose 500,000,000 d'habitans, en admettant l'exactitude du dernier dénombrement de la Chine qui en portait la population à 330,000,000. La population de l'Afrique peut être de 30,000,000 ; celle de l'Amérique de 20,000,000 : on peut évaluer celle de l'Europe à 150,000,000 d'ames (1).

Aspect du globe.

Les dernières découvertes ne permettent point de douter que l'eau ne couvre plus des deux tiers du globe : ces eaux, sous les noms d'océans, de mers, de lacs, de rivières, sont enfermées dans des espaces creux plus ou moins étendus, que les géographes français ont nommés *bassins*, comme ils ont appelé *plateaux* ces protubérances du globe, ces terres élevées, tantôt couronnées de montagnes, tantôt presque unies comme l'élévation spacieuse qui est au centre de l'Asie. Dans l'un et l'autre cas, de longues chaînes de montagnes sortent communément de ces plateaux, comme les branches sortent d'un tronc, et courent dans toutes les directions. Les plus grandes rivières ont aussi leur source dans les terres les plus élevées. Quoique les plaines basses et fertiles, qui s'étendent généralement bien au-dessus de l'embouchure des rivières, soient souvent formées du dépôt de leurs eaux, comme le Delta, cependant le géologiste chercherait en vain des règles

(1) L'Australasie et la Polynésie, ou la Nouvelle-Hollande et les îles de la mer Pacifique, ne contiennent probablement pas plus d'un demi-million d'habitans.

générales : on trouve de profondes gorges sans un seul ruisseau, et l'on voit d'immenses bassins où la trace d'aucune rivière ne se fait remarquer.

Le plus grand bassin est celui qu'on nomme Océan Pacifique : il occupe presque la moitié de la surface du globe, depuis les côtes orientales de la Nouvelle-Hollande jusqu'au rivage occidental de l'Amérique, et sur sa vaste et déserte étendue s'élèvent des groupes d'îles sans nombre, qui semblent les sommets de vastes montagnes que les flots n'ont pu engloutir. Ce grand bassin, séparément considéré, ne reçoit qu'un petit nombre de rivières, dont l'Amur, venant de la Tatarie, le Hoan-Ho et le Kian-Ku sortant de la Chine, sont les plus remarquables : les principales rivières d'Amérique courent à l'est. Océans.

L'Océan atlantique, qui se trouve entre l'ancien continent à l'est et le nouveau à l'ouest, occupe le second rang dans l'ordre des bassins. L'Océan indien en forme un troisième.

Les mers comprises entre les cercles polaires et les pôles, ont été désignées chacune par le nom d'Océan, l'un arctique, l'autre antarctique. Ce dernier a remplacé la Terre australe, et n'est par le fait que la continuation des Océans pacifique, atlantique et indien : l'Océan arctique est en partie environné de continens, et reçoit plusieurs grands fleuves.

Tels sont les bassins du globe les plus profonds : les autres sont remplis par de plus petites mers, telles que la Méditerranée, la Baltique et autres moins étendues, jusqu'à ce qu'enfin nous arrivions à d'autres moins considérables encore, qui forment les lacs intérieurs d'eau douce.

Rivières. Des bassins oblongs, quelquefois d'une longueur considérable, marquent le cours des rivières, qui généralement coupent et franchissent d'abord les terres élevées, jusqu'à ce qu'ayant trouvé une pente plus douce, elles s'épanchent lentement dans leur réceptacle inférieur. Mais comme les vues générales ont rarement le mérite de la précision, il ne faut point oublier ce que déjà nous avons observé en partie, qu'il est de grandes rivières même qui sortent de marais très-bas, et traversent de vastes plaines qui n'offrent d'autre concavité que celle formée par le lit même du fleuve; que d'autre part on rencontre de grandes vallées, des terres enfoncées entre des hauteurs sans le moindre filet d'eau. Quelquefois aussi des rivières forceront un passage qu'en vain la nature semble avoir voulu défendre en y accumulant des montagnes et des rochers, et dans une direction différente de celle qu'on eût donnée au bassin, et que le courant aurait pu suivre avec plus de facilité : tant la nature se joue des systêmes de l'homme ! De même quoique les principales chaînes de montagnes en Europe se dirigent au sud-est et au nord-ouest, cependant il y a tant d'exceptions, on voit de si nombreuses et si importantes variations dans les autres parties du globe, que la théorie s'efforce en vain de les généraliser. Comme on peut trouver des montagnes dans toutes les directions, une rivière peut s'échapper d'un lac intérieur ou d'un marais, et franchir de très-hautes barrières de rochers. En un mot la théorie de certains géographes français, quoique juste en général, ne doit être adoptée qu'avec certaines restrictions : c'est le livre de la nature qu'il faut consulter comme le code seul universel, seul stable, seul infaillible.

Du sein de l'Océan, de cet amas d'eaux immense, sort, dans l'ancien hémisphère, ce grand continent où se trouvent l'Asie, l'Europe et l'Afrique ; et dans le nouvel hémisphère, le continent américain, qui forme, suivant les dernières découvertes, une île distincte, séparée de l'ancien continent par un détroit. Nombre de découvertes faites dans ce dernier continent, de la plus haute importance pour la géographie, sont d'une date très-moderne, et il n'y a pas plus de soixante ans que nous acquîmes une idée imparfaite de l'étendue de la Sibérie et de l'empire de Russie ; et pas plus de vingt que nous avons commencé à avoir sur ces vastes régions des détails amples, réels, exacts. Ainsi l'on pourrait dire, dans un sens, que l'Amérique a été découverte avant l'Asie. Quant à l'Afrique, nous n'en connaissons guère que la bordure : quelques observations récentes, au lieu de diminuer l'idée que Continens.

nous avions de son étendue, semblent au contraire y ajouter.

Mais la plus grande division de l'ancien continent, c'est l'Asie, berceau des nations et de la civilisation : l'Océan l'environne au nord-est et au sud ; à l'ouest une ligne idéale la sépare de l'Afrique, et ses limites avec l'Europe sont peu prononcées. Les empires de Russie et de Turquie, embrassant de grandes portions des deux continens, unissent intimement l'Asie avec l'Europe. Mais jaloux de la clarté et de la précision, premier mérite de tout ouvrage didactique, les géographes s'en tiennent à la stricte division de l'ancien continent en trois grandes parties, sacrifiant la distinction la plus rigoureuse à la plus importante ; car si cette division n'est pas entièrement naturelle sous le rapport physique, elle l'est sous le rapport moral : les mœurs des sujets de la Russie et de la Porte en Asie, différent en effet beaucoup de celles des européens soumis aux mêmes empires.

En Europe est le trône des lettres et des arts ; c'est-là que l'homme a donné le plus grand essor à son génie ; c'est d'ailleurs la patrie des plus célèbres géographes modernes ; c'est celle à laquelle les lecteurs s'intéressent le plus vivement et le plus universellement. C'est donc par l'Europe que nous commencerons. Au reste, cet ordre est arbitraire, et, au choix de l'auteur. Ptolémée, qu'on honore du nom de père de la géographie, commence, il est vrai, par l'Europe, mais décrit ensuite l'Afrique avant l'Asie (1).

Avant d'entrer dans la description particulière des divers états et royaumes compris dans chaque grande division du globe, la coutume, et même la raison, veulent que l'auteur donne de chacune en particulier une description générale : nous allons nous y conformer.

---

(1) La meilleure édition de ses cartes, Amsterdam, 1730, place l'Afrique la première.

EUROPE.

Cette partie du globe est la moindre quant à l'étendue, et le cède de beaucoup à l'Afrique; elle peut avoir environ 2850 milles de longueur, depuis le cap Portugais, ou cap Saint-Vincent à l'ouest, jusqu'aux monts Urals à l'est; et environ 2030 milles géographiques de largeur, depuis le cap Nord, dans la Laponie danoise, jusqu'au cap Matapan, point le plus méridional de la Grèce et de toute l'Europe. L'évaluation de sa surface en milles carrés, a donné des résultats bien différens, suivant les divers calculateurs; mais comme cette évaluation est un peu arbitraire et seulement comparative, il suffira ici de faire connaître le terme moyen, qui est d'environ deux millions et demi de milles anglais.

Limites. Les anciens n'avaient aucune idée juste des bornes de l'Europe, dont le nom même semble tirer son origine d'un petit district près de l'Hellespont; de même que le nom distinctif de l'Asie fut pris du rivage opposé. Il y a plus d'un tiers de l'Europe, au nord et à l'est, qui n'a été connu avec précision que dans les tems modernes. Cette partie du monde est bornée au sud par la Méditerranée; à l'ouest par l'Atlantique, qui contient l'île d'Europe la plus reculée, l'Islande; le Groënland est regardé comme une partie de l'Amérique septentrionale. Au nord l'Europe est bornée par l'Océan arctique, où se trouvent les îles lointaines de Spitzberg et de la Nouvelle-Zemble; à l'est les limites souffrent quelque discussion. Les monts Urals, grandes limites naturelles, ne s'étendent point jusqu'à l'Océan arctique; on prend pour bornes la Cara, qui coule dans la mer de Karskoye. Les limites marquées par les montagnes d'Urals atteignent le 56e degré de latitude nord; plus au sud, il faut chercher les grands confins de l'Europe et de l'Asie dans les petites circonscriptions des gouvernemens russes. Cependant on pourrait tracer des limites plus naturelles en suivant l'Oufa depuis sa source jusqu'à sa jonction avec la Belaya, et de là le cours de la Kama au Volga, fleuve qui formerait une imposante barrière jusqu'à la ville de Sarepta, d'où une courte ligne idéale, la seule de cette délinéation, courrait à l'ouest joindre le Don, qui compléterait les démarcations incertaines; celles au nord et à l'ouest de la mer Noire sont claires et précises.

Ancienne population.

L'ancienne population de l'Europe se composait des celtes à l'ouest et au sud; des fins au nord-est; et dans la partie du nord la plus reculée, d'une petite race semblable aux samoyèdes d'Asie, des lapons, qui semblent avoir enrichi leur idiome rude et grossier en adoptant en grande partie celui des fins leurs voisins, beaucoup plus civilisés. Ces anciens habitans, que tout nous fait croire avoir été peu nombreux, furent chassés vers l'occident et vers le nord par les scythes ou goths venus d'Asie, dont les descendans occupent la plus grande partie de l'Europe; par les sarmates ou esclavons, également sortis de l'Asie, ancêtres des russes, des polonais, etc., et que suivirent les hérules, peuple qui parlait ce qu'on appelle aujourd'hui la langue lettique, qu'on entend encore en Prusse, en Lithuanie, en Samogitie, en Courlande et en Livonie; elle a de grands rapports avec l'esclavon (1), mais elle en diffère aussi beaucoup. La colonie des ibères, maures septentrionaux, passa, à une époque très-reculée, d'Afrique en Espagne. Il ne faut pas oublier non plus les hongrois et les turcs, émigrés d'Asie dans des tems plus modernes.

Progrès de la géographie.

Les progrès de la géographie ou les époques géographiques de l'Europe, se développeront mieux dans les descriptions particulières des différens états. Nous nous contenterons d'observer ici que les plus habiles géographes modernes, sans excepter d'Anville lui-même, se sont mépris considérablement sur la connaissance que les anciens pouvaient avoir de l'Europe. De la Scandinavie ils ne connaissaient que la partie méridionale jusqu'aux grands lacs de Weter et de Wener. Les vaisseaux romains visitèrent les côtes méridionales de la Baltique jusqu'à la rivière *Rubo*, qui est la Dwina occi-

---

(1) Took's View of Russia, t. 1, p. 455.

dentale, et recueillirent les noms de diverses tribus établies le long des rivages; mais quant aux parties centrales de la Germanie, les cartes de Ptolémée prouvent évidemment que les anciens n'en avaient aucune idée précise; de sorte qu'il paraît plus conforme à la vérité de placer les tribus que ce géographe dénomme, au nord sur les côtes de la Baltique, ou au sud sur la rive gauche du Danube. Ils connaissaient fort bien les monts Krapacks ou Sarmates; mais tout prouve qu'ils n'ont jamais dépassé la ligne du 50e ou 52e deg. de latitude nord. Souvent on est tombé dans l'erreur, faute d'avoir fait attention à une singularité des descriptions anciennes: les montagnes, dans l'état sauvage de l'Europe, étaient ou couronnées ou accompagnées de forêts, et plusieurs des langues barbares n'avaient qu'un même terme pour exprimer les unes et les autres; de là vient que les anciens placent souvent d'importantes montagnes où la nature n'avait planté que de vastes forêts. Cette remarque devient essentielle dans la comparaison de la géographie ancienne et moderne. On suppose en vain que les monts Riphées étaient les mêmes que les monts Urals, dont assurément les anciens ne soupçonnaient pas l'existence, tandis que c'était une grande forêt courant de l'est à l'ouest. Le *Sevo Mons* de Pline, qu'il place positivement au nord de l'Allemagne, quoique certains géographes, en opposition directe avec son texte, le transportent en Norwège, région presque aussi inconnue des anciens que l'Amérique, doit être regardé comme une vaste forêt aboutissant à quelque promontoire ; et le même cas a lieu pour les *Venedici Montes* de Ptolémée ; car les connaissances modernes détruisent la prétendue existence de ces montagnes. La géographie est peut-être celle des sciences qui a marché le plus lentement et évité le moins d'erreurs : ses premiers restaurateurs placent au hasard plusieurs grands traits de la nature, au lieu de suivre la méthode sûre et depuis trop peu de tems adoptée, qui est de donner d'abord l'exacte délinéation du pays, et de chercher ensuite jusqu'où s'étendaient les connaissances anciennes.

Religion. La religion chrétienne est établie dans toute l'étendue de l'Europe, à l'exception de la Turquie, dont cependant une moitié, pour le moins, des habitans, est attachée à l'église grecque. Dans tous les lieux où la foi chrétienne a pénétré, on a vu naître et prospérer les sciences, l'industrie et la civilisation. Malheureusement les progrès furent lents parmi les tribus barbares du nord, la Scandinavie n'ayant renoncé au paganisme qu'au onzième siècle, et quelques tribus esclavones au sud de la Baltique, seulement au treizième; et il n'y a pas plus d'un siècle que les lapons ont été convertis par des missionnaires danois. Cette religion est divisée en plusieurs sectes, dont deux principales, la catholique et la protestante : la première domine au midi, où les passions plus ardentes et les imaginations plus actives se complaisent dans les idées de pompe et de splendeur; la dernière au nord, où la raison a quelque chose de plus calme et de plus froid.

Cette universalité de la religion chrétienne a été accompagnée d'un autre grand avantage, celui de réunir toute l'Europe comme en une seule république, où toute découverte utile faite dans un état circule rapidement dans tous les autres. Sous ce rapport on a comparé l'Europe à l'ancienne Grèce : fasse le ciel que la Russie n'en devienne pas la Macédoine!

Climat.

Cette belle portion du globe se trouve presque en entier sous la zone tempérée, si toutefois la géographie doit admettre ces sortes de distinctions depuis qu'il est prouvé par les découvertes modernes, que le climat dépend souvent de causes locales. En effet, les Alpes offrent dans une latitude méridionale, des montagnes de glace inconnues en Laponie : la zone torride voit tomber de violentes pluies et abonde en habitans; peut-être même y a-t-il des montagnes couvertes de neige. Cependant, libre des chaleurs énervantes de l'Asie et de l'Afrique, le climat de l'Europe est en général favorable aux développemens des facultés physiques et morales de l'homme.

Mers intérieures.

En jetant sur l'Europe un coup-d'œil général, ce qui frappe, ce qui intéresse le plus, c'est le nombre et l'étendue de ses mers intérieures, regardées avec raison comme les premières causes de la grande industrie et de la civilisation perfectionnée de cette partie du globe, et par conséquent de sa supériorité sur les trois autres. Si l'Afrique avait été pénétrée à l'ouest d'une grande mer intérieure, il est probable que les bienfaits de l'industrie s'y seraient répandus avec facilité. La Méditerranée obtient parmi les mers intérieures une prééminence méritée, puisqu'elle a été le centre de la civilisation de l'Europe ancienne et moderne. Les colonnes d'Hercule marquaient ses bornes à l'occident: c'étaient le mont ou le roc d'*Abila*, aujourd'hui Ceuta, et le Kalpe en Espagne, le célèbre Gibraltar. De là à sa dernière extrémité en Syrie, la Méditerranée a une longueur d'environ 1720 milles, longueur que les cartes anciennes ont portée à 2155 milles environ. Au nord elle s'ouvre en deux grands golfes, celui de Venise et l'Archipel: le premier est la mer Adriatique, et le second la mer Egée, des anciens. De ce dernier le détroit des Dardanelles, autrefois l'Hellespont, conduit à la mer de Marmara, la *Propontis* classique; de là l'ancien Bosphore de Thrace, aujourd'hui canal de Constantinople, communique avec le Pont-Euxin ou mer Noire, qui présente au nord le bas-fond du *Palus-Méotis*, ou mer d'Azof, qui, de ce côté, est la dernière limite de l'Europe maritime. La vaste étendue de la Méditerranée est diversifiée par une foule d'îles, et bordée de côtes opulentes où la nature a prodigué ses traits les plus pittoresques et les plus sublimes. Excepté dans les détroits les plus resserrés, on n'y aperçoit point l'effet des marées; mais suivant l'opinion des naturalistes, il y règne un courant qui, le long du rivage italien, se dirige de l'ouest à l'est, et dans le sens contraire vers la côte d'Afrique. Dans l'Adriatique, le courant suit la direction nord-ouest vers la Dalmatie, et la direction contraire en retournant le long de l'Italie. La Méditerranée, très-abondante en poissons, en offre plusieurs espèces inconnues dans les latitudes plus septentrionales. Les principales pêches sont celles du thon, du spadon, du marsouin, espèce de goulu de mer, et des anchois. C'est aussi l'endroit où on trouve en plus grande abondance le corail, qu'on sait aujourd'hui être l'ouvrage d'insectes de mer, ou plutôt de zoophites. Cette prétendue plante se présente sous trois couleurs, le rouge, le vermillon et le blanc; et dans sa plus grande hauteur n'a guère jamais plus de onze pouces. Sa dureté est la même au fond des eaux que dans l'air. On le recueille avec une espèce de filet, à la profondeur de 60 à 125 pieds (1). C'est à l'hydrographe à donner l'énumération, à déterminer la situation des écueils et des rochers, mais les bancs de pêche sont d'une importance générale, et il y en a quelques-uns près de la Sicile. Les uns disent que la mer Noire tire son nom de ses rocs noirs; d'autres, d'une navigation très-dangereuse; mais il est difficile d'expliquer l'origine de pa-

(1) Voyages de Spallanzani dans les Deux-Siciles.

reils termes, qui souvent n'en ont d'autre que la fantaisie ou la superstition des marins. La mer d'Azof est remplie de vase ; de là le nom de *Palus*, marais, que lui donnèrent les anciens : elle communique avec la mer Noire par le détroit de Caffa, autrefois Bosphore Cimmérien.

La Baltique est la seconde des grandes mers intérieures ; les allemands la nomment mer Orientale, en anglais, *Eastern sea ;* d'où les *easterlings* de l'histoire d'Angleterre, peuple des rivages de la Baltique. Elle s'ouvre sur la mer d'Allemagne par un golfe portant au nord-est, appelé le Skager-Rack ; elle passe ensuite au sud pour former le Catégat, au sud-est duquel est le Sund d'Elseneur, détroit où les vaisseaux paient au Dannemarck tribut et hommage. Au-delà du canal, la Baltique s'étend largement au nord-est, et se divise en deux branches, qui sont le golfe de Bothnie et celui de Finlande, tous deux pris de glace, ou encombrés de glaçons, quatre ou cinq mois de l'année. D'anciens historiens rapportent même que les loups ont passé sur la glace de la Norwège dans le Jutland ; si ce fait est vrai, la rigueur des saisons doit s'être fort adoucie. Cette mer, dans sa plus grande profondeur, n'a pas, dit-on, plus de cinquante brasses. Les naturalistes suédois assurent qu'elle perd tous les cent ans environ quatre pieds de son étendue. Ils prétendent aussi que son eau ne contient pas plus d'une trentième partie de sel, tandis que celles des autres mers en dissolvent souvent un dixième ;

ils attribuent ce moindre degré de salure à la quantité de glace, et ajoutent que par le vent du nord elle devient si douce, qu'on peut l'employer même aux usages domestiques. Les marées ne s'y font point sentir, et le poisson n'y est pas abondant.

La mer Blanche, au nord de la Russie, était plus connue en Europe, et particulièrement aux spéculateurs anglais, avant que le commerce d'Archangel ne passât à Pétersbourg. Sous le règne du grand Alfred, elle était désignée par Octer sous le nom de mer Reine (*Qven-Sea*); et les écrivains islandais la nomment la mer de Ganviik, sur le rivage de laquelle était leur Biarmia. La mer Blanche renferme un grand nombre de petites îles; mais jusqu'à présent nous n'en avons eu que des relations courtes et peu satisfaisantes.

Parmi les autres divisions maritimes nous citerons la mer d'Allemagne, ainsi nommée parce qu'elle baigne les côtes de l'ancienne Germanie, depuis le Rhin jusqu'à l'extrémité du Jutland. On l'appelle souvent aujourd'hui, assez improprement, mer du Nord, nom qui vient sans doute des hollandais. On peut la regarder comme une partie de l'Océan atlantique; elle se termine au Pas-de-Calais, où commence la Manche, qui s'étend à l'ouest. Le golfe de Gascogne, nommé par les espagnols la baie de Biscaie, est un autre enfoncement de l'Océan atlantique. Le canal de Bristol est plutôt l'embouchure, ou si l'on

Autres mers.

veut, le bras de mer de la Séverne. Entre la Grande-Bretagne et l'Irlande, on trouve le canal Saint-George au sud, la mer d'Irlande au centre, par laquelle on arrive au canal du nord. Cette partie de l'Atlantique, comprise entre l'Ecosse et la dernière chaîne des îles Western, depuis Barra jusqu'à Lewis, n'a reçu aucune dénomination particulière, quoiqu'on pût lui appliquer celle de canal des Hébudes. Au nord de l'Ecosse est la mer de Deucalédonie des anciens, qu'ils appelaient aussi mer des Sarmates, la considérant comme une extension de la Baltique.

Océan arctique.

Au nord de l'Europe est l'Océan arctique, affreuse et solitaire région de glace, dont les bords flottans présentent le spectacle de montagnes roulantes, couronnées de pyramides qui réfléchissent toutes les couleurs de la nature, spectacle magnifique qui remplit le cœur du navigateur d'admiration et de crainte. Cependant cet abîme, ce chaos est, dans les mains de la Providence, une source abondante de provisions pour l'homme. C'est là que les innombrables nations de harengs semblent chercher un asile contre la foule de leurs ennemis, et multiplier leur race par millions. Sortant de leur retraite vers le milieu de l'hiver, ils forment trois divisions : l'une va couvrir à l'ouest les rivages d'Amérique jusqu'à la baie de Chesapéak et la Caroline ; la seconde, moins considérable, passe le détroit qui sépare l'Asie de l'Amérique, et va visiter les côtes du Kamschatka (1); mais la plus étonnante de ces phalanges vient au commencement de mars cerner l'Islande de ses rangs pressés, étonnamment profonds, et d'une telle étendue qu'ils couvrent une surface égale, dit-on, à celles de la Grande-Bretagne et de l'Irlande réunies. Cependant ils se subdivisent en innombrables colonnes longues de cinq à six milles, larges de trois à quatre, que suivent des nuées d'oiseaux de mer, et qu'on distingue au bouillonnement de l'eau et à une réflexion brillante semblable à l'arc-en-ciel. En avril ou mai, l'avant-garde de ceux destinés aux possessions britanniques approche les îles Shetland, où le grand corps arrive en juin. C'est vers la fin de ce mois et dans celui de juillet qu'ils ont acquis la plus grande perfection, ce que savent fort bien les pêcheurs hollandais, qui prenaient à cette époque cette espèce supérieure, première source de la richesse des Provinces-Unies. De Shetland une division s'avance à l'est jusqu'à Yarmouth, où elle paraît en octobre. L'autre détachement passe à l'ouest et longe les côtes d'Irlande. On rencontre de tems en tems quelques bandes de traîneurs qui, s'étant engagés trop loin, ne peuvent retourner; mais on croit généralement qu'une grande partie regagne l'Océan arctique, et qu'ils y déposent leur frai vers le mois d'octobre.

Il serait superflu de donner l'énumération

(1) Pennant, Arctic Zoology, t. 1, p. 211.

des moindres golfes, des détroits et des autres petites diversités qu'offrent les mers d'Europe, dans une insignifiante liste de noms ou dans une table arithmétique bien sèche : on peut les étudier sur les cartes avec plus de fruit et d'agrément : d'ailleurs cette manière de présenter la science est peut-être la plus illibérale et la plus repoussante ; c'est comme si on voulait enseigner l'histoire en présentant le catalogue nombreux des noms des hommes d'état et des guerriers. Mais il manquerait un trait essentiel à ce tableau des mers européennes, si nous le terminions sans faire quelques observations sur les bancs de sable, espèce de bas-fonds qu'on suppose être les cimes de montagnes submergées, et qui étant *fréquentés* par la morue et d'autres espèces de poisson, appellent l'attention des hommes industrieux. Les sables de Goodwin, dans les parages du comté de Kent, en Angleterre, sont plus dangereux pour le marin qu'attrayans pour le pêcheur ; mais sur la

Bancs de sable.

côte de Hollande sont plusieurs bancs qui fournissent d'excellens poissons, des turbots, des soles, des plies, etc. Plus au nord est le grand banc de Dogger qui, s'étendant du sud-est au nord-ouest, dans un espace d'environ soixante-douze lieues, commence à douze lieues environ de la pointe de Flamborough, et se termine vers la côte du Jutland. Entre les bancs de Dogger et de Well, se voient au sud les Silverpits (mines d'argent) des marins, qui fournissent Londres de morue, poisson qui se plaît dans les profondeurs voisines des bancs, tandis que le poisson plat aime les bas-fonds. Ce fut près du Dogger que se livra entre les anglais et les hollandais, le célèbre combat de 1781. L'Ore et le Lemon gissent entre ces bancs et les côtes d'Angleterre. Au nord-est du Dogger est le Hornriff, langue étroite qui s'étend au Jutland. Le Jutts-Riff est un banc de sable de la forme d'un croissant, qui de l'entrée de la mer Baltique semble vouloir embrasser la mer d'Allemagne.

Le banc de Mar commence à l'opposite de Berwick, mais n'a que 13 milles de long. Plus à l'est s'étend, de Buchan-Ness à New-Castle, le Long-Fortys, distant de la côte anglaise de 35 à 85 milles. De la côte de Buchan un banc file aussi à travers la mer d'Allemagne vers le Jutts-Riff. Ce qu'on appelle les trous de Montrose (montrose-pits), comme étant sous la latitude de cette ville, quoiqu'à l'est du Long-Fortys, sont des bassins de trois à quatre milles de diamètre, de 70 à 1000 brasses de profondeur, avec un fond uni et vaseux, dans un banc de sable d'environ 50 milles de long et couvert de quarante brasses d'eau.

Montrose-pits.

Le plus grand banc de l'Océan atlantique est celui de Terre-Neuve, réservé pour la description des mers d'Amérique. On voit à l'ouest des Hébudes un banc très-considérable qui abonde en morue et autres poissons.

Rivières et montagnes.

La description des principales rivières de l'Europe se trouve comprise dans celle des contrées qu'elles arrosent. Le Volga a la plus grande partie de son cours en Europe ; après celui-là les principaux sont le Danube, le Dnieper ou Nieper, le Rhin et l'Elbe. Les montagnes les plus élevées sont les Alpes, ensuite les Pyrénées et la longue chaîne qui sépare la Norwège de la Suède. Les monts Crapacks et la chaîne d'Emineh ou Hœmus, sont avec les Apennins d'une étendue et d'une élévation moyennes. Ces grands et immuables traits de la nature, qui n'ont obtenu toute l'attention qu'ils méritent que dans ces dernières années, recevront, dans les descriptions particulières, autant de développemens que les matériaux connus le permettront.

Gouvernemens. Dans les royaumes et états d'Europe, on peut distinguer, 1.° des monarchies despotiques en Russie et en Turquie ; 2.° des monarchies absolues en Espagne, en Dannemarck, etc. 3.° des monarchies limitées, telles que l'empire d'Allemagne, le royaume uni de la Grande-Bretagne, etc. Depuis la chute de Venise, et la subversion de la Suisse et de la Hollande, on aperçoit à peine en Europe une aristocratie fixe et permanente, c'est-à-dire un gouvernement héréditaire de nobles. Un petit nombre de cités et quelques cantons de la Suisse peuvent conserver une image de démocratie, ou pour parler plus exactement, d'aristocratie élective.

Distribution Déjà, dans la préface, nous avons expliqué le plan de cet ouvrage. Nous devons faire trois divisions des divers états de l'Europe, les considérant, selon leur importance réelle, comme du premier, du second ou du troisième ordre : de plus, chacun doit être décrit avec une étendue proportionnée au poid squ'il a dans la balance politique, et à l'intérêt qu'il inspire. A la vérité, un petit état peut par fois exciter une plus juste curiosité qu'un état plus grand dans ses dimensions, mais de telles considérations sont étrangères à un systême exact de géographie, qui distribue les divers objets dans un ordre précis, et porte un examen impartial sur tout le cercle des affaires humaines. Les étrangers objecteront peut-être que les possessions britanniques occupent un trop grand espace ; mais le même reproche peut s'appliquer à tout systême de géographie, soit ancien, soit moderne : les auteurs se sont toujours fort étendus en décrivant le pays dans lequel ils vivaient ; et pour tout lecteur, le principal objet n'est-il pas sa patrie ? d'ailleurs, comme toutes les connaissances s'acquièrent sur-tout par la comparaison, il n'est guère possible de se former des idées justes des contrées étrangères, si l'on ne connaît la sienne à fond. Qu'on réfléchisse aussi que, s'il n'est rien de plus simple ou plus clair que la distribution des états en différens ordres, suivant leur degré d'importance à une époque donnée, cependant il y aurait de la présomption, peut-être même de l'imprudence, à vouloir décider du rang précis d'un état par rapport à un autre ; à vouloir décider, par exemple, laquelle est la plus puissante de la France ou de la Russie. Cette partie de l'arrangement doit donc rester au choix de l'auteur, et il suffit que les états du même ordre soient traités avec la même étendue.

Au commencement du dix-neuvième siècle, les états du premier ordre en Europe sont : 1. la France ; 2. les royaumes-unis de la Grande-Bretagne et d'Irlande ; 3. la Russie ; 4. l'Autriche ; 5. la Prusse ; 6. l'Espagne ; 7. la Turquie, qui ne doit pas être réduite au second ordre, puisqu'elle conserve, quoique peut-être bien près de sa chute, le nom et l'importance d'un empire.

Dans le second ordre se trouvent : 1. la Hollande ou la Batavie ; 2. le Dannemarck ; 3. la Suède ; 4. le Portugal ; 5. la Suisse.

Nous rangeons dans le troisième ordre les principaux états de l'Allemagne, le labyrinthe de la géographie ; et ensuite ceux d'Italie. Les royaumes de Sicile et de Sardaigne pourraient, s'ils étaient entiers et stables, prétendre au second ordre ; et l'électorat Bavarois et Palatin, ainsi que celui de Saxe, réclameraient peut-être la même place. Mais comme ces états ne sont, au fond, que des divisions un peu plus considérables de l'Allemagne ou de l'Italie, il a paru plus convenable de les considérer dans la liaison naturelle et intime qu'ils ont avec ces contrées.

Après cet éclaircissement préalable, nous commencerons par la description de la France (*a*).

(*a*) Il est, je pense, inutile d'avertir que les convenances nationales, d'accord avec la vérité, nous ont porté à faire ici un léger changement à notre texte, en plaçant la France avant l'Angleterre. (C. A. W.)

FRANCE.

CHAPITRE PREMIER.

GÉOGRAPHIE HISTORIQUE.

Noms. — Etendue. — Limites. — Population primitive. — Progrès de la géographie. — Epoques historiques et antiquités.

La France, justement célèbre, et au premier rang parmi les états de l'Europe, fut probablement connue des phéniciens, qui durent presque l'oublier pour les riches métaux que l'Espagne leur promettait. Suivant la chronologie d'Usserius, les phocéens, faisant voile d'Ionie, vinrent en l'an 600 avant Jésus-Christ, fonder la ville de *Massilia*, aujourd'hui Marseille; cependant Hérodote, qui florissait cent cinquante ans après cette époque, a une connaissance si imparfaite de la Gaule, qu'il fait sortir le Danube des Pyrénées. Nous savons que les anciens habitans de ce pays étaient les celtes, dont Aristote même ne savait rien, sinon qu'ils occupaient la contrée au-dessus de l'Ibérie ou de l'Espagne. Les romains en connurent les parties méridionales à une époque très-reculée; ils y entrèrent environ Noms.

120 ans avant l'ère chrétienne, et du pays conquis formèrent une province sous le nom de *Gallia Bracata ;* mais à Jules-César étaient réservées la découverte et la conquête du reste de cette vaste et fertile contrée. Les anciens la nommèrent quelquefois le pays des celtes ; cependant il paraît qu'elle n'a reçu qu'un même nom général, celui de *Gallia*, Gaule, qui, après la chute de l'empire romain, fut remplacé par celui de *Francia*, France ; parce que les francs, peuple de la basse Germanie, s'en emparèrent et s'y établirent.

Les pays autrichiens qui viennent d'être réunis à la France, étaient jadis connus sous le nom de Gaule-Belgique, les principaux habitans de cette partie étant les *menapii*, les *tungri*, les *nervii* et les *morini*. Après l'invasion des francs, cette contrée forma une partie de la Neustrie, ou du nouveau royaume (l'ancien royaume des francs était à l'est du Rhin) ; il appartint partie à la province de Flandres, partie à celle de Lotharinge, ou Basse Lorraine (1). Vers le milieu du neuvième siècle s'éleva la puissante maison des comtes de Flandres ; et les comtes de Hainaut commencèrent à-peu-près à la même époque. Les ducs de Basse Lorraine et de Brabant sont peu connus jusqu'à la fin du dixième siècle. Ces grands héritages et d'autres encore tombèrent successivement entre les mains des ducs de

(1) D'Anville, Etats formés en Europe, 70, etc.

Bourgogne, dont les possessions, au quinzième siècle, valaient un grand royaume. Une alliance fit qu'avec l'héritière de Bourgogne, les Pays-Bas passèrent dans la maison d'Autriche.

L'étendue de la France en superficie s'évaluait, avant les dernières acquisitions, à 148,840 milles anglais carrés; et comme on y supposait une population de 26,000,000 d'ames, il s'y trouvait 174 habitans par mille anglais carré (1). La France avait pour bornes à l'ouest l'Océan atlantique; au sud, la Méditerranée et les Pyrénées; à l'est, la Savoie, la Suisse et l'Allemagne; au nord, les Pays-Bas autrichiens, la mer d'Allemagne et la Manche. Elle s'étendait à-peu-près du 42e au 51e degré de latitude nord; et du 7e degré de longitude ouest de Paris, au 5e degré de longitude est; ayant du nord au sud une longueur d'environ 510 milles, et de l'ouest à l'est, une largeur d'environ 485 milles. Etendue.

La longueur des Pays-Bas autrichiens, prise des limites orientales du Luxembourg, à Ostende sur l'Océan, pouvait être d'environ 155 milles; la largeur, depuis la frontière nord du Brabant autrichien, jusqu'à l'extrémité méridionale du Hainaut, d'environ 100 milles. On

(1) Boetticher, p. 18; M. Young, Travels, t. 1, p. 285, suppose la superficie de France de 186,282 milles carrés, ou plutôt avec Necker, de 131,722,295 acres anglais. La Grande-Bretagne et l'Irlande réunies peuvent former une surface de 99,335,589 acres.

en évaluait la superficie à 7520 milles anglais carrés, et la population à 1,900,000 ames; ce qui faisait 252 habitans par mille anglais carré. Mais la France ayant fixé définitivement ses limites au Rhin, et par là renfermant de grandes portions des cercles du Bas-Rhin et de la Westphalie, le territoire et la population des Pays-Bas peuvent se trouver accrus au moins d'un tiers (*a*).

(*a*) Les limites actuelles de la France sont, au nord, la république Batave, ou la Hollande; à l'ouest, l'Océan atlantique; au sud, l'Espagne et la Méditerranée: au sud-est, elle franchit les Alpes, englobe l'ancien Piémont, et a pour bornes les républiques Ligurienne et Italienne, la petite république du Valais et la Suisse. A l'est elle n'est séparée de l'Allemagne que par le Rhin. Sa longueur du nord au sud, est de 240 lieues (de 25 au degré) sur 220 de large; sa superficie est d'environ 32,000 lieues carrées.

La France ancienne, avant les dernières acquisitions, n'avait qu'environ 220 lieues de long sur 215 de large. Le célèbre de la Grange, dans son *Essai sur l'arithmétique politique* (1), évalue sa superficie à 27,126 $\frac{47}{100}$ de lieues carrées de 25 au degré, ce qui égale une surface de 105,000,000 d'arpens de 100 perches carrées, la perche ayant 22 pieds ou 3 $\frac{2}{3}$ toises. Cet arpent qu'on appelle le grand arpent, est un carré dont le côté est de 36 toises $\frac{666}{1000}$ de toise, et son contenu en toises carrées est de 1,343 $\frac{95}{100}$ de toises.

Avant les dernières acquisitions, la France comptait 25,000,000 d'habitans, dont 921 par lieue carrée; les dénombremens les plus récens ayant porté le nombre total de ses habitans à 32,000,000, celui des habitans, par lieue carrée, se trouve être environ de 1,000. (C. A. W.)

(1) Collection de divers ouvrages d'arithmétique politique, publiés par Rœderer, in-8.°, an 4, p. 49.

Plusieurs écrivains habiles ont fait connaître quelle était la population primitive de la Gaule. Elle se composait des celtes, qu'aucun autre peuple, du moins autant qu'il faut s'en rapporter à l'histoire et à la tradition, ne devança dans les régions occidentales de l'Europe; mais au sud-ouest, les aquitains, originaires d'Afrique, étaient venus d'Espagne; et au nord-est, les belliqueuses tribus de germains, connues sous le nom de belges, s'étaient emparées d'un tiers du pays, où elles introduisirent la langue et les mœurs gothiques. Les gaulois germains s'étaient aussi répandus, au sud, dans la Gaule narbonnaise : il ne faut point oublier non plus les colonies grecques. La solidité et la durée des conquêtes romaines répandirent la langue latine dans toutes les classes du peuple. Il est probable qu'il y avait à l'extrémité nord-ouest quelques restes des anciens celtes, avant qu'il s'y rendît, dans le cinquième siècle, une colonie de bretons, de laquelle une portion de son territoire reçut son nom de Bretagne. Les francs venus de la Germanie, augmentèrent beaucoup sans doute la population, et furent le peuple dominateur, sans être pourtant le plus nombreux. Après quelques siècles, leur langue fut perdue dans celle des premiers habitans. Population primitive.

La population primitive des Pays-Bas se composait de celtes, qui furent chassés par les belges, colonie germaine, vaincue à son tour par les francs, peuple de même origine.

Les romains éclaircirent les premiers la géographie de la Gaule ; ils la divisèrent en trois parties, dont les noms répondaient aux trois sortes de peuples qui les habitaient : les celtes, les belges et les aquitains. Quant à la *provincia bracata*, elle était comme oubliée dans l'étendue des conquêtes. Ces trois parties furent ensuite subdivisées en dix-sept provinces. A la chute de l'empire romain, avec de nouvelles divisions furent adoptés des noms nouveaux : telles furent la Flandre, la Lotharinge, la Neustrie, la Bourgogne, la Gascogne, etc. (1); si l'Aquitaine et la Provence conservèrent leurs premiers noms, elles perdirent leurs premières limites. A ces divisions en succédèrent d'autres plus modernes; et celles-ci, à la fin du dix-huitième siècle, ont été converties en plus petits départemens.

(1) D'Anville, Etats formés en Europe.

TABLEAU des anciennes provinces et des nouveaux départemens, avec leur superficie en arpens et hectares carrés, leurs chefs-lieux et population (a).

ANCIENNES PROVINCES.	DÉPARTEMENS.	Superficie.	CHEFS-LIEUX.	POPULATION des Départemens.
		Arpens carrés.		
Flandre française.	Nord	1,333,333 Hectares. 578,439	Lille . . .	774,450
Artois	Pas-de-Calais. .	1,331.719 *a.* 679,688 *h.*	Arras . . .	566,061
Partie de la Picardie.	Somme	1,184,318 *a.* 604,456 *h.*	Amiens . .	465,034
Normandie et partie septentrionale du Perche.	Seine-Inférieure.	1,163,457 *a.* 593,810 *h.*	Rouen . .	642,773
	Calvados . . .	1,117,643 *a.* 570,427 *h.*	Caen . . .	480,317
	Manche	1,323,932 *a.* 675,713 *h.*	St.-Lô . .	528,912
	Orne	1,264,255 *a.* 645,254 *h.*	Alençon . .	397,931
	Eure	1,221,206 *a.* 623,283 *h.*	Evreux . .	415,577
Ile de France et partie de la Picardie.	Seine	98,902 *a.* 50,478 *h.*	Paris . . .	629,763
	Seine et Oise . .	1,126,685 *a.* 575,042 *h.*	Versailles .	429,523
	Oise	1,139,190 *a.* 581,404 *h.*	Beauvais . .	369,086
	Aisne	1,467,881 *a.* 749,183 *h.*	Laon . . .	430,628
	Seine et Marne .	1,167,710 *a.* 595,980 *h.*	Melun . .	298,815

(*a*) J'ai complété et corrigé ce tableau, et j'ai cru devoir y ajouter la superficie en arpens et hectares carrés de chaque département, d'après les documens les plus authentiques, ainsi que la population. (C. A. W.)

Anciennes provinces.	Départemens.	Superficie.	Chefs-lieux.	Population des Départemens.
		Arpens carrés.		
Champagne . .	Marne	1,607,169 Hectares. 820,273	Châlons-sur-Marne . .	310,493
	Ardennes . . .	1,029,189 *a.* 525,281 *h.*	Mezières . .	254,000
	Aube	1,196,370 *a.* 610,608 *h.*	Troyes . .	240,661
	Haute-Marne .	1,240,580 *a.* 633,172 *h.*	Chaumont.	225,350
Lorraine . . .	Meuse.	753,031 *a.* 604,439 *h.*	Bar-sur-Ornain .	275,898
	Moselle	1,236,012 *a.* 640,840 *h.*	Metz . . .	353,768
	Meurthe	1,232,409 *a.* 629,002 *h.*	Nancy . .	342,107
	Vosges	1,151,986 *a.* 587,955 *h.*	Epinal. . .	308,052
Alsace	Haut-Rhin . .	1,076,850 *a.** 549,607 *h.*	Colmar . .	382,285
	Bas-Rhin . . .	970,986 *a.* 495,575 *h.*	Strasbourg.	444,858
Bretagne . . .	Ille et Vilaine .	1,336,205 *a.* 681,977 *h.*	Rennes . .	488,605
	Côtes-du-Nord .	1,143,463 *a.* 736,720 *h.*	St.-Brieux .	499,927
	Finistère . . .	1,358,554 *a.* 693,384 *h.*	Quimper. .	474,349
	Morbihan . . .	1,335,670 *a.* 681,704 *h.*	Vannes . .	425,485
	Loire-Inférieure.	1,383,831 *a.* 706,285 *h.*	Nantes . .	368,506

* L'évêché de Bâle, dont Porentruy est la capitale, a été réuni à ce département : il en a pendant quelque tems formé un à part sous le nom de département du Mont-Terrible. (C. A. W.)

ANCIENNES PROVINCES.	DÉPARTEMENS.	Superficie.	CHEFS-LIEUX.	POPULATION des Départemens.
Le Maine et le Perche.	Sarthe	Arpens carrés. 1,252,539 Hectares. 639,276	Le Mans . .	387,166
	Mayenne . . .	1,016,614 *a.* 518,863 *h.*	Laval . . .	328,397
Anjou	Maine et Loire .	1,408,365 *a.* 718,807 *h.*	Angers . .	528,912
Touraine . . .	Indre et Loire .	1,220,799 *a.* 623,076 *h.*	Tours . . .	278,758
Orléanais . .	Loiret	1,322,909 *a.* 675,191 *h.*	Orléans . .	289,728
	Eure et Loir . .	1,191,904 *a.* 607,915 *h.*	Chartres . .	259,967
	Loir et Cher . .	1,181,691 *a.* 603,116 *h.*	Blois . . .	211,152
Berri	Indre	1,347,536 *a.* 687,760 *h.*	Château-Roux . .	209,911
	Cher	1,450,134 *a.* 740,125 *h.*	Bourges . .	218,297
Nivernais . . .	Nièvre	1,345,300 *a.* 686,619 *h.*	Nevers . .	251,158
Bourgogne . .	Yonne	1,428,773 *a.* 729,223 *h.*	Auxerre . .	239,278
	Côte-d'Or . . .	1,718,228 *a.* 876,956 *h.*	Dijon . . .	347,842
	Saône et Loire .	1,680,457 *a.* 857,678 *h.*	Mâcon . .	447,565
	Ain	1,077,432 *a.* 549,905 *h.*	Bourg . . .	284,435
Franche-Comté.	Haute-Saône .	900,000 *a.* 456,964 *h.*	Vesoul . . .	287,464
	Doubs	1,040,381 *a.* 530,993 *h.*	Besançon .	227,0
	Jura	986,246 *a.* 503,364 *h.*	Lons-le-Saulnier . . .	289,865

ANCIENNES PROVINCES.	DÉPARTEMENS.	Superficie.	CHEFS-LIEUX.	POPULATION des departemens.
		Arpens carrés.		
Poitou . . .	Vendée	1,323,432 Hectares. 675,458	Fontenay .	270,271
	Deux-Sèvres . .	1,000,000 *a.* 585,273 *h.*	Niort . . .	242,658
	Vienne	1,350,128 *a.* 689,083 *h.*	Poitiers . .	250,807
Marche . . .	Haute-Vienne . Qui comprend une partie du Limosin et du Poitou.	1,116,876 *a.* 570,035 *h.*	Limoges . .	259,795
	Creuze	1,135,332 *a.* 579,455 *h.*	Guéret . .	216,255
Limosin . . .	Corrèze	1,165,235 *a.* 594,717 *h.*	Tulle . . .	243,654
Bourbonnais . .	Allier	1,454,341 *a.* 742,272 *h.*	Moulins . .	272,616
La majeure partie de la Saintonge, y compris le pays d'Aunis.	Charente-Infér.	1,404,460 *a.* 716,814 *h.*	Saintes . .	402,105
L'Angoumois, y compris partie de la Saintonge.	Charente . . .	1,153,684 *a.* 588,803 *h.*	Angoulême.	321,477
Auvergne . . .	Puy-de-Dôme .	1,556,417 *a.* 794,370 *h.*	Clermont .	508,444
	Cantal	1,124,802 *a.* 574,081 *h.*	Aurillac . .	246,016
Lyonnais, Forêt et Beaujolais.	Rhône	529,842 *a.* 270,423 *h.*	Lyon . . .	345,644
	Loire	964,083 *a.* 270,423 *h.*	Montbrison.	292,588
	Isère	1,648,230 *a.* 841,230 *h.*	Grenoble .	441,208
Dauphiné . . .	Hautes-Alpes .	1,084,614 *a.* 553,569 *h.*	Gap . . .	118,322
	Drôme	1,324,327 *a.* 675,915 *h.*	Valence . .	231,188

ANCIENNES PROVINCES.	DÉPARTEMENS.	Superficie.	CHEFS-LIEUX.	POPULATION des Départemens.
		Arpens carrés.		
Guyenne, comprenant la Gascogne.	Dordogne . . .	1,759,997 Hectares. 898,274	Périgueux .	410,350
	Gironde. . . .	2,121,055 *a.* 1,082,552 *h.*	Bordeaux .	519,685
	Lot et Garonne .	1,116,225 *a.* 570,019 *h.*	Agen . . .	352,908
	Lot	1,400,160 *a.* 714,619 *h.*	Cahors. . .	383,683
	Aveyron. . . .	1,767,424 *a.* 902,064 *h.*	Rhodez . .	328,195
	Gers	1,312,926 *a.* 670,096 *h.*	Auch . . .	291,845
	Landes	1,764,425 *a.* 900,534 *h.*	Mont-de-Marsan .	288,889
	Hautes-Pyrénées.	920,710 *a.* 469,975 *h.*	Tarbe . . .	206,680
Bearn	Basses-Pyrénées.	1,401,141 *a.* 755,950 *h.*	Pau. . . .	385,708
Comté de Foix.	Arriège	1,037,533 *a.* 529,540 *h.*	Foix. . . .	191,693
Roussillon. . .	Pyrénées-Orient.	806,013 *a.* 411,370 *h.*	Perpignan .	117,764
Languedoc . .	Haute-Garonne.	1,481,083 *a.* 755,921 *h.*	Toulouse .	432,263
	Aude	1,275,503 *a.* 650,996 *h.*	Carcassone.	226,198
	Tarn	1,130,172 *a.* 576,821 *h.*	Albi . . .	272,163
	Gard	1,175,044 *a.* 599,723 *h.*	Nîmes. . .	309,052
	Lozère	997,961 *a.* 509,543 *h.*	Mende. . .	155,936
	Ardèche. . . .	1,077,629 *a.* 550,004 *h.*	Privas. . .	267,525
	Haute-Loire . .	985,246 *a.* 502,854 *h.*	Le Puy . .	237,901
	Hérault	1,236,198 *a.* 630,935 *h.*	Montpellier.	291,957

ANCIENNES PROVINCES.	DÉPARTEMENS.	Superficie.	CHEFS-LIEUX.	POPULATION des Départemens.
		Arpens carrés.		
Provence . . .	Bouches-du-Rhône.	1,179,425 Hectares. 601,960	Marseille. .	320,072
	Basses-Alpes . .	1,459,699 *a*. 745,007 *h*.	Digne. . .	140,121
	Var.	1,421,637 *a*. 725,580 *h*.	Draguignan	269,142
Ile de Corse et île d'Elbe . .	Golo	1,017,472 *a*. 519,301 *h*.	Bastia. . .	103,466
	Liamone. . . .	903,651 *a*. 401,209 *h*.	Ajaccio . .	63,347
ANCIENS NOMS.	DÉPARTEMENS RÉUNIS.		CHEFS-LIEUX.	
Territoire d'Avignon, Comtat Vénaissin.	Vaucluse . . .	459,576 *a*.	Avignon. .	190,180
Savoie.	Mont-Blanc . .	1,254,796 *a*. 640,427 *h*.	Chambéry. .	283,106
Comté de Nice et principauté de Monaco.	Alpes Maritimes.	632,619 *a*. 322,674 *h*.	Nice . . .	87,071
Hainaut autrichien et partie du pays de Liége.	Jemmape . . .	737,990 *a*. 376,658 *h*.	Mons . . .	412,129
Partie occidentale de la Flandre autrich.	La Lys	718,892 *a*. 366,911 *h*.	Bruges. . .	470,707
Partie orientale de la même.	Escaut.		Gand . . .	595,258
Partie orientale du Brabant.	Deux-Nèthes. .	559,013 *a*. 285,381 *h*.	Anvers. . .	249,376
Partie méridion. du Brabant.	Dyle.	671,746 *a*. 342,848 *h*.	Bruxelles .	363,956

ANCIENNES PROVINCES.	DÉPARTEMENS.	Superficie.	CHEFS-LIEUX.	POPULATION des Départemens.
Partie du pays de Liége et de la Gueldre.	Meuse-Inférieure	Arpens carrés. 741,859 Hectares. 392,662	Maëstricht. .	232,662
Partie du pays de Liége et de Limbourg avec les principautés de Stavelo et Malmédi.	Ourte	640,000	Liége . . .	313,876
Comté de Namur.	Sambre et Meuse.	897,211 *a.* 457,922 *h.*	Namur . .	165,192
Duché de Luxembourg.	Forêts.	1,353,952 *a.* 691,035 *h.*	Luxembourg.	225,549
Partie de l'arch. de Trèves, de Cologne, du Palatinat, du Margraviat de Baden, etc.	Rhin et Moselle.		Coblentz. .	203,290
Partie de l'arch. de Trèves et du duché des Deux-Ponts, et des comtés de Sponheim et Sarrebruck.	La Sarre. . . .		Trèves. . .	219,049
Partie de l'ancien archevêché de Mayence et du duché des Deux-Ponts, les évêchés de Worms et de Spire.	Mont-Tonnerre.		Mayence. .	342,316
Partie de l'arch. de Cologne, du duché de Juliers, de la Gueldre prussienne, de Clèves, Meurs, etc.	La Roër. . . .		Aix-la-Chapelle.	516,287

ANCIENNES PROVINCES.	DÉPARTEMENS.	Superficie.	CHEFS-LIEUX.	POPULATION des departemens.
Territoire de Genève, districts de Gex, Carouge, Thonon, et plusieurs districts faisant autrefois partie des départemens de l'Ain et du Mont-Blanc.	Du Léman . . .	Arpens carrés. 550,000 Hectares. 280,000	Genève . .	215,884
Piémont . . .	Doire.		Yvrée. . .	224,127
	Sesia		Verceil . .	204,444
	Pô.		Turin. . .	395,193
	Marengo. . . .		Alexandrie.	322,954
	Stura		Coni . . .	395,074
	Tanaro		Asti. . . .	311,459

Nota. L'arpent carré est de 1344 $\frac{4}{9}$ de toises carrées; l'hectare carré est de 2634 $\frac{16}{100}$ de toises carrées. (C. A. W.)

Les principales époques historiques de la France, peuvent être présentées dans l'ordre suivant : Epoques historiques.

1. La population primitive des celtes, et les conquêtes des aquitains et des belges.

2. Les faibles notions des anciens sur la Gaule, depuis l'établissement des phocéens à Marseille jusqu'à la conquête de César.

3. La découverte entière de cette contrée que ce grand général fit connaître au monde savant, et toutes les révolutions et les divers événemens dont elle fut le théâtre sous la domination des romains.

4. La conquête finale du pays par les francs, sous les ordres de Clovis, effectuée vers l'an 490 ; et la conversion des francs au christianisme, cinq ans après cette époque.

5. L'histoire obscure et embrouillée de la race Mérovingienne, sous laquelle la France fut souvent partagée en petits royaumes, jusqu'à son extinction totale dans le milieu du huitième siècle.

6. La race Carlovingienne, qui monte sur le trône l'an 752, et, vingt ans après, s'illustre par le règne immortel de Charlemagne : ce prince conduit la France au plus haut degré de puissance et de gloire où jamais elle puisse s'élever; par la conquête de la plus grande partie de l'Allemagne, il devint le fondateur et le premier souverain de ce qui a été appelé depuis l'empire d'Allemagne, l'an 800 de notre ère ;

empire que ses faibles descendans ne purent conserver qu'un siècle.

7. L'avènement à la couronne de France de la maison de Capet, l'an 987.

8. Les croisades, dans lesquelles la France joua le premier rôle.

9. Les guerres avec l'Angleterre. L'acquisition de la France par Henri V, et sa délivrance par la Pucelle d'Orléans, ou plutôt par Charles VII, surnommé le Victorieux.

10. Le règne de Louis XI. Ce roi en abaissant les princes devenus puissans pendant une longue lutte contre les anglais, peut être regardé comme le fondateur de la monarchie absolue.

11. Le règne de François I.er, appelé le père des lettres et des arts, sous lequel les français, que les italiens plus civilisés avaient jusque-là regardés comme des barbares, commencèrent, au contraire, à se distinguer par un raffinement supérieur. C'est aussi la première époque d'une armée permanente en Europe.

12. Les commotions intestines causées par l'animosité des catholiques et des protestans, et le massacre de la Saint-Barthélemy.

13. Le règne d'Henri IV.

14. Le règne de Louis XIV, trop exalté par les français, trop rabaissé par les étrangers.

15. La dernière révolution, qui a étonné l'Europe, et qui par sa singularité, comme par l'importance des événemens, rivalise les fastes de l'histoire ancienne.

Les principales époques historiques du Brabant, sont :

1. Les événemens du tems que les romains occupaient la Gaule.

2. Ceux arrivés sous la race Mérovingienne des rois francs.

3. Les anciens comtes de Flandres, du Hainaut, et autres potentats qui se partageaient ces territoires.

4. Les ducs de Bourgogne. Durant ces deux dernières époques, les Pays Bas devinrent le grand marché commercial de l'Europe occidentale, et se distinguèrent par l'opulence et les arts.

5. La domination autrichienne, sous laquelle les sujets firent de nombreux et vains efforts pour acquérir la liberté. Cependant les sept Provinces-Unies ayant conquis et assuré leur indépendance, le commerce et la prospérité des Provinces méridionales passèrent rapidement dans celles du nord.

6. La réunion à la France (*a*).

Il existe en France nombre d'anciens monumens attribués à la première époque. La colonie grecque, établie à Marseille, semble avoir élevé la contrée à un certain degré de civilisation ; et les grossières monnaies des gaulois sont évidemment une imitation de celles de la — Antiquités.

(*a*) Pour ce qui concerne la géographie historique des nouveaux départemens français du Piémont, on peut consulter l'Italie. (C. A. W.)

Grèce. On en voit beaucoup du métal que les anciens appelaient *electrum* ; c'est un mélange natif d'or et d'argent, tiré probablement des anciennes mines de la France méridionale (1).

Quant aux antiquités romaines, la France en possède un grand nombre, dont quelques-unes sont très-bien conservées. Celles de Nîmes en particulier ont une célébrité assez connue : on cite l'amphithéâtre, et le temple vulgairement appelé la Maison Carrée. Paris renferme aussi quelques restes curieux d'architecture romaine; mais la simple énumération de ces différens monumens dépasserait les bornes prescrites par la nature de cet ouvrage (*a*).

(1) On voit dans la Picardie et dans d'autres parties jadis occupées par les belges, des cercles et autres monumens du genre de ceux que les anglais attribuent aux druïdes. Proche la ville de Carnac, sur la côte de Vannes en Bretagne, est un grand monument de ce genre, bien plus vaste que Stonehenge, si toutefois la relation n'en est pas exagérée : elle le compose de quatre mille pierres, dont plusieurs hautes de dix-huit à vingt pieds, disposées en quinconce sur onze rangées (Monthly Magazine, février 1801). Il n'est pas peu singulier que les venètes, ou peuple de Vannes, qui opposèrent à César une si grande flotte, fussent belges, comme le dit expressément Strabon, lib. IV; preuve de plus que ces monumens ne sont ni celtiques ni druïdiques, mais qu'ils appartiennent aux goths belges, qui, long-tems avant l'ère chrétienne, possédaient la plus grande partie de l'Europe.

(*a*) L'aqueduc appelé le pont du Gard, si éloquemment célébré par Rousseau dans le honteux ouvrage intitulé *les Confessions*, est un des plus beaux monumens d'antiquité

Les autres périodes des antiquités françaises se trouvent fort bien éclaircies dans le savant ouvrage de Montfaucon. La découverte du tombeau de Childéric, près Tournai, faite dans le dernier siècle, offrit quelques fragmens très-curieux. Il y avait dans une vieille tour de Saint-Germain-des-Prés, les portraits de plusieurs rois francs ; et avant la révolution, on voyait sur leurs tombeaux, à Saint Denis et en d'autres lieux, nombre de leurs effigies.

Les monumens de la race Carlovingienne sont plus nombreux encore, et les mosaïques romaines ont contribué à la gloire de Charlemagne. La France a été si peu exposée aux invasions et aux conquêtes des étrangers, qu'il s'y trouve encore plusieurs édifices sacrés érigés dans cette période reculée. Les monumens des époques postérieures y sont si multipliés, qu'en vain l'on voudrait en déterminer le nombre. Un des plus singuliers, est la tapisserie conservée dans la cathédrale de Bayeux en Normandie, représentant le commencement et la fin de la guerre entre Harold et Guillaume, dont l'issue fut la conquête de l'Angleterre par les normands. Ce fut, dit-on, l'ouvrage de Matilde, femme de Guillaume, et l'on y reconnaît l'empreinte de cette grande antiquité. La statue de Philippe-Auguste, dans l'abbaye

---

romaine qui existent en France. Son nom dérive par abréviation du Gardin, qui le traverse en murmurant, et va se perdre dans le Rhône au-dessous de Beaucaire. (C. A. W.)

de Saint-Victor, près Senlis, n'est pas un médiocre échantillon des arts du moyen âge, que Saint Louis encouragea beaucoup ensuite en ce qui concernait la pompe religieuse. Pour les époques postérieures, on peut consulter Montfaucon et d'autres savans (*a*).

Il y a peu de monumens romains dignes de remarque dans les Pays-Bas; les principales antiquités consistent en grands monumens, tant civils qu'ecclésiastiques, érigés dans le moyen âge, lorsque cette contrée attirait une partie considérable des richesses de l'Europe, et produisait d'excellens artistes en tout genre.

(*a*) Un grand nombre de monumens antiques de la France qui décoraient autrefois les églises, les palais, etc., se voient au Musée des monumens français, rue des Petits-Augustins à Paris. L'administrateur Lenoir a déjà publié la description de plusieurs en 3 vol. in-8.° Il a aussi paru pendant la révolution un ouvrage en 4 vol. in-4.°, sur les antiquités de la France, par A. L. Millin, qui a sauvé de l'oubli nombre de monumens intéressans que la hache et la barbarie révolutionnaires ont détruits ou mutilés.

Les montagnes de la province du Roussillon et du comté de Foix sont couvertes de tours très-anciennes qui semblent se correspondre; une d'elles porte le nom de Cabestany; et l'histoire de Guillaume Cabestany, que Millot nomme Cabestaing, paraît avoir donné lieu à celle de Coucy et de Gabriel de Vergy; les circonstances sont absolument les mêmes: Millot seul a rapporté ce fait; il n'y en a aucune trace dans la province. (*Voyez* Description de la France; Roussillon, in-fol. 1787, p. 8, 10, 100). (C. A. W.)

CHAPITRE II.

GÉOGRAPHIE POLITIQUE.

Religion. — Géographie ecclésiastique. — Gouvernement. — Lois. — Population. — Colonies. — Armées. — Marine. — Revenus. — Importance et relations politiques.

La religion catholique romaine était la seule reconnue en France, avant que la révolution n'eût établi la liberté de conscience, ou plutôt, n'eût donné un dangereux ascendant à l'athéisme déguisé. Mais un gouvernement réparateur a porté une main salutaire sur cette plaie de l'état; et en élaguant tout ce que l'intervention du pape pouvait avoir de dangereux pour la sûreté et la tranquillité intérieures, il a su conserver tout ce qui était utile pour la conservation de la morale publique et le calme des consciences. Religion.

Les habitans des Pays-Bas professent aussi la religion catholique romaine, et jusqu'à la révolution, ont même passé pour bigots : cela s'explique quand on sait qu'une grande partie des biens était entre les mains des ecclésiastiques. Le souvenir des arts qu'on y avait cultivés, avait aussi sa part dans cet attachement : la religion catholique, en favorisant ces charmantes productions de l'esprit humain, a su se rendre agréable ; et l'on peut remarquer que la réforme a sur-tout réussi dans ces régions septentrionales, où les miracles des arts n'avaient pas encore enchanté les peuples et captivé ses affections. Le siége métropolitain était l'archevêché de Malines, ou Mechlin. Il y avait neuf ou dix évêchés tant à Bruges qu'à Anvers, Gand, etc. (*a*).

(*a*) La France, sans y comprendre le Piémont, est partagée actuellement en soixante diocèses; savoir, dix archevêchés et cinquante évêchés. En voici le tableau :

TABLEAU de la circonscription des nouveaux archevêchés et évêchés de la France.

PARIS, *archevêché*, comprend dans son diocèse le département de la Seine.

Evêchés.
- TROYES, l'Aube et l'Yonne.
- AMIENS, la Somme et l'Oise.
- SOISSONS, l'Aisne.
- ARRAS, le Pas-de-Calais.
- CAMBRAY, le Nord.
- VERSAILLES, Seine et Oise, Eure et Loir.
- MEAUX, Seine et Marne, Marne.
- ORLÉANS, Loiret, Loir et Cher.

MALINES, *archevêché*, les Deux-Nèthes, la Dyle.

Evêchés.
- NAMUR, Sambre et Meuse.
- TOURNAY, Jemmapes.
- AIX-LA-CHAPELLE, la Roër, Rhin et Moselle.
- TRÈVES, la Sarre.
- GAND, l'Escaut, la Lys.
- LIÉGE, Meuse-Inférieure, Ourthe.
- MAYENCE, Mont-Tonnerre.

La géographie ecclésiastique de la France comprenait vingt archevêchés, avec celui d'A- Géographie ecclésiastique.

BESANÇON, *archevêché*, Haute-Saône, le Doubs, le Jura.

Evêchés.
- AUTUN, Saône et Loire, la Nièvre.
- METZ, la Moselle, les Forêts, les Ardennes.
- STRASBOURG, Haut-Rhin, Bas-Rhin.
- NANCI, la Meuse, la Meurthe, les Vosges.
- DIJON, Côte-d'Or, Haute-Marne.

LYON, *archevêché*, le Rhône, la Loire, l'Ain.

Evêchés.
- MENDE, l'Ardèche, la Lozère.
- GRENOBLE, l'Isère.
- VALENCE, la Drôme.
- CHAMBÉRY, le Mont-Blanc, le Léman.

AIX, *archevêché*, le Var, les Bouches-du-Rhône.

Evêchés.
- NICE, Alpes-Maritimes.
- AVIGNON, Gard, Vaucluse.
- AJACCIO, le Golo, le Liamone.
- DIGNE, Hautes-Alpes, Basses-Alpes.

TOULOUSE, *archevêché*, Haute-Garonne, Arriège.

Evêchés.
- CAHORS, le Lot, l'Aveyron.
- MONTPELLIER, l'Hérault et le Tarn.
- CARCASSONNE, l'Aude, les Pyrénées-Orientales.
- AGEN, Lot et Garonne, le Gers.
- BAYONNE, les Landes, Hautes-Pyrénées, Basses-Pyrénées.

BORDEAUX, *archevêché*, la Gironde.

Evêchés.
- POITIERS, les Deux-Sèvres, la Vienne.
- LA ROCHELLE, la Charente-Inférieure, la Vendée.
- ANGOULÊME, la Charente, la Dordogne.

BOURGES, *archevêché*, le Cher, l'Indre.

Evêchés.
- CLERMONT, l'Allier, le Puy-de-Dôme.
- SAINT-FLOUR, la Haute-Loire, le Cantal.
- LIMOGES, la Creuze, la Corrèze, la Haute-Vienne.

vignon, et cent trente siéges épiscopaux (1). Le nombre des ecclésiastiques y a été assez mal

---

TOURS, *archevêché*, Indre et Loire.

Evêchés.
- LE MANS, Sarthe, Mayenne.
- ANGERS, Maine et Loire.
- NANTES, Loire-Inférieure.
- RENNES, Ille et Vilaine.
- VANNES, le Morbihan.
- SAINT-BRIEUX, Côtes-du-Nord.
- QUIMPER, le Finistère.

ROUEN, *archevêché*, la Seine-Inférieure.

Evêchés.
- COUTANCES, la Manche.
- BAYEUX, le Calvados.
- SEEZ, l'Orne.
- EVREUX, l'Eure.

Les seize évêchés du Piémont viennent d'être réduits à huit, en y comprenant l'archevêché de Turin; les évêchés qui en dépendent sont Saluces, Acquy, Asty, Alexandrie, Verceil, Yvrée et Coni.

Le traitement des archevêques est de 15,000 fr., celui des évêques de 10 000; les curés de première classe ont 1,500 fr., et ceux de la seconde 1,000 fr. (*).

Il y a des pasteurs de l'église réformée à Genève, à Nîmes, à Montpellier, et des ministres de la confession d'Augsbourg à Colmar et à Strasbourg.

Lorsque dans une commune il y a plusieurs temples de différentes communions, aucune d'elles ne peut se permettre de pompe ou de cérémonie à l'extérieur ou hors des temples. Aucunes bulles, aucuns brefs ou rescripts de la cour de Rome ne peuvent être publiés en France sans l'autorisation du gouvernement; et les ministres des différens cultes sont nommés par le premier consul. (C. A. W.)

(1) Young, t. 1, p. 670.

(*) Pour de plus amples détails, *voyez* Journal officiel, an 10 (1802), p. 795, n.° 197.

évalué : quelques-uns le portent à 80,000, d'autres à 400,000; mais il paraît que la vérité le fixe à environ 150,000 : encore dans ce total porte-t-on sans doute nombre de simples chantres de cathédrale, de sacristains, etc.

Gouvernement.

La puissance exécutive du gouvernement repose, dans toute sa plénitude, dans la volonté d'un premier consul, qui est à vie, et qui désigne son successeur. Il l'exerce par le moyen de deux consuls également choisis par lui, et qui sont aussi à vie, et par un conseil d'état, dont les membres, élus par lui, sont révocables à sa volonté, ainsi que par des ministres de son choix.

Les lois nouvelles sont d'abord proposées par le gouvernement à une assemblée de cinquante membres, qu'on nomme le tribunat, qui les discute; elles sont ensuite débattues par des orateurs du gouvernement et du tribunat, devant le corps législatif, qui les décrète, ou les rejette, sans discussion et à scrutin secret.

Le gouvernement peut retirer un projet de loi, en tel état de discussion qu'il se trouve.

Le corps législatif et le tribunat se renouvellent par portion chaque année, et les nouveaux membres sont choisis par le sénat conservateur, sur des listes formées par des colléges électoraux de départemens, dont les membres sont à vie; ces colléges électoraux de départemens, sont choisis par des colléges électoraux d'arrondissemens, élus eux-mêmes par des assemblés de canton composées des citoyens domiciliés. Il est bon d'observer que le président de chaque assemblée de canton est nommé par le premier consul, et que le président choisit les scrutateurs et le secrétaire. Ces assemblées, ainsi que celles des colléges électoraux, sont convoquées et dissoutes par ordre du premier consul; il peut aussi ajouter à chaque collége d'arrondissement, dix membres nommés par lui, et vingt à chaque collége électoral de département.

Les membres du sénat conservateur sont à vie. Leur nomination est au choix du premier consul, qui présente trois sujets au sénat, qui choisit définitivement; ou, suivant une autre disposition, le premier consul en présente un, le tribunat un, et le corps législatif un. Ces membres doivent être pris dans la liste formée par les colléges électoraux de départemens; mais le premier consul peut, sans la participation du sénat et sans avoir égard à la liste des colléges électoraux, nommer qui bon lui semble membre du sénat conservateur, pourvu que les sujets aient l'âge prescrit, et que leurs nombres, ajoutés à ceux qui existent, n'excèdent pas cent vingt. Il faut observer ici que les sénateurs peuvent être ministres, envoyés extraordinaires, et occuper d'autres emplois de haute importance qui sont au choix du gouvernement.

Le sénat ne peut rien sans la proposition préalable, ou l'initiative du premier consul, si ce n'est pour sa police intérieure; et dans ce cas, le résultat de ses débats porte le titre de *délibérations ;* ou dans celui de la nomination d'un membre au corps législatif, au tribunat, et au tribunal de cassation, qui se fait en vertu d'un *arrêté :* mais par le moyen de ses *sénatus-consultes*, qui ne peuvent être rendus que sur l'initiative du premier consul, et dont les projets doivent être auparavant débattus dans son conseil privé, le sénat conservateur exerce un pouvoir souverain sur les lois, même constitutionnelles ; il y ajoute, les explique, en suspend l'exécution, dissout le corps législatif et le tribunat, et annulle même les jugemens des tribunaux civils et criminels, lorsqu'il les juge attentatoires à la sûreté de l'état (1).

Sauf la suprématie du sénat et le droit de faire grace, qui appartient au premier consul, le tribunal de cassation exerce la puissance judiciaire suprême ; il a le droit de censure et de discipline sur les tribunaux d'appels et les tribunaux criminels ; il annulle leurs jugemens dans le cas de contravention à la loi ou de défauts de forme ; il peut même, pour un tems, en suspendre les juges : mais il est bon d'observer qu'il existe un grand-juge ministre de la justice, qui préside le tribunal de cassation et les tribunaux d'appels lorsque le premier consul le juge convenable. Il y a aussi, pour certains délits criminels, des tribunaux spéciaux dont les jugemens ne sont pas sujets à l'appel et sortent des formes ordinaires. Tous les juges, sauf les

(1) Senatus-Consulte organique, tit. 5, parag. 54 et 55.

juges de paix, sont à vie et nommés par le premier consul. Cependant pour ceux du tribunal de cassation, il présente trois sujets au sénat, qui choisit définitivement.

Un plus long détail sur la constitution française, encore si nouvelle (*a*), et dont la portion la plus intéressante pour le bonheur de la France, dans les âges futurs, réside peut-être encore dans la pensée du législateur, serait inutile. Ceux qui réfléchissent, savent combien il est difficile de parler convenablement d'un gouvernement qui a opéré tant de choses importantes, et succédé à tant de factions diverses, et vers lequel se dirigent nécessairement toutes les haines de l'ambition qui a échoué, et toutes les espérances de l'ambition qui aspire.

Lois. Aux différentes lois et coutumes qui existaient sous l'ancien régime, des assemblées successives en ont ajouté une foule d'autres qui portent l'empreinte de la cruauté, du délire, ou de l'ignorance de ceux qui les ont faites. Le gouvernement actuel s'occupe avec succès de débrouiller cette législation vicieuse; et ce qui a paru du code civil, donne l'idée la plus avantageuse du résultat de ses efforts (*b*).

Population. On a déjà dit que la France, dans son an-

(*a*) Le senatus-consulte organique qui règle les attributions des différens pouvoirs, n'est que du 16 thermidor an 10.

(*b*) Les paragraphes qui précèdent sur le gouvernement et les lois de France, sont en entier du traducteur; l'auteur a jugé à propos, par des motifs qu'il développe, de passer presqu'entièrement ces articles sous silence. (C. A. W.)

cien état, avait une population de 26,000,000 d'ames: les dernières acquisitions peuvent bien la porter au nombre formidable de 32,000,000 (*a*). Au reste, quels que soient les événemens futurs, la France est d'une prodigieuse fécondité en hommes, elle répare promptement les pertes les plus désastreuses, et recouvre bientôt sa force affaiblie par les plus violens efforts; l'Europe l'a plus d'une fois éprouvé.

Les colonies françaises, malgré l'acquisition de la partie espagnole de Saint-Domingue, sont aujourd'hui peu importantes. Les plus précieuses ont été désolées, ruinées par des commotions intestines, fruit du systême extravagant qui a fait appliquer aux nègres les droits de l'homme; à eux, qui ne connaissent de droit que celui de détruire, et jamais l'avantage d'édifier et de perfectionner. Le commerce de la France avec ses autres colonies, est d'ailleurs si gêné par l'empire des mers qu'usurpe l'Angleterre, qu'on peut à peine les compter pour quelque chose dans l'appréciation de son état actuel (*b*). Colonies.

(*a*) Le rédacteur de l'annuaire du bureau des longitudes de l'an 12 (1804), porte à 36 millions le nombre des habitans de la France, sans y comprendre les colonies; mais ce calcul paraît exagéré. (C. A. W.)

(*b*) Les colonies françaises, après la signature du traité d'Amiens, étaient:

1. Aux Indes occidentales ou dans la mer des Antilles, les îles suivantes:

Saint-Domingue divisée en cinq départemens, Sud, Ouest, Nord, Samana, Inganne;

Armée. La tourmente politique qui a bouleversé cette malheureuse contrée; l'enthousiasme, et plus encore le despotisme de la liberté, ont, par momens, grossi les armées françaises d'une manière prodigieuse, et jusqu'à y compter plus d'un million de combattans. Cependant, il est permis de douter qu'elles aient jamais renfermé plus de 600,000 hommes effectifs : les français ont exagéré le nombre pour intimider leurs ennemis; ceux-ci, pour excuser leurs défaites. Sous la monarchie, l'armée française se portait à 225,000 hommes (1); 170,000 d'infante-

---

La Guadeloupe, la Martinique, Sainte-Lucie, Tabago formant chacune un département.

2. Sur le continent de l'Amérique méridionale,

La Guyanne et Cayenne.

3. Sur le continent de l'Amérique septentrionale,

La Louisiane, cédée dernièrement à la France par l'Espagne, et depuis cédée, dit-on, par la France aux Etats-Unis; mais rien d'officiel n'a encore transpiré à cet égard.

4. Dans la mer des Indes,

Les îles de Bourbon ou de la Réunion et l'Ile-de-France, qui forment chacune un département.

5. Sur le continent d'Asie,

Pondichéry et Chandernagor, qui forment réunies un département.

6. Sur le continent d'Afrique,

Le Sénégal et dépendances. (C. A. W.)

(1) Par l'état militaire de l'an 8, il paraît que les armées françaises consistaient en cent dix demi-brigades, chacune de trois bataillons, qui, au complet, étaient composées de 3200 hommes; trente demi-brigades d'infanterie légère, du même nombre; huit régimens d'artillerie à pied, chacun de vingt compagnies; huit régimens d'artillerie à cheval, chacun de 466 hommes; vingt-six régimens de cavalerie

rie, 44,000 de cavalerie, 11,000 d'artillerie (*a*).

La puissance maritime de la France fut redoutable, même pour l'Angleterre, jusqu'au combat de la Hogue: depuis cette époque, le pavillon anglais triompha sur l'Océan, et les efforts de la France, quoique souvent énergiques, ont toujours été suivis d'une défaite inévitable. La marine française a reçu dernièrement des humiliations si fréquentes, si funestes, si décisives, qu'à peine pourrait-elle montrer le simulacre d'une flotte militaire, s'il ne s'y joignait celle de l'Espagne. Vingt vaisseaux de ligne composent à-peu-près la puissance maritime de la France; c'est tout au plus le quart de ce qu'elle fut: et qu'on ne croie Marine.

---

et vingt régimens de dragons, chacun de huit cents hommes; vingt-cinq régimens de chasseurs et douze de hussards, du même nombre. La totalité, non compris les ingénieurs, les mineurs, etc., forme une force de 413,728 hom.

(*a*) D'après le travail sur le recrutement, par Daru (1), qui paraît avoir examiné ce sujet avec beaucoup de soin et d'impartialité,

La première levée en masse a produit	250,000 hommes.
La levée de 1793	194,000
La réquisition.	400,000
La conscription en l'an 8	342,776
TOTAL	1,186,776 hommes.

Il observe que dans un grand péril, la France aurait à choisir parmi plus de six millions d'hommes en âge de porter les armes. La totalité de la conscription présente une masse de près d'un million de soldats. (C. A. W.)

(1) Journal officiel, an 10, p. 971, n.° 239.

pas cette perte aisée à réparer, car si l'on peut acheter ou construire des vaisseaux en peu de tems, il faut plusieurs années pour former un corps nombreux de marins expérimentés.

Revenus. On évaluait autrefois le revenu de la France à environ 720,000,000 de livres ; sommes qui, après avoir déduit les frais de perception et le paiement de l'intérêt de la dette publique, se réduisait à 432 millions nets. On peut aujourd'hui regarder la dette publique comme éteinte; cependant, on ne pourrait faire qu'une estimation vague, et sans doute fausse, de l'état actuel des revenus. Les rapports les plus dignes de foi le portent à 600,000,000 de liv. (*a*).

(*a*) Le montant du revenu net de la France en l'an II (1803) a été calculé à 589,500,000 francs; et les dépenses évaluées à cette même somme. 341,780,651 francs sont le produit des contributions directes (1).

L'intérêt de la dette publique, y compris les pensions et rentes viagères, se montait en l'an II à 84,023,482 francs, ce qui est le septième des revenus de la France.

La dette perpétuelle inscrite s'élevait, au premier vendémiaire an II, à 42,625,344 francs. Cette dette seule est considérée par le gouvernement comme dette publique; et depuis l'an 10, la dette viagère et les pensions sont comprises dans les comptes de finances sous le titre de dépenses générales (2).

Il existe encore une dette non liquidée due aux fournisseurs, aux émigrés amnistiés, à leurs créanciers, etc. L'intérêt de cette dette présumée a été évalué à environ 20,000,000 d'intérêt par an; de sorte que l'on a calculé que toute liqui-

(1) Arnould, Journal officiel, 1803, p. 834.

(2) Gaudin, ministre des finances, compte rendu le 15 ventose an II, Journal officiel, an II (1803), p. 714.

On a compté que la France avait pour 2,160,000,000 de livres d'argent monnoyé en

---

dation faite, l'intérêt de la dette publique perpétuelle se montera au plus à 60,000,000 (1). En calculant cette somme sur le pied du denier 20 ou 5 pour 100, elle forme un capital d'un milliard deux cent millions : si nous y ajoutons le capital des rentes viagères et pensions que nous porterons à 40 millions calculés sur le pied du denier 10, nous aurons pour le total présumé de la dette publique, en portant les choses au plus haut, un milliard six cent millions, donnant 100,000,000 d'intérêt par an, dont 40 millions sont susceptibles d'extinction progressive.

Mais en s'en tenant à l'état actuel de cette année (1803), nous avons

42 millions de dette publique au denier 20	840,000,000
42 millions de rentes viagères et pensions au denier 10	420,000,000
TOTAL	1,260,000,000

Ainsi le montant de la dette publique actuelle peut être estimé, d'après l'ancien taux de l'intérêt, à *un milliard deux cent soixante millions*, portant 84 millions d'intérêt par an, dont 42 sont susceptibles d'extinction progressive.

Il peut être curieux de comparer cet état de choses avec celui qui existait au moment où la révolution a commencé. Selon les états publiés par M. Necker, ou rédigés pour l'assemblée constituante par ses comités et par Dufresne, les contributions étaient, avant 1790 :

Impôt foncier	188,000,000
Impôt personnel	33,000,000
Impôts indirects	294,000,000
TOTAL	515,000,000 liv.

(1) Rapport fait au tribunat, Journal officiel an 10 (1803), p. 926, n.° 228.

circulation ; et l'Angleterre seulement pour 960,000,000. La France, sur-tout Paris, s'est

---

Un homme qui a péri victime des assassins révolutionnaires, dont les lumières en finance, et l'attachement sincère aux intérêts de son pays rendent extrêmement regrettable, a calculé au mois d'août 1790 le montant de la dette publique, sujet obscur et compliqué, et que les factions d'alors grossissaient ou diminuaient au gré de leurs passions ou de leurs intérêts. Le résultat de ses recherches, qui ne fut alors contesté par personne parce qu'il était fondé sur des calculs certains et des preuves positives, portait le capital de cette dette à *quatre milliards neuf cent millions* (1). On voit, d'après ce résumé, que les revenus de la France actuelle, en y comprenant le Brabant et autres départemens réunis, est près d'un sixième plus fort que celui de la France ancienne, et que sa dette publique est quatre fois moindre de ce qu'elle était alors, ou est diminué des trois quarts.

A côté de ce tableau satisfaisant, il ne faut pas oublier d'observer que la correspondance des préfets avec le ministre de l'intérieur, publiée sous le nom de statistiques, prouve d'une manière irréfragable que la majeure partie des départemens souffre également par le poids trop considérable des impôts et par leur inégale répartition; que plusieurs branches d'industrie sont éteintes, et que presque toutes souffrent par l'effet des convulsions passées, et par l'état violent où se trouve la France depuis tant d'années. Lorsque l'ambition d'une puissance rivale aura été domptée, ou restreinte dans de justes limites, tous les soins du gouvernement, s'il ne peut diminuer les impôts, doivent, par une bonne administration, tendre à élever les facultés des contribuables au niveau des contributions. La vraie richesse d'un état, et même son importance politique, ne consiste nullement dans les revenus de son trésor public, mais dans

(1) Ducloz-Dufresnoy, Calcul de la dette publique, in-4.°, 1790.

enrichie, dans les dernières conquêtes, des dépouilles de plusieurs contrées; aussi les généraux font-ils revivre l'opulence et le luxe des capitaines romains.

Importance et relations politiques.

La France jouit de la plus grande importance politique, et par ses relations embrasse tout le système de l'Europe : jamais elle ne fit mieux sentir et reconnaître sa puissance formidable, qu'après une révolution et une guerre qui avaient menacé sa propre existence. Lorsque plusieurs souverains se disputaient déjà pour la partager, elle se relève soudain, change la défense en attaque, et chasse devant elle l'Europe étonnée de la rapidité et de l'étendue de ses victoires. La rivalité de plusieurs siècles, entre la France et l'Angleterre, n'était qu'une petite querelle, comparée à cette lutte vigoureuse, qui se fera sentir et déplorer chez une postérité éloignée. Cependant l'empire britannique est sorti du combat sans désavantage marqué, et fut préservé de ces scènes de carnage et de ruine dont la victoire française châtia d'autres états : la marine de la France se trouve

---

ceux de son agriculture, de son industrie, de son commerce; dans le haut prix de ses terres, le bas intérêt de l'argent, et dans les trésors amassés par les particuliers. C'est moins par l'augmentation des richesses et des forces qu'il commande annuellement qu'un état se rend puissant et redoutable, que par l'accroissement successif de capitaux et des hommes qui sont la source de ses richesses et de ses forces, et par conséquent par l'accroissement des revenus et des armées qu'il peut commander au besoin. (C. A. W.)

dans un tel état de faiblesse, que la Grande-Bretagne a moins à en redouter qu'à toute autre époque antérieure. Mais que cet avantage, quelque précieux qu'il soit, est bien compensé par la prépondérance décidée que les français obtiennent sur le continent, et particulièrement en Hollande, qui était pour l'Angleterre le principal chaînon de ses relations commerciales. L'Europe coalisée a été vaincue ; la France ne peut rien craindre d'un état qui seul aurait l'imprudence de l'attaquer. L'or de l'étranger peut bien armer dans tout pays quelques misérables paysans ; il peut bien leur acheter des brigands hardis, pour les mettre à leur tête ; mais tout prouve la difficulté, sinon l'impossibilité, de rendre la France réellement ennemie d'elle-même : l'amour et l'admiration de sa patrie, sont des passions essentielles du français ; il méprise l'étranger, lors même qu'il est dans la nécessité d'implorer son secours. L'éloignement de la Russie, la seconde, sinon la première puissance du continent, rend sa faveur ou son inimitié assez indifférente à la France ; mais depuis Charles-Quint, il a existé entre celle-ci et l'Autriche une jalousie, une animosité invétérées, qu'un choc presque continuel d'intérêts en Allemagne, en Suisse et en Italie, n'a pu que renforcer. L'enlèvement de la Silésie et d'autres causes ont également produit une profonde inimitié entre l'Autriche et la Prusse ; il est donc naturel que cette dernière se ligue avec la France contre l'agrandissement de l'Autriche, ou conspire sa perte. Mais un observateur calme et désintéressé, pourrait penser que la meilleure politique de ces trois grandes puissances, serait de renoncer à toutes vues hostiles l'une sur l'autre, pour observer attentivement la Russie, puissance toujours croissante et déjà colossale, qui peut un jour les envahir, et couvrir de nouveau l'Europe de torrens de barbares (*a*).

(*a*) Il est incontestable aux yeux de tout homme éclairé et impartial, que l'accroissement de la Russie, vers la fin du dernier siècle, et le partage de la Pologne entr'elle, la Prusse et l'Autriche, les envahissemens des anglais dans l'Inde et dans d'autres parties du monde, l'augmentation de leurs marines et l'abaissement de celle de la France et de la Hollande, non-seulement justifient les accroissemens réceus de la France, mais les rendent même nécessaires au maintien de la balance politique. Sans cette nouvelle accession de territoire, la France, après la perte de ses colonies, de son commerce, de ses vaisseaux, se serait trouvée déchue du rang important qu'elle occupait depuis si long-tems parmi les puissances européennes. (C. A. W.)

CHAPITRE III.

GÉOGRAPHIE CIVILE.

Mœurs et coutumes. — Langage. — Littérature. — Education. — Universités. — Cités et villes. — Edifices. — Routes. — Navigation intérieure. — Manufactures et commerce.

Mœurs et coutumes.

On a donné tant de tableaux des mœurs et des coutumes des français, qu'il serait bien difficile d'employer pour le même sujet, des couleurs qui eussent le mérite de la nouveauté. Les parties les plus séduisantes sont la vivacité, la gaîté, la politesse, une disposition singulière aux jouissances sociales, et ce savoir vivre au moyen duquel l'adepte dispose ses occupations et ses plaisirs dans une agréable succession, qui prévient également l'indifférence et la fatigue. En général, les français regardent l'ennui comme un poison mortel, et cherchent, s'il est possible, à en écarter jusqu'au pressentiment. Mais dans un autre coin du tableau sont peints des événemens tant anciens que modernes, qui semblent entacher ce peuple aimable d'un caractère féroce ; comment cette disposition, si elle est réelle, peut-elle s'allier à tant de gaîté, à tant de bienveillance? La solution de ce problême serait assurément pleine d'intérêt pour un observateur philosophe. La violence des changemens qui se sont opérés, ne semble pas même avoir altéré cette gaîté caractéristique : Paris est toujours la plus heureuse cité de la terre ; tandis que les cris du massacre retentissaient dans un quartier de la ville, dans un autre la foule emplissait les théâtres, et rien ne frappait l'oreille que les accens du plaisir.

La vieille inimitié subsistante entre la France et l'Angleterre, entretenait dans cette île bien des préjugés contre le caractère français ; les relations qu'ont publiées des auteurs plus sincères, les ont fait disparaître. Il faut avouer pourtant, que des voyageurs accoutumés à l'élégance de la vie anglaise, peuvent difficilement concilier une partie des mœurs et des coutumes françaises avec les idées de la pureté physique ; et l'on peut proposer, à l'imitation de ce peuple, l'exemple de la propreté personnelle et domestique des anglais. Un reproche plus grave qu'on peut lui faire, c'est son peu de respect pour les lois et la décence du mariage ; le relâchement de la morale française à l'égard du sexe a passé en proverbe. Le gouvernement républicain n'y a pas introduit les mœurs républicaines, ni la liberté du divorce, donné aucun gage de chasteté. Mais la mode y règle tout, conduit tout, commande à tout ; il est donc permis d'espérer, sans être déraisonnable, qu'elle voudra bien prendre un jour la vertu sous sa protection.

Certains médecins ont cru trouver la cause

de la mélancolie qui forme le caractère des anglais, dans une trop grande quantité de nourriture animale; mais il paraît au contraire, qu'un français en prend seul autant que deux anglais, déguisée, à la vérité, et modifiée de manière à séduire les sens et à irriter l'appétit. C'est donc dans la différence du climat et dans l'usage des vins légers, qu'il faut chercher les causes d'un contraste si marqué. Les maisons en France étalent souvent un singulier mélange de magnificence et de mal-propreté : l'odorat y est offensé quand la vue admire. En Angleterre, une simple chaumière montre qu'on s'est occupé des commodités de la vie, de la santé, et même des infirmités de la nature humaine. Long-tems la France a fourni à toute l'Europe des modèles de parure, et les modes de Paris n'ont pas encore perdu tout leur crédit et leur prestige. Se comparant sans cesse, et non sans quelque ridicule, aux anciennes républiques, avec lesquelles elle n'eut jamais aucune ressemblance essentielle, il était tout simple que la France remît en vogue les costumes des grecs et des romains : elle y a gagné plus d'élégance. Les plaisirs doivent nécessairement se présenter sous une variété infinie de formes, dans un pays où la vie entière est un amusement. Les jeux nobles de la scène tiennent le premier rang dans la capitale, et plus de vingt théâtres sont tous les soirs ouverts au public. Cependant ces français ne se montrent pas en tout les dignes émules des grecs et des romains;

ils n'ont pas, comme ces deux peuples, ouvert des théâtres et des amphithéâtres aux frais du gouvernement. Cette institution, que toutes les nations modernes de l'Europe devraient peut-être imiter, offrirait au peuple un amusement honnête, une morale épurée, sur-tout une distraction à l'ivresse et à la débauche (*a*).

(*a*) Pour rajeunir ce sujet usé, il conviendrait de comparer les mœurs anciennes et bien connues des français, avant la chute du trône, avec les changemens que douze années de la plus terrible des révolutions ont produits dans les idées, les habitudes de toutes les classes du peuple, non pour faire l'éloge ou la satyre de l'une ou l'autre de ces époques, si remarquables, si différentes sous ce rapport, et cependant si rapprochées, mais pour en présenter un tableau comparatif, exact et impartial. Ce point de vue si curieux n'a pas encore été traité par un habile observateur, quoiqu'il soit devenu le lieu commun des beaux esprits à antithèses, des hommes moroses et misanthropes, des révolutionnaires hypocrites ou de leurs stupides néophites. L'exagération est le vice dominant des écrivains actuels, comme il a été celui de ceux du siècle dernier: de manière que dans les écrits de ces hommes, qui se jettent sans cesse à la tête le titre de philosophes, tantôt comme une injure, et tantôt comme un éloge, on peut trouver à la vérité de l'érudition, de l'esprit, de l'imagination, du génie même, tout en un mot, hormis de la philosophie : amante généreuse et désintéressée de la vérité, celle-ci abhorre également l'amère critique de l'homme de parti qui ne voit le bien que dans le succès d'une faction; et le langage toujours approbateur de l'ambitieux versatile habitué à vomir sans pudeur, devant l'idole du pouvoir, les plus dégoûtantes adulations.

Pour faire un tableau complet des mœurs des habitans de la France, il ne faudrait pas oublier non plus que ce

Les mœurs et les coutumes des habitans du Brabant tiennent de celles de leurs voisins, les hollandais et les français : le flegme de ceux-là se tempère de la vivacité de ceux-ci. Les basses classes aiment extrêmement la pompe religieuse ; aussi les cérémonies de la religion catholique touchent-elles profondément leurs

---

vaste empire est la réunion de plusieurs peuples, et est sous l'influence de plusieurs climats. Sans sortir des généralités, quelle différence n'existe-t-il pas entre les habitans de la France au nord de la Loire, distingués autrefois sous le nom de la *langue d'oil*, et ceux au midi de ce fleuve, ou de la *langue d'hoc;* les traits, la forme du corps, le tempérament physique, le caractère, les mœurs, les habitudes, le langage, tout diffère, de même que l'aspect et les productions des pays qu'ils habitent. Que de nuances diverses encore faciles à distinguer dans chacune de ces deux grandes divisions! Enfin il est des cantons qui, quoique peu étendus, méritent sous ce rapport une attention particulière; tels sont plusieurs districts reculés de la Bretagne ou du Poitou, qui paraissent avoir conservé les mœurs et le langage des habitans primitifs de ces contrées; les basques des Pyrénées, qui n'ont pas varié depuis des siècles, et diffèrent sous tous les rapports des peuples qui les entourent. En général dans tous les pays, c'est dans les montagnes qu'il faut aller chercher les traces les plus anciennes du langage, des mœurs, des manières du peuple primitif; et les Pyrénées, les Alpes, les Vosges, le Jura, les Cévennes en France, ne sont pas moins curieux à observer pour le moraliste que pour le géologiste. Il serait aussi intéressant d'examiner l'influence du gouvernement français et des lois françaises sur les allemands des bords du Rhin, sur les flamands du Brabant, sur les italiens du Piémont et du comté de Nice, et les causes qui s'opposent à la civilisation des corses intraitables depuis si long-tems gouvernés par des peuples civilisés.

(C. A. W.)

esprits. Le langage flamand, qui est en usage, est un composé d'allemand et de hollandais.

La langue française est la plus universellement répandue en Europe. En variété, clarté et précision, de même qu'en ces expressions heureuses et négligées, consacrées au commerce de la vie, aux affaires et aux plaisirs, elle ne le cède à aucun des idiomes modernes; mais elle manque de force et de dignité, et sert mal le sublime. Les critiques et les académiciens du dix-septième siècle ont établi des lois si sévères sur sa pureté, que, semblable à l'or réduit au dernier degré d'affinage, elle est devenue molle et incapable d'impressions profondes. On sait que la langue française n'est que la langue latine ou romaine corrompue par un mélange de mots et d'idiomes celtiques et gothiques. Dans le dixième siècle même, elle n'était désignée que par le nom de langue romance; nom qui passa ensuite aux poëmes et aux histoires de chevalerie, qui étaient écrits dans ce dialecte. Un des premiers essais de prose française, est l'histoire de Villehardouin; la Vie de saint Louis, par Joinville, vint après; et plus tard, la volumineuse et singulière Chronique de Froissart. Si la langue italienne a été fixée par le Dante et Pétrarque, la française ne l'a été que sous Louis XIV; et c'est du commencement de ce règne plein de gloire, que date sa pureté classique. De nos jours, la révolution a produit une telle quantité de mots nouveaux, qu'il faudrait un Langue.

dictionnaire néologique pour les expliquer.

Littérature. La littérature française a, dans ces derniers siècles, inspiré beaucoup de respect, et excité une vive admiration. Dans les audacieuses excursions du génie inventeur, et même dans les productions profondes de la philosophie, elle ne peut lutter avec l'Italie et l'Angleterre; mais en ouvrages gracieux, en fictions agréables, dans les belles-lettres, l'érudition, les sciences exactes, elle est sans rivale. En France, comme dans tout le reste de l'Europe moderne, les pères de l'Eglise, par leurs compilations historiques et leurs disputes de théologie, furent aussi les pères de la littérature. Cette contrée produisit des écrivains respectables, même dans la période romaine, tels qu'Ausonius, natif de Bordeaux; Sidonius Apollinaris et nombre d'autres, parmi lesquels nous citerons Severus Sulpitius, auteur de la Vie de saint Martin, et surnommé le Saluste chrétien. La conquête des Gaules par les francs ne brisa point l'heureuse chaîne des sciences; Grégoire de Tours vint la continuer, et d'autres écrivains de mérite le suivirent. La collection des anciens historiens français est des plus complètes, comme des plus importantes. Mais il serait superflu de donner ici la liste trop longue de tous les écrivains français qui ont illustré leur langue et leur patrie. Qui ne connaît pas la grandeur romaine de Corneille, la tendre élégance de Racine, les pompes tragiques et toutes les terreurs de Crébillon; la force comique de

Molière, la naïveté de Lafontaine et sa spirituelle simplicité ; les douces, les vertueuses leçons de Fénélon, l'enjouement de Gresset, la caustique vivacité de Voltaire ?

Dès leur conversion au christianisme, opérée dans le septième siècle, les habitans du Brabant cultivèrent les lettres, et s'y distinguèrent par des Chroniques et des Vies des Saints ; mais dans les tems modernes, ils n'ont produit aucun grand écrivain. La langue du pays est entièrement négligée, et les meilleurs auteurs ont écrit en latin ou en français. Froissart était né à Valenciennes dans la Flandre française. Philippe de Commines reçut le jour dans la ville dont il portait le nom, située à huit milles nord de Lille, et dans la même province. Lipse, célèbre érudit, naquit près de Bruxelles. Mais, en général, on peut dire que les Pays-Bas méridionaux ont été plus illustrés par les artistes ; et les Provinces-Unies, par les gens de lettres.

Education.

L'éducation était très-défectueuse dans tous les pays catholiques, avant que les Jésuites eussent acquis une juste réputation dans cette partie intéressante : ils s'en occupèrent avec beaucoup de zèle, et si leurs grands talens s'étaient uniquement dirigés vers ce but, c'eût été une société très-utile. Le nouveau gouvernement donnera sans doute des écoles à la classe indigente, qui en manquait sous l'ancien ; et c'est peut-être une des causes principales de ce défaut d'instruction réelle et solide, de cette absence de talent politique, qui ont étonné les spectateurs impartiaux de la révolution. Lorsque les troubles civils de l'Angleterre y renversèrent tout, excepté l'empire des sciences, il s'y éleva dans tous les départemens infiniment plus d'hommes à talens, que la France n'en a montré dans les derniers évènemens. Aussi, comme l'ignorance conduit naturellement au crime, et que le manque d'éducation obscurcit l'entendement et endurcit l'ame, faut-il placer ce défaut parmi les causes des sanglantes horreurs qui ont épouvanté l'Europe. Louons le premier Magistrat de la France d'avoir porté une attention particulière sur l'éducation nationale, et puisse le succès couronner son zèle; car il y a bien de la différence entre former un plan qui paraît bon, et lui donner une exécution durable par des réglemens et des fonds qui le soutiennent. Sous quelque forme de gouvernement que ce soit, les plus ignorans seront toujours les plus indociles: ces jacobins qui voulurent extirper ce qu'ils appelaient l'aristocratie des sciences, n'unissaient-ils pas l'ignorance la plus complète aux vices les plus odieux?

Universités. La France avait autrefois vingt et une universités: au nord, Douai, Caen, Paris, Rheims, Nanci, Strasbourg; dans les provinces du centre, Nantes, Angers, Poitiers, Orléans, Bourges, Dijon, Besançon; au sud, Bordeaux,

Pau, Perpignan, Toulouse, Montpellier, Aix, Orange, Valence (1). La plus célèbre de toutes, c'était la Sorbonne siégeant à Paris ; malheureusement elle montrait un invincible penchant à prolonger le règne de la théologie scolastique. On y comptait en outre trente neuf académies et sociétés littéraires. Celles de Paris en particulier ont joui d'une longue gloire dans le monde savant, gloire méritée par leurs élégantes et profondes dissertations sur les sciences et les belles-lettres. Le nouveau gouvernement n'a pas négligé les établissemens de ce genre (*a*).

---

(1) Lacroix, Géographie, t. I, p. 279.

(*a*) Une nouvelle loi, qui n'a pas encore eu son entière exécution, a aboli les écoles centrales et déterminé quatre degrés d'enseignement : 1.° Des écoles primaires établies par les communes; 2.° des écoles secondaires établies par des communes ou tenues par des particuliers ; 3.° des lycées entretenus aux frais du trésor public ; 4.° des écoles spéciales pour toutes les branches des connaissances humaines, qui forment le dernier degré d'enseignement, et sont aussi aux frais du trésor public (*). D'après un arrêté du gouvernement, du 3 pluviôse an 11, l'Institut national se trouve partagé en quatre classes, qui forment presque autant d'académies particulières, puisqu'elles publient séparément leurs mémoires, font des statuts particuliers, et distribuent des prix séparément. La première de ces classes, est celle des sciences physiques et mathématiques; la seconde est celle de la langue et de la littérature française ; la troisième est celle d'histoire et de littérature ancienne ; la quatrième, celle des beaux arts. Ces classes sont divisées en sections ;

(*) *Voyez* la loi sur l'instruction publique, du 11 floréal an 10.

L'éducation dans le Brabant était aussi négligée que dans la plupart des pays catholiques, où les Jésuites essayèrent en vain de la porter au même degré que dans les états protestans. Les universités, qui, nulle part, ne sont aussi utiles que les écoles, étaient pourtant en assez grand nombre, vu l'étendue de la contrée. Outre celle de Tournay (Dornick), ville que les français possèdent depuis long-tems, il y en avait à Douay et à Saint-Omer, très-fréquentées des catholiques anglais : celle de Louvain, fondée en 1425, était encore plus célèbre. Les illustres professeurs, si hautement exaltés par Guicciardini, neveu du grand historien, qui publia dans le seizième siècle une ample description des Pays-Bas, sont depuis long-tems oubliés : leurs études n'ont paru à la postérité ni amusantes ni utiles.

Cités et villes. Paris. Autant la France est vaste et fertile, autant elle offre de cités superbes et de villes florissantes. Paris, la capitale, s'élève sur l'une et l'autre rives de la Seine, dans une situation agréable et salubre, avec les plus délicieux environs. On la divise en trois parties : la ville au nord, la cité au centre, et le quartier dit de l'université, au midi. César (1) en parle

---

et chacune d'elles a un secrétaire perpétuel qui en fait partie, mais n'est attaché à aucune section en particulier (*).
(C. A. W.)

(1) Liv. 7, ch. 54.

(*) Journal officiel, an 11 (1803), n.° 124, p. 497.

comme d'une ville renfermée de son tems dans une île de la Seine. Un voyageur qui passe pour exact, prétend que Paris est d'un tiers moins étendu que Londres (1). S'il ne se trompe pas, cette ville ne peut contenir plus de 400,000 habitans ; cependant on en porte le nombre au-delà de 600,000 (*a*). Les maisons sont bâties en pierres de taille, qu'on tire de carrières creusées comme des catacombes, et qui courent sous les rues dans toutes les directions (*b*) ; de sorte qu'un tremblement de terre produirait de grands désastres, peut-être même en-

(1) Young's, Travels in France, t. i, p. 76.

(*a*) La totalité de la population du département de Paris, qui s'étend à environ deux lieues autour de cette ville, est, d'après le dernier dénombrement fait en l'an 10, de 679,763 individus (*). Paris seul ne renferme, en l'an 11 (1803), d'après les renseignemens les plus authentiques, que 547,756 individus. (C. A. W.)

(*b*) Il y a long-tems qu'on ne tire plus de pierres de ces carrières, dont on ignorait même presque l'existence avant 1777. La levée des plans de ces souterrains, sur lesquels on a rapporté les édifices de la superficie, a démontré que ces excavations s'étendent sous différentes portions de terrain, dans le seul département de la Seine, du nord au midi, depuis Pierrefite jusqu'à Antoni, et depuis Creteil jusqu'à Nanterre, en passant sous les principales rues, monumens et maisons d'habitation des faubourgs Saint-Germain, Saint-Jacques et Saint-Marcel de la commune de Paris (**).

(C. A. W.)

(*) Journal officiel, an 10, p. 1028, n.° 249.

(**) *Voyez* Journal officiel, an 10, p. 633, n.° 158.

gloutirait la ville en entier. Des quais magnifiques dirigent le beau cours de la Seine ; et les édifices publics ne se font pas admirer seulement pour leur élégance propre, mais encore pour le choix de leur situation généralement découverte et élevée. Le Louvre est regardé comme un des chefs-d'œuvres de l'architecture moderne ; l'église de Sainte-Geneviève, aujourd'hui le Panthéon, est un morceau distingué ; il est inutile de parler des Tuileries, du Palais-Royal, de l'hôtel des Invalides, de l'Observatoire, de l'hôtel des Monnoies, de l'Ecole de Chirurgie, des portes Saint-Denis et Saint-Martin, qui rappellent les arcs triomphaux des romains, les églises Saint-Eustache, Saint-Roch, Saint-Sulpice. Sans doute Paris l'emporte sur Londres en magnificence, mais Londres l'emporte à son tour sur Paris en propreté et commodité : à Paris les rues n'offrent aux piétons aucune sauve-garde contre la crotte et les voitures ; c'est un reproche que peuvent faire au gouvernement les deux classes les plus nombreuses, celle des pauvres et celle des gens seulement aisés. Dans les environs, le Bois de Boulogne, Montmartre, Vincennes, Sceau, Passy, Saint-Denis, Saint-Cloud, Meudon, Versailles, etc. forment à la capitale un cadre des plus charmans. La révolution a peu dégradé cette grande ville, et maintenant les dépouilles de plusieurs contrées ornent et augmentent les collections publiques ; les richesses de la conquête s'y écoulent, et font naître des palais, des rues, des places, et tous les embellissemens du luxe (*a*).

(*a*) L'ami des sciences et des arts distinguera sur-tout à Paris trois établissemens qui, je crois, n'ont pas de rivaux dans le reste de l'Europe; 1.° la Bibliothèque nationale, qui s'est augmentée, dans ces derniers tems, par les victoires des français, d'un grand nombre de livres et de manuscrits précieux; mais qu'on a étrangement négligé, depuis la révolution, d'approvisionner en ouvrages modernes étrangers et nationaux, sur toutes les branches des connaissances humaines. Outre des vases, des pierres gravées et autres morceaux d'antiquité, cette Bibliothèque renferme la plus nombreuse et la plus riche collection de médailles qui existe en Europe : les savans en attendent depuis longtems le catalogue; espérons, pour le bien des sciences, que ce ne sera pas toujours en vain. Il est utile, il est même nécessaire qu'un pareil établissement soit public pour tous ceux qu'on peut présumer s'intéresser aux lettres, ou avoir besoin d'y recourir; mais permettre qu'il soit bannal pour l'ignorant et l'oisif, n'est-ce pas un abus qui, né de la licence et de l'anarchie, devait cesser avec elles? 2.° On ne peut contempler sans ravissement les plus beaux chefs-d'œuvres des peintures de l'Europe moderne réunis au Louvre, avec ce que l'antiquité nous a laissé de plus précieux en sculpture : le Laocoon, l'Apollon du Belvédère, la Vénus Médicis et tant d'autres prodiges d'un art qui semble avoir atteint dans la seule Grèce le degré de perfection où il soit permis à l'homme de parvenir. Mais on regrette que cette longue galerie ne reçoive la lumière que de fenêtres latérales et au travers de murs épais; et on ferait volontiers le sacrifice de quelques-uns des plus beaux tableaux qu'elle renferme, pour qu'on pût en ouvrir et en éclairer la voûte, et qu'il fût ainsi permis de voir les autres. De même, en contemplant la moitié de ces restes précieux du ciseau grec, on ne peut sans douleur renoncer

Lyon. Par sa population et son étendue, Lyon était la seconde ville de France; on y comptait 100,000 ames. Ses riches manufactures produisaient des objets de luxe, tels que des soieries, des draps d'or et d'argent, etc.; il était donc très naturel qu'elle eût pour l'ancienne aristocratie un attachement dont elle ne pouvait prévoir les conséquences, bien fatales à sa prospérité. Sous le règne frénétique des Jacobins, cette ville fut assiégée, prise, livrée aux massacres les plus féroces; enfin, condamnée à la démolition. Mais comme la rage et la folie ont des bornes, le décret ne fut exécuté qu'en partie. Il est probable pourtant,

---

au plaisir d'examiner l'autre moitié, et on s'étonne de les trouver presque tous collés contre une muraille, ou renfermés dans des niches. 3.° Le Muséum d'histoire naturelle contient, dans les trois règnes, la collection la plus précieuse et la plus nombreuse qui existe; et c'est peut-être, de tous les établissemens d'instruction publique, créés avant la révolution, le seul qui ait prospéré sous son empire. Le nombre des objets inédits qu'il renferme est très-considérable. Les savans naturalistes auxquels ils sont confiés n'en feront pas sans doute attendre long-tems la description: c'est un des moyens les plus efficaces de concourir aux progrès d'une science où ils se sont illustrés; c'est à-la-fois un des plus beaux attributs de leurs places et un de leurs premiers devoirs.

Nous avons déjà parlé du Musée des monumens français: l'amateur de peinture verra encore avec plaisir, même après la collection du Louvre, la galerie du Luxembourg par Rubens, dans le palais de ce nom, où se trouve aussi rassemblé la célèbre galerie des Chartreux, de Le Sueur.

(C. A. W.)

que Lyon ne recouvrera jamais son étendue et son opulence premières : le commerce une fois expulsé revient rarement (a).

On observe ensuite les villes de Marseille et Marseille.

(a) Lyon fut fondée par Munatius Plancus, lieutenant de Jules-César, l'an 711 de Rome, et devint, dès son origine la métropole de toute la Gaule celtique. Le site de Lyon est infiniment riche et pittoresque. La présence des deux grandes rivières qui le baignent, les coteaux couverts de verdure et de maisons qui le bornent à l'ouest, les aspects variés que présentent les deux rives de la Saône, la perspective des Alpes groupées à l'orient, concourent à charmer l'œil du spectateur. Ses quais sont magnifiques. Elle a un grand nombre de beaux édifices publics. Les maisons des particuliers sont en général bien construites ; mais elles laissent beaucoup à desirer sous les rapports de salubrité et de distribution. Les rues manquent de largeur. Resserré par les montagnes et les deux fleuves, et obligé d'être économe d'un terrain peu étendu, on fit, dès le principe, des maisons trop hautes et des percées trop étroites. Avec le tems de plus vastes plans furent conçus. Perrache, au sud, en portant d'une main hardie le confluent du Rhône et de la Saône à 1200 toises plus loin que la nature ne l'avait placé; Morand, au nord, en liant les Breteaux à cette région, ménagèrent de beaux et spacieux emplacemens; mais ce ne sera que lentement et avec le retour de la prospérité du commerce, qu'on pourra recommencer à bâtir sur ces emplacemens. Les ouvrages projetés ajouteront beaucoup, lorsqu'ils seront terminés, à la splendeur de cette ville. Mais elle présente de nombreuses et affligeantes ruines, plus de deux cents maisons ont été détruites, la superbe place Belcour ne présente plus qu'une masse de décombres (1).

(C. A. W.)

(1) Verninac, p. 38.

de Bordeaux, chacune peuplée de 80,000 ames. Nous avons déjà dit l'origine de Marseille, elle est toujours digne de son ancienne réputation, son port étant un des meilleurs et un des plus fréquentés de la Méditerranée. La bourse est d'une belle architecture, et l'on peut admirer les parties de la ville nouvellement bâties.

Bordeaux. Bordeaux, avant la guerre, jouissait d'une grande prospérité, mais son commerce doit avoir beaucoup souffert depuis. Le port est vaste et commode, les quais très-étendus. Les principales exportations s'y font en vins, eaux-de-vie, sur-tout en vin de Bordeaux, que les Anglais nomment *claret*, à cause de son rouge clair et transparent, et par opposition aux vins couverts, et autres d'un rouge opaque. On y voit le théâtre le plus magnifique qu'ait la France, et des acteurs à un prix fou. Pour suivre notre comparaison ordinaire, autant Paris l'emporte sur Londres, autant Bordeaux l'emporte sur Liverpool (1).

Avant de commencer la description rapide des autres villes principales de France, nous avertirons que celles des Pays-Bas, que l'Autriche vient de perdre, sont réservées pour un article séparé. Mais parmi celles de ce qu'on appelait Flandre française, nous citerons Lille (Lille.) et Valenciennes. La première, plus remar-

---

(1) Young, t. 1, p. 60.

quable pour sa force que pour ses manufactures de camelots et d'étoffes, a une population de 60,000 ames. Les fortifications de Valenciennes ne sont pas moins redoutables ; cependant, le 26 juillet 1793, elle se rendit aux forces combinées des anglais et des autrichiens, sous le commandement du duc d'York : les français la reprirent l'année d'après. Ses principales manufactures sont en dentelles, camelots, batistes. Valenciennes.

Amiens, ville considérable, renferme environ 40,000 habitans ; mais Rouen, capitale de la ci-devant Normandie, en contient 72,000, et fait un commerce important. Le port de Brest offre le plus grand intérêt, c'est l'arsenal maritime de la France dans le nord ; la ville, peu spacieuse, n'a pas plus de 30,000 ames. Nantes, avec une population de 56,000 ames, un grand commerce, un théâtre splendide, et plusieurs rues nouvelles, est au milieu d'un pays stérile et de l'aspect le plus triste (1). Amiens.

Orléans a 40,000 habitans. Cette ville est célèbre par deux siéges qu'elle soutint, l'un contre Attila, roi des Huns, dans le cinquième siècle ; l'autre, dans le quinzième, contre les anglais. Le duché d'Orléans était l'apanage d'une branche de la famille royale : on en portait le revenu à 7,200,000 liv. tournois. Orléans.

Nanci, en Lorraine, sans égaler Metz en étendue, est une des plus belles villes de France. Nanci.

(1) Young's France, t. 1, p. 104.

Strasbourg. La vénérable cité de Strasbourg possède 40,000 habitans : Louis XIV s'en empara en 1681, et la possession lui en fut confirmée par la paix de Riswick en 1697. Elle a d'excellentes fortifications, et un monument fort remarquable que tout le monde connaît, je veux dire l'aiguille de sa cathédrale, qui s'élève à la hauteur de 574 pieds anglais (*a*).

Il est peu d'autres villes de l'intérieur dignes d'une mention particulière, à l'exception de Toulouse. Toulouse, qui possède 50,000 habitans, et dont le parlement, sous la monarchie, jouissait du premier rang après celui de Paris. Cette ville est fort étendue, mais a peu de manufactures, quoique située à l'embouchure du grand canal que Louis XIV fit percer de la Méditerranée à la Garonne, ouvrage véritablement grand, et qui suffirait seul pour éterniser la Montpellier mémoire du monarque. Montpellier, non loin de la Méditerranée, environné de sites délicieux, possédant un bel aqueduc, est d'une

(*a*) Grégoire de Tours, dans le sixième siècle, est le premier historien qui mentionne Strasbourg. Il paraît que ce fut près de cette ville, et non près de Cologne, comme on le croit vulgairement, que fut donnée la fameuse bataille de Tolbiac. Strasbourg portait pas alors le nom d'*Argentoratum* en latin, et de *Silberthal* en allemand. C'est à-peu-près dans ce même tems que le pays prit le nom d'Alsace. Lecamus porte la hauteur de sa tour seulement à 455 pieds de Paris (1). (C. A. W.)

(1) Voyage dans les départemens nouvellement réunis, t. 1, p. 21.

étendue considérable ; mais sa célébrité se fonde particulièrement sur la salubrité de l'air et sur son ancienne école de médecine. L'œil y jouit d'une perspective singulièrement grande et intéressante ; s'il quitte d'un côté les cimes des Alpes, c'est pour tomber, de l'autre, sur celles des Pyrénées (1).

Les trois premières cités des ci-devant Pays-Bas autrichiens, sont Bruxelles, Gand et Anvers. Bruxelles, la capitale, possède encore environ 80,000 habitans. Elle est embellie d'une place magnifique, sur l'un des côtés de laquelle s'élève un grand hôtel-de-ville ; et décorée de plusieurs églises et fontaines. Elle est située sur la Senne, petite rivière qui partage ses eaux entre la Dyle et l'Escaut. Il est question de Bruxelles dès le dixième siècle, et dans le quatorzième elle fut environnée de murailles. Le palais impérial, résidence ordinaire du gouverneur des Pays-Bas, est construit avec beaucoup de goût et de magnificence.

Gand renferme 60,000 ames dans une circonférence de 13 milles : observons que la ville s'élève sur nombre de petites îles formées par quatre rivières et plusieurs canaux, et que ses murs embrassent des jardins et même des champs (2). Elle a quelques rues larges et bien pavées, mais peu d'églises dignes d'attention. Gand.

On compte à Anvers 50,000 habitans, triste Anvers.

(1) Young, t. 1, p. 40.
(2) Marshall, t. 11, p. 22.

reste d'une grande population et d'une plus grande prospérité. Cette ville, située à l'embouchure de l'Escaut, et jadis le premier entrepôt du commerce flamand, a une forte citadelle, bâtie par le sanguinaire duc d'Albe. Le hâvre était excellent, mais outre que les jaloux hollandais ont obstrué l'entrée de l'Escaut, ils y ont élevé le fort de Lillo, qui en commande l'approche. Les rues, les maisons, les églises d'Anvers sont dignes de son ancienne célébrité. La bourse, dit on, a servi de modèle à celle de Londres. Les églises sont décorées de plusieurs tableaux de Rubens, de Vandick et d'autres maîtres flamands. On pense qu'en 1568 le commerce s'y trouva à son plus haut degré de prospérité : il y avait alors 200,000 habitans. Il existe encore à Anvers plusieurs riches descendans des anciens marchands, de même qu'un peu de commerce, et quelques manufactures florissantes, particulièrement de dentelles et de toiles (*a*). Si nous visitons les autres

(*a*) En considérant le peu de vestiges qui restent de l'ancienne opulence d'Anvers, et combien les maisons, dont la construction semble remonter à son tems de prospérité, éloigne toute idée de richesse et de négoce, d'Herbouville conjecture, avec beaucoup de raison, que les anversois étaient plutôt manufacturiers qu'armateurs, plutôt banquiers et commissionnaires que négocians. La maison des Osterling (qui avec la bourse sont les seuls édifices qui puissent faire croire qu'il se soit fait un grand commerce à Anvers) était, suivant lui, occupée par des facteurs des villes anséatiques. Il observe que les anversois étaient si peu versés villes principales, nous trouverons 25,000 habitans à Mons; 20,000 à Bruges; autant à Namur; 12,000 à Luxembourg; 10,000 à Ruremonde; 8,000 à Limbourg.

La côte de Flandre offre presque par-tout des dunes sablonneuses, et a peu d'entrées, parce que la plupart des rivières tombent dans l'Escaut. Cependant, on y rencontre deux ports dignes d'observation. Le port de l'Ecluse (1) tire son nom des écluses, au moyen desquelles on peut submerger toute la contrée adjacente. D'une circonstance semblable vient le nom

---

dans la marine, que lors du siége de leur ville par le duc de Parme, en 1584, ils ne surent point conduire un brûlot jusqu'au pont que ce prince avait fait jeter sur l'Escaut, et ils prirent un ingénieur italien pour construire les vaisseaux destinés à détruire cet ouvrage (*). Depuis l'ouverture de l'Escaut, le commerce d'Anvers, avant la guerre qui vient d'être déclarée, croissait avec rapidité : en l'an 7, on ne compta que deux vaisseaux entrés dans le port; en l'an 8, on en compta 50, et en l'an neuf, 142. On sait qu'Anvers a été dépouillé de ses plus beaux tableaux, qui ont été transportés à Paris. Un voyageur récent nous apprend que la maison du célèbre Christophe Plantin y existe encore; qu'elle appartient aux Moretus, ses descendans, et qu'on y imprime encore (**). (C. A. W.)

(1) L'Ecluse appartenait aux Provinces-Unies; mais nous en parlons ici, considérant tous les Pays-Bas jusqu'au Rhin, comme propriété française. Nieuport, petite ville adonnée à la pêche, est à peine remarquable.

(*) D'Herbouville, Statistique du département des Deux-Nèthes, p. 71.

(**) Lecamus, Voyage dans les départemens réunis, t. 3, p. 71.

d'Helvoet-Sluys, (sluys signifie écluse) port de Hollande situé dans l'île de Voın, quarante milles plus au nord. Guiccciardini dit que le hâvre de l'Ecluse était assez spacieux pour 500 vaisseaux. Le port le cède beaucoup aujourd'hui à celui d'Ostende, et il en est de même de la population : cet autre port des côtes de Flandre est très-fréquenté depuis la fermeture de l'Escaut : la ville contient encore 14,000 ames, malgré tout ce qu'elle eut à souffrir pendant le fameux siége qui se termina en 1604 par la retraite des anglais, et que sir Francis Vere soutint si vaillamment avec peu de troupes. Il s'y était établi plusieurs familles anglaises, avant qu'elle ne tombât au pouvoir des français (*a*).

(*a*) En exceptant Paris la capitale, dont la population est au moins cinq fois plus considérable que celle de la ville la plus peuplée du reste de l'état, et qui sous ce rapport ne peut être comparée qu'avec les autres capitales de l'Europe, telles que Londres et Constantinople, nous pouvons partager toutes les villes de France qui méritent quelque mention dans une géographie générale, en cinq classes distinctes : la première comprendra les villes qui ont depuis 70 000 jusqu'à 120,000 habitans et au-dessus ; la seconde celles qui ont depuis 50 jusqu'à 70,000 habitans ; la troisième, celles qui ont depuis 30.000 jusqu'à 50 000 habitans ; la quatrième celles qui ont depuis 20,000 jusqu'à 30,000 habitans ; et enfin la cinquième, celles qui ont depuis 12,000 jusqu'à 20,000 habitans.

D'après cette classification, et en considérant la France dans tout son entier et avec ses nouvelles possessions, les villes qu'elle renferme se trouvent au commencement du

Nombre des plus beaux édifices se voient à Paris et dans ses environs. A ceux déjà cités,

---

dix-neuvième siècle (1803), suivant les renseignemens les plus authentiques, rangées dans l'ordre suivant :

Parmi les villes de première classe nous aurons Marseille 96,400 habitans; Bordeaux 90.900; Lyon 88,919. Le bureau des longitudes dans l'annuaire de l'an 12 (1804), porte la population de la première de ces villes à 108,374 habitans, celle de la seconde à 104.676. celle de la troisième à 102,167; mais ce calcul paraît exagéré, comme presque tous ceux qu'il a donnés en ce genre Après ces trois villes qui ont été décrites, vient Rouen qui a 84,300 habitans : cette ville, l'ancienne capitale de Normandie, est remarquable par son grand commerce, ses manufactures, et son pont de bateau sur la Seine, qui s'ouvre pour laisser passage aux vaisseaux ; elle est en general mal bâtie, et les rues en sont étroites. Le port de Nante, qui compte 77,100 habitans, est la dernière ville de la France ancienne que nous puissions nommer dans cette classe ; mais en traversant les Alpes nous trouvons Turin, la capitale de la *France Italienne :* cette ville compte 75,000 habitans. et il en sera parlé plus au long dans la description de l'Italie.

Bruxelles, la capitale du Brabant, qui renferme 66.200 habitans, sans la rigueur de la méthode adoptée, pourrait prétendre au rang des villes de première classe, avec d'autant plus de raison qu'elle a sous le rapport de la population un assez grand avantage sur Anvers et Gand, dont la première renferme 56,300 habitans et l'autre 55,160, et qui toutes deux doivent être placées après elle à la tête des villes de la seconde classe. Anvers a été décrit. Gand se distingue par son étendue, son active industrie, ses tanneries, ses filatures, ses travaux en fer et en bois, et enfin par sa maison de détention, qu'a décrite au long le vertueux Howard, qui la met au-dessus de celle de Vilvorde;

nous joindrons le palais de Versailles, plus remarquable par les trésors qu'il a coûté, que

---

Lille vient ensuite et compte 54,700 habitans, mais l'annuaire déjà cité en porte le nombre à 66,761 habitans, ce qui surpasserait un peu la population de Bruxelles : le bombardement de 1792 a presqu'entièrement détruit le quartier Saint-Sauveur; et les frontières de la France ayant été reculées de ce côté, cette ville a perdu son commerce d'entrepôt et une partie de ses richesses et de sa splendeur. La ville de Liège, naguère la capitale d'un petit état indépendant, placée au confluent de l'Ourthe et de la Meuse, est bâtie sur leurs deux rives; l'une et l'autre rivières se divisent en plusieurs branches pour la traverser; c'est une des villes des plus commerçantes et des plus industrieuses de France; mais malgré tous ces avantages, Liège qui ne renferme que 50,000 habitans, paraît un peu surpassée par Toulouse en population : cette célèbre capitale du Languedoc, quoique déchue de son ancienne splendeur, possède encore 51,000 habitans : elle est grande, située dans une belle plaine sur la Garonne : les rues sont en général larges et bien bâties, et on y voit encore quelques restes d'antiquités romaines.

Strasbourg, qui compte 47,200 habitans, ouvre la liste des villes de troisième classe. Orléans renferme 41,500 habitans; Amiens 40,000 : cette dernière située sur la rivière de Somme est manufacturière et commerçante; on y distingue une cathédrale qui est un des plus beaux monumens gothiques qui soient en France; sa promenade nommée l'Autoy mérite aussi une mention particulière. Nismes a 39,500 habitans; elle rivalise presqu'avec Marseille pour l'ancienneté, et ses monumens antiques sont nombreux et célèbres. Des belles contrées qui bordent la Méditerranée, nous nous transporterons au nord sur les bords du Rhin, où nous trouverons Cologne, autrefois ville impériale, et célèbre depuis le tems des romains : elle contient 38,800 habitans. Metz en compte 36,000 : elle était par l'habileté de l'architecte : les parties en sont petites et sans harmonie, l'effet général, une

---

ville impériale du tems de Charles-Quint, et fut prise en 1562 par Henri II, roi de France : les juifs qui s'y établirent en grand nombre contribuèrent beaucoup à la haute prospérité dont elle a joui dans le seizième siècle. Caen, en Normandie, dont l'histoire curieuse a été recemment éclaircie par un habile antiquaire, contient environ 34.000 habitans. Bruges compte 33.600 habitans ; et quoiqu'encore importante, elle n'offre que les vestiges de son ancienne splendeur. Angers, capitale ancienne de l'Anjou, sur la Mayenne qui la coupe en deux parties, dont l'une s'étend dans la plaine et l'autre s'élève sur le penchant d'une colline, compte 33,000 habitans. Montpellier que les sciences ont rendu célèbre, renferme 32.800 habitans ; sa place dite du Peyrou est une des plus magnifiques d'Europe. Rheims, en Champagne, Clermont en Auvergne, Alexandrie en Piémont, terminent la liste des villes du troisième ordre. La première renferme 32,000 habitans : plus grande encore que peuplée, elle occupe un vaste terrain ; les rues sont larges, les maisons généralement propres et bien bâties : il y a un grand nombre de manufactures de diverses étoffes de Silésie, flanelles, burats, voiles, impériales, etc. : le sol sec et crayeux sur lequel Rheims est construit, a permis d'y pratiquer de vastes caves les unes au-dessus des autres, sans aucun risque d'immersion, ce qui l'a rendu l'entrepôt de presque tous les vins de la Champagne, et donne, en permettant de graduer la température, beaucoup de facilité pour travailler le vin mousseux, qui, entre les mains des adroits rhémois, est plutôt l'ouvrage de l'art que celui de la nature : quelques églises et une superbe promenade, dont les allées majestueuses se trouvent singulièrement embellies par le contraste pittoresque de la petite rivière qui serpente à une de ses extrémité, attirent à Rheims l'attention des voyageurs. Clermont, l'ancienne capitale de l'Auvergne, n'a que 30,000 habitans ;

vaine pompe plutôt qu'une véritable grandeur. Le pont de Neuilli passe pour le plus beau de

---

ses rues sont étroites, et ses maisons sont obscures; mais les places publiques et les promenades des environs sont belles : des ratines, des toiles, des rubans, des pâtes d'abricots sont les produits de son commerce. Alexandrie, en Piémont, dont la population s'élève, dit-on, jusqu'à 30,000 ames, acquiert une nouvelle importance par les fortifications qu'on y construit.

Parmi les villes de quatrième classe, dont la population est de 20,000 à 30,000 ames, la jolie ville de Nanci, en Lorraine, réclame la priorité; elle compte 29,100 habitans, et est divisée en deux parties, la vieille et la neuve : cette dernière est célèbre par la régularité de ses rues et l'élégance de ses maisons. Versailles ne contient pas plus que 27,500 habitans, quoique d'après d'anciens documens, le rédacteur de l'annuaire du bureau des longitudes en porte le nombre à 35,000 : le château et les jardins de Versailles n'ont pas éprouvé le sort de Chantilly, que la barbarie révolutionnaire a presqu'entièrement détruit : le joli Trianon même, déployant encore ses grâces pittoresques à côté du palais de Louis XIV et de son parc magnifique, offre le contraste des idées et des goûts de deux siècles bien différens : on voit à Versailles une belle collection de tableaux des peintres français; mais la pompe solitaire de ces beaux lieux a quelque chose de triste, et force à la méditation l'esprit le plus frivole. Brest et Dunkerque, deux ports célèbres, devraient peut-être se trouver placés à la tête des villes de cette classe, sinon par leur population, du moins par leur importance politique. Brest compte 24,100 habitans : sa rade pourrait contenir jusqu'à 500 vaisseaux de guerre; mais l'entrée en est étroite et difficile, à cause des rochers cachés sous l'eau. Dunkerque, sur la mer du nord, fut pris, comme on sait, par Turenne, sur les espagnols l'Europe : il est composé de cinq vastes arches de même grandeur, tandis qu'on voit tous les

---

en 1658, acheté par Louis XIV en 1662 des anglais, qui ont depuis en vain essayé de la reprendre : sa population est de 22,000 habitans; cependant l'annuaire pour 1804 la porte à 26,200. Rennes, la capitale de Bretagne, ne compte guère que 26,000 habitans : d'après l'annuaire de l'an 12, qui porte sa population à 30,100 habitans, elle devrait, avec Versailles, former la liste des villes de troisième classe : Rennes essuya, en 1720, un grand incendie qui brûla 850 maisons occupant 21,600 toises carrées ; ce grand quartier, qui a été rebâti à neuf sur un plan régulier, contraste singulièrement avec le désordre des autres parties de la ville. Troyes, l'ancienne capitale de la Champagne, doit être nommée ensuite, et possède 25,000 habitans ; elle est sur la Seine : la pierre étant rare, la plupart des maisons sont en bois et mal bâties : cette ville est industrieuse et manufacturière : c'est là qu'on fabrique en grande quantité ces bâtons de craie blanche, improprement appelés blanc d'Espagne, et qu'il faudrait plutôt appeler blanc de Troyes. La ville, autrefois impériale, d'Aix-la-Chapelle, célèbre par ses eaux minérales, contient 23,400 habitans. Mais Aix en Provence n'en contient guère que 21,000 : plusieurs causes l'ont fait décheoir de son ancienne splendeur ; et le froid ayant fait périr une grande partie des oliviers de son territoire, qui faisait sa principale richesse, a encore contribué à sa décadence. Mais avant ces deux dernières villes, et peut-être même avant plusieurs autres, nous eussions dû nommer l'importante place de Besançon, dont la population portée par certaines évaluations à 28,200 habitans, paraît être d'environ 25,300 ; elle a plusieurs restes d'antiquités romaines, et l'horlogerie est une des branches principales de son industrie. Il en est de même de Genève, chère aux arts et aux sciences, autrefois république indépendante, actuellement chef-lieu du département du Léman, autres ponts supportés par de petits arceaux qui dégradent la noblesse de semblables fabriques.

---

qui a pris son nom du lac sur lequel cette ville est située: Genève compte environ 22,700 habitans, et peut être regardée comme la capitale des calvinistes en Europe. Montauban dut aussi sa prospérité à des calvinistes qui éprouvèrent toutes les persécutions du fanatisme religieux: cette ville est bien bâtie sur le Tarn, qui est large en cet endroit; elle est peu ancienne, et son origine ne remonte pas au-delà du 12.e siècle. Avignon, au contraire, le dispute en ancienneté à Marseille même, et renferme 21,400 habitans, ou, suivant l'annuaire de l'an douze, 24,000: cette ville changea bien des fois de maîtres: elle appartint successivement, après la chute de l'empire romain, aux rois d'Italie, aux bourguignons, aux ostrogots, aux francs, à Charlemagne, aux empereurs d'Allemagne qui la défendirent assez mal, ainsi que toute la Provence: elle passa ensuite aux comtes de Provence, fut indépendante dans le douzième siècle et gouvernée par ses propres magistrats: Louis VIII, roi de France, s'en empara: elle se soumit ensuite aux comtes de Toulouse et de Poitiers, et fut enfin vendue aux papes par Jeanne de Naples, comtesse de Provence, en 1348, année où elle éprouva une peste qui enleva le tiers de ses habitans, et parmi eux la célèbre Laure: que ne puis-je repousser le souvenir des horreurs qui suivirent sa réunion à la France, qui furent presqu'aussi destructives que la peste, et présentèrent un tableau bien plus hideux, celui de la perversité et de la férocité humaines poussées au dernier degré! Avignon est sujette à de fréquentes inondations, produites par les eaux du Rhône et de la Durance, qui ont plus d'une fois détruit une partie de la ville et causé les plus grands malheurs; la première dont on ait connaissance eut lieu en 1226; la plus forte ensuite fut celle de 1755, qui fut encore surpassée par la dernière, qui eut lieu en 1801, où l'eau s'éleva plus haut, mais causa moins de dégats qu'en

Les anciennes cathédrales, les vieux châteaux sont si multipliés, que l'énumération en serait

1455 (1). Mayence (ou Mentz), autre acquisition récente, ancienne capitale de l'archevêché de ce nom, située sur les bords du Rhin et au confluent de ce fleuve avec le Mein, compte 22,300 habitans : toutes les rues de cette ville, à l'exception d'une seule, qui est large et droite, sont courtes, contournées; la plupart sont fort étroites; les bâtimens sont tristes et mal distribués, surchargés au-dehors de balcons, de grilles et d'enroulemens. Si Saint-Etienne en Forêts, célèbre par sa manufacture d'armes, contient, comme on le prétend, de 25,000 à 26,000 habitans, elle eût dû être nommée avant plusieurs des villes qui précèdent. Grenoble, Dijon, Limoges et Tours; Dieppe, l'Orient, le Hâvre, Toulon, la Rochelle et Rochefort; Mons, Tournay, Arras et Saint-Omer; Nice, Asti et Mondovi terminent la longue liste des villes de quatrième classe. Il en est peu parmi elles dont la population excède 21,000 ames. Grenoble, ci-devant capitale du Dauphiné, ne compte que 20,600 habitans; elle est située sur l'Isère et possède des fabriques de toiles d'indienne, de chapeaux et de gants de peaux qui sont les plus renommés. Il est douteux si Dijon, capitale de la grande province de Bourgogne, et qui s'est, dans ces derniers tems, illustrée dans les sciences, mérite par sa population d'être placée dans la quatrième classe : suivant l'annuaire du bureau des longitudes, le nombre de ses habitans excède un peu 20,000; mais une autre évaluation ne la porte pas même tout-à-fait à 19,000 : cette ville est beaucoup déchue de son ancienne splendeur : son église dite Notre-Dame, est un édifice gothique, remarquable par sa légèreté. Limoges, d'après tous les dénombremens, a une population dont le nombre excède 20,000 ames : cette an-

(1) *Voyez* le Mémoire publié par le Lycée de Vaucluse, et rédigé par ses commissaires, sur les inondations de la ville d'Avignon, in 8°. Avignon, an 10, p. 16.

fastidieuse, sinon impossible. La noblesse ne se bornait pas en France, comme en Espagne, à

---

cienne capitale du Limosin est en partie située dans un vallon et en partie sur un coteau ; son commerce consiste en chevaux, bœufs, etc., et dans le produit de ses manufactures de toiles, de porcelaine, etc. Tours renferme 21,000 habitans : cette ville où les rois de France ont plusieurs fois résidé et tenu les états-généraux, était autrefois très-florissante : son pont jeté sur la Loire surpasse par sa longueur celui de Westminster à Londres ; quatre arches se sont écroulées en 1789. Toulon, la Rochelle, Rochefort, Dieppe, le Hâvre et l'Orient sont six ports célebres. Le premier est le port le plus important sur la Méditerranée, et contient au moins 22,000 habitans ; l'annuaire de l'an 12 ne lui en donne que 19,000 : il donne, au contraire, 20,000 habitans à Rochefort ; et les travaux qu'on peut y faire peuvent y porter cette année la population à ce nombre, mais elle n'était auparavant que de 15,000 ; cette ville, par sa population, doit peut-être descendre dans la cinquième classe. La Rochelle, célèbre par son commerce et par la courageuse résistance des calvinistes, en 1627, compte 22,000 habitans, suivant l'annuaire de l'an 12 ; mais une autre évaluation ne la porte pas même à 18,000 : une partie des maisons de cette ville est soutenue par des arcades et des portiques, ce qui garantit les piétons de la pluie et du soleil ; sorte de construction qu'on retrouve encore à Bayonne, et qu'on devrait par-tout imiter. Dieppe contient 20,000 habitans (25,000 suivant l'annuaire du bureau des longitudes de l'an 12) ; son principal commerce est la pêche. Le Hâvre est à l'embouchure de la Seine : l'évaluation de l'annuaire de l'an 12 lui donne 20,000 habitans ; mais dans les années antérieures, on en trouve 16,000, de manière qu'il reste incertain si cette ville doit être placée dans cette classe ou dans la suivante. Le même doute existe à l'égard de quelques autres villes, comme des maisons de ville ; elle avait de grands châteaux disséminés sur tous les points du royaume,

---

par exemple, Malines, dont une évaluation porte le nombre des habitans à 20 000, et une autre à 16,000; mais en général la population des ports de mer dépendant en grande partie du commerce, de la paix ou de la guerre, est plus sujette à variations et plus difficile à déterminer. L'Orient est de création très-récente ; les fondemens de cette ville furent jetés en 1720, et les richesses des Indes l'ont fait promptement prospérer ; elle contient 20,000 habitans. Arras, capitale de l'Artois, ville bien bâtie, mais dont la citadelle est trop basse, renferme le même nombre, ainsi que St.-Omer, dans la même province. Il en est de même de Mons, ci devant capitale du Hainaut, et dont la richesse consiste principalement dans les mines de charbon qui l'avoisinent. De ce côté, Tournay, ville encore plus grande que peuplée, renferme 21,000 habitans, ou, suivant l'annuaire de l'an douze, 23,000. Nice, acquisition récente, capitale du comté ce ce nom, et célèbre par la beauté de son climat et la pureté de l'air qu'on y respire, compte 24,000 habitans, suivant l'annuaire de l'an 12; mais une autre évaluation ne la porte pas même à 20,000. On donne 21,000 à Asti et autant à Mondovi, toutes les deux dans le Piémont; la première dans le département du Tanaro, la seconde dans celui de la Stura.

Le nombre des villes de la cinquième classe, depuis 12,000 jusqu'à 20,000 habitans, est encore plus considérable que celui de la classe qui précède : aussi, pour ne pas fatiguer nos lecteurs, lorsque nous serons arrivés à celles qui sont moins importantes, nous ne ferons presque que les nommer, en ajoutant, comme pour les autres, l'évaluation de leur population, afin qu'on puisse juger de leur grandeur relative.

A la tête des villes de cette classe, on doit placer Abbeville, Louvain, Valenciennes, Douay, le Mans, Poitiers, qu'elle visitait rarement à la vérité, si ce n'est lorsqu'elle y était forcée par un exil de la cour.

Arles, qui toutes ont au moins 18,000 habitans. Abbeville sur la Somme en compte 18,100 : on sait que cette ville dut sa prospérité à sa manufacture de draps établie par le hollandais Vanrobais en 1665. Louvain sur la Dyle, qui se vante de sa bière, un des plus détestables breuvages qu'il soit possible de boire, compte 19,000 habitans. Valenciennes sur l'Escaut, autrefois ville frontière et célèbre par ses dentelles et ses batistes, en a, suivant l'annuaire, 18,400; mais une autre évaluation ne lui en donne que 17,000. Douay sur la Scarpe est aussi grande que Lille, mais sa population est à peine de 18,000 habitans : elle fourmille de mendians, et son industrie est languissante. Le Mans, capitale de la province du Maine, ville ancienne et autrefois très-florissante, est située sur la Sarthe, près de l'endroit où cette rivière reçoit l'Huisne : cette ville contient 18,800 habitans, et a beaucoup souffert dans la dernière guerre de la Vendée ; ses manufactures de bougies étaient autrefois sans rivales. Poitiers, l'ancienne capitale du Poitou, renferme 18,200 habitans : elle est mal bâtie et environnée dans presque toute son enceinte de rochers : deux rivières, la Clain et la Boivre, coulent au bas de ces rochers à l'est et à l'ouest le long des murs de la ville, ce qui en rend les approches très-pittoresques: les pierres très-anciennes placées sur des éminences qui se trouvent dans le voisinage de Poitiers et autres villes d'Europe, ont beaucoup exercé la sagacité des antiquaires: Poitiers offre aussi plusieurs débris intéressans d'édifices romains. Sous ce dernier rapport elle le cède à Arles qui est un des lieux de France où l'on retrouve le plus de monumens romains : cette ville très-ancienne située sur le Rhône, dans le plus beau climat, a des environs charmans ; mais les marais voisins en rendent l'air malsain. Bourges, capitale du Berry, Namur, Ypres, con-

On peut observer en général que, de nos jours même, le voyageur est étonné non pas

---

tiennent plus de 15.000 habitans. Bourges est remarquable comme étant en quelque sorte la ville centrale de France : elle est située sur les rivières d'Auron et d'Yèvre qui se jettent dans le Cher : sa cathédrale dont la fondation remonte au septième siecle, est curieuse par le singulier mélange d'architecture qu'elle présente. Namur au confluent de la Sambre et de la Meuse, compte 15,400 habitans ; son moulin à farine est célèbre ; son commerce de coutellerie est extrêmement réduit ; ses fortifications contre lesquelles a complètement échoué la muse de Boileau, n'existent plus depuis long-tems. Ypres sur l'Iserlée, dans le département du Lys, compte, dit-on, 15,000 habitans, mais suivant une autre évaluation 13,000 ; car ici les rangs commencent à devenir difficiles à déterminer, à raison du peu de différence qui existe entre chaque ville, et de l'incertitude des documens dont nous sommes en possession. Ainsi, une évaluation en apparence authentique, donne plus de 15,000 habitans, à Castres, à Carcassonne en Languedoc, à Niort en Poitou, à Verceil et à Coni en Piémont ; mais l'annuaire de l'an 12, qui, ainsi que nous l'avons observé, est plutôt porté à exagérer qu'à affaiblir la population, ne donne à la première que 12,300 habitans ; à la seconde, que 10,400 ; à la troisième, 11,500. Coni n'a, suivant la même autorité, que 8,000 habitans, tandis que Verceil en possède 20,000. Mais il est certain, du moins d'après toutes les évaluations, que Courtray, renommée par ses toiles fines ; Chartres, dans l'Orléanais, remarquable par son clocher ; Falaise en Normandie ; Laval, sur la Mayenne, célèbre par ses toiles, et qui doit sa prospérité à un de ses seigneurs, Guy Laval, au treizième siècle, égalent ou surpassent par le nombre de leurs habitans, 14,000, et ne passent guères 15,000. Il existe plus de doute à l'égard de Blois, auquel l'annuaire ne seulement du nombre, mais aussi de l'étendue des cités, des villes et même des villages qui

---

donne que 13,200 habitans, tandis qu'une autre évaluation lui en donne près de 15,000 : elle est seulement remarquable par sa belle position sur la Loire, sa pyramide et son château. Le même doute a lieu encore à l'égard de Béziers, qu'on estime contenir 14,500, et auquel l'annuaire de l'an 12 n'en donne pas plus de 12,000.

Nous allons nous contenter de nommer les villes qui restent d'après l'ordre de population que présente l'annuaire; nous ne ferons mention des autres évaluations qui offrent quelque authenticité, qu'autant qu'elles s'écarteront de celles-là d'une manière remarquable. Issoudun, dans le Berry, sur la rivière Théole, a 13,400 habitans, ou seulement 10,200. Moulins, capitale du Bourbonnais, située dans la vallée de la rivière l'Allier, navigable en cet endroit seulement une partie de l'année, compte 13,200 habitans : Moulins est célèbre par sa coutellerie; le tombeau de Montmorency, qui se voit encore dans l'église de la Visitation, est un beau monument que la révolution a respecté; les casernes pour la cavalerie, et le *cours de Bercy*, belle promenade où aboutissent six routes, méritent l'attention des voyageurs. Alençon, située sur les bords de la Sarthe, dans une plaine fertile, contient environ 13,000 habitans; le caprice de la mode a beaucoup diminué le produit de sa fabrique de dentelles établie par Colbert, et qui surpassa dès sa naissance les dentelles de Venise. D'après l'autorité que nous suivons, Colmar, dans le département du Haut-Rhin, serait la dernière ville qu'il faudrait nommer parmi celles qui atteignent ou surpassent, par leur population, 13,000 ames; mais suivant une autre évaluation, il faudrait encore y joindre Bayonne, Riom en Auvergne, Beauvais, dans le département de l'Oise, et Angoulême. L'annuaire donne à Bayonne 12,578 habitans, ce qui s'éloigne peu de couvrent la Flandre : à cet égard les Pays-Bas effacent toute autre contrée d'Europe, la Hol-

---

13,190, fournis par d'autres évaluations : cette ville est à-la-fois une place forte et un port de mer ; sa citadelle a été construite par Vauban ; un banc de sable rend l'entrée de son port difficile : Bayonne est renommée par son chocolat ainsi que par ses jambons qu'elle tire d'Orthez et de Sallie ; cette dernière ville, qui a environ 7,000 habitans, possède une source salée qui fournit un sel remarquable par sa blancheur, qui sert sur-tout à saler les jambons improprement dits de Bayonne, et leur donne une qualité supérieure ; tout n'est pas consommé dans le pays, et ce sel forme un objet d'exportation (1). Beauvais compte 12,400 habitans ; cette ville est placée dans un riche vallon, entourée de collines riantes et boisées ; le Thérain, petite rivière très-poissonneuse, l'environne ; ses eaux, dirigées avec intelligence, traversent plusieurs rues et servent une multitude de tanneries et de manufactures : sa cathédrale est remarquable. Riom en Auvergne, n'a que 12,100 habitans, et Angoulême 11,500 ; cette dernière, située sur un rocher, au pied duquel coule la Charente, est célèbre par ses fabriques de papier et son commerce d'eau-de-vie. Enfin, les villes qui sont placées au dernier degré de cette classe, sont, Saumur sur la Loire, et la ville jadis si opulente de Sedan sur la Meuse, autrefois renommée par ses draps, auquel l'annuaire donne 12,000 habitans, mais qui n'en a pas 11,000 suivant d'autres évaluations : Saumur sur la Loire, a une population de 12,300 habitans, suivant l'annuaire, et seulement 9,600, suivant d'autres évaluations. Grasse, dans le département du Var, remarquable par son commerce de parfum et d'olive, ne contient, suivant l'annuaire, que 11,500 habitans ; mais suivant une autre évaluation, elle en a 12,521. Enfin, la dernière ville

(1) Serviez, Statistique des Basses-Pyrénées, p. 20, 48, 70.

Edifices. lande seule exceptée. Les principaux édifices sont les cathédrales, les églises et les monas-

que nous admettrons dans cette classe que peut-être l'incertitude de nos documens nous a porté à grossir de noms qui ne doivent pas y être placés, sera Vienne en Dauphiné, située sur le Rhône; elle est ancienne, et compte, suivant l'annuaire, 12,035 habitans, mais une autre évaluation ne lui en donne que 10,300. Ainsi, en récapitulant, nous avons en France cinq villes de première classe, de 70,000 à 120,000 habitans ou plus; six villes de seconde classe, de 50,000 à 70,000 habitans; treize villes de troisième classe, de 30,000 à 50,000 habitans; trente-une villes de quatrième classe, de 20,000 à 30,000 habitans; trente villes de cinquième classe, de 12,000 à 20,000 habitans, dont sept au-dessus de 18,000.

On ne peut déguiser que les calculs sur lesquels est fondée cette classification, sont, la plupart, loin d'avoir une exactitude positive; mais ils en ont une relative, et contribuent à la clarté des idées et à faciliter les comparaisons. Espérons que les travaux entrepris par le ministre de l'intérieur, pour connaître avec plus de précision la population de la France, donneront enfin à cette partie de sa géographie civile et politique, toute la certitude dont elle peut être susceptible.

On devrait ranger dans la sixième classe, les villes qui ne contiennent pas 12,000 habitans; mais par leur faible importance, elles méritent à peine le nom de ville, et sur-tout elles sortent du domaine d'une géographie générale. Cependant il en est qui, par leur ancienne célébrité ou par d'autres causes particulières, méritent que l'on en fasse mention; ainsi, Pau, quoiqu'elle ne contienne pas plus de 9,000 habitans, se recommande à nous par sa splendeur passée et le souvenir d'Henri IV (1). Chambéry,

(1) Le rédacteur de l'annuaire du bureau des longitudes de l'an XII, donne à Pau 15,000 habitans, malgré toutes les évaluations des

tères. On peut bien remarquer quelques châteaux appartenans à d'anciennes familles ou à

---

située dans une vallée délicieuse, n'a que 10,800 habitans; ses rues sont sales et étroites, ses maisons sont obscures, mais c'était autrefois la capitale de la Savoie. Cherbourg, Calais, Boulogne, sont trois ports dont des circonstances particulières ramènent souvent les noms dans les affaires politiques et civiles; Cherbourg a été rendu capable de contenir des vaisseaux de guerre, et c'est le seul port sur la Manche qui soit dans ce cas; mais la plus peuplée de ces trois villes n'a pas 11,000 habitans. Nevers, l'ancienne capitale du Nivernois, mériterait peut-être, par sa population, d'être placée dans la cinquième classe, on lui donne 11,200 habitans; elle est bâtie en amphithéâtre, et offre des manufactures intéressantes. Si je ne craignais de fatiguer mes lecteurs, je les arrêterais un instant sur les anciennes villes d'Autun en Bourgogne; de Saintes, capitale de la Saintonge; de Valence en Dauphiné; qui offrent toutes des restes vénérables d'antiquités, et d'importans souvenirs historiques : mais la plus peuplée de ces villes ne peut se vanter de posséder 11,000 habitans. Auch, remarquable par sa cathédrale, une des plus belles de France, n'en a que 8,000. Perpignan, l'ancienne capitale du Roussillon, située dans un terrain fertile mais mal-sain, qui manque d'eau, n'en contient pas plus de 9,000. Albi, sur le Tarn, fameuse par le concile insensé de 1176, n'a pas plus de 9,600 habitans. Puy, en Valais, ville fort ancienne du Languedoc, et même fort grande, ne contient que 10,600 habitans; elle est bâtie en amphithéâtre sur le penchant d'un rocher qui domine trois vallons,

années antérieures: Serviez, préfet, dans sa Statistique des Basses-Pyrénées, lui en donne au plus 9,000; comme il était sur les lieux, il est peu présumable qu'il se soit trompé à ce point; et il faut croire qu'il y a erreur de la part du rédacteur de l'annuaire.

de riches marchands ; mais on y trouve ce goût si fidèlement copié dans les paisages flamands ; goût bizarre, et plus remarquable par la petitesse des détails, les toits pointus, les ornemens fantastiques, le fossé bourbeux et le pont-levis, que par aucune empreinte de grandeur, ou l'agrément de la situation.

Navigation intérieure. La navigation intérieure de la France a eu d'heureuses époques, et par fois a fait des pas de géant. Le canal de Briare ou de Bourgogne fut commencé par Henri IV et achevé sous Louis XIII, pour ouvrir une communication entre la Loire et la Seine, c'est à dire entre Paris et les provinces occidentales. Passant par Montargis, il joint le canal d'Orléans, et entre dans la Seine à Fontainebleau. Cette navigation

---

qu'arrosent la Loire, la Borne et la Dolaison, et qui sert de passage à trois grandes routes. Mulhausen, agréablement située dans une île formée par l'Ill, était autrefois capitale d'une petite république indépendante, qui est aujourd'hui enclavée dans le département du Haut-Rhin ; cependant Mulhausen ne compte que 6,000 habitans. Luxembourg est tellement célèbre, par la force de ses fortifications, qu'on ne peut la passer sous silence ; sa population ne s'élève pas à plus de 9 000 habitans. Il en de même de l'antique ville de Trèves, sur la Moselle, autrefois capitale d'un électorat et siége d'un archevêché. En raison de la singulière célébrité de Coblentz pendant la révolution, on ne peut se dispenser de remarquer que cette petite ville, située au confluent de la Moselle et du Rhin, fait aujourd'hui partie d'un département français qui porte le nom de ces deux fleuves ; mais le nombre des habitans de Coblentz ne s'élève pas à 11,000. (C. A. W.)

de quarante-deux lochs, favorise extrêmement le commerce intérieur (1).

Le canal de Picardie, commençant à Saint-Quentin, s'étend de la Somme à l'Oise; il est d'un grand avantage pour les provinces du nord-est (*a*).

Mais le principal ouvrage de ce genre, c'est le canal du Languedoc, commencé et terminé pendant le règne de Louis XIV, par l'ingénieur Riquet, sous les auspices de Colbert. Quinze années de travaux y furent employées, depuis 1666 jusqu'à 1681; et l'ignorance de la mécanique était telle à cette époque, qu'on cita avec étonnement une tonnelle de 720 pieds, revêtue de pierre de taille, qu'il fallut construire près de Béziers. Ce beau canal commence dans la baie de Languedoc, est alimenté par le bassin — Canal du Languedoc.

(1) Philips, p. 51.

(*a*) Il se nomme aussi le canal de Crozat; il joint la Somme à l'Oise; il commence à Saint-Quentin et se termine à Chauny; il a dix écluses, et sa longueur est de 41,866 mètres.

Le canal de jonction de l'Escaut avec la Haute-Somme et l'Oise, appelé vulgairement canal souterrain, a été commencé en 1768. Les travaux ont été suspendus et n'ont point été repris depuis. Il commence à Saint-Quentin, à la suite du canal de l'Oise à la Somme, et joint l'Escaut auprès de la ferme de Boquet. Suivant l'ancien projet, il comprendrait quatre écluses, et sa partie souterraine aurait 13,768 mètres de longueur, dont 9,700 sont déjà forés, sur 2 mètres de largeur et autant de hauteur; 18 pieds ont été maçonnés jusque sur le tuf (*). (C. A. W.)

(*) Statistique de l'Aisne.

de Saint-Ferriol, qui a 595 acres d'eau, et entre dans la Garonne à un quart de mille au-dessous de Toulouse. Sa largeur moyenne, en y comprenant celle des bassins, est de 144 pieds, sa profondeur de 6 pieds, sa longueur de 64 lieues françaises. Il coûta plus de douze millions.

Il existe en France un grand nombre d'autres canaux; mais quoique fort utiles, ils n'offrent pas un assez grand intérêt pour entrer dans un tableau général de cet état (*a*).

En vain je voudrais faire la simple énumération des canaux qui entrecoupent le Brabant dans toutes les directions. Il y en a qui datent du dixième siècle; celui de Bruxelles est du seizième. D'autres, d'une grande importance, partent de Gand, d'Anvers, d'Ostende, et de nombre d'autres villes, sur-tout dans les districts de l'ouest. Mais sous la domination autrichienne, on a honteusement négligé ces puissans véhicules du commerce, et il faudra bien du tems et des travaux pour les rendre à leur première utilité (1).

Manufactures et commerce.

M. Young (2) prétend que depuis 1650 jusqu'en 1750, c'est-à-dire pendant un siècle, la France a possédé les plus florissantes manufactures de l'Europe; et les écrivains français affectent de reprocher à l'Angleterre que ses manufactures sont de nouvelle date. Nous donnerons ici,

---

(*a*) Pour les canaux de la France, on peut consulter la carte de Dupain Triel, an 8. (C. A. W.)

(1) Philips, p. 48.

(2) Tom. 1, p. 569.

d'après cet auteur fort bien instruit, l'esquisse d'un sujet si important, et sur-tout intéressant pour la Grande-Bretagne, qui se montre en tout la rivale de la France. A Abbeville était une manufacture de draps fins, une autre à Louviers en Normandie; aux mêmes lieux et à Amiens étaient des manufactures d'étoffes de laine, etc., et quelques-unes de coton. Orléans en avait de bas et de sucre raffiné. Châteauroux fabriquait encore des draps larges, et dans le voisinage il y avait de grandes forges de fer. Limoges employait cent métiers aux droguets de chanvre et de laine, et possédait soixante-dix moulins à papier. Les grandes manufactures de laine étaient un peu tombées à Cahors; mais celles de Montauban étaient dans un état florissant. De grandes fabriques de couvertures et de mouchoirs de soie enrichissaient Montpellier; Nismes en avait de plus importantes encore en soie, coton et fil; et Gange possédait le principal atelier de bas de soie. La plus grande partie des londrins destinés pour le Levant, se fabriquaient à Bec-de-Rieux et à Carcassonne. Pau a de grandes manufactures de toile. Les soieries de Tours sont depuis long-tems célèbres. Beauvais, une des villes les plus actives de la France, fournit des tapis et des calicots peints. On connaît les glaces de Saint-Gobin, ce sont les plus parfaites de l'Europe: on prétend que la supériorité qu'elles ont sur celles d'Angleterre, est due à la précaution de n'employer dans la fonte que du bois de hêtre. Saint-Quentin fabrique des toiles, des batistes, des gazes. Valenciennes et Alençon sont renommés pour leurs dentelles. Lille fournit des draps fins et des camelots. M. Young appelle Rouen le Manchester de la France, à cause de son grand commerce, de ses manufactures de velours et de toiles de coton. Caen cite ses toisons soyeuses. La Bretagne a généralement un grand nombre de manufactures de fil et de toile. L'auteur anglais avoue que les beaux draps de Louviers sont les premiers du monde; cette ville possède encore un grand atelier hydraulique pour fabriquer le coton. Rheims est remarquable pour ses étoffes de laine. On rapporte que les soieries de Lyon occupaient douze mille métiers et 60,000 ouvriers. Les manufactures en fer étaient dans la plus grande activité à Nantes, au Mont-Cénis, à Saint-Philippe en Forêts et en divers autres lieux.

D'après ces détails on peut se former une idée du commerce de la France, dont M. Young donne les tables exactes dans son ouvrage, et par lesquelles il paraît que les principales importations consistent en soie, laine, chanvre, soude et potasse, peaux, suif et bois de charpente; et les exportations principales, en soieries, étoffes de laine, toiles de diverses qualités, gants, savons, bœufs, moutons, mules, et sur-tout en vins et eaux de-vie. Le compte rendu en 1784, qui n'embrassait pas la Lorraine et l'Alsace, les Pays-Bas et autres départemens nouvellement réunis, ni le commerce des Indes occidentales, portait l'état suivant :

TOTAL des exportations . . .	307,151,700 livres.
TOTAL des importations . . .	271,365,000
BALANCE.	35,786,700

Le commerce des Indes occidentales donnait une grande balance contre la France : en 1786 y ayant exporté pour un peu plus de 64,000,000 de livres, elle eut en retour des importations qui passèrent 174,000,000. En 1788 les importations avérées allèrent à 300,000,000, et les exportations à 360,000,000. A la même époque la Grande-Bretagne importa pour la somme de 432 millions, et ses exportations n'allèrent qu'à 420 millions (1) : depuis la révolution, le commerce de cette dernière a constamment augmenté, celui de la France a été presque anéanti.

Les manufactures et le commerce des Pays-Bas ont, pendant une longue période, sans exemple dans l'Europe occidentale, éprouvé une chute entière et radicale, due partie aux guerres des puissances voisines, partie à l'indépendance des Provinces-Unies, indépendance qui éleva Amsterdam sur les débris d'Anvers. Le peu qu'il reste de commerce se porte principalement dans l'intérieur de l'Allemagne ; le commerce extérieur emploie peu de vaisseaux du pays. La compagnie des Indes orientales formée à Ostende fut supprimée par la jalousie

(1) Young, t. 1, p. 520.

de l'Angleterre et des autres puissances ; après cela, presque tout le commerce passa entre les mains des anglais établis dans cette ville. Cependant il subsiste encore quelques débris des anciennes manufactures ; Cambray, dès long-tems soumis à la France, est toujours renommé pour ses belles batistes, dites toiles de Cambray ; ainsi que Tournay ou Dornick le fut autrefois pour les plus belles toiles. Bruges possède encore quelques manufactures de revêches et autres étoffes de laine ; Saint-Omer entretenait de grandes fabriques de draps larges, de droguets, de bas, principalement avec la laine tirée d'Angleterre par contrebande (1). Mais les plus importantes des manufactures encore existantes, sont celles de tapis, de fines toiles, de dentelles, qui enrichissent Malines, Bruxelles, Gand, Anvers, Louvain, avec leurs territoires, et qui excitent les fermiers à cultiver le lin jusque sur le sol le plus stérile (2). Cette contrée produit pour la consommation domestique, beaucoup de grains et de végétaux. Ses mines de charbon deviendraient un objet important, si les opérations étaient plus habilement conduites. Il s'y trouve d'ailleurs une grande quantité de tourbe à brûler, du fer, de la terre à porcelaine, et autres objets de consommation (*a*).

---

(1) Marshall, t. 2, p. 11.

(2) *Ibid.* p. 63.

(*a*) On trouvera dans les Statistiques des préfets, publiés par ordre du ministre de l'intérieur, des détails sur les changemens que la révolution a produits dans les manufactures et l'industrie de la France ; mais ces documens sont insuffisans pour tracer une esquisse générale. Lecamus, dans son Voyage dans les départemens réunis, s'est aussi beaucoup occupé de cet objet ; il donne une intéressante description de la fabrique de cuivre jaune, ou laiton, qui se trouve à Namur : cette substance est un alliage de la calamine du Limbourg (dans le département de l'Ourthe) avec le cuivre rosette de Suède (1). Près de Luxembourg est une manufacture de faïence en terre dite anglaise, où il entre des cailloux calcinés et différentes espèces d'argile : c'est une des meilleures de France (2). A Strasbourg, on fabrique un fil d'une qualité intermédiaire entre le fil et le coton, dont la matière première, fort commune, dit-on, et à vil prix, est un secret qui n'est connu que de l'auteur de sa découverte (3). On pourrait diviser les manufactures en celles qui sont généralement répandues sur le sol de la France, et celles qui sont particulières à certains cantons particuliers. Les fabriques les plus universellement répandues sont celles de toiles, d'étoffes de laines, de draps, de papiers, de verreries, de poteries, etc. Mais les ateliers de voitures les plus renommés sont ceux de Paris, Bruxelles et Strasbourg. C'est en Thiérarche, département de l'Aisne, et dans les environs de Rosoy, que l'on fabrique la fine vanerie, ces petits paniers, corbeilles et autres ouvrages d'osier délicatement travaillés, dont on envoie annuellement à Paris pour plus de 100,000 francs (4). La plus forte manufacture de clous qui existe en Europe, paraît être celle de Liège (5). Il y a dans cette ville, comme dans plusieurs

(1) Lecamus, Voyage dans les départemens réunis, in-18, an 11 (1803), p. 151.

(2) *Ibid.* p. 147.

(3) Laumont, Renseignemens statistiques, p. 87.

(4) Dauchy, préfet, Statistique du département de l'Aisne, p. 62.

(5) Desmousseaux, Statistique du département de l'Ourthe, p. 40.

autres, une manufacture d'armes; mais la plus belle manufacture de ce genre est celle de Versailles, établie d'abord par le gouvernement pendant la révolution, et qui surpassa dès sa naissance, par la beauté et la finesse du travail, toutes celles qui existent en Europe. La célèbre manufacture de porcelaine à Sèves produit encore des ouvrages dignes de son ancienne réputation; mais comme elle a été, sinon surpassée, du moins égalée par d'autres, et qu'elle ne jouit pas de ses anciens privilèges, il en résulte qu'elle est dans un état de langueur dont elle aura de la peine à sortir. L'histoire de cette manufacture prouverait peut-être que l'art de faire de la porcelaine n'est pas si nouveau en France que quelques auteurs ont voulu nous le faire croire. Martin Lister, le célèbre naturaliste, un des plus exacts observateurs qui aient jamais existé, nous donne, dans son Voyage à Paris, fait en 1698, dix-sept ans avant la mort de Louis XIV, sur cette manufacture, des détails pleins d'intérêt. « J'ai vu, dit-il, la *poterie de Saint-Cloud*, et j'en « ai été enchanté. J'avoue qu'il me serait impossible de dis« tinguer la porcelaine qu'on y fabrique d'avec celle de la « Chine. Ce n'est pas seulement à cause des peintures, qui « sont bien supérieures, ainsi qu'on devait s'y attendre, mais « le vernis est au moins aussi blanc, aussi luisant que celui « de la Chine. La matière de ces vases, et leur substance « intérieure (*inward substance and matter of the pots*) est « aussi dure que le marbre, offre un grain aussi fin et n'est « pas vitrifiée comme la poterie de Gomron. Je ne m'atten« dais pas à tant de perfection, et je regarde comme un « bonheur que ce siècle soit parvenu à égaler les chinois « dans leur plus bel art, si même il ne les a pas surpassés. » L'auteur ajoute que M. Morin, le maître de la manufacture, lui fit un secret de la composition de cette terre pour laquelle il avait fait des expériences pendant 25 ans, et qu'il n'avait pu porter à sa perfection que depuis trois ans (1).

(1) A Journey to Paris in 1698, by Dr. Martin Lister in-8.° London, 1699, p. 138.

Lister nous apprend aussi qu'on imitait alors les modèles de la Chine, et qu'on savait parfaitement y appliquer l'or. Les autres détails ne sont pas moins curieux.

Les caprices de la mode ont presqu'entièrement anéanti le débit des superbes tapisseries de la manufacture des Gobelins près Paris, autre création du siècle fécond de Louis XIV; cependant elle subsiste encore. La manufacture des tapis dits de la Savonnerie, n'a de rivales qu'en Perse et en Turquie. Les belles impressions et teintures de Jouy ne doivent pas être oubliées. Dans le département de Saône-et-Loire, est le vaste et important établissement du Creusot, célèbre par sa fabrique de belles verreries et de cristaux, à laquelle se joint l'exploitation en grand des mines de charbon, et une fonderie de canons. (C. A. W.)

CHAPITRE IV.

GÉOGRAPHIE NATURELLE.

Climat et saisons. — Aspect du pays. — Sol et agriculture. — Rivières. — Lacs. — Montagnes. — Forêts. — Plantes. — Animaux. — Minéraux. — Eaux minérales. — Curiosités naturelles.

Climat et saisons.

On peut s'attendre à trouver de grandes variétés dans le climat d'une contrée aussi étendue que la France. En général il est plus clair et plus serein que celui d'Angleterre; mais les provinces septentrionales sont sujettes à de grosses pluies qui pourtant produisent une belle verdure et de gras pâturages (1). M. Young observe qu'en Angleterre la pluie dure rarement un jour entier sans quelques interruptions, au lieu que sur le continent elle tombe quelquefois sans relâche et sans s'affaiblir. Il divise la France en trois climats, septentrional, central, et méridional. Le premier ne donne point de vin; le second point de maïs; le troisième donne du vin, maïs et olives. Ces divisions sont marquées sur une ligne oblique du sud-ouest au nord-est, et démontrent que la

(1) Young's France, t. 1, p. 309.

partie orientale de la France est de deux à trois degrés plus chaude que l'occidentale ; ou sinon plus chaude, du moins plus favorable à la végétation. M. Young convient que la division centrale, quoiqu'exposée à de violentes ondées de grêle, est une des plus belles contrées du monde : là se trouve la délicieuse Touraine, si célébrée, et si digne de l'être. Ce voyageur se plaint d'une grande incommodité qu'offre le troisième climat, c'est-à-dire des mouches. « Ces insectes, dit-il, en Espagne, en Italie et en France dans le pays des olives, sont le premier des tourmens : ce n'est pas qu'ils mordent, piquent ou blessent; mais ils bourdonnent, ils obsèdent, ils houspillent, ils vous attaquent, vous remplissent à-la fois la bouche, les yeux, les oreilles, le nez : tout mets, soit fruit, sucre, lait ou viande, tout en est couvert ; ils s'y jettent par myriades, et s'il n'y avait un domestique chargé de l'office unique de les chasser, il serait impossible de prendre un repas (*a*). » Un grand avantage du climat français, c'est d'être propre à la culture de la vigne, qui prospère dans des lieux incapables de produire autre chose.

Le climat des Pays-Bas a de grands rapports avec celui de l'Angleterre méridionale, et en général il est plus humide que chaud : cependant le duché de Luxembourg produit un peu

---

(*a*) Ceux qui ont visité le midi de la France, savent qu'il y a beaucoup d'exagération dans ce tableau. (C. A. W.)

de vin, qui a probablement l'âpreté de celui du Rhin, sans en avoir le feu (*a*).

(*a*) Les hauteurs qui séparent les grands fleuves de la France, la Seine, la Loire, la Garonne, le Rhône et le Rhin, et qui forment autant de bassins distincts; les hautes chaînes des Alpes, des Pyrénées, des Cévennes, du Jura, et des Vosges, sont les causes générales et importantes qui influent sur le climat des différentes parties de la France. Il en est d'autres qui sont locales et particulières, qu'il faut aussi étudier avec soin pour rendre raison des diverses variations de température, et se faire une idée nette du climat de cette vaste contrée; mais les observations exactes et les documens précis nous manquent. Nous ajouterons cependant quelques détails sur ce sujet intéressant.

Sur la rive nord de la Meuse, plus l'on s'approche du Brabant, dans les départemens des Deux-Nèthes, de Sambre et Meuse et de la Meuse, le climat se rapproche de celui de la Hollande; il est humide et brumeux; les variations sont fréquentes et subites; les vents dominans règnent pendant toute l'année depuis le sud-ouest jusqu'au nord-ouest en passant par l'est; les vents d'est soufflent communément de décembre en janvier; les vents d'ouest et de sud-ouest amènent les plus fréquentes pluies; mais elles tombent rarement par le vent du nord (1).

Dans le département de l'Orne, près des sources de l'Eure, le climat est en général le même qu'à Paris; mais dans le courant de mai, des vents alisés, connus sous le nom de vingtaines, y sont souvent funestes à la floraison, ce qui produit de grandes irrégularités dans les récoltes des fruits, et même dans celle des grains (2). Dans le département de Maine et Loire, les vents dominans sont les vents

(1) Statistique des départemens des Deux-Nèthes, de Sambre et Meuse, p 5.

(2) Lamagdeleine, préfet, Description abrégée du département de l'Orne, p. 5.

La France présente une surface générale-ment unie; et les seules montagnes qui mé- Aspect du pays.

---

du nord, du sud et de l'est; celui de l'est souffle rarement.

Dans le département de la Charente, du côté d'Angoulême, le vent souffle du nord en hiver, du midi en été, et du nord-ouest au printems; ce dernier est connu dans le pays sous le nom de gaterne; il est quelquefois très-funeste à la végétation. On remarque aussi dans la température des passages subits du chaud au froid, ce qui est causé sur-tout par l'invasion brusque du vent nord-ouest. Cette transition est le fléau de l'agriculture (1).

Le climat des départemens de la Charente-Inférieure, d'une portion des Deux-Sèvres et du midi de la Vendée, qui sont renfermés dans le bassin de la Charente, doit être à-peu-près semblable.

La différence de l'élévation des terres donne dans le département de l'Allier, ou le Bourbonnais, une des variétés de climat les plus sensibles que l'on puisse rencontrer. Les variations occasionnées par la proximité des montagnes, ou les vents du sud-ouest, qui, au commencement de mai, portent sur presque toute la France un tems doux et humide, n'arrivent dans ce département que chargés de frimats qui règnent sur leurs sommets glacés; de là ces froids prolongés, ces gelées de printems qui nuisent si souvent aux produits de l'agriculture. A ces froids succèdent pour l'ordinaire de longues sécheresses qui ne sont pas moins nuisibles (2); et les mêmes causes existant aussi pour les départemens de la Nièvre, de l'Indre, de la Creuze, ou du Nivernois, du Berri, du Limosin et du nord de l'Auvergne, doivent produire les mêmes effets.

La température de l'atmosphère est encore plus variable

(1) Cochon, préfet, Description générale du département de la Vienne, p. 43.

(2) Huguet, préfet, Tableau de situation du département de l'Allier, pag. 4.

ritent ce nom, s'élèvent dans le sud, en Auvergne et en Languedoc, en Dauphiné et en

---

dans le département de la Lozère, où au nord l'hiver dure six mois; et il y a des années où cette saison dure neuf mois; vers le sud l'hiver n'est guère que de quatre mois : en général, les chaleurs n'y sont pas considérables. L'élevation du climat, et l'abondance des eaux, rendent le pays froid et humide. Les hivers y sont ordinairement rigoureux, les printems pluvieux, les étés souvent orageux, et les automnes belles seulement vers la fin; car le commencement de l'équinoxe amène communément des pluies si abondantes, que les torrens qui en proviennent occasionnent chaque année les plus grands dégâts, au moins dans les Cévennes (1).

Il est remarquable que la fenaison, la moisson, les vendanges se font dans le département de la Haute-Saône, qui fait partie de l'ancienne Franche-Comté, précisément à la même époque que dans le département de Lot-et-Garonne, situé à une latitude bien plus méridionale, ce qui porte à penser que les climats relativement à l'agriculture doivent être séparés, non par des lignes est et ouest, mais par des lignes nord-est et sud-est (2).

Le vent du nord souffle assez constamment dans le département des Hautes Alpes, des Basses-Alpes et du Mont-Blanc, ou la Savoie, et une partie du Dauphiné. Il rend le climat froid, parce qu'il passe sur des pics élevés où sont amoncelées des glaces éternelles. L'hiver dure long tems; la neige séjourne jusqu'à sept ou huit mois dans quelques vallons, et leurs habitans sont pendant ce tems-là privés de toute communication avec leurs voisins. Durant les autres saisons, la température varie très-fréquemment; les vents violens, les ouragans, les alternatives de chaud et de froid dans la même journée; les grêles, qui sont très-fréquentes,

(1) Jerphainon, Statist. p 36.

(2) Vergnes, préfet, Statistique du département de la Haute-Saône, p. 2.

Provence. La Bretagne, par ses vastes bruyères, a une grande ressemblance avec le comté de

---

menacent les récoltes jusqu'au moment de la moisson. Tous les ans il y a des contrées entières frappées par quelque fléau de cette espèce. (1)

La température du département du Rhône n'est point celle qui semble indiquée par sa latitude. Les montagnes Alpines et Sous-Alpines qui le cernent, et celles qui forment sa charpente, rendent l'air tellement variable, que l'on n'est assuré d'une végétation soutenue que bien avant dans le printems. On a vu la Saône glacée au milieu de mars, et les bourgeons de vigne gelés le 25 avril. La même cause contribue, avec les vents d'ouest et de nord-ouest qui soufflent très-fréquemment, à donner des pluies abondantes. Le vent du sud y est souvent très-violent; il règne quelquefois plusieurs jours de suite, sans amener de la pluie. Le vent d'est produit une atmosphère pure et une chaleur modérée; mais il est rare. L'automne est la plus belle saison de l'année (2).

La destruction des arbres des montagnes, a contribué à rendre le climat plus chaud dans le département du Var sur la côte orientale de la Méditerranée. Les vents qui amènent la pluie sont ceux qui soufflent de la mer entre le nord-nord-est et le sud-est. (3)

A l'ouest de la France et sur la côte la plus méridionale, le voisinage de l'océan, l'inclinaison du terrain vers le nord-ouest qui disperse les rayons solaires, concourent à diminuer la chaleur; et Bayonne, la dernière ville au midi de ce côté, par la variation de température et le changement partiel des saisons, semble se rapprocher des départemens du nord. Cependant les vents du sud règnent constamment

(1) Bonnaire, préfet, Statistique des Hautes-Alpes, p. 2.

(2) Verninac, préfet, Description physique et politique du département des Bouches-du-Rhône, an 9, p. 11.

(3) Fauchet, Statistique, p. 13.

Cornouailles, en Angleterre. Dans la Lorraine, se voient les montagnes des Vosges bien inférieures aux élévations du midi. M. Young estime que c'est le Limosin qui offre le plus de beautés; mais presque toute la France est agréablement diversifiée de collines et de vallons; et ses rivières, particulièrement la Seine, forment souvent des tableaux grandement pittoresques.

Le Brabant est extrêmement uni, et à peine y peut-on découvrir l'apparence d'une colline, si ce n'est vers l'orient, où quelques élévations recréent la vue ennuyée d'un pays si uniformément plat.

Sol et agriculture.

L'habile agriculteur que nous citons toujours (1), a fort bien distingué les variétés du sol de la France. La partie nord-est, depuis la Flandre jusqu'à Orléans, est une terre grasse. Plus à l'ouest le sol est maigre et pierreux; car en Bretagne il se compose généralement de gravier ou d'un sable graveleux, avec de petites éminences de granit. Un lit de craie s'étend par le centre de

---

de décembre en mars, et changent l'hiver en printems; les vents d'ouest succèdent ensuite depuis mars jusqu'en juin. Les vents du nord et du nord-est dominent durant l'été et l'automne; mais ils sont légers et interrompus par une longue suite de calmes, et par des bouffées de vent du sud (*). C. A. W.)

(1) Young, t. 1, p. 296.

(*) Général Serviez, préfet, Statistique des Basses-Pyrénées, an 10, p. 133.

la France depuis l'Allemagne jusqu'à la Saintonge, en passant par la Champagne. Au nord du pays montagneux est une grande étendue de gravier, probablement entraîné dans les premiers tems ; mais même la région montagneuse du sud est généralement fertile, quoique la ci-devant Gascogne offre beaucoup de landes ou bruyères en plaines.

Le même écrivain a également bien senti les défauts de l'agriculture française, et voici de quelle manière il les expose. « Pour mieux concevoir comment la grande différence de produits entre les récoltes de France et d'Angleterre peut influer sur l'agriculture des deux états, il faut observer que le fermier anglais recueille autant dans son cours de culture, pendant lequel il vient rarement du froment et du seigle, que l'agriculteur français peut le faire dans le sien, où ces sortes de grains reviennent souvent.

Cultures anglaises.			*Cultures françaises.*		
Ande 1.re	Turneps.		Anée 1.re	Jachère.	
2.	Orge.		2.	Froment. . . .	18
3.	Trèfle.		3.	Orge ou avoine.	
4.	Froment. . .	25	4.	Jachère.	
5.	Turneps.		5.	Froment. . . .	18
6.	Orge.		6.	Orge ou avoine.	
7.	Trèfle.		7.	Jachère.	
8.	Froment. . .	25	8.	Froment. . . .	18
9.	Fèves.		9.	Orge ou avoine.	
10.	Froment. . .	25	10.	Jachère.	
11.	Turneps.		11.	Froment. . . .	18
		75			72

« L'Anglais obtient tous les onze ans trois boisseaux de froment de plus que le français. Il fait trois récoltes d'orge ou de fèves, qui rapportent deux fois autant de boisseaux par acre, que les trois récoltes de grains printaniers du français. De plus, il a en même-tems trois moissons de turneps et deux de trèfle: l'acre de turneps se vendant 48 francs, et celle de trèfle 72, ces récoltes font une somme de 288 francs. Quelle différence énorme! plus de froment, près du double de grains printaniers; et en outre, 24 francs par acre chaque année en turneps et en trèfles. Ce n'est pas tout: la ferme anglaise, au moyen de l'engrais résultant de la consommation des turneps et du trèfle, est dans un état constant d'amélioration; la ferme française est au contraire en état de stagnation. Réduisons le tout en espèces, et nous trouverons:

Système anglais.		*Système français.*	
Froment, 75 boisseaux à 6 fr. chaque . .	fr 450	Froment, 72 boisseaux à 6 fr.	fr. 432
Grains printaniers, trois moissons à 32 boisseaux, 96 boisseaux à 3 fr. . .	288	Grains printaniers, trois moissons à 20 boisseaux, 60 boisseaux à 3 fr.	180
Trèfle, deux moissons.	144		
Turneps, trois moissons.	144		
TOTAL. . . .	1,026	TOTAL. . .	612
Par acre chaque année . .	93 fr. 27 c.	Par acre chaque année . .	55 fr. 65 c.

« En accordant au système français un produit de vingt boisseaux de grains printaniers, tandis que je réduis à trente-deux celui du systême anglais, assurément je favorise beaucoup le premier ; car je crois que le produit est double en Angleterre. Mais en partant de ce qui est établi, deux fermes, l'une en amélioration et l'autre stationnaire, sont dans le rapport de 42 à 25 ; c'est-à-dire qu'un pays de 100,000,000 d'acres, produit autant qu'un autre de 168,000,000, se trouvant dans la même proportion de 42 et 25 (1) ». Si le lecteur est curieux de connaître plus à fond les défauts du système d'agriculture adopté en France, il doit consulter l'excellent ouvrage de M. Young. Il faut dire pourtant que dans quelques provinces on suit un plan adapté à la fertilité du sol. Dans nombre d'autres on est forcé d'admirer les ressources de l'industrie, et nous citerons en exemple les stériles montagnes des Cévennes, auxquelles l'art a su imposer une fertilité factice (2). Comme les eaux pluviales, en courant sur les flancs de ces montagnes, entraînent une grande quantité de terre dans les ravins, on élève des murs de pierres peu rapprochées, qui, retenant les eaux bourbeuses, ne les laissent échapper qu'après s'être clarifiées

(1) Young, t. 1, p. 357.

(2) Nicholson's Journal, t. 3, p. 295.

en formant un dépôt ; et voilà le commencement d'un sol fertile. Une succession de semblables remparts, monte par degrés jusqu'au sommet de la montagne ; les eaux s'écoulent alors sans violence ; elles ne servent plus qu'à l'aliment de la moisson, que des arbres fruitiers, plantés pour consolider le nouveau terrain, protègent encore.

Le sol du Brabant offre en général une terre grasse sablonneuse, quelquefois entrecoupée de champs d'argile, mais plus souvent de grands espaces de sable. Tel a été, dans cette contrée, dès les siècles reculés, l'état de l'agriculture, qu'on a regardé les Pays-Bas comme le jardin de l'Europe ; et ils partagent cet honneur avec la Lombardie et l'Angleterre. Rien ne montre mieux quels avantages le commerce peut procurer à l'agriculture, que la situation de cette contrée : tout y prouve que la culture des terres ne peut atteindre son plus haut degré de perfection, que par les richesses commerciales employées de la manière la plus utile. Le simple fermier ne deviendra jamais opulent, si ce n'est par les bénéfices préexistans du commerce ; mais tandis qu'il partage la richesse nationale ainsi acquise, il est tout naturel qu'il attribue ces succès à ses propres travaux. Observons que la Lombardie, également célèbre pour son agriculture, fut la patrie des anciens banquiers de l'Europe, qui revenaient y jouir de leurs trésors acquis au loin ; observons aussi que l'opulence de l'Angleterre découle sur-tout du commerce : ces faits prouvent plus que mille systèmes. Un habile observateur donne beaucoup d'éloges à l'agriculture des Pays-Bas, et indique plusieurs avantages qu'elle a sur celle d'Angleterre. Les moissons redoublées d'un excellent sainfoin, les choux, les navets, les pures moissons de lin, d'orge, d'avoine, fixèrent avec raison son attention. Il remarque que l'agriculture y est en honneur depuis six siècles, c'est-à-dire depuis la prospérité de leur commerce et de leurs manufactures; et qu'au moment où il les visita, les habitans conservaient toujours l'esprit d'une bonne économie rurale (1). Leur charrue munie de roues, était tirée par quatre chevaux sans guide; le laboureur tenait les rênes, et était armé d'un long fouet fiché dans un trou pratiqué sur la charrue. Il labourait peu profondément, comme s'il eût craint de remuer le sable crud et sans engrais. Il vit dans des lieux enfoncés entre de petites éminences, de grandes plantations de houblon, production indigène et particulière, adoptée en Angleterre sous Henri VIII. Les fermiers dans les Pays-Bas ne laissent jamais le sol en jachère, et savent que cette pratique a pour seul avantage de détruire les mauvaises herbes, ce qu'on peut obtenir par des plantations de turneps, de raves, de fèves et de sainfoin, qui détruisent non-seu-

---

(1) Marshall, t. 2.

lement les herbes parasites, mais de plus, engraissent le sol (*a*).

(*a*) Les terres les mieux cultivées de la France sont celles du département des Deux-Nèthes qui touche à la Batavie. Le sol, qui est peu fertile, est un sable gras, posé sur un fond d'argile grisâtre, ou sur un sable jaunâtre ou blanc. Dans ce département les terres de seconde qualité même ne reposent pas, et produisent le plus souvent jusqu'à deux récoltes par an : on y cultive alternativement les pommes-de-terre, le seigle et les navets, les trèfles, le froment. Le dernier tour de culture est toujours en prairie. Mais rien ne prouve mieux l'industrie des habitans de ce département, que la formation des *polders*. Pour former un *polder*, on observe une partie du terrain sur laquelle l'Escaut déposant de la vase à chaque année, forme un atterrissement qui s'élève par couches successives. Ces atterrissemens deviennent si considérables avec le tems, qu'ils finissent par être presqu'entièrement découverts pendant les mortes eaux. Ils produisent alors une herbe fine et substantielle; dans cet état on les nomme *creek*, ou *schor*. Ces *schors* deviennent des polders, lorsqu'ils sont totalement garantis des inondations. Cette opération se fait en cherchant, le plus près possible du fleuve, un fond sur lequel on puisse construire une digue suffisamment large et suffisamment élevée pour resister aux coups des vagues pendant les vives eaux et pendant les tempêtes. On fait derrière la digue un fossé d'enceinte et de rigoles en quantité suffisante pour assécher entièrement le *polder*. On pratique, lorsqu'il est nécessaire, une écluse dans la digue, pour faciliter l'écoulement des eaux; et lorsque ces diverses opérations sont faites, on s'occupe de mettre le terrain en culture (1).

A quelque distance au-dessus et au-dessous de Liège, le vallon de la Meuse est presqu'entièrement consacré à la culture des légumes, des arbres à fruit, et sur-tout du noyer,

(1) D'Herbouville, préfet, Statist. du département des Deux-Nèthes, p. 2[illegible].

Il est tems de porter notre attention sur les Rivières.

---

dont le bois est indispensable pour les manufactures d'armes; et enfin du houblon, qu'on exporte. Les coteaux offrent quelques vignobles. Sur la rive droite de la Meuse, le pays s'élève de plus en plus, et se hérisse de montagnes; une partie contient d'excellens pâturages. Au-delà de ces deux contrees entre les départemens de la Roër et des Forêts commence l'Ardennes, dont la stérilité est presqu'absolue: c'est un sol élevé, froid, humide, qui n'est revêtu que d'une couche très-légère de terre végétale, au-dessous de laquelle se trouvent des roches schisteuses, ou une argile imperméable, provenant de la décomposition. L'Ardennes se divise en trois parties, sous le rapport de la culture: les *terres* qui peuvent être cultivées par les moyens ordinaires, quoiqu'avec peu de succès; les *sarts* qui sont les landes les mieux fournies en bruyères et en genêts, qui par leur combustion leur donnent une fertilité momentanée; et enfin les *fanges* (en patois *fagnès*), condamnés à la stérilité, et dont on ne retire que la tourbe (1)

Excepté dans le vallon riant qu'arrose la Meuse, les terres sablonneuses dominent dans le département de la Meuse inférieure, ce qui oblige de cultiver moins de froment que de seigle, dont la racine pivotante va chercher des sucs à une plus grande profondeur, et se trouve ainsi plus à l'abri des grandes sécheresses (2). Le seigle dont on se sert est le seigle d'hiver. On cultive encore, mais en moindre quantité, le froment, l'orge d'hiver et printanier, le sarrasin ou bled noir, l'épeautre, l'avoine; et parmi les plantes légumineuses, les fèves, les vesces grises et blanches, la navette, le chanvre et le lin, le colza, le houblon pour les brasseries, le chou dont on fait le *sauer kraut* (qu'on

(1) Desmousseaux, préfet, Statistique du département de l'Ourthe, p. 32.

(2) Cavennes, ingénieur, Statistique du département de Sambre et Meuse, p. 32.

rivières. Nous en distinguons d'abord quatre

---

appelle par corruption choucroute), la chicorée qu'on torréfie et qu'on réduit en poudre pour remplacer le café (1); la garance pour la teinture, la grande carotte d'un jaune pâle, destinée à l'engrais des porcs; et dans les prairies artificielles, le grand trèfle d'Hollande, le trèfle sauvage, et la spergule ou sporée. On ne connaît pas les jachères dans ce département. On cultive aussi avec soin tous les arbres fruitiers et la vigne.

La terre végétale est peu abondante dans le département de Sambre et Meuse, et souvent une grande pluie laisse à nus le schiste et la pierre calcaire. Les charrues sont ordinairement traînées par des chevaux : elles sont à un seul versoir, et portées sur des trains. L'épeautre est la plante céréale que l'on y cultive avec le plus d'abondance; il forme le quart des cultures, dont le reste est partagé en froment, en seigle, en avoine, en bois et prairies naturelles (2). On cultive encore, mais en petite quantité, le lin, le chanvre, le houblon, le tabac. Les plus belles prairies sont situées le long de la Sambre.

Dans le département de la Sarre, le cours commun des cultures est de 3, 4, 5, 6 ans, en alternant en bleds d'hiver, d'été, trèfles, légumes, sans friches, ou avec deux années de friches (3). Il y a aussi des terres sauvages, des terres à brûler, et des essarts (*wild*, *schiffel*, *et rod-land*), que l'on ne cultive que tous les 20, 30 ou 100 ans : elles forment le cinquième du département (4).

La nature du sol dans l'arrondissement de Trèves, présente une différence remarquable entre celui situé sur les rives gauches de la Sarre et de la Moselle, et celui de la

(1) *Ibid.* p. 39.

(2) Jardrinet, Statistique du département de Sambre et Meuse, p. 45.

(3) Zegowitz, annuaire du département de la Sarre, p. 359.

(4) *Ibid.* p. 360.

principales : la Seine, la Loire, le Rhône et

---

rive droite de ces rivières. Le premier est généralement sablonneux sur un fond argileux dans les vallées, et calcaire sur les hauteurs; dans le second, le schiste argileux domine sur les hauteurs comme dans la plaine (1). Du côté du Sarrebruck le sol est léger, sablonneux et froid (2); il est marécageux du côté de Prum.

La culture de la garance introduite en Alsace sous Charles-Quint, a été pour ces contrées une source de richesses. Celle qu'on y récolte égale en qualité la garance si renommée de la Zélande : on dit même que les anglais, les allemands et les suisses préfèrent celle de France (3). La culture du tabac a été introduite en Alsace en 1620, par un nommé Kœnigsmann, qui en apporta la graine d'Angleterre; et cette culture est devenue une des principales branches de culture et de commerce du pays. Dès la fin du dix-septième siècle, il se fabriquait en Alsace 50,000 quintaux de tabac par an; en 1718 la récolte fut de 80,000 quintaux : on compte dans le seul département du Bas-Rhin de 18,000 à 20,000 arpens employés à la culture seule du tabac, dont la récolte, année commune, rapporte de 120,000 à 130,000 quintaux (4) : ainsi chaque localité à son genre d'industrie; et Strasbourg est pour la garance et le tabac, ce que Louvier et Sedan sont pour les draps, et Lyon pour la soierie.

Le territoire du département des Vosges est comme divisé en deux parties; l'une, située à l'ouest d'Epinal, que l'on nomme la plaine; l'autre, à l'est de la même ville, qui est couverte de montagnes. Dans la première, le sol est

(1) Zegowitz, secrétaire de préfecture, annuaire du département de la Sarre. Trèves, an 11, p. 82.

(2) *Ibid.* p. 79-95.

(3) Laumond, préfet, renseignemens statistiques sur le département du Bas-Rhin, p. 7.

(4) *Ibid.* p. 15.

Seine. la Garonne. La Seine, un des plus beaux

---

composé d'une terre calcaire, plus ou moins mélangée d'argile, et produit assez abondamment toutes les denrées nécessaires à la vie. On y cultive beaucoup de froment d'une bonne qualité; du seigle, de l'orge, de l'avoine, des navettes, des colzas, du chanvre et un peu de lin. Dans la partie des montagnes, un sol ingrat, rocailleux, composé de terres légères et sablonneuses, ne produit qu'à force de travaux et de soins quelques denrées insuffisantes pour les habitans; on y cultive beaucoup de pommes-de terre, du sarrasin, de l'orge, de l'avoine, du chanvre et du lin, et très-peu de froment. On y arrose les prairies avec beaucoup d'art, et elles produisent abondamment; aussi fait-on le commerce d'un excellent fromage, connu sous les noms de gérardmer et vachelin. La culture, dans ce département, se fait avec des chevaux, et les terres restent en jachères tous les trois ans; les propriétés sont très-divisées. Dans l'une et l'autre parties du département, et principalement à Fontenoy et au Valdajol, on cultive un grand nombre de merisiers, dont le fruit fermenté produit, par la distillation, la liqueur connue sous le nom de *kirschen-wasser*, et par corruption *kirchevâsse* (1).

Le département de l'Aisne renferme des plaines élevées, des vallées peu profondes et bien arrosées; et il n'y a que des collines, dont la plus remarquable est celle de Laon (2). Ce département est riche et fertile, et produit des grains, du chanvre, du lin, des vignes, des bois, des arbres fruitiers, des légumes. On cultive aussi du houblon pour les brasseries, sur-tout dans le canton de Wassigny. Les pommiers des environs de Saint-Quentin et de Chauny fournissent du cidre. La culture de la vigne ne commence qu'au midi de Laon et sur les coteaux qui bordent le cours des rivières d'Aisne et de Marne (3).

(1) Desgouttes, préfet, Statistique des Vosges, p. 26.
(2) Dauchy, préfet, Statistique, p. 9.
(3) *Idem*, préfet, Statist. du département de l'Aisne, p. 16.

fleuves de France, prend sa source à Saint-

Les terres labourables qui forment les trois quarts du département, sont limoneuses, argileuses, sablonneuses ou calcaires; les terres qu'on nomme de montagne, qui sont celles des plateaux élevés, sont les plus fertiles et produisent les meilleurs bleds. La majeure partie des cultures se font en trois soles: l'une en froment, méteil ou seigle; la seconde en avoine, orge, vesces et autres menus grains; la troisième en jachère. Les terres qui ne peuvent produire de bled, s'ensemencent en sarrasin, avoine et sainfoin. L'usage des prairies artificielles commence à s'y introduire. On ne se sert que de chevaux pour le labourage.

Il existe de ce côté une grande couche de tourbe martiale, de 45 lieues de large sur 17 à 20 de longueur moyenne. Sa longueur s'étend du nord-ouest au sud-est, depuis Pienne et la Terrière, entre le Cabelet et Cambrai, jusqu'à Beaurieux, sur les bords de l'Aisne, entre Laon et Rheims. Sa largeur du nord-est au sud-est, s'étend, à partir d'Homblière et Itancourt, jusqu'au-delà des fouilles de Golancourt, entre Ham et Noyon. On se sert plus communément de la tourbe martiale comme d'engrais, après l'avoir laissé en efflorescence à l'air. Cet engrais est connu sous le nom de cendre noire (1).

Le département de la Marne, qui renferme cette portion de la Champagne, si renommée par ses vignobles, est un des plus stériles de la France; il n'offre qu'une grande plaine, où on ne trouve presque par-tout qu'un tuf de craie ou de grève, recouvert de peu ou point de terre, dont la couche est peu ou point fertile. On rencontre à peine quelques buissons, quelques arbres faibles ou languissans où l'on puisse reposer la vue. Cependant, cette grande étendue de terre est bordée de quelques parties plus fertiles, qui en rompent la triste et désolante unifor-

(1) Dauchy, préfet, Statist. du départ. de l'Aisne, p. 12.

Seine, dans le département de la Côte-d'Or,

mité. On remarque à l'ouest de Rheims, jusqu'à Fismes, un pays plus favorisé de la nature. En partant de Fismes, et en traversant la vallée de Noron, le bassin occidental de la Marne, la partie limitrophe du département de l'Aisne, de Seine et Marne, et de l'Aube, nommée autrefois Brie champenoise, jusque vers Angelure, on trouve des limons, des terres fortes et profondes. Enfin, le Perthois et la lisière de la haute Marne et de la Meuse, depuis Vitry jusqu'à Sainte-Ménéhould et au-delà, en suivant le cours de l'Aisne, présentent un sol heureux, et en général productif. Dans les terres légères et crayeuses de la Champagne, on cultive le seigle, l'avoine, le sarrasin; les terres fortes produisent des bleds estimés, du chanvre, et renferment en outre de vastes forêts; mais on alterne avec l'orge et l'avoine, et tous les trois ans les terres restent en jachère. On emploie les chevaux pour le labour, et dans les terres fortes on en attelle depuis deux jusqu'à douze à une seule charrue (1).

Les modes de culture dans le département de l'Yonne, sont très-variés du côté de l'ouest, pays de bocage et d'étangs, qui avoisine le Gatinois; les champs sont ordinairement très-petits, clos de haies vives, et plantés d'arbres fruitiers ou forestiers; la terre y est fortement argileuse, et la charrue y est conduite par deux hommes, et traînée par quatre chevaux ou huit à dix bœufs. Au sud et à l'est, dans les cantons voisins de la Nièvre, presque tout est vignoble. Au nord, on cultive des plantes céréales. Les productions sont des grains de toutes espèces en abondance, des chanvres, des légumes, des fruits, du cidre, et sur-tout du vin.

Dans les bonnes terres du département de l'Orne, en Normandie, sur-tout dans les plaines, Séez et Argentan, on récolte principalement le bled et l'orge en deux années

(1) Bruslé, Statist. du département de l'Aube, p. 40.

qui est une portion de la Bourgogne, se di-

successives. Elles se reposent la troisième année. Quelques-unes portent sur le guéret du trèfle, de la vesce, différentes qualités de pois, et autres plantes que consomment les bestiaux; les deux tiers à-peu-près des terres sont ainsi cultivés. L'autre tiers comprenant la plus grande partie de l'arrondissement de Domfront, une partie de celui d'Argentan, et une petite partie de celui d'Alençon, ne produit guère que le seigle, l'avoine et le sarrasin. La terre se repose ensuite depuis trois jusqu'à sept années; l'herbe et les genets qui croissent dans cet intervalle, servent à la nourriture des bêtes à cornes et à laine, qui sont en assez grande quantité (1). On cultive aussi beaucoup de pommiers et de poiriers poŭr faire du cidre, dans le département de l'Orne (2).

Le département d'Indre et Loire comprend la partie de l'ancienne Touraine, la plus féconde en fruits à noyaux, en légumes, en herbes potagères.

Le sol du département de l'Ile et Vilaine, partie orientale de la Bretagne, généralement argileux et de peu de consistance, est entrecoupé, dans les autres parties, de collines ou de coteaux, qui le rendent plus solide. Il n'y a guère que la moitié de terrains en culture (3). La couche végétale schisteuse ou graveleuse, très-mince, présente un sol à peine médiocre, où la végétation ne se soutient qu'à la faveur de l'humidité habituelle de l'atmosphère. Le cours des moissons est, 1. sarrasin; 2. froment méteil, seigle ou orge; 3. avoine. On cultive aussi un peu la pomme-de-terre, le lin et le chanvre: mais le châtaignier y croît en abondance, et fournit sans culture un aliment

(1) Lamagdeleine, préfet, Statist. de l'Orne, p. 8.

(2) *Idem*. p. 20.

(3) Borie, préfet, Statistique du département de l'Ile et Vilaine, pag. 3.

rige au nord-ouest; et après un cours d'en-

---

tellement abondant, qu'un auteur l'a surnommé l'arbre à pain de ces contrées; on l'a rendu dans ces dernières années bien autrement productif.

Le sol varie dans le département de Maine et Loire qui fait partie de l'Anjou; il est argileux dans les terres les plus fécondes, schisteux du côté d'Angers, calcaire dans les environs de Baugé et de Saumur, siliceux dans les landes de Baupreau et autres lieux. La culture est variée; les arrondissemens qui joignent à l'est l'ancienne Touraine, sont, comme elle, féconds en fruits et en légumes. Ceux vers l'ouest, attenant à la Bretagne, ont, comme elle, des pâturages, des prairies et des landes vers le sud; outre les productions de grains, les terrains se prêtent aux prairies artificielles, aux légumes, et aux racines pour les bestiaux; vers le nord qui tient à l'ancien Maine, outre les fromens, les seigles et les lins qu'on y recueille, on a aussi des pommiers et des châtaigniers.

L'aspect de la Loire inférieure et départemens circonvoisins est enchanteur. Le cours majestueux de la Loire; les rives ombragées de l'Erdre; la Sèvre, qui roule souvent comme un torrent à travers les rochers, rappellent les beaux sites de la Suisse et de l'Italie. La Loire inférieure produit des fromens, des seigles, peu de sarrasin, des châtaignes, des légumes, des vins d'une excellente qualité. (1).

Dans le département de la Vienne, les terres du côté de Poitiers sont généralement maigres et sablonneuses; la partie du nord est plus fertile; la vigne paraît être la culture dominante (2), et le sol de ce département est un sable gras, une terre noire et quelquefois une argile glaiseuse, et une marne brûlante; l'arrondissement de Chatellerault et de Montmorillon est en grande partie couvert de landes et de bruyères, et on trouve des plaines sablonneuses qui ne pro-

(1) Huet, Statistique, p. 34.

(2) Statistique du département de la Vienne.

viron 210 milles, se jette dans l'Océan au

---

duisent que du seigle; mais du côté de la Charente on rencontre des terrains plus fertiles, où se cultive avec avantage le maïs et autres sortes de grains. Au total, le territoire de ce département est stérile.

Les productions du département de la Haute-Vienne consistent en bleds, froment, vignes, seigle, orge, avoine, pois, chanvre, lins, noix, châtaignes; et dans quelques endroits, en pommes-de-terre. La charrue est la petite charrue que les gens du pays appellent *areau;* elle est attelée de deux bœufs ou de deux mules. Il y a du côté de Loudun de grands marais formés par la Dive et la Pallu, qui pourraient être facilement desséchés (1). La récolte des bleds se fait dans les mois de juilet et août (2).

Dans le ci-devant Poitou, les départemens de la Vendée et des Deux-Sèvres sont coupés par de vastes marais et des bois, ce qui partage le pays en trois parties, le Bocage, le Marais et la Plaine, qui diffèrent, sous le rapport du sol, des produits, et même des mœurs et des coutumes de leurs habitans (3). La topographie des marais de ces contrées est si curieuse et a eu une si grande influence dans la malheureuse guerre de la Vendée, qu'il nous paraît intéressant de la faire connaître en détail. Nous transcrirons la description exacte d'un auteur; et elle délassera un peu nos lecteurs des détails arides et uniformes où nous sommes obligés d'entrer.

« La partie du marais située hors des ceintures, présente « un aspect bien différent de celui du marais desséché. Les « endroits les moins bas de cette partie sont ensevelis sous « les eaux, depuis novembre jusqu'en juin, et quelquefois « plus tard. Les bas-fonds ne se dessèchent jamais. Pour

(1) Statistique, p. 67.

(2) *Ibid*. p. 68.

(3) *Voyez* Statistique du département des Deux-Sèvres.

Hâvre-de-Grâce. On peut remarquer ici que

« les utiliser, on les a coupés de canaux innombrables
« qui se communiquent tous, et ne sont séparés les uns
« des autres que par des terriers de douze à quinze pieds
» de largeur, rechargés en couronne du produit de l'exca-
« vation. Ces terriers extrêmement fertiles, sont tous plantés
« en saules, en frênes, en aubiers, en peupliers, et quel-
« quefois en chênes. L'émonde de ces arbres qui ne se brûle
« pas sur le lieu ou dans l'intérieur, s'exporte en fagots, à
« la Rochelle et à l'Ile de Rhé. Les troncs appelés *cosses*
« *de marais* sont très-recherchés dans la plaine. Ils pro-
« duisent un feu brillant et inextinguible.

« Les habitans de ce pittoresque séjour semblent, au
« premier coup-d'œil, les plus malheureux des hommes.
« Leurs chaumières de branchages et de boue, sont cou-
« vertes de roseaux. Le même toit recèle le père, la mère,
« presque toujours une nombreuse suite d'enfans, une ou
« deux vaches, quelques brebis et les chiens; et tous ces
« individus n'ont souvent, pour prendre leurs ébats, qu'une
« langue de terre de vingt-cinq à trente pas. Ignorés du
« reste du monde, ils vivent au fond de leurs labyrinthes
« inaccessibles, du produit de leur pêche et du lait de leurs
« vaches, dont ils vont chercher la nourriture en bateau,
« dans les canaux des environs. Le silence de ces déserts
« marécageux, qui n'est interrompu que par le cri de quel-
« ques oiseaux aquatiques, l'ombre mystérieuse que ré-
« pandent sur les canaux les branches enlacées des arbres,
« la pâleur et l'air misérable des habitans, cette lisière
« étroite, qui semble mettre entr'eux et les autres hommes
« un intervalle immense, la teinte sombre du païsage; tout
« inspire au premier aspect un sentiment pénible de mé-
« lancolie et d'horreur dont il est difficile de se défendre.
« Mais en pénétrant dans l'intérieur, la fraîcheur de ces
« berceaux, les sinuosités de ces promenades liquides, les
« variétés innombrables d'oiseaux qu'on rencontre à chaque

la longueur assignée aux rivières, n'est pas

« pas, et qu'on ne rencontre que là, font succéder à ce pre-
« mier sentiment une stupeur vague, et un recueillement
« qui ont aussi leur charme » (1).

Le froment, l'orge d'hiver et l'orge d'été, appelé communément *baillarge*, un peu d'avoine et presque pas de seigle, sont les produits et la culture du département des Deux-Sèvres, dans tous les lieux où l'on ne cultive pas la vigne, et qui ne sont pas en prairies. Mais dans l'arrondissement de Melle, petit pays de deux lieues de rayons, l'agriculture est plus perfectionnée, les propriétés ont des clôtures, et au lieu de laisser les terres en jachères, on y sème du maïs, ou bled de Turquie (2). Le froment se sème en général sur les plateaux et dans les vallées; l'orge, le sarrasin, le bled noir, sur les terres hautes et granitiques (3). Dans les marais aux environs de Saint-Maixent, on recueille aussi beaucoup de chanvre et de lin.

En nous dirigeant de ce côté à l'est dans les départemens du centre, nous trouverons des contrées peu fertiles et encore plus mal cultivées. Les départemens de l'Allier, de la Lozère, de la Creuze, de la Loire, de l'Aveyron, de la Corrèze et de la Haute-Vienne, sont les pays les plus pauvres de France, après la Champagne-Pouilleuse, les Landes de Bordeaux et de Bretagne. A l'exception du vallon de la Loire à Roanne et de l'espace compris entre Clermont et Thiers, qui forme ce beau vallon de l'Auvergne qu'on nomme la Limagne, de Clermont à Lyon tout est stérilité, et sur 30 lieues de pays il y en a 24 de stériles. En général l'agriculture est languissante dans le midi de la France; et

(1) Labretonnière, ingénieur des ponts et chaussées, Statistique de la Vendée, p. 51.

(2) Statistique du département des Deux-Sèvres, p. 113.

(3) Statist. du département de la Vendée, p. 28.

calculée avec exactitude, ce serait un travail

---

un auteur habile observe que sur 108 départemens que la France renferme, quarante sont très-en retard sous ce rapport, et que ce sont précisément ceux qui occupent le centre et sont situés dans la zone la plus heureuse et le climat le plus tempéré. Il attribue ce défaut de culture à cinq causes principales, à l'usage de l'araire, ou petite charrue généralement employée dans les pays au midi de la Loire; aux jachères absolues; à l'ensemencement biennial de près de la moitié du sol en seigle ou en grains encore inférieurs; à l'entretien de la plus petite quantité d'animaux possibles; à l'économie domestique des paysans, qui est plutôt négative que positive. Ces défauts de la culture, suivant notre auteur, sont sur-tout frappans dans la contrée située entre la Loire, la Dordogne, le Rhône et l'Océan, qui renferme les anciennes provinces de Sologne, Berry, Nivernais, Poitou, Bourbonnais, Forez, Velai, Vivarais, Limosin, Marche, Auvergne, Gévaudan, Cévennes, Rouergue et partie du Quercy : « Espace immense, ajoute-t-il, comprenant vingt départemens, qui est le siége de l'ignorance, le triomphe de la routine et de la déraison en fait de culture (1) ».

Si l'on jette un coup-d'œil général sur le département du Cher, on trouve au levant, particulièrement sur les bords de la Loire, et au sud-est sur ceux de l'Arnon, un terrain fertile; au sud et au sud-est, un sol médiocre; au nord, une longue suite de bruyères et de sables stériles connus sous le nom de Sologne; au centre, un mélange de bonne terre et une grande quantité de mauvaise (2). Il se fait dans l'arrondissement de Saint-Amand, département du Cher, sur-tout du côté de Château-Meillant, une récolte

(1) De Pradt, Voyage agronomique en Auvergne, p. 38.

(2) Luçay, préfet, Statist. du département du Cher, p. 21.

trop pénible et trop incertain ; elle n'est qu'une

considérable de châtaignes (1). Les vins du Sancerre sont assez estimés (2). On cultive aussi beaucoup de chanvre.

La nature du sol dans le département de l'Allier, varie pour le moins autant que celle du climat : la partie basse, où coulent les grandes rivières, est en terre argileuse, la plus fertile du pays ; une autre partie sur la Rouble, la Sioule, la Bèbre, est en terre forte ; sur les hauteurs sont de vastes étendues d'argile, plus ou moins décomposées à la surface. Ces trois sortes de terres forment à-peu-près la moitié de l'étendue du département. Leurs principales productions sont le froment, l'avoine, l'orge, le foin, les légumes, de bons pâturages, des vins rouges propres au transport, des grains de toute espèce, quelques seigles médiocres ; et dans la partie argileuse, des avoines, des seigles de bonne qualité, des foins, des vins blancs, et principalement une grande quantité de bois maintenant détruits en partie. L'autre moitié des terres est en terrain sablonneux ou mêlé d'un gravier d'une couche mince sur un fond graniteux ; ses principales productions sont de beaux seigles, des vins blancs, des fruits, des pommes-de-terre, des graines à huile. C'est aussi dans cette portion que se trouve la plus grande partie des veines métalliques connues dans ce département (3).

Le sol du département de la Charente est généralement calcaire, sec et brûlant. Les collines s'y élèvent toutes à la même hauteur ; elles sont composées de couches horizontales et verticales, dans lesquelles se trouve une immense quantité de coquillages et de débris de corps marins. On remarque une différence tout-à-fait étonnante entre le ter-

(1) Description du département du Cher, p. 29.

(2) *Ibid.* p. 35 et p. 29.

(3) Huguet, préfet, Tableau de situation du département de l'Allier, p. 7.

échelle comparative, pour juger du rapport

---

ritoire de la Charente et celui des départemens environnans; à mesure qu'on s'éloigne, on s'aperçoit que la pierre calcaire se change en silex; et ensuite, au-delà de la Haute-Vienne, on ne rencontre plus que le granit en masse ou décomposé, mélangé avec l'argile, qui forme à-peu-près la terre végétale du ci-devant Limosin, où l'air est plus froid, le caractère moins gai, et où les mœurs, les habitudes, les productions, l'idiome sont différens (1). On cultive à-peu-près le tiers du département de la Charente en grains de toute espèce, tels que bled, seigle, orge, maïs ou bled d'Espagne, sarrasin ou bled noir. Un second tiers est employé à la culture de la vigne, dont le produit est converti en eau-de-vie justement célèbre sous le nom d'eau-de-vie de Coignac. Il s'en exportait, dit-on, jusqu'à la concurrence de 15,000 pièces de 27 veltes (environ deux hectolitres). On assure que le produit en est diminué d'un sixième. Le tiers de ce département consiste en prairies, bois, terres incultes, landes et rochers. On cultive aussi un peu de safran, de lin, de chanvre et de pommes-de-terre (2).

Dans le département de la Corrèze, le sol est en général rocailleux; et la couche végétale, lorsqu'il en existe une, est très-mince. Dans les Landes appelées *de Bras*, elle est à-peu-près nulle, et le tuf est à découvert (3). La partie septentrionale, couverte de montagnes, est peu fertile et ne produit qu'un peu de seigle, d'avoine ou d'orge. La partie méridionale, plus fertile, produit du bled, du maïs, des pommes-de-terre, des vignes et un grand nombre de châtaigniers qui chauffent et nourrissent le pauvre. Les envi-

(1) Delaistre, préfet, Statistique du département de la Charente, p. 18.

(2) *Ibid.* p. 19.

(3) Firmigier, Annales de statistique de Ballois, année 1803, t. 4, p. 171.

qui existe entre le cours d'une rivière et le cours de telle autre (*a*).

---

rons de Tulle produisent beaucoup de noyers dont on fait de l'huile.

Le département de la Dordogne est un pays très-montueux, ses vallons sont généralement étroits et peu fertiles. Si l'on excepte ceux de la Dordogne et des rivières principales qui l'arrosent, les autres ne sont que des gorges extrêmement resserrées, ravagées la plupart par des ravines et des torrens qui produisent les orages si fréquens dans cette contrée. Les différentes chaînes de monticules qui coupent ce département dans tous les sens, sont assez souvent couvertes de vignes ou de bois; mais plusieurs aussi sont absolument nues et ne présentent que des rocs et des terres

(*a*) Le cours de la Seine, suivant Expilly, n'a que cent lieues; mais les mesures prises exactement sur la grande carte de Cassini, ont donné 332,000 toises ou 166 lieues de 2,000 toises chaque. Cette rivière prend naissance en Bourgogne, de deux sources dont l'une se trouve à Chanceaux, et l'autre en est éloignée de deux lieues, entre Chanceaux et le bourg Saint-Seine; elle commence à être navigable à Troyes en Champagne, mais ce n'est que dans les saisons pluvieuses, et la navigation en est encore difficile même après sa jonction avec l'Aube. Plus loin elle reçoit deux grandes rivières, l'Aisne et la Marne, et alors elle est assez forte pour porter jusqu'à Rouen de grosses barques marchandes; les navires plus considérables qui viennent de la mer sont retenus à Quillebœuf par un banc de sable. Il n'existe aucune rivière en France qui ait autant de sinuosités que la Seine, et qui soit par conséquent aussi utile dans les différentes directions de son cours. En mesurant sur la grande carte de Cassini le terrain qu'elle parcourt pour se rendre de Paris à Meulan, on trouve une longueur de 47,000 toises, tandis que le trajet en ligne directe n'est que de 30,000. De Courcelles à Gueberville, au-dessus de Rouen, qui ne sont éloignés l'un de l'autre que de 28,000 toises, son cours tortueux est de 70,500 toises. La rade qui se trouve à l'embouchure de la Seine, permet à trois cents navires de venir mouiller près du Hâvre-de-Grace; il y en a même une partie qui peut contenir jusqu'à trente gros bâtimens de guerre. Le bassin de la Seine est au moins de deux tiers de celui de la Loire, et la longueur de son cours n'est guère que la moitié. (C. A. W.)

Loire. La Loire prend sa source dans le Mont-Ger-

arides. Sur les hauteurs, on trouve d'immenses étendues de bruyères, de genêts et de bois de châtaigniers, où l'œil n'aperçoit pour toute culture que quelques seigles épars : ce sont de vrais déserts, où le voyageur parcourt souvent plusieurs lieues sans trouver un hameau. Cependant les cantons qui se prêtent à la culture, sont assez abondans, et sur-tout très-variés. On voit quelquefois sous un même point de vue, des champs agréablement entremêlés de bled, de maïs, de légumes, et des coteaux couverts de bois et de riches vignobles. Mais ces tableaux rians ne se montrent qu'en peu d'endroits, et le département n'est véritablement fertile que dans une très-petite portion de son étendue. Le sol est généralement pierreux, sec et fort aride. Le rocher calcaire, qui forme communément la base des terres, se couvre alternativement de sable, d'argile graveleuse, de pierre à fusil : quelquefois un même aspect offre toutes ces variétés, et aucun intervalle ne marque le passage d'une fertilité moyenne au dernier degré de stérilité. On trouve un champ fécond à côté du sol le plus ingrat; des marécages tout près d'une terre aride, et des prés qu'une source heureuse fertilise, au milieu des landes et des rochers (1). Indépendamment du maïs et du froment, le département de la Dordogne récolte du seigle, du sarrasin, du baillarge, des légumes.

La nature du sol du département de Lot et Garonne ne doit pas être jugée d'après les larges et fertiles vallées que présentent la Garonne et le Lot. Ces plaines qui s'offrent seules aux regards des voyageurs, les ont trompés sur la juste appréciation du territoire de ce département. S'il est situé sous le plus beau ciel de France, si sa surface est variée par des coteaux, rians et productifs, il en est dans son enceinte beaucoup d'autres dont le sommet n'a que des terres médiocres, quelquefois totalement stériles, et

(1) Delfau, Annales de statistique de Ballois, t. 5, p. 17.

bier, au nord du Languedoc, se dirige d'abord

---

souvent incultes. Vers la partie orientale, à peu de distance de la Garonne et sur les bords du Lot, ses coteaux deviennent hideux, et repoussent tous les travaux de l'agriculture. Dans toute la partie du Haut-Agénois, le pays change tout-à-coup d'aspect et de nature, et la terre n'offre plus dans ces cantons qu'une argile ingrate fortement colorée par le fer; dans les Landes enfin, contrée glacée en hiver et brûlante en été, l'air est corrompu pendant neuf mois par les exhalaisons des eaux stagnantes : la constitution des animaux et des hommes en est altérée, ils y sont petits et maigres (1). Les terres se sèment en général de deux années l'une; outre le froment, leurs produits sont en maïs réservés pour les bons terrains, et en seigle pour les fonds légers; l'orge et l'avoine en petite quantité, se cultivent presque toujours sur les guérets; les plantes légumineuses, telles que les pois, fèves, vesces et haricots, ainsi que les fourrages annuels, sont semés sur les jachères à l'aide des engrais; le meilleur et le plus salubre de ces fourrages, est le maïs. La culture de la vigne s'est augmentée d'un tiers depuis 1789. Les vins de Claira et de Castel-Moron sont estimés (2). On cultive aussi un peu de chanvre. La culture du tabac qui s'y est introduite depuis la révolution, a dû nécessairement diminuer la qualité de la célèbre fabrique de Tonneins, qui travaille le tabac étranger. On cultive aussi beaucoup de prunes dans ces contrées, qu'on exportait jusqu'en Hollande (3).

Les productions du département de la Haute-Saône sont en bled, en seigle, en orge, en avoine dans les plaines. Dans les montagnes on cultive le sarrasin, le maïs, les légumes et

(1) Statistique du département de Lot et Garonne, p. 4.

(2) *Ibid.* p. 12.

(3) Pieyre fils, préfet, Statistique de Lot et Garonne, p. 18.

au nord, puis tourne à l'ouest pour entrer dans

---

les pommes-de-terre, des navets, un peu de chanvre et de tabac, et quelques vignobles (1).

Le sol du département de la Drôme est maigre, sablonneux, et d'ailleurs occupé par des montagnes non susceptibles de culture (2), et les imprudens abattis de bois qu'on a faits sur ces montagnes, contribuent encore à sa stérilité. Les parties les plus abondantes en grains sont le Valoire, ou les cantons de Saint-Rambert et de Moras, les plaines de Monteil, d'Etoiles, de Montelimart, les montagnes des environs de Dyle: les cantons de Nyon et Saint-Paul-Trois-Châteaux, au midi, se dédommagent par la culture de l'olivier. On a introduit depuis quelque tems dans ce département l'usage des prairies artificielles. On cultive beaucoup de noyers, dont le produit est converti en huile, et des mûriers pour l'éducation des vers-à-soie.

Le territoire du département de la Lozère est de trois sortes: les montagnes nord qui sont de basalte et de granit, celles au midi et au levant qui forment les Cévennes, et sont schisteuses; les montagnes du centre, du midi au couchant qui sont calcaires, et qu'on nomme Causses. Les montagnes du nord produisent du seigle et des fourrages, très-peu d'orge et d'avoine; celles connues sous le nom de Causses sont productives en froment, orge, avoine, peu de seigle, des fourrages et des fruits; c'est la partie la plus fertile dans les Cévennes: on récolte beaucoup de châtaignes, et l'on cultive le mûrier (3). On y récolte aussi une assez grande quantité de pommes-de-terre. On cultive le lin, le chanvre. La garance y croît spontanément, mais n'y est pas cultivée.

Les coteaux qui règnent de Belleville à Condrieu, du nord au sud, le long de la Saône et du Rhône, sont plantés en vignes qui produisent des vins estimés. Les vins rouges

(1) Vergnes, préfet, Statist. du départ. de la Haute-Saône, p. 11.
(2) Colin, préfet, p. 15.
(3) Jerphanion, Statist. du départ. de la Lozère, p. 22-40.

l'Océan bien au-dessous de Nantes ; son cours

---

d'Ampuis ou de Côte-Rôtie et de Condrieu, ont une juste célébrité. L'espace de ces coteaux compris entre Poleymieux et Saint-Cyr, passe pour être le terrain où les premières vignes, dans les Gaules, furent plantées par les romains au tems de l'empereur Probus, et il fait partie de la montagne qu'ils appelèrent du nom de Mont-d'Or. Non loin d'Ampuis, et sur le territoire de Saint-Romain en Gal, et de Loire, on recueille la première qualité de ces marrons connus sous le nom de marrons de Lyon (1). On n'admet dans les vignes que deux espèces de raisin, le lérine, qui est noir; et le viomier, qui est blanc. La vigne est renouvelée par provins; à cette méthode, on a ajouté depuis quelques années celle de la greffe (2). Depuis les Chères et Anse, jusqu'à Villefranche, est la plaine la plus considérable du département; elle produit du froment en abondance; on cultive aussi la pomme-de-terre, mais les vignes sont la principale production. Les prairies artificielles de sainfoin, de trèfle, de luzerne, d'esparcette, y sont pratiquées avec succès depuis plusieurs années; elles ont fait quadrupler le nombre des bestiaux (3). On cultive peu le mûrier dans ce département; l'auteur que nous avons cité, observe qu'il serait d'autant plus intéressant d'encourager la culture de cet arbre, que les soies de France passent pour être les plus belles du monde, mais que ce qu'elle en récolte est loin de suffire au besoin de ses manufactures, et qu'elle est obligée d'en tirer du Piémont, de Bergame, de Vicence, de Parme, des Deux-Siciles, du Levant et de Nankin, qui, la plupart, sont payées en numéraire (4).

Le département des Hautes-Alpes, hérissé de rochers, de glaciers, coupé par une multitude de torrens et de précipices, n'offre à l'œil rien que de repoussant. On a évalué

(1) Verninac, Description physique et politique du département du Rhône, p. 15.

(2) *Ibid.* p. 56. (3) *Ibid.* p. 57. (4) *Ibid.* p. 6

est de 430 milles : elle ne commence à former

---

aux deux tiers de la surface du département, ce qui est occupé par les montagnes, et perdu pour l'agriculture; presque tout le reste est composé de couches végétales, souvent peu profondes, dès-lors peu fertiles, et menacées chaque jour par les eaux qui se précipitent des hauteurs. Les produits du département des Hautes-Alpes sont, du bled, des pommes-de-terre, du vin; mais tout cela en très-petite quantité.

Dans le département du Tarn, la charrue n'est point portée sur des roues, et les habitans prétendent que cette charrue, dont on se sert dans tout le midi, et qu'on nomme *moust* dans ce département, ouvre la terre et la retourne à une plus grande profondeur; le coutre qui s'y trouve attaché, coupe les racines des mauvaises herbes (1). Dans la plaine et sur les coteaux, on laboure jusqu'à cinq et six fois le même champ en différens tems avant de l'ensemencer (2). Dans les montagnes, on donne moins de façon à la terre; on évite sur-tout de labourer dans les chaleurs, on ne fait que deux ou trois récoltes sur le même champ, et on le laisse ensuite en jachères pendant plusieurs années. Les meilleurs fonds sont réservés pour les chanvres, le froment, qu'on cultive dans les plaines, ainsi que l'orge, le seigle, etc. Les vignes sont plantées sur les coteaux; les vallons ou gorges des montagnes forment de belles prairies naturelles (3). Il y a encore des récoltes propres à certains cantons; celle du pastel, dans les plaines d'Albi et aux environs; celle de l'anis et de la coriandre, dans dix ou douze communes des arrondissemens d'Albi et de Gaillac. La découverte de l'indigo a beaucoup diminué celle du pastel; on comptait autrefois jusqu'à 300 moulins dans les environs d'Albi pour

(1) Lamarque, Statist. du départ. du Tarn, p. 22.

(2) *Ibid.* p. 22.

(3) *Ibid.* p. 26.

un fleuve considérable qu'après sa jonction avec la Sarre (a).

Le Rhône sort du glacier de Furca, près la montagne de Grimsel en Suisse ; et après avoir arrosé les beaux vallons du Valais, traversé le Rhône.

---

la préparation de cette plante; il en reste à peine aujourd'hui 30 ou 40 (1).

Dans les plaines et dans les vallons, le département des Basses-Pyrénées produit du froment, du seigle, de l'orge, du maïs, du millet, des foins, du lin très-doux et très-fin dont on fait de belles toiles, dites de Béarn; il produit sur les coteaux, des vins exquis, nommément ceux appelés de Jurançon, Gan, etc. Le labour cultive une grande quantité de pommes à cidre (2).

Ce ne sont là que des fragmens presque détachés; mais les documens nous manquent pour tracer même une esquisse générale, et tout ce que nous avons pu faire, a été d'extraire av c soin ce qu'il y a de plus important et de plus utile dans ceux dont nous sommes en possession. (C. A. W.)

(a) Indépendamment d'une vingtaine de plus petites, la Loire reçoit huit rivières du second rang, qui sont l'Allier, le Cher, l'Indre, la Vienne, la Sarthe, la Mayenne, le Loir et la Seurre. Le cours de ce fleuve commence à être navigable pour de petits bateaux près de Saint-Rambert, qui est à peine à trente lieues de son embouchure; de Nevers, où il se grossit de l'Allier, jusqu'à Briare, il porte de grandes barques à fond plat, et ce n'est qu'entre Nantes et la mer qu'il peut recevoir d'assez gros navires. Son embouchure est tellement obstruée de vase et de sable, que malgré qu'elle ait une largeur de deux lieues de France, il s'y forme de tems en tems de nouveaux bancs et des ilots qui rendent la navigation fort peu sûre. Ses débordemens subits causent de fâcheux dégats aux habitans de ses rives.

(C. A. W.)

(1) Lamarque, préfet, Statistique du Tarn, p. 26.
(2) Serviez, Statist. des Basses-Pyrénées.

lac de Genève, descend rapidement au sud, et se perd dans la Méditerranée. Son cours est d'environ 345 milles (*a*).

Garonne. La Garonne a son berceau dans les Pyrénées, au val d'Arau. Dans son cours, d'environ 210 milles, qu'elle dirige principalement au nord-ouest, elle reçoit la Dordogne, et se rend ensuite à l'Océan sous le nom de Gironde (*b*).

(*a*) Le Rhône, dont la France ne possède que la partie inférieure, n'est navigable qu'à Seissel, à plusieurs lieues au-dessous de Genève, et d'une manière très-peu uniforme; mais depuis Arles jusqu'à la mer, il porte des tartanes. Il a plusieurs embouchures dont quelques-unes sont navigables, mais souvent encombrées par des sables. Ces embouchures sont au nombre de six et se nomment *les gras* : le plus considérable est le grand gras du midi. Les eaux du Rhône sont limpides. Elles débordent fréquemment, mais rentrent promptement dans leurs lits. Ce fleuve se grossit dans son cours d'un grand nombre de rivières, dont la Saône, l'Isère, la Drôme et la Durance sont les plus importantes. (C. A. W.)

(*b*) Le cours de la Garonne, mesuré sur la grande carte de Cassini, depuis la montagne d'Aure dans le Val d'Arau, Pyrénées de la Catalogne, où elle prend sa source, est de plus de cent lieues de France. Dès le Bec-d'Ambès, où elle reçoit la Dordogne, elle a 2000 toises, ou une lieue de largeur : elle en a 5000 devant Mortagne, et l'étendue de son lit ne diminue presque pas sensiblement jusqu'à la mer. Aucune rivière de France n'a une aussi vaste embouchure : elle commence à porter bateau à Muret, et quelquefois même à plusieurs lieues au-dessus. Elle a trois rivières tributaires considérables, le Tarn, le Lot et la Dordogne; mais ce n'est qu'après sa jonction avec cette dernière, qu'elle forme cette étendue d'eau qu'on a appelée la Gironde.

La Seine est presque par-tout agréable et pittoresque. La Loire offre de beaux tableaux depuis Angers jusqu'à Nantes, mais un rude gravier déshonore le reste de son cours immense (1). La Garonne, en général, languit sur un pays plat, entre deux tristes bordures de saules. Le Rhône est grand, rapide, terrible.

Bien d'autres rivières, moins fameuses à la vérité, décorent et enrichissent la France : telle est la Saône, que le Rhône entraîne près de Lyon ; tels sont le Lot et la Dordogne, qui vont grossir la Garonne ; tels sont aussi toutes les rivières tributaires de la Loire. La Meuse, la Moselle (*a*) et même le Rhin peuvent être

---

Les plus gros navires marchands peuvent y naviguer jusqu'à la mer. La Gironde est partagée dans son milieu par des bancs de sable et par quelques îles d'une assez grande fertilité. Il y en a six au-dessus de Toulouse ; trois d'entr'elles, Casaux, Isan et Carmels sont renommées à cause de leurs bestiaux. (C. A. W.)

(1) Young's France, t. 1, p. 205.

(*a*) La Moselle a sa source dans l'arrondissement de Remiremont, au pied de la côte du Tay, dont le point le plus haut forme la limite des départemens des Vosges et du Haut-Rhin. Cette source ne donne d'abord qu'un filet d'eau, mais bientôt grossie par celles qui descendent de la montagne de Drumont, à trois quarts de lieue de son origine, la Moselle se fait déjà connaître. Cette rivière coule généralement entre les rocs, sur un fond de sable et de gravier, avec une rapidité peu commune (1).

(1) Desgouttes, Statistique du département des Vosges, p. 15.

comptées actuellement au nombre des rivières de France.

Indépendamment des canaux, les Pays-Bas sont arrosés par tant de rivières, qu'il suffira d'indiquer les principales. Le Rhin, passant loin de la frontière à l'est, appartient à l'Allemagne; et seulement une petite portion de la Meuse ou Maas traverse le comté de Namur, situé dans cette partie des Pays-Bas. L'Escaut est donc la principale rivière; elle en reçoit deux autres, la Lys et la Scarpe, celle-ci près de Mortagne, celle-là près de Gand (*a*). Toutes ces rivières ont leur source dans le comté d'Artois, à une élévation peu considérable : on ne peut pas donner au cours de l'Escaut une longueur approximative de plus de cent milles. La Dyle prend sa source non loin et au nord-ouest de

---

(*a*) L'Escaut prend sa source près la ci-devant abbaye du mont Saint-Martin, à deux lieues à l'est du Catelet. Après avoir parcouru une très-faible partie de l'arrondissement de Saint-Quentin, il se rend dans le département du Nord et passe à Cambrai, où se grossissant des eaux de la Scarpe, il devient navigable. L'Escaut a devant les murs d'Anvers 360 toises de large et 40 pieds de profondeur à mer basse; la marée monte de 15 pieds. Depuis Anvers jusqu'à son embouchure à Flessingue, il s'écoule dans un cours de 28 lieues, en reculant successsivement ses bords et conservant toujours la même profondeur. Il a beaucoup de bancs de sable à son embouchure, qu'il faut connaître pour y naviguer avec sûreté. Le dépôt de la marine a publié une excellente carte de l'entrée de ce fleuve.

(C. A. W.)

Namur, et joint l'Escaut au-dessus de Niel, après avoir reçu la Dermer de l'est, la Nèthe du nord, et la Senne du sud. La plupart des autres rivières sont moins importantes que les canaux, et en plusieurs cas il serait difficile de déterminer si leur cours est l'ouvrage de l'art ou de la nature.

Ainsi que l'Espagne, la France possède peu de lacs. Il s'en trouve quelques-uns dans la Provence, peut-être aussi en d'autres lieux, mais si petits, que les décrire serait usurper sur le domaine de la topographie. Les Pays-Bas n'ont pas non plus un seul lac remarquable. Lacs.

Avant de visiter la grande chaîne de montagnes qui embrasse le midi de la France, jetons un coup-d'œil sur les districts montagneux du nord. Les hauteurs de la Bretagne sont granitiques et primitives. Elles jettent des branches vers Brest et Alençon. On veut que les Vosges, dans le département de ce nom et au sud de la Lorraine, communiquent avec les montagnes de la Suisse (1). Les montagnes des Vosges et le district à l'est forment ce que les allemands appellent le Hundsruck. La France ayant reculé ses limites jusqu'au Rhin, cette portion intéressante de l'Allemagne est une acquisition précieuse, renfermant non-seulement une grande partie Montagnes.

(1) Lameth. Théorie de la terre 4, p. 384.

du Palatinat, avec les villes de Metz, Wurms et Spire, mais encore les pays de Simmern, Sponheim, Oberstein, Birkenfeld et Zweybrucken, qui composent l'important duché des Deux-Ponts, peuplé de 180,000 ames, et donnant un revenu de 500,000 florins. A l'ouest et à l'est des Deux-Ponts, courent de grandes chaînes de montagnes, riches en productions minérales, particulièrement en mercure et en belles agates (*a*).

(*a*) En suivant les montagnes des Vosges jusqu'à leur origine, on trouve qu'elles commencent sur les frontières de la ci-devant Champagne, de la Franche-Comté et de la Lorraine, qu'elles s'étendent de l'ouest à l'est sur plus de 25 lieues vers Béfort; que de là, changeant de direction, elles s'alongent du midi au nord, accompagnent le Rhin, et séparent les départemens du Haut et Bas-Rhin de ceux de la Moselle, de la Meurthe et des Vosges: au nord du département du Bas-Rhin, elles se resserrent; mais elles commencent à se rélargir vers les frontières du Mont-Tonnerre et de la Moselle: sur la gauche, entre les mêmes départemens, elles longent la rivière de la Sarre, s'étendent dans le département de ce nom, et elles se joignent au Hundsruck. Sur la droite, ces montagnes s'étendent jusqu'à Neustadt, où elles forment le Hardt, qui prend sa direction vers le nord jusqu'au delà de Durkheim; dans le centre enfin, du midi au nord, elles se dirigent vers Lautern, où elles prennent le nom de Westrich, que l'on appelle aussi le Wasgau proprement dit (1). Dolomieu a bien fait connaître les caractères qui distinguent les Vosges des autres montagnes de première formation.

(1) Zegowitz, Annuaire historique et statistique du département de la Sarre, in-18. Trèves, an 11, p. 5 et 6.

Le Mont-Jura est comme un poste avancé des Alpes, et sert de barrière entre la France et la Mont Jura.

« J'ai fait une remarque, dit-il, dont on peut se servir « pour caractériser la forme des montagnes qui constituent « la chaîne des Vosges, et pour les distinguer de celles des « Alpes et des Pyrénées. Le nom que portent les plus hauts « sommets, suffit en quelque sorte pour indiquer en quoi « ils diffèrent. Dans les Alpes, des rochers de la forme la « plus aigüe et semblables à d'immenses obélisques, s'élan- « cent de plusieurs centaines de mètres au-dessus du corps « de la montagne à laquelle ils appartiennent, et portent le « nom d'*Aiguilles*. Dans les Pyrénées, de grosses masses de « rochers présentent de toutes parts des pentes roides, des « faces escarpées mais accessibles, et ressemblent à de « grosses pyramides; elles portent le nom de *Pics*. Dans « les Vosges, c'est par celui de *Ballons* qu'on désigne les plus « hauts sommets, comme pour indiquer qu'ils ont une « forme arrondie, des pentes douces, et qu'ils ne présentent « point cet aspect âpre et rude qui appartient aux autres « chaînes. Aussi n'y voit-on pas de ces grands escarpemens, « de ces immenses déchirures, de ces gorges effrayantes par « leur profondeur, et encaissées de manière à ressembler à d'é- « normes fentes : en général, on n'y rencontre aucun de ces « grands accidens, si communs dans les Hautes-Alpes, et « qui donnent un sentiment de surprise et d'effroi plutôt que « de plaisir. Dans les Vosges, au contraire, l'arc donné par « le berceau des vallons, les pentes douces des coteaux, les « molles sinuosités qui les divisent, la convexité des som- « mets, ainsi que leur petite élévation, sembleraient ne « devoir annoncer que des montagnes tertiaires, pendant « que les matières qui les composent les mettent toutes dans « l'ordre des montagnes primitives les mieux caractérisées... « Il est à remarquer que la chaîne des Vosges, quoique « très-basse, puisqu'elle ne s'élève pas au-dessus de 1200 « mètres (3,600 pieds), ne porte pas ce recouvrement calcaire,

Suisse. Comme le Mont-Blanc est définitivement mis au rang des montagnes françaises, les autres Alpes ne peuvent rivaliser sa sublime élévation. Le Dauphiné montre plusieurs bran-

---

« ces lambeaux de couches secondaires, que l'on voit « dans les plus hautes montagnes des Alpes et des Pyré- « nées (1) ».

La substance qui domine vers Giromagny, est le petro-silex; il constitue presque toutes les montagnes qui bordent la vallée, principalement celles qui renferment les filons. Les montagnes ou collines qui règnent le long de la Meuse et de la Sambre, et dont la plus élevée n'a pas plus d'un hectomètre (51 toises) au-dessus du sol, sont la plupart de matières calcaires primitives ou secondaires, et recouvertes, tantôt d'argile, tantôt de sable calcaire ou vitreux (2). Les montagnes qui bordent la rive gauche de la Moselle, arrondissement de Trèves, sont composées de grès à gros grains, renfermant des empreintes variées de végétaux et entouré par une autre sorte de grès à grains fins, peu dur : cette espèce de grès est de couleur rouge; il s'y trouve cependant quelques bancs plus ou moins épais, d'une espèce de brèche pouddingue (3). Des montagnes entières du canton de Daune consistent en basalte, dont Chaptal a fait faire, sans aucune addition de sel, du verre de bouteille, préférable à celui des verreries ordinaires (4). Les plus hautes montagnes des Vosges, dans le département de ce nom, sont le Donon, qui a 570 toises d'élévation, et le Ballon, qui en a 720 au-dessus du niveau de la mer (5).

(C. A. W.)

(1) Journal des Mines, an 6, p. 315.

(2) Jardinet, Statist. du département de Sambre et Meuse, p. 6.

(3) Zegowitz, p. 385.

(4) *Ibid.* p. 387.

(5) Desgouttes, préfet, Statistique des Vosges, p. 2.

ches alpines, qui s'étendent aussi dans une grande partie de la Provence (*a*).

A l'ouest du Rhône s'élève la grande chaîne des Cévennes, dont un écrivain moderne nous a donné la description (1). Il observe que les Cévennes, multipliant au loin leurs branches, semblent être le centre des montagnes primitives de France. 1. La branche principale file le long de l'Ardèche vers Alais. 2. Une autre, traversant le Rhône entre Tournon et Vienne, court vers les plaines du Dauphiné. 3. Une autre formant les montagnes du Beaujolais, passe par Tarare, Autun, etc. et disparaît près d'Avalon : sa longueur est d'environ 70 lieues; sa largeur, quelquefois d'une lieue tout au plus : elle renferme les mines de cuivre de Chési et de Saint- Cévennes.

(*a*) Du côté de Lyon, est le mont Pilat, qui ne s'élève guère qu'à 500 toises au-dessus du Rhône, mais qui appartient encore à la chaîne primitive; c'est à son sommet que se rassemblent les nuages qui viennent former à Lyon et dans la plaine du Dauphiné la plupart des orages et des pluies. Les nuées sombres qui les annoncent forment sur le pilat, une espèce de chapeau, d'où on a voulu tirer l'origine du nom de la montagne (*mons Pileatus*). Le mont Pilat est couvert d'une grande quantité de bois, non-seulement à sa base et sur ses côtés, mais dans la plus grande partie de ses hauteurs : on trouve presqu'au sommet une espèce de plaine où sont d'excellentes prairies bien arrosées (*).

(C. A. W.)

(1) Lamétherie, Théorie de la terre, t. iv, p. 384.

(*) Voyage au mont Pilat, in-8.° Avignon, 1770.

Bel, avec quelques mines de plomb : on trouve aussi du charbon sur le penchant des montagnes. 4. Une branche qui, séparant le bassin de la Loire de celui de l'Allier, forme les montagnes du Forez, passe entre Roanne et Thiers, et se perd vers Saint-Pierre-le-Moutier. Ces deux dernières branches granitiques bornent la plaine de Montbrison. 5. Celle qui sépare le bassin de l'Allier de celui du Cher, s'avance par Clermont à Montluçon. 6. Une sixième s'étend vers Limoges. 7. Une septième de la Dordogne file vers la Charente. 8. Enfin la dernière sépare la Dordogne de la Garonne.

Cette description est assez confuse, parce qu'on y voit beaucoup de branches et pas une chaîne principale. La grande chaîne des Cévennes paraît courir du nord au sud et émettre des branches vers l'est et l'ouest. Des naturalistes renommés ont cru reconnaître dans les départemens de la Haute-Loire et du Cantal, des vestiges d'anciens volcans; mais comme ces prétendus vestiges consistent principalement en colonnes et en éminences basaltiques, d'autres prétendent, et leur opinion paraît la plus juste, que rien n'autorise à leur prêter une origine volcanique. Cependant la question n'est pas définitivement résolue. Ce qu'on prend pour des laves peut n'être que des pierres en état de décomposition. Observons néanmoins sans partialité, fuyons tout système exclusif : les nombreux volcans qui brûlent dans l'Amérique méridionale, forcent de convenir qu'il peut exister beaucoup de volcans éteints. Mais on n'accordera jamais que des colonnes basaltiques soient en aucune manière les indices d'un volcan : rarement on en trouve au voisinage des volcans existans, mais bien quelquefois sur des couches de charbon, qui eussent été consumées par le feu. Les rocs du Puy, d'Axpailli et de Polignac, s'élèvent brusquement sous des formes grotesques ; mais le granit affecte souvent cette disposition, comme on le voit en Angleterre dans le comté de Cornouailles. Les montagnes basaltiques d'Auvergne sont en outre trop étendues pour avoir été produites par un seul volcan, et la conjecture d'une chaîne de volcans me semblerait un peu hardie. La partie septentrionale de la chaîne porte le nom de Puy-de-Dôme ; celle du sud est connue sous celui de Cantal (1). Les Monts-d'Or occupent le centre, et sont les plus hautes montagnes de l'intérieur de la France. La première élévation est celle du Puy-de-Sansi, qui s'élève à 6300 pieds au-dessus du niveau de la mer; le Puy-de-Dôme n'a que 5000 pieds, et le Plomb-du-Cantal, le plus haut sommet de cette partie, monte à 6200 pieds. Près du Puy-de-Sansi est l'Ango, montagne gigantesque ; et à côté, l'Ecorchade, élévation épouvantable, où tout est ruine et bouleversement. Le Plomb-du-Cantal est suivi d'audacieux rivaux, tels que

(1) Voyage dans le département du Cantal, p. 5.

le Puy-de-Griou, le Col-de-Cabre, le Puy-Marie et le Violent. Cet énorme assemblage de rocs couvre un espace de cent milles, et, selon les auteurs français, est principalement basaltique. Le Puy-de-Sansi porte une calotte de neige presque perpétuelle, au-dessous de laquelle se montrent des rocs pelés et de vieux pins : ses flancs donnent naissance à la Dordogne, et lui ouvrent deux sources; à peine s'en est-elle échappée, que, bruyante, elle se précipite en pittoresques cascades, à travers les colonnes de basalte (1). Le 23 juin 1727, le village de Pradines, situé sur le penchant d'une de ces montagnes, fut entièrement englouti par sa chute ; la montagne en masse et ses colonnes de basalte roulèrent dans la vallée. Heureusement que les habitans fêtaient, à quelque distance, la veille de la Saint-Jean, autour d'un feu de joie (2). Ces montagnes sont exposées en hiver à d'épouvantables ouragans de neige, qu'on y appelle *acirs* : en peu d'heures les ravins, les précipices, les chemins, les rues, tout est comblé, tout est mis sous un fatal

---

(1) Voyage dans le départ. du Cantal, p. 13.

(2) *Ibid.* p. 24. Un énorme bloc de pierre de 90 pieds de long sur 26 d'épaisseur, étant trop lourd pour rouler, tomba verticalement, et sa chute se fit sentir comme un tremblement de terre à la distance de plus d'une lieue. On dit que tout récemment une autre montagne du midi de la France a croulé et disparut.

niveau. Les habitans ne peuvent sortir de leurs demeures, qu'en creusant des voûtes sous la masse de neige. Malheur au voyageur qui se trouve surpris sur la route! il est perdu. La trace de son étroit sentier disparaît; il ne saurait le distinguer du précipice : s'il reste, il meurt glacé; s'il avance, englouti; sa vue se trouble et s'obscurcit par l'éclat de la neige; sa respiration est comprimée; sa tête roule dans le vertige, il tombe et périt. L'été s'y montre accompagné de tonnerres terribles, qui ne s'appaisent que par des torrens d'une grosse grêle, sous laquelle sont abattus les fruits et les troupeaux : ces animaux paissent sur ces cimes désolées durant six mois de l'année, sous la garde d'un berger qui y construit son *buron*, habitation passagère de tuf et de roseaux.

Passons aux Pyrénées. Cette chaîne immense, connue et célèbre depuis Hérodote, appartient autant à la France qu'à l'Espagne; mais comme la partie la plus productive et la plus intéressante se trouve du côté de la France, et que les savans de ce pays se sont attachés à la décrire, tandis que les espagnols ont gardé le silence, il est au moins tout aussi convenable d'en placer ici la description, que nous tirerons des relations récentes publiées par Ramond et La Peyrouse (1). A la surprise des naturalistes, les Pyrénées ont présenté des vestiges calcaires et même des Pyrénées.

(1) Journal des Mines, n.° 37, p. 35.

coquilles, près ou sur leurs plus hauts sommets, qui sont au centre de la chaîne. Le Mont-Perdu, qui mesure une hauteur de 1751 toises au-dessus du niveau de la mer, passe aujourd'hui pour le plus élevé de tous. Le Canigou usurpait antérieurement cet honneur, quoiqu'il ne dépasse pas 1440 toises. Il est d'autres cimes remarquables, le Tuccaroy, le Marboré, le pic du Midi, le pic d'Arni, la Niège-Veille, le Vignemale, la Brêche de Roland, etc. (1) La chaîne des Pyrénées paraît de loin comme une croupe escarpée, présentant à la France un segment sphérique, et s'abaissant par degrés aux deux extrémités jusqu'au niveau de l'Océan et de la Méditerranée, où elle disparaît (2). C'est ainsi qu'à Saint-Jean-de-Luz on ne voit plus que de hautes collines; il en est de même à l'est, au-delà du Canigou. Les élévations diminuent graduellement. Les plus hauts sommets se couronnent d'une neige éternelle. On y trouve des blocs de granit entremêlés de bandes verticales, argileuses et calcaires, ces dernières primitives ou secondaires : c'est de là qu'on tire les beaux marbres de Campan et d'Antin, dont le fond est un beau rouge tacheté de blanc, quoique la masse générale de la montagne offre une couleur grise. Au sud et à l'ouest des Pyrénées, ce n'est par-tout qu'une effrayante stérilité; au

(1) *Voyez* dans le même journal, n.° 46, p. 757, une estimation des autres élévations.

(2) Voyage dans les départemens, n.° 67, p. 4.

nord et à l'est, l'inclinaison moins rapide, plus graduée, se couvre fréquemment de bois et de pâturages. Outre la terrible chute de rocs minés par les torrens, les Pyrénées offrent le spectacle effrayant des Lavanges, montagnes de neige roulant avec une impétuosité que rien n'arrête; c'est ce qu'en Suisse on nomme Avalanches : les Pyrénées ont aussi leurs glaciers et d'autres traits sublimes des Alpes.

Selon Ramond (1), le Mont-Perdu abonde en dépouilles marines, et doit avoir été couvert par la mer; observation confirmée par La Peyrouse. Ce mont est d'un très-difficile accès, parce que la roche calcaire prend souvent la forme de murailles perpendiculaires, ayant depuis 100 jusqu'à 600 pieds de haut, et que les neiges, la glace et les glaciers augmentent encore la difficulté : aussi nos voyageurs n'atteignirent pas ce sommet, mais ils purent reconnaître que sa roche était de la forme et de la nature de celles qu'ils avaient gravies. On remarque une singularité dans ces régions montagneuses, ce sont de grands enfoncemens à parois perpendiculaires et circulaires, que les gens du pays appellent *oules*, c'est-à-dire marmites (*a*). Près du sommet du Mont-Perdu est un lac très-vaste, à plus de 9000 pieds au-dessus du niveau de la mer, qui se décharge dans la Mont-Perdu.

(1) Journal des Mines, *ut suprà*.

(*a*) Il s'y en trouve de plus petits, que par une conséquence fort juste ils appellent *toupis* ou *pots*. (C. A. W.)

vallée espagnole de Béousse ; ce que les voyageurs considèrent comme une preuve que le Mont-Perdu appartient à l'Espagne, et que la ligne de démarcation passe par Tuccarroy. Les meilleures cartes des Pyrénées sont fautives, car ce lac n'a aucune communication avec les fameuses cascades du Marboré, qui s'échappent d'un autre lac à l'ouest ; d'ailleurs La Peyrouse a indiqué d'autres erreurs grossières dans la topographie de ce district (*a*). Il est probable, ajoute-t-il, que le sommet du Mont-Perdu n'est accessible que du côté de l'Espagne, où s'élèvent trois cimes que les espagnols appellent *las Tres Sorellas*, les Trois-Sœurs, dont la plus haute est au nord, la plus basse au sud, mais que de vastes glaciers semblent séparer. D'après cet examen des Pyrénées, il conclut qu'il y a des chaînes de montagnes dans lesquelles des bandes verticales de granit, de porphyre, de trapp, d'hornblende, et de pétro-silex, sont disposées alternativement avec la pierre calcaire primitive, et entremêlées de manière à prouver une origine commune. Mais dans les Pyrénées, ces bandes sont surmontées d'une pierre calcaire secondaire, remplie de dépouilles marines et contenant même des squelettes d'animaux ; d'où il infère que les plus hautes montagnes de la chaîne doivent avoir

---

(*a*) *Consultez* à ce sujet la carte que Ramond a jointe à son voyage au Mont-Perdu, in-8.° 1801, et p. 118 de l'ouvrage pour les éclaircissemens. (C. A. W.)

cédé à la furie de l'Océan, et qu'il n'existe aujourd'hui que les parties secondaires. M. Townsend (1) observe que la pierre calcaire et le schiste nourrissent la végétation au nord des Pyrénées, tandis que le midi est granitique et stérile; mais, par le fait, les montagnes sont généralement stériles et escarpées au sud et à l'ouest, parce que c'est sur ces points que se dirigent les pluies et les tempêtes les plus violentes.

Nous terminerons ce léger aperçu des Pyrénées par cette observation, que Saussure a décrit avec non moins de talent que de persévérance les substances qui composent les Alpes; tandis qu'on n'a fait aucune grande recherche, aucune étude laborieuse et entière de la chaîne intéressante que nous venons de parcourir (*a*).

---

(1) Espagne, t. 1, p. 89.

(*a*) Depuis que notre auteur a écrit ceci, Ramond a publié son voyage au Mont-Perdu (in-8.°, Paris, 1801); et depuis la publication de ce voyage, il y est encore retourné, et en a enfin atteint le sommet. L'extrait de ses observations, que nous allons présenter à nos lecteurs, réclame toute leur attention, par l'importance du sujet, la nouveauté et la singularité des résultats.

Les Hautes-Pyrénées sont fondées sur le granit: ce granit se montre à découvert dans la partie moyenne de la chaîne, et il y forme un terrain très-étendu et fort élevé. Sa composition est absolument pareille à celle du granit fondamental des Hautes-Alpes: les montagnes qui en sont composées, semblent d'abord formées de masses irrégulières, et comme au hasard. Un examen plus attentif y découvre bientôt les indices d'un double arrangement. Cet arrange-

Forêts. La France possède un grand nombre de forêts

---

ment se manifeste dans la disposition des fissures dont les masses sont traversées. Il y en à de deux ordres, les unes partielles, les autres générales. Les premières appartiennent à la cristallisation, elles subdivisent les masses en parties géométriquement configurées. Plus la cristallisation a été régulière, plus ces fissures sont fréquentes, et plus les solides circonscrits sont réguliers. On les reconnaît donc plus distinctement au centre du terrain granitique, que sur ses lisières. Les secondes semblent partager les montagnes en bancs parallèles, et verticalement dressés. Au centre du terrain granitique, elles sont obscures et incertaines : on les distingue mieux sur les lisières, elles deviennent manifestes au point où les porphyres et les trapps commencent à s'interposer; elles paraissent donc appartenir à la succession chronologique des dépôts. Les feuillets qui terminent les sommets du terrain granitique, sont orientés dans le sens de l'ouest-nord-ouest à l'est-sud-est; tout ce qu'il y a de bancs distincts et perceptibles, court dans le même sens; le terrain entier constitue une bande qui se prolonge dans la même direction, laissant à droite et à gauche deux séries de montagnes que ses bases supportent, et que ses cimes séparent. Cette bande n'a pas moins de 20 à 25 lieues de long, sur 2 à 4 de large. A l'orient, elle embrasse les montagnes de Clarbide et d'Oo, qui font partie de la crête de la chaîne : à l'occident, elle se perd entre les montagnes moyennes des Basses-Pyrénées ; au centre, elle est hérissée de pics, dont l'élévation le cède peu à celle du Mont-Perdu. Tel est ce que notre auteur appelle l'axe primitif des Hautes-Pyrénées (1).

Et en effet, que de cet axe on se porte soit au nord, soit au midi, on trouvera de part et d'autre la même succession de roches, d'abord primitives, puis secondaires, enfin tertiaires, formant autant de bandes subordonnées, qui se

(1) Voyage au Mont-Perdu, p. 322.

très-étendues ; et comme elle n'emploie presque

---

répètent sur ses deux faces, et s'alignent parallèlement à sa direction. Les premières de ces bandes, celles qui avoisinent le plus l'axe granitique, en sont des dépendances immédiates ; elles constituent deux chaînons collatéraux, l'un septentrional, l'autre méridional, qui supportent les bandes secondaires, comme ils sont supportés eux-mêmes par le granit fondamental. Le chaînon du sud va former, au couchant, la crête des Basses-Pyrénées. Le chaînon du nord forme, au levant, les montagnes de granit qu'on rencontre aux sources du Sallat et de l'Arriège. Ainsi, la fonction de séparer les bandes secondaires, passe successivement de l'axe granitique à chacun des chaînons collatéraux ; cette substitution s'opère à mesure que celui-ci s'abaisse et que ceux-là s'élèvent. La chaîne entière n'est qu'une suite de substitutions pareilles. Les chaînons dont elle se compose, se succèdent et se dépassent par échelons, dans des directions toujours parallèles ; et chacun d'eux dominant à son tour, attire et fléchit de son côté la ligne qui exprime la crête générale, et qui divise les versans des eaux. La bande où toutes les limites se trouvent et où elles sont toutes indécises, est nommée par Ramond, bande de transition. Au nord et au sud, ce sont des mélanges analogues, placés sur des parallèles correspondans, et au même point des deux séries opposées. Tout est symétrique à cet égard, et si l'on ne considérait la chaîne que dans ses bases, le plan serait régulier jusque dans ses irrégularités. Il n'en est plus de même, une fois que l'on considère les élévations respectives, et tout ce que les montagnes secondaires y introduisent de disproportions. Au nord de l'axe granitique, la hauteur des montagnes se gradue proportionnellement à leur ancienneté : le pic du midi est inférieur à Néouvielle, et laisse au-dessous de lui les amas secondaires que ses bases supportent. Au midi du même axe, la progression est absolument inverse.

d'autre combustible que le bois, leur entretien

Vignemale, qui se trouve au second rang, domine toutes les sommités centrales; et cette montagne est dominée à son tour par le Mont-Perdu, qui est placé au troisième. Ainsi la chaîne gauchit et s'incline sur le côté; la crête d'un chaînon secondaire devient celle des Hautes-Pyrénées; l'axe de la chaîne est relégué sur les pentes septentrionales, et les vallées coupées transversalement pour verser les eaux de l'une à l'autre lisière (1).

Notre auteur termine, en observant que la différence réelle des Alpes avec les Pyrénées, se réduit à ce qui suit. 1.° La chaîne des Pyrénées est essentiellement plus simple. 2.° Cependant, il y a eu plus de trouble dans la formation des montagnes superposées au primitif. 3°. Le calcaire, soit primitif, soit secondaire, y est sensiblement plus abondant. 4.° Le secondaire s'y est élevé à une hauteur plus considérable. Enfin, suivant le système de l'auteur, l'invasion des eaux s'est effectuée dans une direction contraire.

Tel est le résumé des observations de Ramond, dans quatre voyages au Mont-Perdu, où il essaya en vain d'atteindre la cime de cette montagne élevée. Mais en juillet 1802, il est parvenu enfin à son sommet, en passant par le col de Fanlo ou de Niscle. Il a toujours trouvé sur cette route des bancs de chaux carbonatée compacte, dans une situation verticale. Ils renferment des bancs de grès calcaire, et quelquefois ces grès recouvrent, en couches presque horizontales, les tranches saillantes des bancs verticaux. Cette pierre calcaire se délite spontanément en petits fragmens irréguliers; elle répand, par le plus léger frottement, une odeur fétide et nauséabonde. Quelques bancs de cette pierre renferment des rognons de silex; d'autres, des amas si considérables de camerines, que la pierre semble en être entièrement composée. Le sommet du Mont-

(1) Voyage au Mont-Perdu, p 328.

est un des grands objets de l'administration in-

Perdu est formé d'une pierre calcaire fétide, souillée de quartz, et contenant un peu de fer et $\frac{1}{350}$ de charbon sans alumine. Ramond n'y a pas trouvé de débris de coquilles; mais la nature de cette pierre, analogue à celle des bancs voisins qui en présentent, lui fait penser qu'une recherche plus suivie en ferait découvrir: et en effet, il a aussi trouvé de la pierre calcaire noire hépatique au haut du Marboré; et au pic Blanc il a rencontré la même pierre, avec une superbe ammonite (1). L'élévation de la cime du Mont-Perdu au-dessus du niveau de la mer, est la même que celle du Col-du-Géant dans les Alpes, c'est-à-dire, de 3426 mètres ou 1763 toises. Placé sur le point le plus élevé de la chaîne des Pyrénées, Ramond en a saisi encore plus facilement l'ensemble et la structure. Du côté de la France, la chaîne est large et formée de plusieurs lignes parallèles de montagnes, au milieu desquelles se voient les lignes de granit et de gnéiss, dont le pic du midi de Bagnères fait partie. Ces lignes diminuent insensiblement de hauteur jusqu'à la plaine, qui est assez éloignée pour qu'on ne puisse l'apercevoir. « Au midi, le spectacle est bien différent, dit « Ramond, tout s'abaisse tout-à-coup et à-la-fois; c'est un « précipice de 1,000 à 1,100 mètres (500 ou 600 toises) « dont le fond est le sommet des plus hautes montagnes « de cette partie de l'Espagne; aucune n'atteint à 2,500 « mètres (1,500 toises) d'élévation absolue, et elles dégé- « nèrent bientôt en collines basses et arrondies, au-delà « desquelles s'ouvre l'immense perspective des plaines « d'Arragon ». Du sommet du Mont-Perdu, et du côté de l'Espagne, on voit un vaste plateau calcaire, dont la surface, vue de cette élévation, paraît presque unie. Ce plateau est coupé par quatre ou cinq énormes crevasses à parois perpendiculaires, dont les saillies, les parties rentrantes et les sinuosités se correspondent avec une précision

(1) Voyage au Mont-Perdu, p. 39.

térieure. La forêt d'Orléans et celle des Ar-

étonnante; ces larges et profondes crevasses, partent, en divergeant, de la base du pic; leur fond renferme d'épaisses forêts; on ne peut y pénétrer que par leur embouchure. Ramond y arriva par le val de Brolo, et entra dans celle qui est nommée par les habitans, val d'Ordessa; c'est un vallon profond, inhabité, et bordé de murailles escarpées, de 896 mètres (460 toises) environ. On ne peut les gravir que dans peu de points, et avec la plus grande difficulté. On arrive alors sur le plateau : les couches qui le forment, et dans lesquelles ces immenses crevasses ont été ouvertes, sont horizontales ou très-peu inclinées; elles sont composées de grès rouge d'ancienne formation, de poudding calcaire, et de calcaire compacte. Toutes ces pierres ont une disposition à se déliter perpendiculairement à leurs assises, et Ramond attribue cette propriété au quartz qu'elles contiennent. Il pense que les crevasses dont nous venons de parler, ouvertes d'abord par une cause inconnue, se sont agrandies par la chute de leurs parois, dans une direction parallèle à ces parois perpendiculaires. En approchant des pics qui sortent de ce plateau, les couches qui sont de calcaire compacte coquillère, se relèvent sur une inclinaison de 45 degrés, mais dans une direction contraire à celle des couches qui forment les bases des menus pics au nord du côté de la France. Ces couches, en se relevant, vont donc en se dirigeant comme les rayons d'un éventail ouvert, dont les branches verticales constituent les cimes; disposition remarquable, et que Ramond attribue à un glissement de ces couches plutôt qu'à un redressement proprement dit. Ramond a déterminé les limites des neiges permanentes, et celles de la végétation pour cette partie élevée de la chaîne des Pyrénées. Les neiges s'arrêtent à 2,440 mètres (1,253 toises); les bois finissent à 2,150 mètres (1,100 toises) par les pins de l'espèce de ceux d'Ecosse; viennent ensuite les arbrisseaux : c'est le genévrier qui croît à la plus grande dennes sont les deux plus remarquables; la

---

hauteur; à 2,760 mètres (1,419 toises) on trouve le *ranunculus parnassiæ-folius*, le *saxifraga Groënlandica*, etc., puis l'*artemisia rupestris* de Lamarck; enfin autour du pic même du Mont-Perdu, sur les rochers qui sont trop inclinés pour retenir les neiges, croissent un *cerastium*, qui est peut-être l'*alpinum* de Linné, et l'*aretia alpina* à fleurs rôses (1).

Le granit, ainsi que nous l'avons observé, constitue les montagnes de l'axe de la chaîne des Pyrénées. Ce granit est le granit fondamental des Alpes et de toutes les grandes chaînes connues : quartz demi-transparent et feld-spath blanc, mica ordinairement noir et souvent doué de sa forme cristalline, tels sont les élémens. Çà et là le mica vert; il passe ailleurs à l'état stéatiteux, et assez fréquemment la tourmaline noire, opaque, s'introduit dans l'aggrégation (2); mais la région granitique n'est pas uniquement composée de granit proprement dit; ce sont souvent des trapps, des cornéennes, des pétro-silex, et sur-tout des porphyroïdes plus ou moins chargés d'oxide de fer, quelquefois semés de pyrites microscopiques, et dont le fond n'est lui-même qu'un granit déguisé par l'extrême finesse du grain, résultat ordinaire et naturel du mélange de l'argile et de la magnésie dans de grandes proportions. Lorsqu'on s'éloigne de l'axe de la chaîne à angles droits en marchant du nord au midi, on trouve d'abord des cornéennes et des calcaires primitives superposées au granit fondamental, puis des calcaires secondaires et des schistes argileux appliqués contre le flanc méridional de celles-là; enfin le grès et les pierres coquillères s'élevant à une hauteur qui a trompé tous les observateurs, parce qu'ils s'obtinaient à chercher le point d'appui de la chaîne sur la ligne de sa plus grande élévation. Tout

(1) Bulletin des Sciences par la Société philomatique, 7.e année, n.° 74, p. 104.

(2) Voyage au Mont-Perdu, p. 16.

première, pour son étendue, et sa réputation

---

le système tertiaire porte sur une protubérance granitique, dont la roche est moins pure et manifestement plus moderne que celle qui constitue l'axe primitif de la chaîne; et au passage du primitif au secondaire, et du secondaire au tertiaire, il y a un système de couches fléchies, ondées, tourmentées, qui fait en quelque sorte la pénombre des divers ordres de montagnes dont il confond les élémens. (1) Au nord comme au midi de la chaîne granitique, au pic du midi, à la brèche d'Allanz, et dans la plaine appelée la Prade de Saint-Jean, on trouve le schiste micacé contenant des nœuds d'une substance noire qui se rapproche de la granatite et de la staurotide, et le beau granit à gros grains contenant de larges plaques de mica argentin et de grands prismes de tourmalines noires, opaques, et pourtant fortement pyro-électriques. Du côté du Coumélie, les blocs de granit présentent des rosettes, des tourmalines qui semblent autant de lichens noirs appliqués à la surface de la pierre (2). Des roches primitives, mais du second ordre, offrent de vastes bancs presque uniquement formés d'anthracite le plus pur que l'on ait encore observé; puis une immense quantité de mâcles, dans un schiste argileux noir, un peu micacé et très-ferrugineux (3). Lorsqu'on approche des montagnes secondaires méridionales, ce sont des schistes cornés noirs, alternant avec des calcaires fissiles de la même couleur; et leur succession est çà et là interrompue par des masses de serpentines vertes, fortement mélangées de parties calcaires. Les calcaires noires et les schistes qui s'y interposent, sont farcis de pyrites; les calcaires blanches sont traversées de fer spathique, et toutes ces montagnes sont pétries de fer sous différentes formes (4). On trouve ensuite du marbre blanc salin, primitif, du spath calcaire; plus haut, des pierres calcaires, sablonneuses, qui sont pleines

(1) Voyage au Mont-Perdu, p. 186.
(2) *Ibid*, p. 189. (3) *Ibid*, p. 239. (4) *Ibid*, p. 245.

d'être un repaire d'assassins ; l'autre, pour la

---

de griphites ; et enfin, la pierre noire, pleine de petits testacées univalves, de madrépores, de serpules, de fongites à l'état siliceux. Entre Néouvielle et le pic d'Eres-Lids, la transition des montagnes primaires aux montagnes secondaires, présente d'abord le granit simple et pur de l'axe granitique, qui est ensuite à-peu-près remplacé par des granits magnésiens ou argileux, par des trapps et des cornéennes, tous en couches minces et interrompues (1). Entre ces couches, s'introduisent bientôt des calcaires primitives de textures et de couleurs différentes ; les unes veinées de pétro-silex ; les autres, de grenat rouge, blanc, blond, noir. Le grenat s'y trouve aussi disséminé en cristaux. D'autres calcaires renferment de la granatite ; d'autres sont encore couvertes de lames croisées, d'une substance qui ne paraît pas différente de la zéolite, et qu'on rapporte aussi à la préhnite. Dans les granits, ce sont des veines d'asbestes et d'asbestoïdes ; à leur surface, des flocons d'amiante, et des couches d'adulaire ordinairement mâclé ; à leur intérieur, des nids de chlorites, renfermant du cristal de roche et du thallite de Lamétherie, ou schorl vert des anciens minéralogistes. On y rencontre aussi le schorl violet, l'axinite d'Haüy, le thumerstein de Werner. La dolomie se trouve souvent interposée dans la pierre calcaire. Vers les limites septentrionales de la bande de transition, on trouve les marbres de Sarrancolin et de Campan, leurs bancs sont épais et soutenus. Les dépôts de coquilles dans les Pyrénées, sont plus fréquens au couchant qu'au levant, et les couches secondaires y sont en général plus continues (2). Du côté de l'Océan, on ne voit que montagnes calcaires, que terrains d'alluvion, que débris d'êtres organiques ; du côté de la Méditerranée, au contraire, le granit est presque toujours à nud ; et à cet égard, les deux extrémités des Pyré-

(1) Voyage au Mont-Perdu, p. 306.
(2) *Ibid.* p. 316.

renommée que lui ont acquise les hauts faits

---

nées représentent assez exactement ce que nous avons vu sur les deux lisières.

Telles sont, d'après Ramond, la forme et la contexture des Pyrénées; nous renvoyons à l'ouvrage même de l'auteur, pour l'explication ingénieuse qu'il donne des faits qu'il expose; pour nous, il nous suffit de n'avoir laissé échapper aucune observation importante: l'objet de la géographie est de décrire le globe tel qu'il est, et non d'expliquer les causes qui ont concouru à sa formation. Cependant, après avoir décrit en détail le Mont-Perdu, cette cime la plus élevée des Pyrénées, nous ne terminerons pas sans dire un mot des autres sommets qui dominent cette vaste chaîne. Vignemale est le plus haut après le Mont-Perdu, c'est même la plus haute montagne des Pyrénées françaises, car le Mont-Perdu appartient à l'Espagne. Vignemale n'est inférieur au Mont-Perdu que de 50 toises, et ses connexions sont peut-être encore plus importantes et plus étendues. C'est moins une montagne qu'un amas de montagnes empilées les unes sur les autres; et son immense circuit embrasse les têtes de quatre grandes vallées creusées dans sa masse, et séparées par ses prolongemens (1). On se perd dans la nomenclature des divers sommets dont ce groupe se compose. La pointe méridionale est Cerbellona, qui appartient à l'Espagne: elle s'y prolonge entre le val de Thène et le val de Broto. Au nord, c'est Pocy-Mourou ou le pic Noir, qui forme la pierre angulaire entre la vallée d'Ossone, et deux branches de celle de Cauterès. A l'est, on trouve d'abord Plan-d'Aube, c'est-à-dire le plateau du levant; puis Montferrant, qui le surmonte à l'ouest; et enfin, au centre trois ou quatre sommités accolées, qui dominent toutes les autres: la plus élevée est ce qu'on appelle *el Soum d'Eracoste*; le sommet de la côte, et le nom même de Vignemale, errent indécis

(1) Voyage au Mont-Perdu, p. 262.

de la chevalerie. La forêt des Ardennes s'étend

---

sur toute cette pile de rochers, dont chacun est séparément nommé. Plusieurs glaciers, qui sont au nombre des plus beaux des Pyrénées, chamarrent les flancs déchirés de ces montagnes. La hauteur du Vignemale a été fixée à 3,356 mètres ou 1,722 toises. Néouvielle ou le Grand-Pic a 3,155 mètres ou 1,619 toises; il est placé dans la région granitique, et il en forme le centre avec le pic le Long, qui a 3,251 mètres ou 1,668 toises d'élévation. Le pic de Bergon qui appartient au même système de montagnes primitives, et se trouve sur le même alignement, à l'ouest de Néouvielle, a 2,112 mètres ou 1,084 toises. Mouné, montagne de la vallée de Cauterès, est encore plus à l'ouest et sur la même ligne, tandis que Troumouse, Piméné, Vignemale, le pic du midi de Pau se trouvent sur le chaînon collatéral qui forme le passage des montagnes primaires aux secondaires. Le pic du midi de Pau est de granit à sa base, et paraît calcaire au sommet. De même de l'autre côté, et au nord de la chaîne granitique, le pic du midi proprement dit, que les bergers de la vallée de Campan nomment pic d'Arises, appartient à l'autre chaînon collatéral, et s'élève à une hauteur de 2,865 mètres ou 1,470 toises au-dessus du niveau de la mer, suivant Méchain, qui porte à 2,720 mètres la hauteur du Canigou. De chaque côté des chaînons collatéraux des Hautes-Pyrénées, au nord et au midi, sont les montagnes secondaires, offrant des pierres coquillères; mais au nord, du côté de la France, cette ligne, qui passe par Bagnères et Lourdes, ne présente aucune hauteur remarquable; tandis que celle du midi se presse contre le chaînon collatéral et offre les gigantesques hauteurs du Mont-Perdu, du Marboré et du Pic-Blanc.

On pense bien que la structure et la conformation singulière des Pyrénées doivent influer sur leur aspect et le rendre différent de celui des autres chaînes de montagnes. « J'ai vu les Hautes-Alpes, dit Ramond, je les ai vues dans ma de Rheims à Tournay, et vers le nord-est jusqu'à Sedan, ville du département des Ardennes. Nous pourrions citer la forêt de Fontainebleau et bien d'autres encore (*a*), car chaque seigneur avait sa forêt dans laquelle il passait la plus grande partie de sa vie avec les bêtes fauves (1).

« première jeunesse, à cet âge où l'on voit tout plus beau,
« plus grand que nature; mais ce que je n'y ai pas vu, c'est
« la livrée des sommets les plus élevés revêtue par une montagne secondaire. Ces formes simples et graves, ces coupes
« nettes et hardies, ces rochers si entiers et si sains dont les
« larges assises s'alignent en murailles, se courbent en amphithéâtres, se façonnent en gradins, s'élancent en tours,
« où la main des géans semble avoir appliqué l'à-plomb et
« le cordeau : voilà ce que personne n'a rencontré au séjour
« des glaces éternelles, voilà ce qu'on chercherait en vain
« dans les montagnes primitives dont les flancs déchirés
« s'alongent en pointes aigues, et dont la base se cache sous
« des monceaux de débris. Quiconque s'est rassasié de leurs
« horreurs, trouvera encore ici des aspects étrangers et nouveaux. Du Mont-Blanc même il faut venir au Mont-Perdu : quand on a vu la première des montagnes granitiques, il reste à voir la première des montagnes secondaires » (*).

(*a*) Celles de Compiegne, de Saint-Germain, etc. La forêt de Retz ou de Villers-Coterets, dont le produit contribue presqu'en entier à l'approvisionnement de Paris, est de près de 14,000 hectares. (C. A. W.)

(1) Guillaume de Malmsbury dit que Rufus, fils de Guillaume-le-Conquérant, planta plusieurs forêts et y bâtit des demeures pour les bêtes fauves, « pour lesquelles il avait l'amour d'un père. »

(*) Voyage au Mont-Perdu, p. 115.

Dans le Brabant, quoiqu'il s'élève de petites chaînes de collines dans les comtés de Namur et de Luxembourg, le voyageur doit s'avancer jusqu'aux rives éloignées du Rhin, pour voir une élévation qui mérite même le nom de petite montagne. Il y a néanmoins beaucoup de bois jusque dans le centre de la Flandre ; et dans le Brabant est la forêt de Soigne. Plus loin, à l'est et au sud, sont des forêts immenses, qui couvrent presque tout le Hainaut et le Luxembourg, de Valenciennes à Trèves : ce sont des restes remarquables de l'ancienne forêt des Ardennes.

Malgré tous les efforts des naturalistes français pour développer la flore de leur patrie, elle est encore dans un état imparfait. Certains cantons, comme les environs de Montpellier, de Lyon et de Paris, ont été examinés avec beaucoup d'exactitude ; mais que de vides ne faut-il pas remplir avant de pouvoir faire une histoire générale des productions végétales de la France ! Par le fait, la contrée est d'une telle étendue, d'un climat si varié, qu'elle renferme probablement plus de la moitié des espèces de plantes que possède l'Europe. Les froids rivages du nord, les fertiles plaines de la Belgique, les riches vallées de la Loire, du Rhône et de la Garonne, les hauteurs pyramidales de l'Auvergne, les croupes extérieures des Alpes et des Pyrénées, enfin les côtes de la Méditerranée, exposées à un soleil vivifiant, offrent de si frappantes différences dans le sol Plantes.

et la température, que le catalogue de leurs plantes indigènes ne peut qu'être fort abondant. Cette contrée qui produit dans une égale perfection le froment et la pomme, le maïs et le raisin, l'orange et l'olive, le chêne et le myrte, doit sans doute surpasser tous les pays d'Europe par la variété et la richesse des trésors de sa végétation. La simple énumération de ces plantes occuperait plus d'espace que nous ne pouvons leur en accorder ici. Nous distinguerons donc seulement celles qui peuvent présenter un intérêt plus général aux lecteurs.

Si, par des lignes imaginaires tirées de l'est à l'ouest, nous divisons la France en quatre parties égales, on s'apercevra que la plus septentrionale de ces divisions ressemble beaucoup, tant par son climat que par ses productions végétales, au sud de l'Angleterre; que la suivante diffère principalement de la première, en montrant çà et là quelques vignobles; que la troisième a déjà quelques champs de maïs; qu'enfin la dernière se distingue des précédentes par un beau mélange de bois d'oliviers et de riches moissons, ainsi que par l'abondance de ses vendanges.

Les provinces méridionales et orientales étant celles où croissent les plantes les plus intéressantes, et où ont été dirigées les plus diligentes recherches, sont celles aussi qui nous ont fourni la principale partie de la liste suivante.

Les espèces appartenant à la grande famille des fleurs composées, qui comprend presque toute la classe *syngenesia* de Linné, sont très-nombreuses. Il y en a plusieurs qu'on a introduites dans les parterres d'Angleterre ; telles que le chardon échinopé, *echinops sphœrocephalus ;* la pédane de Provence, *onopordum illyricum ;* trois espèces de carlines, originaires de Provence, *carlina corymbosa, racemosa, lanata ;* le cartame grillé, *atractylis cancellata ;* diverses espèces de centaurées, particulièrement le chardon béni ; la santoline à feuilles blanches, *santolina incana ;* l'armoise des rochers, *arthemisia rupestris*, et l'aurone mâle, *arthemisia abrotanum*, toutes deux très-abondantes sur les rochers du Dauphiné et de la Provence ; le tussilage des Alpes et la cacalie des Alpes à feuilles glabres, qui abondent sur les frontières montueuses de Savoie et du Piémont ; la cupidone à fleurs bleues et à fleurs jaunes, *catananche cœrulea, lutea ;* l'aster des Alpes et l'œil de Christ, *aster alpinus*, et *amellus*. Un petit nombre de végétaux comestibles, qui viennent spontanément en Languedoc et en Provence, mais que l'on cultive dans les jardins potagers d'Angleterre, se rangent dans cette classe. Nous citerons l'artichaut, *cynara scolymus ;* le salsifis, *tragopogon porrifolium ;* et la scorsonère, *scorsonera hispanica*. Deux ou trois espèces de cette classe sont employées en médecine : le coq des jardins, *tanacetum balsamita ;* l'arnique des boutiques, *arnica montana ;* la pyrèthre, *anthemis pyrethrum*, qui croît aux environs de Montpellier.

Le concombre, le melon, la citrouille, et d'autres espèces de la même famille, quoique cultivés en grand et sans difficulté dans le midi de la France, sont cependant originaires de climats plus chauds. Une seule espèce, le concombre sauvage, *momordica elaterium*, appartient proprement à la flore française. Il vient dans un état tout-à-fait sauvage, sur des rochers bas et détachés, dans la Provence et le Languedoc.

La France possède nombre d'espèces de plantes à fleurs ringentes ou en casque, qui sont indigènes; mais nous ne citerons que celles qu'on cultive dans les jardins, toutes originaires de Languedoc, de Provence ou de Dauphiné. L'acanthe ou branc ursine, *acanthus mollis*, et l'acanthe épineuse, *acanthus spinosus*; le mufle-de-veau, *antirrhinum monspessulanum*; deux espèces de pédiculaires, *p. flammea*, *incarnata*; l'origan de Crète; la mélisse des jardins, *melissa officinalis*; l'hyssope ordinaire, *hissopus officinalis*; la lavande mâle, *lavandula spica*; le romarin des boutiques, *rosmarinus officinalis*; la grande sauge, *salvia officinalis*.

En général, plus un pays est voisin des tropiques, plus grandes sont l'abondance et la beauté de ses plantes bulbifères ou liliacées: le midi de la France est particulièrement riche de ces végétaux splendides et odorans, dont plusieurs ont été naturalisés dans les jardins d'Angleterre, et en font le premier ornement.

La France ne possède pas moins de 36 espèces d'ails, dont la plus belle, soigneusement cultivée en Angleterre, est peut-être l'ail de Montpellier, *a. monspessulanum.* L'asphodèle à fleurs blanches, *asphodelus ramosus*, n'est pas rare en Provence. L'hémérocalle, *hemerocallis fulva;* la jacinthe à corolles bleues et en grelot, *hyacinthus botryoïdes;* l'ornithogale jaune, *ornithogalum pyramidale*, se trouvent dans les provinces voisines de la Méditerranée, ainsi que trois espèces de lys, le bulbifère, le pompadour et le martagon, *l. bulbiferum, pomponium, martagon;* la dent de chien, *erythronium dens canis;* le bulbocode printanier; l'hellébore blanc, *veratrum album;* le narcisse, *narcissus poeticus*, et la jonquille. Le rivage d'Hières se pare de l'asphodèle de mer, *pancratium maritimum;* et sur les derniers rochers des Alpes de Nice et de Gènes, l'aloës américain, adopté maintenant par le sol et le climat, élève sa pyramide orgueilleuse à la hauteur de 20 ou 30 pieds, et triomphe sur toutes les plantes herbacées d'origine européenne.

A côté des bulbifères nous placerons les plantes à racines tubéreuses et à feuilles lancéolées, dont la France possède plusieurs espèces. Les plus belles sont le glayeul commun, *gladiolus communis*, abondant dans les champs cultivés des provinces du centre et du midi; l'iris ordinaire ou flambé, *i. germanica*, qui se trouve en Alsace et sur les frontières d'Allemagne; l'iris nain, *i. pumila*, et l'iris de mer, *i. maritima*, deux petites espèces très-jolies, qu'on rencontre par fois dans la Provence et le Languedoc.

Plusieurs des papillionacées indigènes méritent de fixer notre attention sous le rapport de l'agrément. La vesce sauvage, *lathyrus tuberosus*, du genre du pois, croît spontanément en Alsace; et dans plusieurs parties de la France, on la cultive pour ses grosses racines tubéreuses, bonnes à manger. Le grand lupin, *lupinus varius*, dont les fleurs varient, tantôt bleues, tantôt blanches, tantôt incarnates, et le pois chiche, *cicer arietinum*, viennent sans culture dans les provinces méridionales; mais on en sème aussi de vastes champs, soit pour le bétail, soit pour l'homme: le premier n'est en Angleterre qu'une plante d'agrément, et se trouve dans tous les parterres. Le fénugrec, *trigonella fœnumgrecum*, précieux pour ses vertus médicinales, et l'*astragalus tragacantha*, ainsi nommé de la gomme qu'il fournit, croissent naturellement en Provence et aux environs de Montpellier. La plupart des arbrisseaux d'ornement cultivés en Angleterre, appartiennent à cette classe: ce sont le cytise des Alpes, *cytisus laburnum*; le cytise noir, *cytisus nigricans*; le bagnaudier commun ou faux séné, *colutea arborescens*; l'*anagyris fetida*, et le genêt d'Espagne, *spartium junceum*.

Plusieurs plantes succulentes de la famille des *sedum*, croissent sur les rochers arides qui séparent la France de l'Espagne et de la Suisse, et l'on en cultive quelques-unes dans les jardins anglais ; savoir, deux espèces d'orpin, *sedum anacampseros* et *villosum ;* la grande et la petite joubarbe, *sedum semper vivum* et *globiferum ;* et la joubarbe araignée, *sedum arachnoïdeum*.

On rencontre encore en France plusieurs plantes de la classe *pentandria* de Linné, dont quelques-unes se voient dans les jardins d'Angleterre : la primerole et l'oreille d'ours, *primula villosa* et *auricula ;* deux androsaces, *androsace maxima* et *carnea*, qui viennent naturellement sur les montagnes de Provence ; le chèvre-feuille à fruits bleus, *lonicera caerulea ;* le nerprun, *lycium europaeum* ; le laurier rose, *nerium oleander ;* deux espèces de campanule, *campanula grandiflora* et *speculum ;* le paliure et l'alaterne, *rhamnus paliurus* et *alaternus ;* deux tamaris, *tamarix gallica* et *germanica*. D'autres de la même famille sont remarquables pour leur utilité dans les arts et la médecine ; comme le pistachier de Chio, *pistacia terebinthus ;* le lentisque ; *pistacia lentiscus ;* le micocoulier d'Afrique, *celtis australis ;* l'espèce de nerprun qui donne les graines d'Avignon, employées par les teinturiers, *rhamnus infectorius ;* l'orcanette, *anchusa tinctoria*, également propre à la teinture ; le sumach ordinaire, dit des corroyeurs, *rhus coriaria*, et le bois de fustet, *rhus cotinus*, les plus astringens des végétaux, et dont on fait une grande consommation dans l'apprêt et la teinture des cuirs; le salicor, *salsola soda*, qui croît sur les bords de la Méditerranée, et dont on tire la barille. Cette même famille comprend quelques plantes comestibles, qui, si elles ne sont pas proprement originaires de France, y sont depuis long-tems naturalisées; ce sont le caroubier, *ceratonia siliqua*; le pistachier, *pistachia Narbonensis*; le jujubier, *rhamnus zizyphus*.

Mais il est peu d'espèces de la flore française dans la classe *decandria* de Linné, qui méritent d'être mentionnées. La fraxinelle, *dictamnus albus*; le lin jaune et le lin de Narbonne; trois espèces d'œillets, *dianthus barbatus*, *armeria*, *caryophillus*; le rhododendron ferrugineux, *rhod. ferrugineum*; la saxifrage à feuilles de *sedum*, *saxifraga cotyledon*, sont adoptés dans les jardins d'Angleterre: la rhue, *ruta graveolens*, l'alibousier, *styrax officinalis*, le premier originaire, et le second adoptif des îles d'Hières, sont d'usage en médecine.

Nombre des plus belles plantes des classes *polyandria* et *icosandria*, se rencontrent en France dans l'état naturel: savoir, le pavot cornu, *chelidonium corniculatum*; la pivoine commune, *paeonia officinalis*; et la pivoine à feuilles découpées, *paeonia tenuifolius*; la renoncule à feuilles d'aconit; trois espèces d'adonis, *adonis autumnalis*, *aestivalis*, *vernalis*; le thalitron, *thalictrum aquilegifolium*; l'ancolie des Alpes, *aquilegia alpina*; la nielle de Candie et des champs, *nigella damascena* et *arvensis* ; l'hellébore noir à fleurs roses, *helleborus niger*, et l'hellébore d'hiver, *helleborus hyemalis* ; trois espèces d'anémone, celle des Alpes, des fleuristes, et l'hépatique ; le pied d'alouette, *delphinium elatum* ; le napel, *aconitum napellus* : divers arbres et arbrisseaux, tant utiles que d'agrément, se rangent dans l'une ou l'autre de ces classes. Le myrte commun à larges feuilles, pousse des tiges vigoureuses sur toute la côte de la méditerranée. Le caprier épineux, *capparis spinosa* ; le ciste à feuilles de laurier et celui de Montpellier, *cistus laurifolius et Monspeliensis*, sous-arbrisseaux d'une beauté exquise, se balancent sur la cime des rochers aux environs de Toulon et de Montpellier, ou en festonnent les flancs. Aux mêmes lieux se voient aussi la rose de Provence, *rosa gallica* ; le buisson ardent, *mespilus pyracantha* ; et le grenadier, *punica granatum*.

Il nous reste à parler d'un petit nombre d'arbres et d'arbrisseaux, que nous réunirons dans un même article, sans égard à leurs classes respectives. Ce sont, le chêne à capsules séminales hérissées, et le chêne robre ou rouvre, *quercus œgilops et cerris*, deux espèces fort belles qui abondent aux environs de Paris et de Fontainebleau ; le chêne vert du kermès, *quercus coccifera* ; le liége, *quercus suber*, et le chêne vert à feuilles de houx, *quercus ilex*, propres sur-tout aux provinces méridionales ; trois espèces de genêvrier, celui dit sabine, le cade, le phénicien, *juniperus sabina*; *oxicedrus*, *phœnicea*; la linaire blanche, *osyris alba*; le filaria à feuilles larges et celui à feuilles étroites, *phillyrea latifolia*, et *angustifolia*; la bruyère en arbre, *erica arborea*; toutes ces espèces sont originaires de Provence, de Dauphiné et de Languedoc.

Les productions végétales du Brabant ne diffèrent en rien de celles de la Hollande; et toutes les plantes propres à cette contrée, excepté la gentiane croisette, *gentiana cruciata*, peuvent se rencontrer dans les districts sablonneux et marécageux de la côte sud-est d'Angleterre. La seule différence est que quelques espèces rares dans ce royaume, sont fréquentes dans les Pays-Bas, particulièrement le seneçon des marais, *senecio paludosus*, dans les fossés peu profonds; le chardon-roland, *eryngium campestre*, au bord des chemins; le beau méniante flottant, *menyanthes nymphoïdes*, ornement des canaux et des ruisseaux très-profonds (*a*).

(*a*) Dans le voyage au Mont-Perdu, de Ramond, p. 46, 50, 70, 76, 81, 96, 205, 211, 272, on trouvera des détails intéressans sur la flore des Pyrénées. Ce naturaliste a trouvé sur le haut sommet du Coumelie et ailleurs, une plante voisine des colchiques, qui constitue un nouveau genre sous le nom de *merendera* (1).

Parmi les productions végétales et spontanées de la France, on ne doit pas oublier la truffe; les meilleures se trouvent

(1) Voyage au Mont-Perdu, p. 46 et 50, bulletin de la Société philomatique, n.° 47, pl. 12.

Les chevaux français n'ont jamais joui d'une grande célébrité, et l'on sait que les anciens rois de France se rendaient aux états-généraux, traînés par un attelage de bœufs. Avant les dernières hostilités, il s'y importait d'Angleterre beaucoup de chevaux de trait et de selle. Les meilleurs chevaux que la France produise pour le trait, sont ceux de Normandie ; pour la selle, ceux du limosin, dont on a amélioré Animaux.

---

dans l'Angoumois et le Périgord; elles croissent dans les terres les plus incultes, le plus ordinairement sur un sol ferrugineux, aux pieds des chênes noirs ou dans les endroits où il existe encore des racines de cet arbre. La truffière disparaît si l'on arrache son arbre protecteur. Il existe, dit-on, une grande analogie entre la saveur de ce bois et celle de la truffe. La terre qui entoure la truffe est souvent imprégnée d'oxide de fer. Lorsque cette plante a acquis de l'odeur dans la terre, c'est-à-dire au mois de novembre, on la suit pour ainsi dire à la piste; et le meilleur odorat qu'on puisse employer pour la trouver, est celui du cochon. On fait marcher l'animal à la rencontre du vent, le courant d'air lui porte les exhalaisons de la truffe et le met sur la voie. Lorsqu'il a trouvé la truffière, et qu'il commence à fouiller, le conducteur le détourne alors en lui donnant quelques grains, et achève l'ouvrage (*). D'autres ajoutent qu'indépendamment des chênes, les genêvriers, l'épine noire, les noisetiers et les charmes contribuent aussi à la production de la truffe, et qu'on la trouve dans leur voisinage (**). Il y a en Piémont une sorte de truffe blanche qui a une odeur d'ail et est préférée par les gourmands à celle de Périgord : elle est d'un prix bien supérieur. (C. A. W.)

(*) Delfaut, Annales de statistique, t. 5, p. 44.

(**) Delaistre, préfet, Statist. du départ. de la Charente, p. 20.

l'espèce en la croisant avec la race des arabes, des turcs et des anglais (1). Au reste, la plus grande partie des chevaux de France se compose des bidets, quadrupèdes peu brillans, mais d'une grande utilité. Les gras pâturages du nord nourrissent de nombreux troupeaux de gros bétail; cependant un habile observateur (2) dit qu'il n'y en a pas dans tout le pays le dixième de ce qu'il devrait y avoir; erreur radicale de l'agriculture française, qui néglige les fourrages, et produit un défaut d'engrais. Le gros bétail du Limosin et de quelques autres provinces, est d'une belle couleur de crême. M. Young préfère le bœuf de Paris à celui de Londres. L'éducation des bêtes à laine est mal entendue; on ne leur donne en hiver que de la paille, au lieu de fourrage vert qu'elles ont en Angleterre (3): qu'en résulte-t-il? de chétives toisons, la rareté des moutons; de sorte que le pauvre n'a que du pain à manger, et que les manufacturiers tirent la laine du dehors. Les plus remarquables des animaux féroces qu'on voit en France, sont le sanglier et le loup. L'ibex, appelé aussi bouquetin, est une grosse chèvre avec de longues et fortes cornes; elle se trouve dans les Pyrénées. Le chamois ou l'isard, armé de petites cornes toutes droites, appartient au genre des anti-

(1) Young's France, t. 2, p. 55.
(2) *Idem*, p. 52.
(3) *Idem*, t. 1, p. 430.

lopes. Parmi les animaux presque particuliers à la France, sont trois espèces de chauve-souris, la noctule, la pispitrelle et la barbastelle; la petite outarde ou canepetière, le *charadrius lutreus*, etc. (*a*).

(*a*) Le blaireau, le cerf et le chevreuil se trouvent depuis le département des Nèthes, voisin de la Hollande, jusqu'aux départemens du midi voisins de l'Espagne et des Pyrénées. Il n'est pas besoin de nommer le renard, le chat sauvage, le lièvre, le lapin, la loutre, le putois, la fouine, la marte, la belette, l'hermine, le hérisson et autres habitans des forêts. L'ours se trouve dans les montagnes du Dauphiné et des Pyrénées. On rencontre aussi dans ces dernières le linx, qui cependant y est rare (1). La genette, l'écureuil, le loir et le lerot, les musaraignes terrestres et aquatiques, le campagnol, le rat ordinaire, le rat d'eau, le surmulot, la souris, le mulot, le muscardin, terminent la liste des quadrupèdes de la France ancienne; mais l'acquisition de la Savoie et du Piémont force d'y ajouter la marmotte et le lièvre blanc, ou *lepus variabilis* des Hautes-Alpes. C'est dans le pays de collines, de ravins, de landes et de forêts, qui fait partie du bocage de la Vendée, et du département des Deux-Sèvres, sur-tout dans l'arrondissement de Saint-Loup, que l'on trouve en France la plus grande quantité de vipères; les pharmaciens de la capitale les tirent de ces lieux (2).

Il existe en Provence et en Languedoc une grande quantité de troupeaux de moutons qui voyagent comme ceux d'Espagne, et qu'on nomme troupeaux transhumans. C'est à Arles qu'il y a le plus de ces animaux, et cette commune

(1) Picot-Lapeyrouse, Table méthodique des mammifères et des oiseaux du département de la Haute-Garonne, p. 4.

(2) Dupin, Deux-Sèvres, p. 41.

Minéraux. La France avait autrefois des mines d'or dans le midi, et quelques ruisseaux roulent

---

en nourrit plus de 300,000 (1). Pendant l'été ces troupeaux vont paître dans les montagnes qui s'étendent depuis Dié jusque dans le Piémont, départemens de la Drôme, de l'Isère, des Hautes et Basses-Alpes. Ils partent dès les premiers jours du printems. Cette coutume est ancienne, et on cite un titre encore existant de Raymond de Bérenger, comte de Provence en 1235, qui autorise la marche de ces animaux et assure leur subsistance sur la route (2). On a récemment porté atteinte à leurs droits; mais le gouvernement paraît s'occuper de les rétablir. Le seul département des Bouches-du-Rhône nourrit, dit-on, 500,000 têtes de troupeaux transhumans (3). Une partie de ces troupeaux se rend aussi dans les montagnes d'Auvergne, départemens de la Lozère et du Cantal. Les moutons, dans les Pyrénées, n'ont qu'une laine commune, quoiqu'on les ait croisés avec ceux d'Espagne; les vaches sont petites, les chevaux peu remarquables. Dans le département des Ardennes, les chevaux y sont d'une taille médiocre. Les moutons, connus sous le nom de moutons des Ardennes, sont célèbres par la bonté de leur chair; mais leur laine n'est pas fine : ils proviennent presque tous d'agneaux achetés du côté de Trèves, et engraissés dans le pays; ils sont rassemblés dans des bergeries spacieuses et aérées, on ne les fait pas parquer; l'été, ils se nourrissent à la pâture d'herbes fines et de serpolet, qui croissent dans les terrains à bruyères; l'hiver, on les nourrit avec de la paille d'avoine non battue, et quelquefois avec de la paille d'épeautre (4). Les chevaux de Berry, vantés autrefois par Henri IV à la reine Elisabeth, sont aujourd'hui d'une taille et d'une qualité mé-

(1) Michel, Rapport sur l'amélioration des troupeaux de bêtes à laine française, dits transhumans, Annales de Statist. t. 5, p. 109.

(2) *Ibid.* p. 123. (3) *Ibid.* p. 136.

(4) Jardrinet, préfet, Stat. du départ. de Sambre et Meuse, p. 59.

encore des particules de ce métal. Cependant les anciennes monnaies gauloises sont un com-

---

diocres. Les moutons de Berry donnent toujours une laine digne de leur réputation ; mais cet avantage serait encore plus grand si les habitans étaient plus industrieux (1). La race des mules et mulets, produite dans le midi du département des Deux-Sèvres et dans ceux de la Charente, est supérieure à toute celle de l'Europe. C'est de là que proviennent ces mules si recherchées en Espagne, qui y servent de monture de luxe, et de bêtes de traits pour les équipages les plus somptueux ; les mulets de charges, ceux qu'on nomme mulets d'Auvergne et Provençaux, proviennent aussi de cette même source : cet avantage est dû à la belle race des baudets ; ceux qui sont propres à servir d'étalon, y valent jusqu'à 3000 liv. et au-delà : un préfet observe avec autant de naïveté que de vérité, « *que les baudets font la gloire du département des Deux-Sèvres* (2) ». Les bœufs qui alimentent les marchés de Poissy et de Sceaux, sur-tout le premier, et servent à l'approvisionnement de la capitale, se tirent des départemens de la Vendée, des Deux-Sèvres, de la Vienne et autres circonvoisins ; ils viennent se nourrir dans les pâturages nombreux qui bordent la Sarthe et l'Orne ; et dans des parcs qui, sans être fécondés par ces rivières, sont cependant fertiles (3).

Il a été formé à Rambouillet un établissement bien connu, pour l'amélioration des animaux domestiques, et particulièrement des bêtes à laine, par le moyen d'un troupeau venu d'Espagne : cet établissement en a produit deux autres, un à Perpignan, et l'autre à Pompadour : par ses ventes annuelles, son exemple, ses instructions, ses rapports, il contribue d'une manière efficace à l'amélioration des bêtes

(1) Lucay, préfet, Description du départ. du Cher, p. 24.
(2) Dupin, Statist. du départ. des Deux-Sèvres, p. 172.
(3) Lamagdeleine, préfet, Statist. du départ. de l'Orne, p. 31.

posé d'or et d'argent, métal natif que les anciens nommaient *electrum*. Les particules d'or

---

à laine en France. On y élève aussi des bœufs de diverses races, parmi lesquelles on distingue la race sans cornes, dont nous avons déjà parlé ailleurs. Le seul taureau qu'on y possède de cette race, et qui vient d'Angleterre, croisé avec des vaches de races à cornes, a produit des individus sans cornes; un très-petit nombre a de légers cornillons, qui ne sont point adhérens au crâne, mais à la peau seulement; ils remuent en tous sens, et finissent même par se décaloter. Un missionnaire a fait la même remarque pour les bœufs de la côte orientale d'Afrique (1), qui sont probablement de la même espèce. Ces bœufs sans cornes paraissent former une espèce distincte. Leur tête n'offre aucune trace de cornes; et la tête, au lieu d'être bombée et large à l'endroit qu'elle devrait occuper, est au contraire plus étroite et plus aplatie, elle est bombée au milieu: le pariétal et la crête de l'occipital paraissent beaucoup plus forts que dans les bêtes à cornes; tout dans ces animaux caractérise la force; quoique de grande taille, ils sont près de terre et ont beaucoup de corps, un poitrail et une croupe très-large, un fanon énorme, et des épaules beaucoup plus musculeuses que dans les races italiennes et dans les nôtres: leur peau est très-fine, leur poil est ras et également fin; leur couleur est un fond généralement blanc, mêlé de rose et de rouge brillant: plusieurs sont, ce qu'on appelle dans le cheval poil de porcelaine; ils sont d'une très-grande douceur, soit aux champs, soit à l'étable; et Huzard n'hésite pas à les regarder comme préférables aux autres races (2); ils commencent à se répandre parmi les cultivateurs. Les buffles amenés d'Italie à Rambouillet,

(1) *Voyez* les Voyages de Thoman.

(2) J. B. Huzard, Compte rendu à l'Institut national sur les améliorations des troupeaux de Rambouillet, et sur la vente du 15 prairial an 11, in-4.°, p. 41.

qu'on trouve dans les sables du Rhône et dans ceux de l'Ardèche, sont probablement de la même nature (*a*). La France peut citer les

---

se sont montrés doux et traitables. On élève encore dans cet utile établissement, des chèvres d'Angora, et un petit nombre d'âne, de mulets, de chevaux provenant d'étalons arabes, anglais, etc. (C. A. W.)

(*a*) Beaucoup de rivières et ruisseaux de France roulent l'or, et même plusieurs en assez grande quantité pour devenir un objet de commerce aux riverains. Réaumur qui, dans les Mémoires de l'Académie des Sciences, 1718, pag. 68, a publié sur ce sujet un travail curieux, en compte jusqu'à dix, ce sont :

1. Le Rhin, depuis Strasbourg jusqu'à Philisbourg; et sur-tout entre le Fort-Louis et Guermesheim; les paysans gagnaient alors 30 à 40 sous par jour à le ramasser.

2. Le Rhône, seulement depuis l'embouchure de la rivière d'Arve, jusqu'à cinq lieues au-dessous; peut-être est-ce cette dernière rivière qui charrie l'or dans le Rhône; dans l'hiver, les paysans gagnent 12 à 20 sous à le ramasser.

3. La rivière le Doux, en Franche-Comté, n'en roule qu'une petite quantité.

4. La petite rivière de Cèze, qui tire son origine d'auprès de Villefort, dans les Cévennes, ne le cède, ni au Rhône, ni au Rhin; et Réaumur dit qu'un homme seul en a quelquefois ramassé pour une pistole dans un jour.

5. La rivière de Gardon qui, comme celle de Cèze, vient des Cévennes, en produit autant.

6. L'Arriège, qui a tiré de cette particularité son nom, vient du latin *Aurigera*.

7. La Garonne, à quelques lieues de Toulouse, au-dessous de l'Arriège, qui probablement fournit ses paillettes d'or à cette rivière.

8 et 9. Peut-être que l'Arriège elle-même reçoit d'ailleurs

Argent. mines d'argent de Sainte-Marie-aux-Mines en Alsace, et celles de Giromagny dans le département du Haut-Rhin, près les montagnes des Vosges, faisant également partie de l'ancienne Alsace (*a*). Le même district renferme des

---

une grande partie de son or; du moins est-il sûr qu'on en trouve en divers petits ruisseaux qui la grossissent de leurs eaux; on ramasse même des paillettes, sur-tout dans deux de ces ruisseaux : savoir, celui de Ferriel et celui de Bénagues. Ils viennent l'un et l'autre de hauteurs qu'on a à sa gauche, quand on descend de Varilhère à Damiers.

10. La Salat, petite rivière, dont la source, comme celle de l'Arriège, est dans les Pyrénées, et qui a son cours dans le voisinage de Pau; elle roule assez de paillettes d'or pour occuper pendant quelque tems de l'année, les paysans d'autour de St.-Girons à les ramasser.

Il est peu de pays, dit Réaumur, de l'étendue de la France, où il y ait autant de rivières *aurifères*; c'est un avantage qu'elle a eu de tout tems, et qui était plus connu autrefois. Diodore de Sicile nous apprend que la nature lui a donné, par privilège, l'or, sans le lui faire chercher par l'art et par le travail; qu'il est mêlé avec le sable des rivières; que les gaulois savait laver ces sables et en tirer l'or, le fondre, et qu'ils en faisaient des anneaux et des bracelets. C'est par le lavage qu'on extrait encore aujourd'hui cet or.

On a exploité autrefois, mais avec désavantage, à Saint-Martin-la-Plaine, (département des Bouches-du-Rhône) une mine d'or d'un titre bas.

On trouve des indices de mines d'or, autrefois exploitées dans le département du Bas-Rhin, ainsi que des mines d'argent et de cuivre (1). (C. A. W.)

(*a*) Les mines des Challanches, près d'Allemont en Dauphiné, produisent aussi de l'argent. (C. A. W.)

(1) Laumont, préfet, Renseignemens statistiques sur le département du Bas-Rhin, p. 102.

mines de cuivre, métal assez commun dans les départemens des Alpes et dans ceux de la Loire, de la Lozère, de l'Ardèche (a). On trouve des indices d'étain en Bretagne et même au centre de la France (b). Les deux tiers du plomb que Cuivre.

(a) Les seules mines de cuivre en France, dont l'exploitation soit utile, sont celles situées à Saint-Bel et à Chessy, dans le département des Bouches du-Rhône, à six lieues nord-ouest de Lyon. On en a retiré annuellement, depuis à-peu-près cinquante ans, 2000 à 3000 quintaux de cuivre, et 800 à 900 quintaux de couperose. Les travaux sont plus actifs à la mine de Chessy qu'à celle de Saint-Bel, parce qu'ils sont moins dispendieux et plus productifs. On y trouve le cuivre entre le granit et une roche calcaire traversée par des gangues de quartz (1). Ces mines sont, dit-on, ouvertes depuis les romains : elles furent l'une des sources de la fortune célèbre de Jacques-Cœur; elles appartiennent en partie à la famille de Jars, dont le nom est fameux dans l'histoire de la minéralogie.

Par quelques médailles qu'on dit avoir été trouvées dans les mines de Baigorry, il paraîtrait qu'elles ont été connues des romains : elles ont été depuis ouvertes en 1728, et on les a exploitées jusqu'au moment où la dernière guerre d'Espagne a détruit tous les travaux. Il existe encore d'autres mines de cuivre dans la vallée d'Aspe et celle d'Ossau, mais elles ne sont pas exploitées (2).

Au-dessus de la mine de fer de Saint-George d'Hustière, dans le département du Mont-Blanc, est une mine de cuivre à rognons, exploitée avec soin (3). (C. A. W.)

(b) On a découvert, dit-on, récemment à Saint-Léon, département de l'Allier, une mine d'étain et plomb (4). (C. A. W.)

(1) Verninac, Description physique et politique du département du Rhône, p. 23.

(2) Statistique des Basses-Pyrénées, p. 41.

(3) Saussay, préfet du département du Mont-Blanc, p. 63.

(4) Huguet, Tableau de situation du départ. de l'Allier, p. 38.

fournit tout le pays, se tire de la Bretagne, particulièrement des mines de Poullaoven et de Huelgoet. Il existe aussi des mines de ce métal dans les Alpes maritimes, dans les Vosges, dans les départemens de la Lozère, de l'Ardèche, etc. (*a*) Ce dernier donne en outre de

(*a*) Les mines de plomb sont assez nombreuses sur la rive droite de la Moselle; une longue chaîne de montagnes de schiste, qui sort des montagnes de Sarrebourg, et qui va jusqu'au Rhin, en recouvre une grande quantité. Ces mines sont souvent mélangées de cuivre, et toujours propres à fournir un minerai excellent; la proportion moyenne est de 60 pour 100. Le cuivre se trouve souvent pur, enveloppé dans une pierre argileuse, dure, colorée par de l'oxide vert et bleu du même métal. On polit alors ces pierres, (que l'on rencontre sur-tout dans la commune de Reuchenbach, canton de Baumholde) à Oberstein, pour en faire des boutons (1). Ce minéral est sur-tout exploité dans le canton de Berncastel, au banc de la commune de ce nom, où il y a trois belles mines de plomb cuivreux en activité (2). A Lacroix, arrondissement de Saint-Dié, est une mine de plomb et argent qu'on dit très-abondante; elle a été découverte en 1315, et paraît avoir donné des profits considérables vers la fin du seizième siècle, mais elle a été exploitée dans ces derniers tems sans beaucoup de succès (3). Il y a une mine de plomb très-riche dans le département de Sambre et Meuse, situé sur la commune de Védrin, à une lieue au nord de Namur; sa découverte remonte au dix-septième siècle, le plomb s'y trouve dans un oxide jaune de fer plus ou moins compacte, mêlé de galène à larges facettes et souvent aussi de sulfures de fer; ce filon,

(1) Annuaire historique et statist. du départ. de la Sarre, p. 380.

(2) *Ibid.* p. 379.

(3) Desgouttes, Statist. du départ. des Vosges, p. 67.

l'antimoine, ainsi que celui de l'Allier, à Allemont en Dauphiné, et celui du Mont-Blanc (*a*). Les mines de calamine d'Aix-la-Chapelle sont fameuses. La manganèse se trouve dans le département de la Loire, dans celui des Vosges, et à Romancé, dans celui de Saône et Loire; de même qu'à Périgueux, d'où on lui donnait

---

qui est connu depuis Saint-Marc jusqu'au-delà de la Mouzée, sur une longueur de quinze cents toises, se dirige du nord-est au sud-ouest, au travers de bancs calcaires, presque verticaux, qui composent la montagne. Il est presque d'à-plomb, et néanmoins un peu incliné au sud-est (1). La galène est tantôt massive, tantôt pyriteuse, tantôt ocracée. Il y a dans le département de la Lozère, des mines de fer, de cuivre, d'antimoine, qui ne sont pas exploitées : la seule qui le soit, est la mine de plomb et argent de Vialas, canton de Villefort (2). Le département du Var est riche en mines de plomb, mais elles ne sont pas exploitées; et l'acétite de plomb ou sel de Saturne qu'on y travaille, et qui est l'objet d'un commerce considérable, se fait avec du plomb que l'on tire d'Angleterre (3). Sur le territoire de la commune de Pessy, arrondissement de Tarentèse, est une mine de plomb et argent, qu'on dit être très-riche; elle a été découverte en 1714, et a été exploitée depuis 1742 jusqu'en 1790 (4). (C. A. W.)

(*a*) Il existe dans la commune de Bresnay, département de l'Allier, une mine d'antimoine qui était exploitée il y a 14 ans (5). (C. A. W.)

(1) Jardrinet, Statist. du départ. de Sambre et Meuse, p. 70.
(2) Jerphanion, préfet, Statist. du départ. de la Lozère, p. 45.
(3) Fauchet, préfet, Statistique, p. 113.
(4) Saussay, préfet, Statist. du départ. du Mont-Blanc, p. 57.
(5) Huguet, préfet, Tableau de situation du département de l'Allier, p. 45.

le nom de pierre de Périgord (*a*). L'Alsace fournit du cobalt. Les nouvelles acquisitions en Savoie offrent du mercure, et il y en a une mine à Menildot. Le duché des Deux-Ponts, acquisition précieuse que vient de faire la France à l'ouest du Rhin, a de tout tems été célèbre pour ses mines de mercure (*b*). Les montagnes des Vosges se composent principalement de couches de grès rouge. La chaîne est interrompue près de Gelheim à l'ouest de Wurms; mais elle se relève ensuite en deux branches, l'une à l'ouest, appelée Westrich, l'autre à l'est de Donnersberg (1). Les montagnes qui con-

(*a*) La manganèse se trouve aussi en abondance dans le département de la Sarre, et s'exploite avantageusement à Krettenich, près de Dachsouhl, canton de Wadern; elle y est presque toujours en aiguilles brillantes prismatiques, se croisant en tout sens; cette mine est en exploitation depuis 50 ans (*). Dans le département du Cher, auprès de Culan, il a été récemment découvert une mine de manganèse (**) On en trouve encore près de Macon, département de Saône et Loire; près de Saint-Jean-de-Colle, département de la Dordogne, à Saint-Jean-de-Gardouenque, dans les Cévennes : celle de Sem, dans le comté de Foix, a été décrite par Picot-Lapeyrouse. (C. A. W.)

(*b*) Ce sont celles de Moschellandsberg. On trouve sur le banc d'Erzeweiler, canton de Baumbolde, département de la Sarre, une mine de mercure, dite Windfang, qui était exploitée en grand il y a 25 ans (***). (C. A. W.)

(1) Journal des Mines, n.° VI, p. 70.

(*) Zegowitz, Annuaire du départ. de la Sarre, p. 382.

(**) Luçay, préfet, Description du départ. du Cher, p. 14.

(***) Zegowitz, Annuaire du départ. de la Sarre.

tiennent le mercure embrassent un district de 10 à 12 lieues en longueur, du sud au nord, depuis Wolfstein à Cruznach, et de sept à huit en largeur; leur composition est un grès tantôt grisâtre, tantôt d'un brun rougeâtre. Parmi les nombreuses mines de mercure de ce territoire, sont celles de Stahlberg et de Donnersberg, qui ont été exploitées pendant plusieurs siècles. La gangue est une roche composée de stéatites, de barites et de pierres argileuses. Dans la partie adjacente du Palatinat se trouvent des mines semblables, particulièrement dans la montagne de Potzberg, près de la rivière de Glan, composées d'une espèce de substance pareille au kaolin, de particules de quartz très-tenues, de mica et d'argile. Il y a environ quarante minières dans le Potzberg. A Wolfstein sont d'autres sources du même minéral. On peut évaluer le produit annuel de ces mines à 67,200 livres pesant de mercure; et le revenu, tous frais déduits, à 127,517 francs. On trouve près de Trarbach, à l'extrémité de la branche occidentale des Vosges, des mines de cuivre et de plomb, avec un peu d'argent. (1). A six milles environ au sud de Trarbach, la montagne Eckelsberg déploie des murailles de quartz singulièrement pittoresques, courant de l'est à l'ouest; le schiste intermédiaire s'est éboulé. Plusieurs parties du Hundsruck, qui est le pays

---

(1) Journal des Mines, n.° 11, p. 43, etc.

compris entre la Moselle et la Nahe, sont couvertes de blocs de quartz.

Fer. Le fer, le plus utile et le plus universel des métaux, abonde en France, particulièrement dans certains départemens du nord. On compta qu'il y avait en 1798, deux mille fonderies, forges, etc. en activité pour travailler le fer et l'acier (1) (*a*).

---

(1) Journal des Mines, an VII, p. 171.

(*a*) Dans le seul département du Bas-Rhin, on compte 29 mines de fer en état d'exploitation, et 22 non exploitées (*); mais il ne paraît y en avoir aucune très-considérable ni d'un grand rapport. Il y a aussi des mines de houille, ou charbons de terre, en grande quantité.

Dans le département de la Sarre, il existe des mines de fer abondantes sur les bans des communes d'Urffl et Marneagen, Sommersdoff et Froglingen, Schmidheim et Nettersheim, canton de Blankenheim; dans le bois dit Lindscheid, ban et canton de Schœnberg; à Bubleuberg, canton de Birkenfeld; dans le canton d'Arneval (Carlsbrunn); dans les cantons de Herstein, Rhaunen, Ottsweiler (bans de Neunkerchen, Schiffwuller, Wiebelskirchen, Spiessen et Friederischstal); enfin dans le canton de Lébach (bans de Remelbach et Niedersaubach). Il y en a de peu considérables dans le canton de Pfalzel; dans celui de Berncastel, commune de Weldentz; dans celui de Prum, communes de Dudesheim, Schweichneim et Ochs; dans celui de Blankenheim, commune de Blankenheimdorff; dans ceux de Kylbourg, Lyssendorff, Gerolstein, communes de Hillesheim et Bolsdorff (**). Le département de Sambre et Meuse fournit du fer de différentes qualités; les mines des

(*) Laumond, préfet, Renseignemens statistiques sur le département du Bas-Rhin.

(**) Zegowitz, p. 378.

On comptait, à la même époque, quatre cents mines de charbon constamment exploi- Charbon.

environs de la Meuse donnent un fer aigre et cassant; celles d'entre Sambre et Meuse, du côté de Florennes et Philippeville, donnent un fer doux, liant, solide, propre au bandage des roues (1). Dans le département des Vosges, il y a un grand nombre de mines de fer à Attégnéville, Liffol-le-Grand, Vrécourt et communes voisines; à Saint-Maurice, arrondissement de Remiremont. Les plus riches et les meilleures sont celles qui sont situées au pied du Donon, dans l'arrondissement de Saint-Dié (2). Il y a une mine de fer dans le département de la Haute-Marne peu abondante, mais qui alimente les forges de Clairveaux, qui se trouvent dans celui de l'Aube. Celle de Rebouillon, près de Draguignan, a été exploitée dans le milieu du dernier siècle; mais elle est actuellement abandonnée. Il y a dans le département de la Haute-Saône des mines de fer très-riches, qui rendent de 35 à 40 livres par quintal: elles sont exploitées et fournissent à plusieurs usines (3). Il se trouve une mine de fer près de Moulins, département de l'Allier (4). Il existe aussi plusieurs mines de fer dans le département de l'Orne (5). On rencontre des mines de fer à Paimpont, dans le département d'Ile et Vilaine, ainsi qu'à Rougé, à deux lieues de Martigni, au midi de la Guerche. Dans le département de Loire-Inférieure, on exploite à ciel ouvert des mines de fer limoneuses (6). Plusieurs mines de fer en exploitation se présentent dans le département de la Charente, où l'endroit le plus abondant et

(1) Statist. du départ. de Sambre-et-Meuse, p. 87.

(2) Desgouttes, Statist. du départ. des Vosges, p. 67.

(3) Vergnes, préfet du département de la Haute-Saône, p. 12.

(4) Huguet, Tableau de situation du départ. de l'Allier, p. 31.

(5) Lamagdeleine, préfet, Description abrégée du département de l'Orne, p. 26.

(6) Huet, Statist. de la Loire-Inférieure, p. 24.

tées, et en outre deux cents propres à l'être. Il y en a plusieurs dans la ci devant Flandres, et dans les départemens du Pas-de-Calais et de la Manche. Elles ne sont pas rares non plus dans ceux du centre et du midi (*a*). Le jais,

---

le plus riche à cet égard est la plaine des Adjats (1). Il y a des mines de fer abondantes qui fournissent plusieurs forges à Montalembert, département des Deux-Sèvres. Il s'en trouve aussi dans le département de la Vienne et dans celui du Tarn: les plus abondantes sont celles d'Albau et de Villefranche, de Penne et de Puicely, qui sont susceptibles de donner 60 à 62 livres par quintal (2). On trouve aussi dans le même département du cuivre, du plomb, de la manganèse. La mine de fer Babunt, sur la montagne du même nom, dans le département des Basses-Pyrénées, fournit plusieurs forges des environs: le minerai est une espèce d'hématite qui donne environ deux tiers de fer (3). La seule mine de fer actuellement en exploitation dans le Mont-Blanc, qui en renferme beaucoup, est celle de Saint-Georges d'Hustières, dont le produit annuel est de 20,000 quintaux (poids de Genève, ou de 18 onces de marc à la livre). Il y a en France plusieurs autres départemens où il existe des mines de fer qui même sont exploitées; mais les documens et les renseignemens exacts nous manquent. On trouve de la plombagine, ou carbure de fer, au col de Bl. oux dans la Haute-Provence: on en a aussi trouvée dans les Pyrénées.

(C. A. W.)

(*a*) Il a été inséré dans le Journal des Mines un travail complet sur les mines des houilles en France, par l'ingénieur Lefebvre; ceux que ce sujet important pourrait intéresser, doivent consulter ce mémoire qui est accompagné d'une carte. (C. A. W.)

(1) Delaistre, préfet, Statist. du départ. de la Charente, p. 27.
(2) Lamarque, préfet, Statist. du Tarn, p. 64.
(3) Serviez, Statist. des Basses-Pyrénées, p. 43.

substance d'une nature semblable à celle du charbon, était autrefois un grand article de commerce; l'Espagne sur-tout en faisait une grande consommation pour rosaires, croix, boutons d'habits noirs, etc. (1). La France était de tems immémorial en possession de cette branche de commerce, qu'alimentaient trois villages seulement du département de l'Aude, dans l'ancienne province de Languedoc au sud-ouest : elle absorbait annuellement mille quintaux de ce minéral; et en 1786, occupait douze cents ouvriers : outre les exportations qu'on en faisait en Allemagne, en Italie, et dans le Levant, l'Espagne en tirait tous les ans pour la somme de 180,000 livres : en revanche, on a été obligé, dans les derniers tems, d'importer du jais des mines d'Arragon, pour alimenter la manufacture française. Celui qui s'exploite dans le midi, est en lits comme le charbon, mais sans continuité, et quelquefois le mélange des pyrites en altérait la pureté : on le rencontre ordinairement dans une espèce de terre rouillée, couleur de cendre, et quelquefois en masses détachées du poids de 50 livres, à cinq ou six brasses au-dessous de la surface.

Outre une excellente pierre de taille, Paris possède beaucoup de gypse, dont on voit à Montmartre des cristallisations curieuses. Dans le département de l'Aveyron, on trouve une grande quantité d'alun. Les Pyrénées en parti-

(1) Journal des Mines, an 3, n.° 4, p. 41.

culier fournissent de beaux marbres ; et dans l'étendue et la variété de ses territoires, la France produit plusieurs pierres précieuses, telles que l'aigue-marine, la pierre d'hyacinthe, la chrysolite, et même le saphir.

Une contrée si généralement unie que le Brabant, ne peut qu'être indigente en minéraux : plusieurs districts cependant renferment peut-être le plus précieux de tous, je veux dire le charbon ; depuis la conquête, l'esprit ingénieux des français en a perfectionné l'exploitation. Le comté de Namur donne du plomb et du cuivre ; le Hainaut, du fer et de l'ardoise. La richesse du Luxembourg repose principalement sur ses ouvrages en fer ; et la forêt des Ardennes est toujours célèbre pour ce métal de la guerre (*a*).

(*a*) On a aussi trouvé l'émeraude en France près de Limoges, et dans l'île d'Elbe (1) ; on a découvert le succin ou l'ambre jaune dans le département de l'Aisne, à vingt-deux pieds de profondeur. Le marbre noir de Theux, dans le pays de Liège ou le département de l'Ourthe, est peut-être le plus beau qui existe au monde (2). Le département de Sambre et Meuse offre une grande variété de marbres noirs, ou bleus uniformes, blancs, rouges, grisâtres et mélangés ; ils sont travaillés avec soin pour plusieurs usages domestiques, et forment un objet de commerce (3). La portion du département du Pas-de-Calais connue autrefois sous le nom de Boulonais, maintenant sous celui de district de Boulogne, est un pays calcaire,

(1) Haüy, minéral., t. 2, p. 523 et t. 4, p. 512.

(2) Statistique, p. 47.

(3) Statist. du départ. de Sambre et Meuse, p. 92.

Les eaux minérales les plus renommées de France, sont celles de Barège, de Bagnères, Eaux minérales.

composé en partie de craie et en partie de marbre. Ces deux natures de terrain divisent assez naturellement ce district en haut et bas. Le pays crayeux se termine par un rideau qui embrasse le pays de marbre, en formant un demi-cercle qui se termine à la mer, du côté du sud, vers Etaples, et du côté du nord, au cap Blanc-Nez ou Blanez, partie du continent la plus rapprochée de l'Angleterre (1). A 4 lieues de Niort, sur le territoire d'Ardin, il y a aussi des carrières de marbre (2); et près de Civrai, département de la Vienne, une carrière semblable que l'on exploite (3). Il y a des carrières de marbre dans le département du Cher, près de Saint-Palais, au nord-est de Bourges; du côté de Sancerre, à trois quarts de lieues de la Loire, et à Culan près Saint-Amand (4). Il a été récemment découvert dans la vallée d'Aspe, une mine d'albâtre d'une éclatante beauté qui avait échappée jusqu'ici aux minéralogistes (5). On a aussi trouvé sur le territoire d'Orthez, une mine de soufre, et près de Laruns, une mine de cobalt. Il y a du marbre très-beau et très-fin, d'un gris blanc, près de Saint-Urcisse, arrondissement de Gaillac, département du Tarn (6). A Saint-Bertrand sur la Garonne, est un marbre vert mêlé de taches rouges et blanches; celui de Villefranche en Roussillon, présente les mêmes couleurs. A Ponté dans le Canavois, à cinq lieues de Turin, est un très-beau marbre statuaire; à Sainte-Catherine, dans l'île d'Elbe, on trouve une carrière abondante de marbre blanc mêlé de vert noirâtre. Les minéraux du département de la Sarre sont du sulfure de

(1) Journal des Mines.
(2) Dupin, préfet, Deux-Sèvres, p. 54.
(3) Statist. p. 62.
(4) Luçay, préfet, Statist. du département du Cher, p. 16.
(5) Serviez, Statistique des Basses-Pyrénées, p. 44.
(6) Lamarque, préfet, Statist. du départ. du Tarn, p. 39.

de Forges, de Saint-Amand, de Vichi, de Bourbonne-les-Bains en Champagne, de Bala-

---

zinc, des schistes ardoisés qu'on exploite, des schistes argileux dont on se sert pour pierres à aiguiser; les meilleures parmi ces dernières sont celles de Hassweiler, mairie de Welschbillig, canton de Pfazel. La pierre calcaire, le grès à gros grains, la roche argileuse magnésienne, compacte, de couleur verte, et composée de magnésie, d'argile, de silice et de mica, se trouvent sur-tout à Kurenz, à Ham, aux environs de Trèves. La pierre meulière pouddingue, formée de fragmens de quartz agglutinés dans un ciment sablonneux, se rencontre en grande quantité à Pétersbach, Ulmeth, canton de Gérolstein, où l'on voit aussi du basalte et du porphyre. L'ancien château d'Oberstein est bâti sur une roche de porphyre, à base de trapp argileux, de couleur verdâtre mêlé de violet; une grande quantité de feld-spath blanc y est empâté. On trouve encore aux environs une roche assez remarquable, qui forme des montagnes entières, et se prolonge à Idar et dans le Hundsruck; la pâte est également un trapp argileux, violet, fusible ou émaillé, d'un vert noirâtre; elle renferme une quantité considérable de nœuds de quartz blanc, qui est quelquefois coloré. Le même canton d'Oberstein est renommé parmi les lapidaires et minéralogistes pour les belles agates, connues sous le nom générique d'Oberstein, qu'on y polit au moyen de 15 à 20 moulins à eaux, et que de nombreux ouvriers y montent pour en former différens meubles ou bijoux. Ces pierres si variées par leurs accidens, par leurs nuances, et quelquefois par la beauté des couleurs, se tirent de Freisen, Manbachel, Aulenbach, canton de Baumholder, et communes environnantes, à 6 et 7 lieues de distance; de Pfeffelbac, canton de Coussel, et principalement de Berkirch, canton de Saint-Wendel, où elles se trouvent très-belles à peu de profondeur au-dessous de la surface, en forme sphérique et en masse irrégulière. On trouve à Fohrau, canton de Baumholder, un superbe ruc, de Plombières, de Passy près Paris. Les bains chauds de Barège, au pied des Pyrénées,

---

jaspe jaune à taches noires (1). On exploite dans le département de l'Ourthe, la tourbe, la houille, le schiste alumineux, la calamine, le fer, la pierre à bâtir, le sulfate, la baryte et de bonnes pierres à aiguiser (2). On trouve des agates dans les Vosges, sur-tout aux environs d'Oberstein, département de la Sarre, arrondissement de Birkenfeld (3). A Lavêche, près d'Hérival, dans les Vosges, on rencontre des agates très-bien crystallisées; dans les mêmes montagnes on voit des couches entières d'ocre ou de mines de fer limoneuses, des quartz cristallisés et colorés en rouge, en noir.

Il y a une manufacture de granit, connue sous le nom de la Mouline, établie dans la commune de Ramonchamp, arrondissement de Remiremont, dans le département des Vosges. La craie blanche, qui rend stérile une partie de la Champagne, est à Troie l'objet d'une manufacture dont le produit est connu et répandu dans toute l'Europe sous le nom de blanc d'Espagne : Grosley veut, avec raison, qu'on le nomme blanc de Troie. Marli et Sèvres offrent aussi une terre propre à faire le blanc d'Espagne Il existait à Briançon une manufacture de cristaux de roches, dans le département des Hautes- Alpes (4). Ce qu'on appelle le diamant d'Alençon est un quartz cristallisé, de couleur enfumée, qu'on trouve dans les granits. Il y a dit-on, dans le voisinage, d'Alençon, des carrières de granit, et des bancs de kaolin et de pétunzé, propres aux faïenceries; ils entrent dans la composition de la belle porcelaine de Sèvres (5). Mais le kaolin se trouve en

(1) Zegowitz, p. 388.

(2) Desmousseaux, Statistique de l'Ourthe, p. 47.

(3) Zegowitz, p. 88.

(4) Bonnaire, Statist. des Hautes-Alpes, p. 37.

(5) Lamagdeleine, préfet, Descript. du départ. de l'Orne, p. 28.

sont depuis long-tems célèbres; c'est là que la reine de Navarre place la scène de ses contes.

---

grande abondance dans le département de la Vendée, aux environs de la Chaise (1), et aussi près Limoges. En général, dans la chaîne de montagnes qui s'étend du sud-est au nord-ouest de ce que l'on appelle le Bocage, dans la Vendée et les Deux-Sèvres, la pierre est communément de nature siliceuse ou granitique, de gnéiss ou de steatites quartzeuses; on rencontre même souvent des rochers de quartz laiteux (2). Du marbre gris composé de coquillages formant une lumachelle, a été découvert au hameau de Sommeville, près Montreau, dans le département de l'Yonne: on a aussi trouvé du sulfate de baryte à Avalon, ainsi que la sanguine, aux environs de Saint-Georges; et du mica qu'on extrait sous le nom de poudre d'or, à St-Léger de Foucheret. Du côté de Cognac, est une carrière de gypse ou plâtre, dont la profondeur est d'environ 24 pieds, et qui rivalise, dit-on, pour la qualité avec le plâtre de Montmartre. La minéralogie du département du Tarn a fourni des sulfates d'alumine, de baryte et de chaux; des roches calcaires à rognons, qui en se décomposant recouvrent la roche de très-longs cristaux de nitre; des marbres, des stalactites, des stalagmites, des tuffes calcaires, des cristaux de roche dans les mines de fer, des quartz en masse, en rayons divergens, des silex, des calcédoines, des petro-silex, des tourmalines, des thallites, des hyalonites, des micas diversement colorés, des chlorites, des hornblendes, des cornéennes, des trapps, des jaspes, plusieurs granits, des gnéiss, des schistes micacées, des schistes argileux, des pouddings, des grès à bâtir, des débris de gros animaux et plusieurs espèces de coquilles dans des couches calcaires, des houilles de diverses variétés offrant beaucoup d'impressions végétales (3). Dans la montagne aux Bijoux, à quelque distance de Castres, on

(1) Labretonnière, Statist. de la Vendée, p. 17.

(2) *Ibid.* p. 19.

(3) Frizac, professeur, dans la Statist. du départ. du Tarn, p. 48.

On ne trouve pas dans les Pays-Bas d'eaux minérales en grande réputation ; mais dans le

---

trouve en abondance cette singulière pétrification que l'identité des formes a fait nommer *priapolites*. Le département des Bouches-du-Rhône renferme du cristal de roche à Regny, à Rochefort et à la colline du Cher; ainsi que de l'amethyste commune. Les pierres de la montagne Tarare, près de Lyon, sont généralement du porphyre; leur couleur est gris-de-fer. On trouve de beau granit dans la montagne d'Yseron. Près du bourg de Thizy, à la Forêt (même département) on a découvert une carrière de marbre noir ou bleu très-foncé, veiné de blanc, qui se trouve à fleur de terre, par tables et non par blocs, inclinée de l'orient au couchant, sous un angle de 40 degrés environ. On trouve près de Bully, des blocs d'un marbre isabelle foncé qui reçoit aisément le poli (1). Les montagnes du Beaujolais sont composées de spath, de quartz, de mica, de gravier disposé par couches. On rencontre encore dans le département des Deux-Sèvres une sorte de stéatite connue plus particulièrement sous le nom de talcite, et disposée par lits inclinés perpendiculaires à l'horizon : on trouve des quartz en gros bloc, réunis en veines qui courent fort loin sur des bancs de cette stéatite; les environs de Celles, à quatre lieues sud-est de Niort, présentent aussi du quartz cristallisé en pyramides, disposées en groupes très-considérables et diversement colorées. Les autres minéraux de ce département sont des ostéocoles, des calcédoines, des pétrosilex, des quartz micacés, des gnéiss, des granits, des pouddings, etc. (2). Dans le département du Var, partie de la Provence, on trouve différentes espèces de marbre et d'albâtre ; des serpentines, des pierres ollaires, des jaspes, de beaux porphyres, de beaux granits : la pouzzolane et autres produits volcaniques se rencontrent sur toute la

(1) Verninac, préfet, Description des Bouches-du-Rhône, p. 25.
(2) Dupin, préfet, Deux-Sèvres, p. 107.

cercle voisin de Westphalie sont celles d'Aix-la-Chapelle, et plus près encore celles de Spa, à environ 22 milles au sud-est des premières; elles furent découvertes vers le commencement du quatorzième siècle (*a*).

Falaise qui borde les côtes du département, depuis Toulon jusqu'à Antibes. Cette contrée possède aussi des mines de charbons de terre, dont les plus abondantes sont dans les terrains calcaires, contre le sentiment de plusieurs minéralogistes qui avaient établi, comme règle générale, que ce minéral ne se trouve que dans les terrains primitifs (1).

Toutes ces notes éparses et presque sans suite et sans liaison, ne peuvent être considérées que comme des matériaux propres à entrer dans une esquisse minéralogique de la France. (C. A. W.)

(*a*) Les eaux minérales de Tongres ont l'avantage d'avoir été célébrées par Pline, liv. 31; et actuellement, comme de son tems, elles bouillonnent et ont une saveur ferrugineuse. Une analyse récente a prouvé qu'elles contiennent du carbonate de fer et du carbonate de magnésie. On ajoute probablement peu de foi aujourd'hui aux vertus médicales que leur attribue Pline, car elles sont très-peu fréquentées. Les eaux minérales les plus renommées du département des Vosges, sont celles de Bains, de Bussang, de Contréxéville et Plombières (2). Il en existe encore d'autres à Saint-Dié, à Martigny, à Dommartin près Remiremont. Les eaux thermales de Vichy, sur les bords de l'Allier, sont célèbres. On trouve aussi près de Moulins celles de Bardon, qui sont savonneuses (3), mais peu renommées. On compte plusieurs sources d'eaux mi-

(1) Fauchet, préfet, Statistique, p. 42. *Voyez* Faujas, Essais de Géologie, p. 430, pour la différence des charbons calcaires e des charbons granitiques.

(2) Desgouttes, Statist. du départ. des Vosges, p. 58.

(3) Huguet, Tableau de situation du départ. de l'Allier, p. 60.

Parmi les curiosités naturelles, objets qui, dans un siècle éclairé, obtiennent une atten-

Curiosités naturelles.

---

nérales dans le département de l'Orne (1); les principales sont celles de Saint-Barthélemi près d'Alençon; de la Herse, dans les forêts de Bellême; et de Bagnoles, dans l'arrondissement de Domfront; ces dernières sont les plus fréquentées. Les eaux minérales du département de l'Allier, sont les eaux chaudes de Néris, où se voient les restes d'un aqueduc et d'un amphithéâtre romains : lors du tremblement de terre de Lisbonne, une des sources s'éleva au-dessus de son niveau, en charriant une quantité considérable de pierres et de sable qui comblèrent la plus grande partie du bassin (2). Les eaux chaudes minérales de Bourbon l'Archambaut, maintenant Burges-les-Bains, même département, sont célèbres. Entre Cérilly et Bourbon, se trouvent les eaux minérales ferrugineuses de Saint-Pardoux. Les eaux minérales du département de l'Yonne sont celles de Toucy, d'Appoigny, de Diges et Pourrain, des Echarlis, dans la commune de Villefranche, de Neuilly, de Champlot, de Saint-Germain-des-Champs, de Villefargeau, de la Vault, de Lugny, de Vezelai, de Vérou près de Sens, de Tonnerre, de Cerizier, de Belombre près d'Auxerre. A Charbonnières, près Lyon, est une source ferrugineuse et sulfureuse (3). Les eaux minérales, dans le département d'Indre et Loire, sont à Semblençay et à Vallères. Dans le département de la Lozère, sont un grand nombre de sources froides et acidules; mais les plus célèbres eaux minérales de ce département, sont les eaux thermales et sulfureuses de Bagnols : la fontaine sort d'une grande voûte, au bas du village de Bagnols, situé à l'orient, et bâti en amphithéâtre dans un terrain schisteux et pyri-

(1) Lamagdelaine, préfet, Description abrégée du département de l'Orne, p. 29.

(2) Huguet, Tableau de situation du départ. de l'Allier, p. 53.

(3) Verninac, Statistique, p. 30.

tion particulière, nous nommerons les montagnes d'Auvergne déjà citées, et dans lesquelles M. Young même crut reconnaître des apparences volcaniques ; mais comme il s'appuie de l'ouvrage de Faujas de Saint-Fond, il est vraisemblable qu'il a été induit en erreur par cet écrivain systématique (*a*). Quoi qu'il en soit,

---

teux, sur la rive gauche du Lot (1). A Castera, dans le département du Gers, on trouve des eaux minérales (2). Dans le département des Basses-Pyrénées, il y a des eaux minérales dans la vallée d'Ossau, qui sortent d'un monticule calcaire. A une demi-lieue de là, dans une gorge étroite où les montagnes s'élèvent majestueusement, il y a des eaux chaudes qui sortent, dit-on, du granit (3); ce qui est assez extraordinaire. On trouve dans l'île de Corse des eaux minérales gazeuses dans le canton d'Orezza; d'autres ferrugineuses au cap Corse ; et les eaux thermales du Migliacciajo, dans le Fiumorbo (4).

Il y a encore beaucoup d'autres endroits en France qui contiennent des sources minérales dignes d'être mentionnées; mais les documens authentiques nous manquent.

(C. A. W.)

(*a*) Nous avons eu souvent occasion, dans les notes de cet ouvrage, de revenir sur cette grande question de l'origine de certaines montagnes et des amas de basaltes qui se trouvent en certains lieux. Nous avons dû nous contenter d'exposer les faits tels qu'ils nous sont transmis par les plus habiles observateurs, sans prendre parti, ni pour les *neptunistes*, ni pour les *vulcanistes ;* mais puisqu'à l'occasion des basaltes de Saxe, nous avons rappelé les observations de M. Richardson sur ceux de Port-Rush, en Irlande, ten-

(1) Jerphanion, préfet, Statist. de la Lozère, p. 48.
(2) Balgnerie, préfet, Statist. du départ. du Gers, p. 7.
(3) Serviez, préfet, Ssatist. des Basses-Pyrénées, p. 46.
(4) Piétry, Statist. du département du Golo, p. 22.

là se déploie la scène la plus riche, comme la plus digne de fixer l'attention : elle a échappé à nombre de voyageurs, qui ont pris la route ennuyeuse de Dijon, au lieu de suivre le chemin varié qui mène si délicieusement en Italie par les villes de Nismes et d'Aix. La fontaine de Vaucluse, immortalisée par les vers de Pétrarque, sort à gros flots du pied d'un rocher posé perpendiculairement, et déjà forme une rivière à sa source. Il ne faut pas oublier la fameuse plaine de la Crau en Provence, et non loin des Bouches-du-Rhône. C'est le désert pierreux le plus singulier qui soit en France, peut-être en Europe (1). Son diamètre, d'environ cinq lieues, mesure une aire de vingt à vingt-cinq lieues carrées, entièrement remplie de cailloux ronds, dont

---

dant à leur attribuer une origine aqueuse, il est juste de prévenir nos lecteurs, que depuis que cette portion de notre travail a été imprimée, M. Faujas, dans un ouvrage plein de faits curieux et importans, intitulé *Essais de géologie*, nous apprend (p. 26) que M. Pinkerton lui ayant remis un échantillon du prétendu basalte de Port-Rush, contenant une ammonite, il y a reconnu une pierre siliceuse noire, qui a du rapport avec le basalte par la couleur seulement, mais qui n'a aucun de ses principes constituans. M. Pinkerton a récemment reçu une collection minéralogique d'Auvergne : il y a trouvé des minéraux qu'il regarde comme d'origine volcanique; mais son opinion sur l'origine des basaltes n'a point changée, et est toujours la même que celle de Werner. (C. A. W.)

(1) Young, t. 1, p. 379.

quelques-uns sont aussi gros que la tête d'un homme : l'arène des rivages maritimes n'est pas plus stérile. Par-dessous est un mélange de terre grasse et de fragmens de pierres. L'hiver y fait verdir çà et là quelques rares touffes de gazon qui, dans un très-grand espace, alimentent une multitude de bêtes à laine. Le mont Saint-Michel en Normandie, autre curiosité naturelle, est une colline solitaire voisine de la mer, semblable au mont Saint-Michel du comté de Cornouailles. Toutefois la France étant dans sa plus grande étendue un pays de plaine, n'offre pas en général une singularité de traits bien prononcée. Quant aux scènes des Cévennes et des Pyrénées, elles ont été peu visitées des voyageurs, qui passant dans les villes principales, ne voient que les parties les moins intéressantes d'un pays. Il est probable que la Bretagne même renferme nombre de singularités dont les français eux-mêmes ne se doutent pas : ils ne sont pas très-portés vers ce genre d'observations. Mais ne soyons pas injustes : ils ont assez dignement célébré quelques grottes naturelles qui, en France comme ailleurs, s'ouvrent dans les roches calcaires. Il y en a une près du village de Baume, à six lieues environ de Besançon, remarquable en ce qu'elle renferme un glacier : comme dans ces cas singuliers la vérité paraît toujours trop simple, on racontait que la glace augmentait l'été et diminuait l'hiver : l'examen a convaincu qu'il arrivait, comme on l'avait prévu, précisément le contraire (1). Cette grotte est dans le fond d'un petit vallon situé au milieu d'une épaisse forêt. L'ouverture, au niveau du vallon, a quarante-cinq pieds de large : au bout d'une descente longue et rapide, elle se change en une espèce de salle de cent pieds de haut, de laquelle un passage conduit à la cavité contenant le glacier, cavité où l'on descend par une échelle de quarante pieds. Dans cette caverne triangulaire sont d'immenses stalactites de glace solide, que vont joindre quelquefois des colonnes de la même matière, partant d'un magnifique piédestal posé sur le sol. Le thermomètre de Réaumur marquait à l'air libre 20 d. et demi ; dans la grotte du glacier il tomba à un deg. trois quarts. Une des causes de ce phénomène peut se trouver dans la direction de l'ouverture de la caverne, qui fait face au nord.

Les célèbres merveilles du Dauphiné offrent souvent aux spectateurs des scènes dignes des Alpes. De l'autre côté du Rhône, le département de l'Ardèche n'est pas dépourvu de curiosités naturelles : on y voit le pont de rochers sous lequel fuit l'Ardèche, près du village de Chames ; les grottes de Vallon, le gouffre de Goule, avec nombre de colonnes basaltiques, de levées de terre, etc., et ce que les auteurs français appellent cratères de volcans (2) (*a*).

---

(1) Journal des Mines, n.° 21, p. 65.

(2) *Ibid.* an. VI, p. 626.

(*a*) Il y a des grottes très-curieuses sur le bord méridional

La même cause qui rend le Brabant peu propre aux productions minérales, semble en

---

de la rivière du Cher, près du village de Savonnien, à environ trois lieues sud-ouest de Tours; elles sont connues sous le nom de *caves gouttières*. On trouve aussi des gouffres, des grottes et des cavités remarquables le long du cours de la Tardouère, du Bandia, dans le département de la Charente; la plus renommée est la caverne de Rancogne, à une lieue de la Rochefoucauld, laquelle paraît avoir beaucoup de ressemblance avec celles d'Arcy (1): ces dernières situées près du village d'Arcy dans l'Auxerrois en Bourgogne, sont sur-tout célèbres depuis la description qui en fut faite par ordre de Colbert. Les sites sauvages que présentent les rives du Tarn, charment le contemplateur de la nature; et on remarque près de Saint-Préjet le Pas-du-Souci, où l'aspect de deux montagnes rapprochées à leur sommet, offre au génie le hardi projet d'un pont de plus de 1800 pieds d'élévation; là les eaux s'engouffrent entre deux énormes rochers, appelés l'un Roc sourde, et l'autre Aiguille, et repoussées par ces digues, elles reprennent leur cours avec un mugissement que les échos font retentir au loin (2). Sur la montagne de Lause, près du pic d'Orlus, en Franche-Comté, est un rocher isolé dont la bâse ne porte vers son centre que par un très-petit nombre de points; il rend un son d'airain très-fort dans toute son étendue, lorsqu'on le frappe, ce qui le fait regarder dans le pays comme une masse d'airain; mais M. le baron de Diétrich a trouvé que les fragmens de ce rocher sont de véritables pierres d'aimant ayant deux pôles bien distincts; il le regarde comme un mélange de quartz et de mica, et il croit qu'il contient un peu de stéatite (3).

Parmi les diverses grottes des montagnes du comté de Foix, il faut distinguer celle de la Roche-du-Mas, montagne

(1) *Voyez* Delaistre, préfet, Stat. du départ. de la Charente, p. 29.
(2) Jerphanion, préfet, Statist. du départ. de la Lozère, p. 10.
(3) Description de la France, in-fol., comté de Foix, p. 26.

exclure les curiosités naturelles : en effet, aucun voyageur n'y a rien remarqué en ce genre.

à mille ou douze cents pas du Mas-d'Azil ; elle est formée par deux montagnes qui se joignent l'une à l'autre par leurs sommets, en s'inclinant l'une du nord, l'autre du sud au nord : elles forment par leur jonction une très-belle voûte sous laquelle la nature, en perçant le pied des rochers, a pratiqué une galerie propre à contenir plus de deux mille hommes, et qui donne passage à la rivière de la Rise. Il y a deux entrées, l'une à l'est, l'autre à l'ouest, qui sont très-larges, mais qui étaient assez fortes autrefois par une muraille que Jeanne d'Albret, reine de Navarre et comtesse de Foix, y avait fait ajouter aux fortifications naturelles du lieu, avec une porte qu'on fermait à clef. Cette grotte a soutenu un siége en 1625, pendant la guerre de la religion ; les habitans des lieux voisins qui s'y étaient réfugiés repoussèrent deux fois le maréchal de Thémine à la tête des armées du roi (1).

Le rocher de Saint-Pierre, près de Marseille, tient à-la-fois de la nature et de l'art, et représente un vaisseau isolé taillé dans le roc ; il a été construit par M. de Régis. On trouve une inscription latine qui explique l'objet de ce monument, qui a 24 pieds de large, sur 86 de long ; les arbres et les vignes qui l'environnent, ajoutent à la beauté et à la singularité du coup-d'œil. La facilité que l'on a de venir par mer de Marseille à Saint-Pierre, y attire un grand nombre d'étrangers et de curieux.

Dans le canton d'Arneval, entre Dutteweiler et Sultabouh, département de la Sarre, est une colline qu'on nomme la montagne brûlante (2). La fumée qui s'exhale à travers les pierres, la chaleur que l'on ressent à travers les fentes des rochers, le soufre, le vitriol et l'alun que l'on voit sublimés sur quelques-uns de ses parois, le bruit même de l'air dilaté qui se fait passage, et que l'on entend quelquefois sourdement, ne laissent aucun

(1) Description de la France, in-fol., comté de Foix.

(2) Zegowitz, p. 389.

Iles. Les îles qui s'élèvent sur les côtes de France sont si petites et si peu importantes, que, sans

---

doute sur un incendie, mais qui n'a aucun rapport avec les volcans : c'est probablement une mine de houille allumée (1).

Au village de Ham, sur Lesse, département de Sambre et Meuse, est un gouffre dans lequel se perd cette rivière. Elle a un si grand cours sous la terre, que quand les eaux, qui sont très-rapides, deviennent bourbeuses, on ne commence à les apercevoir telles que 24 heures après, à l'endroit où elles sortent : cependant, il n'existe que cinq cents toises de distance, de l'entrée souterraine de la Lesse à sa sortie. Rien de ce qu'on y jette ne reparaît, même les corps les plus légers qui surnagent le plus facilement. Le rocher sous lequel s'engouffre la rivière est creux, de manière qu'avec le secours d'une nacelle on peut le visiter intérieurement dans une longueur de mille toises, et y admirer les stalactites et les différentes cristallisations dont il est orné; mais il est impossible de trouver le fond de l'abîme qu'il recouvre. Il y a en France plusieurs autres exemples de rivières qui disparaissent dans des gouffres, et qui reparaissent à quelques distances.

On ne doit point omettre une particularité physique, dans un petit canton du département du Cher, qui offre quelque chose d'étonnant; à côté d'Henrichemont, se trouve le village de la Borne, dont les habitans des deux sexes se font, dit-on, tellement remarquer par leur grandeur et par leur force, qu'ils sembleraient appartenir à une race différente (2).

Mais les curiosités naturelles qui méritent le plus l'attention de l'observateur, en France, sont celles qui lui sont communes avec presque toutes les autres contrées, qui, par-tout, offrent à l'homme de grands et sublimes sujets de méditation; je veux parler de ces amas de coquilles, de corps marins et autres débris d'animaux, la plupart

(1) Statistique de Sambre et Meuse, p. 17.

(2) Luçay, préfet, Descript. du départ. du Cher, p. 70.

les événemens de la dernière guerre, elles mériteraient à peine une observation. Exceptons

étrangers à nos mers, à notre sol, à notre climat, à notre continent, et qu'on trouve en plusieurs endroits en grandes masses. Le plus singulier amas de ce genre, est celui qu'on trouve en Touraine. L'exact Réaumur, dans les Mémoires de l'Académie des Sciences, année 1720, en a donné une description intéressante : « Ce pays, dit-il, s'étend depuis la petite ville de Sainte-Maure jusqu'au Mantelan, et comprend les paroisses voisines, comme celles de Sainte-Catherine de Fierbois, de Louan, de Bossée : c'est un banc continuel de coquilles, d'environ neuf lieues carrées de surface, sur une épaisseur au moins de vingt pieds ; ce prodigieux amas est éloigné de 36 lieues de la mer » (p. 404.) Le banc de pierre calcaire qui s'étend sous toute la plaine des côtes du Poitou, les cames, les cornes d'Ammon, les peignes dont la couche de terre est couverte, la ceinture de stéatite quartzeuse qui la sépare du bocage, tout annonce qu'elle fut autrefois couverte des eaux de l'Océan. La croûte végétale est un composé de terre argileuse, mêlée d'un peu de sable, de terre calcaire et d'oxide de fer, qui a depuis quatre jusqu'à trente pieds d'épaisseur, et dont la fertilité se prête à toute sorte de culture (1). Un endroit très-remarquable parmi le grand nombre de ceux qui renferment des animaux fossiles, c'est le souterrain de la montagne de Saint-Pierre, qui est à quatre lieues au-delà de Maëstricht, vers Liége. La largeur des galeries est telle, qu'il peut toujours y passer une voiture ; leur hauteur est de 9 à 18 pieds On connaît le nombre de débris de corps marins qui s'y trouvent, et le Muséum d'histoire naturelle renferme de belles mâchoires, qu'on croit avoir appartenu à des crocodiles. On a découvert récemment une colonne vertébrale qui a 40 pieds de long (2). La pierre de ces carrières

(1) Labretonnière, ingénieur, Statistique de la Vendée, p. 74.

(2) Lecamus, Voyage, t. 2, p. 7, et la note p. 219.

Corse. cependant l'île de Corse. De la domination de Carthage, la Corse passa sous celle de Rome,

---

est calcaire, et ne contient que peu ou point de silice; et Cavenne, qui en a fait l'analyse, observe que c'est à tort que Faujas l'a considérée comme une substance siliceuse, liée par un gluten calcaire (1): il y a une disposition régulière dans les couches; on trouve d'abord une couche épaisse de pierre calcaire à la partie la plus basse des fouilles; au-dessus, une couche de silex mêlé de spath et de gypse; ensuite, une nouvelle couche de pierre calcaire; au-dessus, une seconde couche de silex surmontée de coquillage; puis encore, des cailloux roulés et de la terre végétale (2). Parmi les coquilles fossiles et madrépores qu'on a observés dans différentes parties de la France, il y en a beaucoup dont les analogues existent, si l'on en croit Faujas, dans les mers d'Amérique et des Indes (3). Il a été déterré à Grandmont, à quatre lieues de Beaune en Bourgogne, un poisson dans un banc de pierre calcaire grise et dure; un autre, qui avait dix pouces dix lignes, a aussi été trouvé dans un banc-massif de pierre, à dix-sept pieds de profondeur, à Nanterre, près Paris: ce sont les deux seuls exemples de ce genre; les autres poissons fossiles que l'on a découverts jusqu'ici n'étant pas incrustés dans le massif de la pierre, mais dans des couches plus récentes: le poisson de Nanterre paraît appartenir au genre des coriphènes, dont les analogues vivent dans les mers équatoriales (4). D'autres poissons fossiles ont été trouvés à Montmartre; et au hameau de Devey-Lou-Ranc, département de l'Ardèche. En 1779, on découvrit dans la cave d'une maison, rue Dauphine, à Paris, un os énorme de cachalot fossile, enseveli dans une glaise jaunâtre, sablonneuse et humide (5). Des os maxil-

(1) Cavenne, Statist. du départ. de Sambre et Meuse, p. 93.

(2) Lecamus, Voyages dans les départemens réunis, t. 2, p. 5; et Faujas, Description de la montagne Saint-Pierre.

(3) *Voyez* Faujas, Essai de géologie, p. 58 et suiv.

(4) Faujas, Essai de géologie, p. 126, et les Annales du Muséum.

(5) *Ibid.* p. 141.

puis fut pour un tems soumise aux sarrasins d'Afrique. Du tems des croisades, elle tomba en

---

laires fossiles ont été extraits des escarpemens argileux et pyriteux, qui bordent la mer du côté des Vaches-Noires près de Honfleur (1). Dans les environs de Bruxelles, d'Aix en Provence, dans les carrières du Grand-Charonne, près Paris, on a trouvé différentes espèces de tortues fossiles (2). Près de Symore, en Languedoc, on a découvert des dents mâchelières fossiles, qui semblent appartenir à une grande espèce d'éléphant (3). Au pied des montagnes Noires, dans la même province de Languedoc, on a trouvé une tête fossile de quadrupède pétrifié, qui se rapproche de la tête du tapir, mais qui égale celle de l'éléphant en grandeur. Enfin, Cuvier assure que les seules carrières à plâtre des environs de Paris lui ont fourni six espèces de quadrupèdes fossiles, toutes six d'un genre inconnu jusqu'ici, et intermédiaire entre le rhinocéros et le tapir (4). Le nombre de lieux, en France, où l'on observe des empreintes de plantes étrangères au sol et au climat, et même des bois pétrifiés ou fossiles, est très-considérable.

On doit peut-être mettre au nombre des curiosités naturelles de la France, ces pierres qui paraissent tomber de l'atmosphère sur terre, du moins c'est en France que l'on paraît avoir observé le phénomène le plus singulier et le plus étonnant de ce genre. Le 26 avril 1803, vers une heure après midi, le tems étant serein, on aperçut de Caen, de Pont-Audemer, des environs d'Alençon, de Falaise et de Verneuil, un globe enflammé, d'un éclat très-brillant, qui se mouvait avec rapidité; quelques instans après, on entendit à l'Aigle et dans un arrondissement de plus de trente lieues de rayon, une explosion violente qui

(1) Faujas, Essai de géologie, p. 167.
(2) *Ibid.* 187.
(3) *Ibid.* p. 375.
(4) Cuvier, Notice sur les quadrupèdes fossiles, p. 7.

partage aux pisans. Plus tard elle fut conquise par les génois. En 1736 les mécontens secouèrent le joug de Gènes, et se donnèrent pour roi un aventurier allemand. Après bien des luttes inutiles, la Corse fut cédée à la France, qui y exerce encore une autorité douteuse. Assurément les romains ne l'estimaient pas beaucoup, puisqu'ils la choisirent pour y envoyer les exilés; et selon un géographe français de nos jours, « l'air de Corse est épais et mal-sain, le sol montueux, peu fertile et mal cultivé : néanmoins les vallées produisent du bled, et les

---

dura cinq ou six minutes. Dans tout le canton sur lequel planait le petit nuage d'où partait l'explosion, on entendit des sifflemens semblables à ceux d'une pierre lancée par une fronde, et l'on vit en même-tems tomber une multitude de masses solides, exactement semblables à celles qu'on a désignées sous le nom de pierres météoriques (1). La plus pésante de ces pierres, tombée près de Vassalvée, village à une lieue au nord de l'Aigle, avait un poids de 17 livres; le trou qu'elle fit, fut de 18 à 20 pouces, et elle lança, dit-on, la terre à 15 pieds de distance (2). Ces pierres ont donné par l'analyse, comme toutes celles auxquelles on attribue la même origine, beaucoup de silice et de fer oxidé, un onzième de magnésie, un peu de nickel, et plus encore de soufre. Des phénomènes semblables ont été rapportés par les anciens, et racontés dans les annales de plusieurs peuples; les lumières de la physique moderne fournissent, pour les expliquer, plusieurs hypotheses beaucoup plus vraisemblables et plus raisonnables que celles qu'on a recemment données. (C. A. W.)

(1) J. B. Biot, Relation d'un voyage dans le département de l'Orne, pour constater la réalité du météore de l'Aigle, in-4.° 1803.

(2) *Ibid.* p. 20.

collines du vin, des fruits et des amandes »(1). Ces détails tout simples me semblent préférables aux exagérations des écrivains de parti, qui, en Angleterre, s'échauffent pour relever les avantages de cette île. Il est pourtant probable que, comme ils l'affirment, il s'y trouve quelques veines d'argent, et que les montagnes peuvent fournir du granit, du porphyre, du jaspe, etc.; mais toutes ces choses n'abondent-elles pas dans les hauteurs d'Ecosse (*a*)?

---

(1) Lacroix, t. 1, p. 528.

(*a*) Les montagnes les plus remarquables de la Corse, sont le Monte-Rotondo, le Monte-d'Oro et le Monte-Cinto : le sommet de la première est élevé de 1449 toises au-dessus du niveau de la mer. Il y a deux grands lacs, l'Ino et le Creno, situés sur le Monte-Rotondo : le diamètre du lac d'Ino est de 160 toises; sa profondeur est inconnue. La hauteur du Monte-d'Oro est de 1361 toises. Ces montagnes se trouvent placées presqu'au centre de la grande chaîne granitique qui traverse l'île du nord au sud. A cette chaîne sont appuyées des montagnes du second et du troisième ordre, qui s'abaissent insensiblement jusqu'à la mer; ce qui ne souffre d'exception que sur la plage orientale de la Corse jusqu'à Bastia. La plupart de ces montagnes sont couvertes de neige pendant l'hiver : cette neige se conserve même toute l'année dans des sinuosités. Les vallées ont différentes directions; mais plus elles s'éloignent de la chaîne principale, plus leur ouverture se dirige vers la mer. Les vallées latérales varient dans leur correspondance respective; les angles rentrans et saillans n'observent pas avec les angles saillans et rentrans du côté opposé des positions constantes. En général, les vallées n'ont que peu de largeur, et sont peu profondes dans leur partie supérieure;

Iles d'Hières.

Les îles d'Hyères, proche Toulon, ont également été trop exaltées par une célèbre voyageuse. M. Young nous apprend qu'elles ont un aspect stérile et nu, et n'offrent à la vue que quelques pins lugubres (1). Pourtant elles pos-

---

mais elles se creusent et s'élargissent à proportion qu'elles descendent (*). Les flancs des montagnes sont la plupart couverts de forêts qui se composent du *quercus ilex*, du *quercus suber*, du *pinus larix*, et du *pinus abies*; ce dernier y vient très-beau. La terre végétale, dans toute la partie comprise entre Calvi, Bastia, Corte et Cervione, repose en général sur des bases de schiste, ou sur des roches calcaires de diverses qualités. Le schiste qui se rencontre sur les bords de la mer, est celui connu sous le nom de schiste dur argileux; il est toujours coupé par des veines de quartz blanc, qui pénètrent dans toute la profondeur de ses couches. Il n'est pas rare de trouver quelque noyau de spath calcaire environné d'une terre ferrugineuse; mais il ne présente aucune trace de corps organisés. Dans les autres parties de l'île, on trouve du granit en grande masse, des courans de laves, mélangées tantôt de feldspath, tantôt de corps noirs, et souvent de l'un et de l'autre; on y rencontre des jaspes, des porphyres : la roche singulière connue sous le nom de granit globuleux de Corse, mérite toute l'attention des géologistes. Le Fuimorbo, les environs de Bastia, le cap Corse et le Nebbio, fournissent des pierres ollaires, des serpentines, des asbestes, des variolites, et de l'amiante en si grande quantité qu'on en fabrique du papier. On tire d'assez beau marbre des environs de Corte; et près du village de Moltifao, canton de Caccia, il y a des indices de mines de cuivre et de plomb.

(C. A. W.)

(1) Voyage en France, t. 1, p. 195.

(*) Piétry, préfet du département du Golo, p. 16.

sèdent une certaine richesse botanique, et l'une d'elles peut prétendre à l'honneur d'être l'île de Calypso décrite par Homère.

Sur la côte occidentale nous rencontrons d'abord l'île d'Oléron, d'environ 12 milles de longueur sur deux de largeur ; elle est célèbre par un code de lois maritimes publiés par Richard I.er, roi d'Angleterre, à qui elle appartenait, avec une partie du territoire français. Au nord est l'île de Rhé, vis-à-vis de la Rochelle, et rendue fameuse dans le dix-septième siècle par une expédition des anglais, qu'a décrite lord Herbert de Cherbury. L'île-Dieu est un point presque insignifiant. L'île de Noirmoutier, qui a sept milles en longueur et deux en largeur, a joué un rôle dans la guerre de la Vendée. Belle-Isle a souvent repoussé les attaques des anglais : sa longueur est d'environ sept milles, sa largeur de deux et demi. Environnée de rochers escarpés et défendue par de bonnes fortifications, il est difficile de s'en emparer. L'île d'Ouessant se fait remarquer en ce qu'elle est la pointe de terre de la France la plus avancée à l'occident : elle est à 10 milles du continent ; elle a 7 milles de tour, possède plusieurs hameaux et environ 600 habitans. Nous passerons sous silence nombre d'autres petites îles, citant seulement celles de Saint-Marcou, à 6 milles sud-est de la Hogue, comme ayant été récemment au pouvoir des anglais. On croit qu'elles tirent leurs noms d'un saint normand, appelé Marcoul, abbé de Nantouillet, mort en 558 (*a*).

(*a*) Dans la Méditerranée, les îles Lerins et les îles d'Hières appartiennent au département du Var; l'île d'Elbe et l'île de Capraia appartiennent au département du Golo, qui, avec le département du Liamone, comprend toute la Corse. Dans l'Océan, l'île d'Ouessant fait partie du département du Finistère; Belle-Isle, de celui du Morbihan; Noirmoutier, de celui de Loire Inférieure; l'Ile-Dieu, de celui de la Vendée; les îles de Rhé et d'Oleron font partie du département de la Charente-Inférieure. (C. A. W.)

FIN DU PREMIER VOLUME.

Printed in Dunstable, United Kingdom

91219614R00268